Rudolf Holze

Elektroenergie: Elektrochemisch nutzen, speichern und wandeln

De Gruyter Studium

Weitere empfehlenswerte Titel

Handbuch elektrische Energieversorgung
Energietechnik und Wirtschaft im Dialog
Herausgegeben von: Oliver D. Doleski und Monika Freunek, 2022
ISBN 978-3-11-075353-0, e-ISBN (PDF) 978-3-11-075358-5

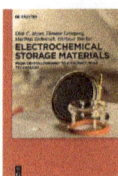

Electrochemical Storage Materials
From Crystallography to Manufacturing Technology
Edited by: Dirk C. Meyer, Tilmann Leisegang, Matthias Zschornak,
Hartmut Stöcker, 2019
ISBN 978-3-11-049137-1; 978-3-11-049398-6

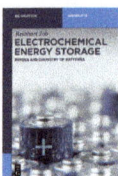

Electrochemical Energy Storage
Physics and Chemistry of Batteries
Reinhart Job, 2020
ISBN 978-3-11-048437-3; e-ISBN (PDF) 978-3-11-048442-7

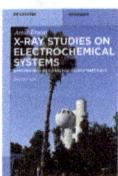

X-Ray Studies on Electrochemical Systems
Synchrotron Methods for Energy Materials
Artur Braun, 2024
ISBN: 978-3-11-079400-7; e-ISBN (PDF) 978-3-11-079403-8

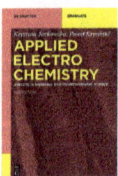

Applied Electrochemistry
Aspects in Material and Environmental Science
Krystyna Jackowska and Paweł Krysiński, 2024
ISBN: 9783111160344; e-ISBN (PDF) 978-3-11-116098-6

Rudolf Holze

Elektroenergie: Elektrochemisch nutzen, speichern und wandeln

—

DE GRUYTER

Autor
Prof. Dr. Rudolf Holze
Technische Universität Chemnitz
Straße der Nationen 62
09111 Chemnitz
Deutschland
rudolf.holze@chemie.tu-chemnitz.de

Wenn nicht anders angegeben liegen alle Bildrechte an Illustrationen beim Autor

ISBN 978-3-11-143676-0
e-ISBN (PDF) 978-3-11-143683-8
e-ISBN (EPUB) 978-3-11-143686-9

Library of Congress Control Number: 2025937547

Bibliografische Information der Deutschen Nationalbibliothek
Die Deutsche Nationalbibliothek verzeichnet diese Publikation in der Deutschen Nationalbibliografie;
detaillierte bibliografische Daten sind im Internet über
http://dnb.dnb.de abrufbar.

www.degruyter.com
Fragen zur allgemeinen Produktsicherheit:
productsafety@degruyterbrill.com

Für Johannes Beutler (1933–2024), Theologe, Lehrer und Freund

Vorwort

Vermutlich sollte vor dem Schreiben eines Buches die Frage stehen, welcher Bedarf dafür besteht. Sonst hält man es besser mit der Mark Twain zugeschriebenen Erkenntnis, dass man sich die Mühe des Schreibens sparen könnte, da Bücher für einen Dollar im Drugstore erhältlich seien. Überbordende Regale in Bibliotheken lassen befürchten, dass diese Frage nicht immer gestellt wird.

Warum also dieses Buch? In Lehrbüchern der Elektrochemie wird Nutzung, Speicherung und Wandlung elektrischer Energie meist beiläufig und ohne Blick auf die Zusammenhänge abgehandelt. Natürlich werden meist alte und ältere Systeme der Speicherung detailfreudig vorgestellt, aber der Kontext fehlt wieder. Wandlung fällt nebenbei und meist als ein Detail der Speicherung an, und Nutzung beschränkt sich auf technische Elektrolysen zur Stoffgewinnung. Diese Defizite zeichnen auch Bücher aus anderen Disziplinen aus: Die Nutzer- und Anwendungsperspektiven fehlen, und mitunter werden sie so subjektiv dargestellt, dass die häufig zu beobachtenden Missverständnisse und Irrtümer in der öffentlichen Diskussion geradezu zwingende Folgen sind. Das wäre nicht weiter schlimm, wenn es nicht in Politik, Wirtschaft und Gesellschaft bedenkliche bis verheerende Konsequenzen hätte.

Das hier vorgelegte Buch beginnt mit einer Übersicht von Anwendungen (die aus wissenschaftlicher Sicht falschen Begriffe Verbrauch und Erzeugung werden auch hier vermieden) elektrischer Energie ohne Verbindung zum Stromnetz. Die Beispiele werden zur Illustration um Hinweise zur unbedingten Notwendigkeit einer unterbrechungsfreien Versorgung oder um weitere für die Darstellungen in den Folgekapiteln wichtige Details ergänzt.

Im folgenden Kapitel werden die Möglichkeiten der Wandlung von Energie aus anderen Formen in elektrische Energie vorgestellt. Besondere Aufmerksamkeit genießen dabei Wirkungsgrade, ihre Deutung und ihre praktischen Auswirkungen.

Elektrische Energie hat neben ihren wichtigen Vorzügen, die sie zur gemeinhin wertvollsten Form der Energie gemacht haben, auch einen wesentlichen Nachteil: Sie muss im Augenblick der Bereitstellung durch einen Wandlungsprozess (z. B. in einer Windkraftanlage) genutzt, d. h., in einem anderen Wandlungsprozess eingesetzt werden. Dies legt die schon seit einiger Zeit akute Frage nach Möglichkeiten der Speicherung nahe. Optionen werden im Kontext mit Blick auf praktische Möglichkeiten und aktuelle sowie zu erwartende Bedeutung vorgestellt. Missachtung dieser Grundtatsache kann Netzinstabilitäten, im schlimmsten Fall sogar Netzausfälle, zur Folge haben.

Verfahren der Elektrochemie zu Wandlung und Speicherung sind Gegenstand des folgenden im Mittelpunkt des Buches stehenden Kapitels. Der hier besonders akuten Gefahr, die eingangs erwähnten Schwachstellen bereits verfügbarer Bücher zu wiederholen und in die ausgetretenen Pfade eines Lehrbuches der Elektrochemie zu geraten, kann hoffentlich ausgewichen werden. Dabei wird durchgehend der Versuch unternommen, einer einheitlichen Anwendung der in zahlreichen deutsch- wie fremdsprachigen Publikationen beobachteten Mehrheitsgewohnheiten zu Symbolen, Akronymen

https://doi.org/10.1515/9783111436838-203

und Abkürzungen in möglichst sinnhafter Weise zu folgen. Vermutlich ein aussichtsloses Unterfangen angesichts der offenbar unsterblichen Gewohnheit, z. B. elektrische Spannung mit dem Symbol V zu bezeichnen und – falls man die Maßeinheit nicht gleich vergisst – ein V als Einheit nachzureichen. Die International Union of Pure and Applied Chemistry (IUPAC) hat schon vor Jahren festgelegt, dass das Symbol für die elektrische Spannung ein kursiv geschriebenes U sei – eine Mitteilung, die vielfach offenbar begeistert ignoriert wird. Stattdessen wird Eifer auf die Kreation immer neuer Akronyme gelegt, die man auf möglichst vielen Buchseiten immer wieder neu einführt. Diese Abwege und Irrungen werden nach Möglichkeit vermieden; das Glossar mit Verzeichnis von Symbolen und Akronymen am Buchende hilft im Verwirrungsfall weiter. Dem Vorbild von Lehrbuchautoren, die das beschriebene Durcheinander ebenfalls kritisieren, es dann noch steigern und sicherheitshalber andere Autoren mit fast ehrenrührigen und/oder falschen Feststellungen bloßstellen, wird aus gutem Grund nicht gefolgt. Sollte im folgenden Text von diesem Pfad abgewichen werden, bittet der Autor um Hinweise zur Korrektur.

Die aus den vorgestellten Verfahren und ihren Grundlagen sich ergebenden praktischen Möglichkeiten, ihr Anwendungsstand und ihre Perspektiven werden in einem weiteren Kapitel so vorgestellt, dass sich beim Lesen bereits praktische Anwendungsperspektiven oder eine informierte Meinung zur Nutzung ergeben.

Abschließend werden die vorgestellten Verfahren und Systeme mit den bestehenden wie den sich abzeichnenden Herausforderungen in eine Gesamtschau gebracht.

Am Ende jeden Kapitels finden sich weiterführende Literaturhinweise. Sie reichen von Monographien und Lehrbüchern bis zu umfassenden Übersichtsaufsätzen und wurden nach sorgfältigen Recherchen und langjähriger Marktbeobachtung erstellt. Sollte ein Buch fehlen, ist dies weniger Ausdruck der Vergesslichkeit, sondern des höflichen Hinweises auf mangelnde Wichtigkeit bis inhaltliche Fehlerhaftigkeit oder auf hochgradig irreführenden Buchtitel auf dem Deckel beispielhaft unvollständigen Inhalts.

Das Buch geht auf anregende Gespräche im Verlag, bei Seminaren und Vorträgen, und in den gastfreundlichen Umgebungen von Yuping Wu an der Southeast University in Nanjing und Xuecheng Chen in der Zachodniopomorski Uniwersytet Technologiczny w Szczecinie in Stettin während Lehr- und Forschungsaufenthalten zurück.

Nanjing, Szczecin und Chemnitz, im März 2025   Rudolf Holze

He who writes badly thinks badly (W. Cobbett (1762-1835))

Inhalt

Über den Autor

Prof. Dr. Rudolf Holze wurde 1983 an der Universität Bonn, Deutschland, mit einer Arbeit zu Brennstoffzellenelektroden promoviert. Anschließend wechselte er zu Prof. E. B. Yeager am Case Center for Electrochemical Sciences der Case Western Reserve University, Cleveland, USA, als Postdoktorand und dann 1987 an die Universität Oldenburg als Hochschulassistent für Physikalische Chemie. Von 1993 bis 2020 war er ordentlicher Professor für Physikalische Chemie und Elektrochemie am Institut für Chemie der Technischen Universität Chemnitz. Seine Forschungsschwerpunkte waren Spektroelektrochemie, selbstorganisierte Monoschichten, Lithium-Ionen-Batterien, elektrochemische Energieumwandlung und -speicherung, elektrochemische Materialwissenschaft und Korrosion. Im Mai 2018 wurde er zum Leiter eines neuen Labors für elektrochemische Energiespeichermaterialien und -prozesse an der Staatlichen Universität St. Petersburg in Russland ernannt. Seit Frühjahr 2019 ist er Distinguished Professor an der Nanjing Tech University, Nanjing, China. Er ist ordentliches Mitglied der Sächsischen Akademie der Wissenschaften und mehrerer Herausgebergremien. Er ist Autor von mehr als 500 Artikeln in internationalen Fachzeitschriften und elf Büchern sowie Gründungsherausgeber von Electrochemical Energy Technology.

https://doi.org/10.1515/9783111436838-205

1 Elektroenergie ohne Netzanschluss nutzen

In diesem Kapitel werden Anwendungen elektrischer Energie vorgestellt, die regel- und planmäßig oder auch nur im meist unfreiwilligen Notfall, z. B. bei Ausfall des elektrischen Netzes, ohne Stromversorgung aus eben diesem Netz betrieben werden. Ebenfalls kurz erwähnt werden Anwendungen, bei denen zwar eine ständige Versorgung aus dem Netz angenommen wird, die Möglichkeiten der Wandlung und zumindest kurzzeitigen Speicherung elektrischer Energie aber z. B. zur Minderung von elektrischen Spitzenlasten genutzt werden.

1.1 Medizintechnik

1.1.1 pH-Messung zur medizinischen Diagnostik (Kapsel-pH-Metrie)

Bei ungeklärtem Sodbrennen durch Rückfluss von Mageninhalt in die Speiseröhre kann die gastroösophageale Refluxkrankheit mit verschiedenen Ursachen vorliegen. Zur Diagnostik wird u. a. eine 24-h-pH-Metrie durchgeführt. Dazu wird eine Sonde durch die Nase in die Speiseröhre eingesetzt, die 24 Stunden zur pH-Messung verbleibt. Da dies als belastend und störend empfunden wird und der pH-Sensor am Ende der eingelegten Sonde in seiner Höhe bei körperlicher Bewegung nicht am gleichen Ort bleibt, wird alternativ eine batteriebetriebene pH-Messsonde (Abb. 1.1) an der Speiseröhreninnenwand mit Unterdruck befestigt. Die Messergebnisse der Sonde werden per Funk auf den am Körper getragenen Datenlogger übertragen. Nach der Messung löst sich die Sonde ab und wird auf natürlichem Weg ausgeschieden. Offensichtlich reicht ein nicht wiederaufladbarer Energiespeicher aus.

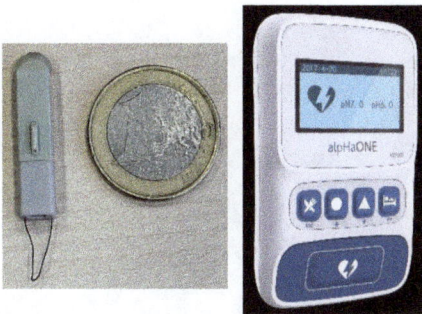

Abb. 1.1: Gerät für Kapsel-pH-Metrie. Links das verschluckbare Messgerät, rechts der drahtlose Datenlogger (Bildwiedergabe mit freundlicher Genehmigung von Promedia Medizintechnik).

https://doi.org/10.1515/9783111436838-001

1.1.2 Kapsel-Endoskopie

Um die mit einer Sonde verbundenen Beschwerden zu vermeiden, kann eine in eine verschluckbare Kapsel verbaute Kamera für z. B. Darmuntersuchungen benutzt werden. Zu ihrem Betrieb, zur Beleuchtung und zur Bildübertragung wird wiederum eine eingebaute Batterie benötigt (Abb. 1.2).

Abb. 1.2: Gerät für Kapsel-Endoskopie (Bildwiedergabe mit freundlicher Genehmigung der Medtronic GmbH).

1.1.3 Herzschrittmacher

Ein Herzschrittmacher wird zur Anregung der Pumptätigkeit des Herzens eingesetzt. Es gibt entsprechend der Diagnosen der Herzrhythmusstörungen verschiedene Ausführung. Allen gemeinsam ist die Erzeugung eines elektrischen Stimulationssignals, das über Elektroden an den Organismus abgegeben wird. Zur Steuerung der Signalabgabe sind zudem Sensoren zur Messung der Herztätigkeit vorgesehen. Zum Betrieb des Herzschrittmachers o. ä. wird eine Quelle elektrischer Energie benötigt, die diese über möglichst lange Zeit (im Interesse großer Abstände zwischen operativen Eingriffen zum Batteriewechsel) und mit größter Zuverlässigkeit bereitstellt. Als Ergebnis langjähriger Entwicklung haben sich nicht-wiederaufladbare Festkörperbatterien durchgesetzt (Abb. 1.3).

Abb. 1.3: Batteriebetriebener Herzschrittmacher (Bildrechte bei Steven Fruitsmaak – self-made, removed from a deceased patient before cremation., CC BY 3.0, https://commons.wikimedia.org/w/index.php?curid=2909069).

1.1.4 Medizinische Stimulatoren

Zur Schmerztherapie, zur Muskelstimulation und für weitere Anwendungen können transkutan, durch auf die Haut aufgeklebte Elektroden, Gleich- und Wechselströme geschickt werden. Die zugehörigen Geräte werden getragen, eine netzunabhängige Stromversorgung ist unerläßlich. Geräte werden zum Betrieb mit Primär- wie auch mit Sekundärbatterien angeboten.

1.1.5 Tiefe Hirnstimulation

Mit dieser umgangssprachlich auch als Hirnschrittmacher bezeichneten Option (engl. deep brain stimulation) werden Bewegungsstörungen bei z. B. Parkinsonerkrankungen und Epilepsie behandelt. Dabei wird eine im Gehirn implantierte Elektrode von einem im Brust-/Bauchraum implantierten Gerät mit geeigneten elektrischen Signalen versorgt, die die betroffenen Hirnregionen abschalten. Geräte, die aus einer Primärbatterie mit Strom versorgt werden, erfordern in Abstand von drei bis fünf Jahren einen Batteriewechsel. Dieser entfällt bei Geräten, die mit einer induktiv durch die Haut wiederaufladbaren Batterie ausgestattet sind.

1.1.6 Insulinpumpe

Zur Behandlung von Diabetes (Zuckerkrankheit) ist u. U. die Gabe von Insulin durch Injektion nötig. Der Bedarf wird durch Bestimmung des Blutzuckergehaltes (auch meist mit einem elektrochemischen Glukosesensorsystem) ermittelt. Die ggfs. mehrfach tägliche Injektion ist belastend und ist zudem mit entsprechend starken Schwankungen des Glukosepegels verbunden. Eine kontinuierliche Insulinzufuhr, die zudem auf den aktuellen Bedarf angepaßt ist, bietet therapeutische Vorteile. Sie kann zudem therapeutisch vorteilhaft in die Bauchhöhle erfolgen. Hierzu kann eine Insulinpumpe implantiert werden, deren Insulinvorrat im Abstand von mehreren Monaten ebenfalls durch Injektion aufgefüllt wird. Die Pumpe verbleibt bis zu zehn Jahre implantiert. Sie wird ebenso wie die eingebaute Glukosesensorik durch eine ausreichend dimensionierte Primärbatterie versorgt.

1.1.7 Medikamentenpumpe

Zur gleichmäßigen Dosierung von Wirkstoffen wie z. B. Opiaten werden implantierbare Dosierpumpen eingesetzt. Sie werden im Interesse einer möglichst kompakten Bauform mit einer relativ kleinen wiederaufladbaren Batterie ausgestattet, die induktiv durch die Haut aufgeladen werden kann. Ein typisches Beispiel zeigt Abb. 1.4.

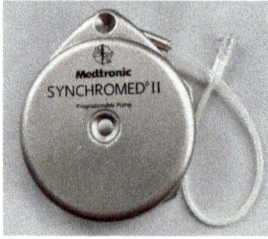

Abb. 1.4: Mit Akkumulator ausgestattete Medikamentenpumpe.

1.1.8 Blutdruckmessgeräte

Für die Messung des Blutdrucks durch Laien stehen Oberarm- und Handgelenkmessgeräte zur Verfügung. Abbildung 1.5 zeigt ein typisches Gerät der zweiten Bauform. Netzbetrieb wäre recht unpraktisch und würde der im Interesse einer vor allem bei der Bluthochdrucktherapie dringend erwünschten regelmäßigen Messung wenig helfen. Beim abgebildeten Gerät wird eine in das Gerät integrierte Manschette soweit aufgepumpt, dass der akustisch detektierte Blutfluss durch die Arterie (Pulsader) unterbrochen ist. Beim sukzessiven Druckabbau durch Entlüftung mit einem elektromagnetischen Ventil wird neben der Messung des Drucks das Blutflussgeräusch registriert und zur Feststellung des systolischen und diastolischen Blutdrucks ausgewertet.

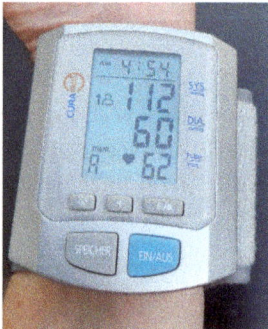

Abb. 1.5: Mit Akkumulator betriebenes Handgelenkmessgerät zur Blutdruckmessung.

Für Langzeitmessungen werden tragbare Oberarmmessgeräte (s. Abb. 1.6), die zweckmäßig mit wiederaufladbaren Batterien ausgestattet sind, eingesetzt.

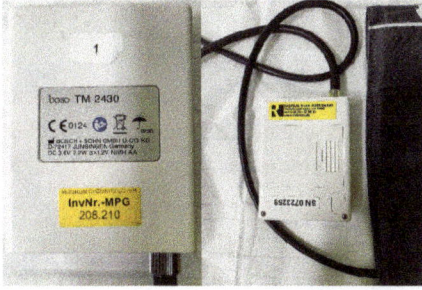

Abb. 1.6: Mit Akkumulator betriebenes Langzeitblutdruckmessgerät.

1.2 Kommunikation und Datenverarbeitung

1.2.1 Mobiltelefone

Mobiltelefone, Pager und andere Geräte zur Funkkommunikation sind aus dem Alltag nicht mehr wegzudenken. Ihre Versorgung ist nur mit wiederaufladbaren Batterien sinnvoll, die fest oder austauschbar in den Geräten eingebaut sind (Abb. 1.7). Bei den einzubauenden Speichern kommt es auf ein hohes volumenbezogenes Speichervermögen an, d. h., auf eine möglichst kleine Batterie. Das Gewicht ist sekundär. Da vor allem bei intensivem Gebrauch häufige Ladevorgänge zu erwarten sind, können Vorkehrungen wie z. B. Begrenzung der Ladung auf 80 % der nominellen Kapazität und Vermeidung von Tiefentladungen die Batterielebensdauer auch bei technisch wenig versierter Nutzung hilfreich sein.

Abb. 1.7: Mit Akkumulator ausgestattetes Mobiltelefon.

1.2.2 Dateneingabegeräte

Umgangsprachlich als „Computermaus" bezeichnete Zeige- und Dateneingabegeräte (ein typisches Beispiel zeigt Abb. 1.8) wurden zunächst wegen ihres relativ hohen elektrischen Leistungsbedarfs mit einem Kabel an den Rechner angeschlossen.

Abb. 1.8: Kabelgebundene Computermaus.

Drastisch verminderter Leistungsbedarf ermöglichte den Abschied vom oft als lästig empfundenen Kabel. Anfänglich eingesetzte Primärbatterien wurden inzwischen durch fest verbaute wiederaufladbare Akkumulatoren ersetzt. Abbildung 1.9 zeigt ein typisches Beispiel.

Abb. 1.9: Kabellose Computermaus.

Die oftmals sehr kleinen berührungsempfindlichen Eingabefelder mobiler Endgeräte werden oft insofern als unpraktisch empfunden, als häufig benachbarte Felder berührt werden. Dies kann zu irritierenden Fehleingaben führen. Passive Eingabestifte sind bei manchen Bildschirmen nur unzureichend sicher in der Eingabe, denn oft wird die Berührung vom Bildschirm nicht registriert. Hier kommen aktive mit Strom aus

einer fest eingebauten und fast immer wiederaufladbaren Batterie versorgte Eingabestifte zum Einsatz. Abbildung 1.10 zeigt typische Beispiele.

Abb. 1.10: Aktive Eingabestifte.

1.3 Not- und Warnbeleuchtung

1.3.1 Not- und Notausgangsbeleuchtung

Vor allem in der Dunkelheit kaum zu übersehen sind die grün leuchtenden Wegwei-
ser zu Notausgängen. Auch wenn sie mit elektrischer Energie meist aus dem Stromnetz
versorgt werden, ist für ihren zuverlässigen Betrieb bei Netzausfall eine unabhängige
Energieversorgung unerläßlich. Eine wiederaufladbare Batterie, die soweit möglich aus
dem Netz ständig in einem weitgehend vollgeladenen Zustand gehalten werden, stellt
dies sicher (Abb. 1.11).

Abb. 1.11: Notausgangsanzeige.

Die gleichen Überlegungen gelten für Fluchtweganzeigen z. B. in einem Bahnhof
(Abb. 1.12). Auch hier muss eine gut sichtbare Anzeige bei Netzausfall jederzeit sicher-
gestellt sein.

Für den Notfall wird häufig als Teil der persönlichen Ausrüstung u. a. eine Taschenlampe empfohlen. Da vor allem nach längerer Lagerung die eingesetzten Batterien
schwächeln oder gar entladen sind, ist eine alternative Versorgung über einen eingebauten Kurbeldynamo und eine ständige Pufferung durch Solarzellen hilfreich. Ein
typisches Beispiel zeigt Abb. 1.13.

Abb. 1.12: Fluchtweganzeige (Chemnitz Hbf).

Abb. 1.13: Taschenlampe für den Notfall mit Kurbeldynamo und Solarzelle, eingebaute Knopfzelle (gelb) zur Speicherung.

1.3.2 Signalgeber an Schwimmwesten

An Schwimmwesten, die in großer Zahl in Flugzeugen und Schiffen zur vorgeschriebenen Sicherheitsausrüstung gehören, werden zur besseren Auffindung in Not geratener Passagiere batteriebetrieben Blinklichter und ggfs. weitere Signalgeber eingesetzt. Für ihre Stromversorgung sind extrem gut lagerfähige und hoch zuverlässige Energiequellen erforderlich, die auch nach ggfs. langer Lagerzeit unter unvorteilhaften Bedingungen eine zuverlässige Stromversorgung für eine relativ kurze Zeit garantieren. Bis zum Aufkommen ebenfalls recht gut lagerfähiger Lithiumbatterien waren sog. Füllelemente populär, in denen die aktive Massen, jedoch keine flüssige Elektrolytlösung, verbaut waren. Bei Kontakt mit Meerwasser stellte dies die Elektrolytlösung bereit und ermöglichte die sofortige Betriebsbereitschaft.

1.3.3 Fahrradrücklicht

Nachdem die lange geltende Straßenverkehrszulassungsordnung für eine regelkonforme Fahrradbeleuchtung nur ein mit Dynamo (s. Kap. 2) versorgtes Vorder- und Rücklicht zuließ, wurden vor einigen Jahren batterie- und akkumulatorbetriebene abnehmbare Lampen zugelassen. Ihr elektrischer Leistungsbedarf sank mit dem Aufkommen ausreichend lichtstarker Leuchtdioden weiter ab. Mit Primärbatterien versorgte Anlagen konnten sich wegen der bei intensivem Gebrauch häufigen und daher kostspieligen Batteriewechsel nur begrenzt durchsetzen. Beim Gebrauch eines Akkumulators war Versagen wegen im falschen Moment leerem Akkumulator eine gängige Schwachstelle. Befindet sich am Fahrrad noch ein Dynamo (s. Kap. 2), war dagegen der Einsatz eines Akkumulators eine verlockende Option. Allerdings ist selbst mit energetisch sparsamen Leuchtdioden ein weitgehend leerer Akkumulator nur begrenzt wirksam, da er die vom Dynamo gelieferte Spannung soweit mindern kann, dass die Leuchtdiode nur schwach leuchtet. Erst nach längerer Wegstrecke wäre ein ausreichender Ladezustand erreicht. Superkondensatoren mit ihrem vollkommen anderen Ladeverhalten sind eine attraktive Alternative. Mit ihnen wird rasch eine ausreichend hohe Spannung erreicht (s. Abb. 1.14).

Abb. 1.14: Fahrradrücklicht mit Superkondensator und Leuchtdiode.

Ihr im Vergleich zu Akkumulatoren geringeres Speichervermögen (s. Abschn. 4.8) ist kein wesentlicher Nachteil, da beim Fahren stets ausreichende elektrische Leistung zur Verfügung steht und Stillstandszeiten z. B. vor einer Ampel meist nur kurz sind.

1.4 Sicherheitstechnik

1.4.1 Rauchwarnmelder

Zur möglichst frühen Erkennung von Bränden wird in Rauchwarnmeldern (meist verkürzt: Rauchmelder) die durch Rauchpartikel eintretende Lufttrübung durch optische Messungen erfasst. Wird eine solche Trübung detektiert, werden optische und akustische Alarme ausgelöst, und ggfs. werden entsprechende Daten an Brandmeldezentralen etc. übermittelt. Für die Detektion, die Signalverarbeitung und die Alarmerzeugung wird eine zuverlässige und ausreichend leistungsfähige elektrische Energiequelle benötigt. Da vor allem in Wohnungen eine elektrische Versorgung aus dem Stromnetz unpraktisch ist und daher nicht in Betracht kommt, werden Batterien benötigt. Wiederaufladbare Systeme sind wegen ihrer vergleichsweise hohen Selbstentladung ungeeignet, und zudem wäre ein rechtzeitiger Tausch kaum zuverlässig gewährleistet. Batterien mit geringer Selbstentladung und ausreichender Lebensdauer (derzeit 10 Jahre) sind eine Lösung (Abb. 1.15).

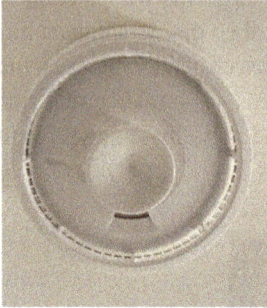

Abb. 1.15: Batteriebetriebener Rauchwarnmelder.

1.4.2 Brandmelder

Bei Brandmeldern wird die Raumtemperatur meist mit unter Zimmer- und Raumdecken angebrachten Sensoren überwacht. Soweit die Geräte nicht in ein verdrahtetes Gebäudeüberwachungssystem integriert und aus dieser Vernetzung mit elektrischer Energie versorgt werden, bedarf es einer zuverlässigen, wartungsfreien und langfristig nutzbaren Versorgung durch Batterie(n). Es gelten die bei Rauchwarnmeldern beschriebenen Anforderungen (s. dort).

1.4.3 Elektrischer Weidezaun

Elektrische Weidezäune werden oft fernab des elektrischen Netzes mit nur mäßigem elektrischen Leistungsbedarf betrieben. Primärbatterien vom Typ der Zink-Luft-Batterie (s. Abschn. 4.4.4) sind eine populäre Energiequelle. Ein Solarpanel mit einem ausreichend dimensionierten Akkumulator zur Sicherung der Funktion bei unzureichender Sonneneinstrahlung ist eine fortgeschrittene Lösung. Ein Beispiel wird in Abb. 1.16 gezeigt.

Abb. 1.16: Stromversorgung eines elektrischen Weidezauns mit einem Solarpanel kombiniert mit einem Akkumulator (Bildrechte bei Oliver Dixon (https://commons.wikimedia.org/wiki/File:Solar_powered_electric_fence,_Catcherside_North_Plantation_-_geograph.org.uk_-_1355104.jpg), „Solar powered electric fence, Catcherside North Plantation – geograph.org.uk – 1355104", https://creativecommons.org/licenses/by-sa/2.0/legalcode).

1.5 Datenlogger

Zur Aufzeichnung von Messdaten wie Temperatur, Luftfeuchte, Luftdruck, aber auch Herzfrequenz oder Blutdruck werden Datenlogger eingesetzt. Um ihren Gebrauch möglichst flexibel zu halten und um Anwendungen ohne elektrische Versorgung aus dem Netz zu ermöglichen, sind Batterien zweckmäßig. Bei Geräten mit nur geringer Leistungsaufnahme, die zudem längere Zeit und an nur schlecht zugänglichen Orten eingesetzt werden, ist der Einfachheit halber die Verwendung von Primärbatterien sinnvoll (Abb. 1.17). Ist die Leistungsaufnahme größer, wie bei Langzeitblutdruckmessgeräten, sind dagegen wiederaufladbare Batterien wirtschaftlicher.

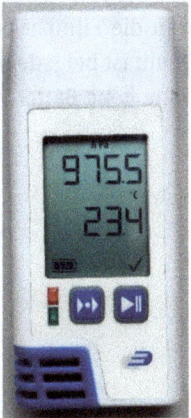

Abb. 1.17: Batteriebetriebener Datenlogger.

1.6 Kameras

In Kameras zum Gebrauch mit Filmen werden schon seit vielen Jahren Batterien zur Versorgung des Belichtungsmessers und des Verschlusses eingesetzt, mitunter auch zum Filmtransport. Insbesondere diese Funktion stellt bereits erhöhte Anforderungen an die Leistungsfähigkeit der eingesetzten Batterie. Mit dem Aufkommen der sog. Digitalfotografie, in der die Bilderfassung durch ein elektronisches Bauteil erfolgt, ebenso die anschließende Bildspeicherung, sind diese Anforderungen weiter gestiegen. Abbildung 1.18 zeigt eine typische Kamera. Mit dem erhöhten Leistungsbedarf ist bei regelmäßigem Gebrauch die Verwendung wieder aufladbarer Batterien wirtschaftlicher.

Abb. 1.18: Batteriebetriebene Digitalkamera.

Für besondere Anwendungen werden noch immer Sofortbildkameras eingesetzt. Ihre Funktionen bedingen ebenfalls einen erheblichen elektrischen Energie- und Leistungsbedarf. Um vor allem dem später eingehender betrachteten Risiko der leeren Batterie wegen Selbstentladung (s. Kap. 4 und 5) zu entgehen, werden in die Filmpacks Batterien eingearbeitet. Abbildung 1.19 zeigt ein typisches Beispiel. Damit ist bei jedem Wechsel des Filmpacks, der üblicherweise nur einige Bilder ergibt, eine neue Batterie automatisch eingesetzt.

Abb. 1.19: Batterie aus dem Filmpack einer Sofortbildkamera.

1.7 Werkzeuge

Netzgebundene Werkzeuge wie Bohrmaschinen, Schrauber, Trennschleifer etc. wie auch Geräte für die Gartenarbeit etc. sind in vielen Fällen bei übermäßig langer Netzzuleitung oder bei Gebrauch an netzfernen Stellen unpraktisch. Mit der Steigerung der Leistungsfähigkeit von Geräten, verbunden mit ihrer kompakteren Ausführung sowie der Verbesserung von wiederaufladbaren Batterien, sind damit meist wesentlich mobilere und größer Geräte mit höherer Leistungsaufnahme ohne Netzzuleitung selbstverständlich geworden. Ihre oft hohe Leistungsaufnahme macht den Gebrauch von Primärbatterien von sehr seltenen Ausnahmen abgesehen nahezu unmöglich. Bei häufigem Gebrauch wäre dies zudem unwirtschaftlich. Die meist relativ lange Ladezeit wiederaufladbarer Batterien verbunden mit ihrer oft hohen Selbstentladung hat die Verwendung von Superkondensatoren zu einer für nur gelegentlich und nur für jeweils kurze Zeit benutzte Werkzeuge (z. B. ein elektrischer Schrauber, hier noch mit Akkumulator; Abb. 1.20) zur attraktiven Alternative werden lassen. Abbildung 1.21 zeigt ein bereits wesentlich größeres kabelloses Werkzeug, das mangels ausreichender Leistungsfähigkeit eines Akkumulators noch vor wenigen Jahren undenkbar erschien.

Abb. 1.20: Mit Akkumulator ausgestattetes Kleinwerkzeug.

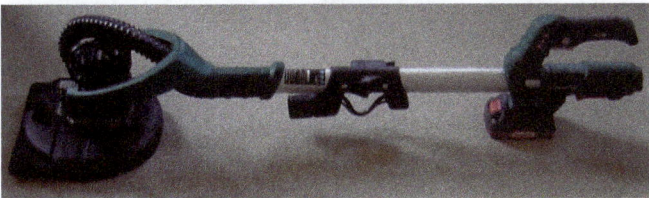

Abb. 1.21: Mit Akkumulator (rechts) ausgestatteter Wand- und Deckenschleifer.

1.8 Leuchtturm und Schifffahrtszeichen

Zahlreiche der Orientierung in der Seefahrt dienenden Einrichtungen geben durch Licht- und vermehrt Funksignale Orientierungshilfe. Mit dem Aufkommen satellitengestützer GPS-Navigation mag diese Rolle etwas in den Hintergrund getreten sein; verschwunden sind diese Einrichtungen nicht. Die beunruhigend wachsende Zahl von Berichten über Ausfall, zumindest aber Störung, der Satellitensysteme aus welchen Gründen auch immer legt ein jederzeit verfügbares Zweitsystem dringend nahe. In der Anfangszeit verwendete Lichtquellen, die auf Verbrennungsvorgängen basierten (das Wort Leuchtfeuer hat einen sehr realen Ursprung), sind mit zahlreichen Nachteilen verbunden. Elektrische Leuchten (Bogenlampen etc.) wurden bald nach ihrer Entwicklung in Leuchttürmen eingesetzt. Da Leuchttürme oft fernab des elektrischen Netzes stehen, ist eine netzunabhängige Energieversorgung essentiell. Die Ergänzung von Lichtsignalen durch Funksignale hat dieser Notwendigkeit einen weiteren Aspekt hinzugefügt.

Schifffahrtszeichen (der Begriff Boje ist in der Seefahrt unüblich; er wird dort in anderen Zusammenhängen verwendet), die ebenfalls der Orientierung in der Seefahrt dienen, werden als Tonnen fallweise mit Lichtern, Schallsignalgebern und auch Radarantworteinrichtungen ausgestattet. Die Notwendigkeit einer elektrischen Energieversorgung ohne Netzanschluss ist regelmäßig gegeben.

Für die skizzierten Navigationshilfen ist eine zuverlässige und wegen der Sicherheitsanforderungen unterbrechungsfreie elektrische Versorgung unerläßlich nachdem die vorher übliche Gasversorgung der Leuchten abgelöst wurde. Die mit energieeffizienter LED-Beleuchtung und Solarpanels ausgestatteten Tonnen verfügen über wiederaufladbare Batterien zum Betrieb der elektrischen Einrichtung(en) auch bei Dunkelheit oder nur geringer Umgebungshelligkeit. Das früher übliche regelmäßige Einholen u. a. zum Ergänzen des Brenngasvorrates kann so seltener stattfinden. Analoge Überlegungen und Optionen treffen auf die übrigen Navigationshilfen zu.

1.9 Notrufsäulen

Vor allem in dünnbesiedelten Gebieten stellt die zuverlässige elektrische Versorgung von Notrufsäulen eine technische Herausforderung dar. Die naheliegende Speisung aus einer Solarzelle ermöglicht kontinuierlichen Betrieb, wenn sie mit einem ausreichenden Speicher, einer wiederaufladbaren Batterie, kombiniert wird (Abb. 1.22).

Abb. 1.22: Notrufsäule (Bildwiedergabe mit freundlicher Genehmigung von J&R Technologies, Xingyi, Baishixia, Shenzhen, China).

1.10 Parkuhren und nicht netzgebundene Kleinverbraucher im öffentlichen Raum

Häufig ist der Betrieb elektrischer Geräte wie Parkuhren (Abb. 1.23) oder Warnsignalen (Abb. 1.24) oder von Geräten zur Insektenbekämpfung in einem mückengeplagten Feuchtgebiet (Abb. 1.25) mit nur geringem Strombedarf verbunden. Die Mehrkosten für eine Solarzelle und einen Batteriespeicher können daher die Kosten einer Erdkabelverlegung und ständigen Netzstromversorgung im Einzelfall durchaus mehr als aufwiegen.

Abb. 1.23: Parkscheinautomat (Chemnitz).

Abb. 1.24: Mobile Verkehrssignale (Southeast University, Nanjing).

Abb. 1.25: Insektenfalle (Lake Xuan Wu, Nanjing).

1.11 Beleuchtung

Beleuchtung im öffentlichen Raum ohne einfachen und kostengünstigen Netzanschluss ist mit kostengünstigen Solarzell-/Batteriekombinationen häufig mit weniger Aufwand dank ersparter Leitungsverlegung und Erdarbeiten machbar. Abbildung 1.26 zeigt ein Beispiel.

Vermiedene Eingriffe in historische Gartenarchitektur mögen weitere Argumente für eine netzunabhängige Installation sein (Abb. 1.27).

Außenbeleuchtung an Gebäuden kann einfach und mit geringem Installationsaufwand durch eine in Abb. 1.28 gezeigte Kombination aus Solarzelle und LED-Beleuchtung erreicht werden. Zur Pufferung wird naheliegend ein Akkumulator eingesetzt, zu des-

Abb. 1.26: Moderne Straßenbeleuchtung Jiulonghu-Campus Southeast University, Nanjing.

Abb. 1.27: Wegbeleuchtung in einem klassischen chinesischen Garten (Yu Yuan Garden, Nanjing).

sen Schonung das Einschalten der Beleuchtung bei Bedarf durch einen Bewegungsde-tektor gesteuert wird.

1.12 Elektromagnetisches Katapult

Um einem Flugzeug beim Start auf einem Flugzeugträger eine für das Abheben ausrei-chende Geschwindigkeit auf vergleichsweise kurzer Weglänge zu verleihen, werden bis-lang dampfbetriebene Katapulte verwendet. Sie beschleunigen angehängte Flugzeuge kaum geregelt mit brutaler Gewalt. Dies ist für die Fahrwerke der Flugzeuge belastend, und zudem ist ein solches Katapult für kleinere Flugzeuge wenig geeignet. Elektroma-gnetische Katapulte (electromagnetic aircraft launch system; EMALS), die einen Schlit-

Abb. 1.28: Außenbeleuchtung durch Solarzelle, kombiniert mit einer LED-Leuchte mit Bewegungsdetektor.

ten mit Magnet mit einem elektromagnetischen Linearmotor beschleunigen, lassen sich dagegen vorteilhaft regeln. Sie vermeiden zudem die bislang zu Beginn des Vorgangs stark ruckartige Beschleunigung mit den erwähnten negativen mechanischen Effekten. Für den Betrieb ist kurzzeitig eine hohe elektrische Leistung erforderlich, die aus dem Bordnetz des Schiffes nicht entnommen werden kann. Bislang werden Schwungradspeicher eingesetzt. Wegen der extrem hohen elektrischen Leistungsaufnahme eines EMALS wäre die Verwendung von Superkondensatoren denkbar.

1.13 Fahrzeuge und Mobilität

1.13.1 Zweiräder

Energetisch gesehen ist die Fortbewegung auf zwei Rädern die bei weitem effizienteste Option der individuellen Mobilität (Abb. 1.29). Zur Erleichterung der Fortbewegung werden Hilfsmotoren angebracht. Der Übergang zu Leichtmotorrädern (Abb. 1.30) und ähnlichen Fahrzeugen ist dabei fließend. Elektrische Antriebe wurden mit der Verfügbarkeit von elektrischen Energiespeichern hoher Energiedichte und einfacher Handhabung und Langlebigkeit zur attraktiven Alternative zu Verbrennungsmotorantrieben. Die Bilder zeigen gängige Modelle.

Abb. 1.29: Fahrrad mit elektrischem Hilfsantrieb (E-Bike).

Abb. 1.30: Motorroller mit elektrischem Antrieb.

1.13.2 Straßenfahrzeuge

Erste im 19. Jahrhundert gebaute mit Elektromotoren angetriebene Fahrzeuge waren wegen des Fehlens wiederaufladbarer Speichersysteme eher Kuriositäten. Dies änderte sich um die Jahrhundertwende zum 20. Jahrhundert.

Die ersten nun etwas gebrauchstauglicher ausgeführten Fahrzeuge wurden allerdings rasch wieder durch Fahrzeuge mit Verbrennungsmotoren verdrängt. Selbst vom Lohner-Porsche (Abb. 1.31) wurde bereits recht früh eine Hybridversion mit zusätzlichem Verbrennungsmotor gebaut. Lediglich in Nischenanwendungen blieben mit Bleiakkumulatoren versorgte Elektrofahrzeuge; die Deutsche Bundespost musterte ihre letzten Zustellfahrzeuge mit Elektroantrieb 1973 aus.

Das fortbestehende Interesse an Fahrzeugen mit emissionsfreien, zumindest aber emissionsarmen Antrieben bestand (und besteht) fort. Mangelnde Verfügbarkeit von Energiespeichern stand einer breiten Anwendung bis vor wenigen Jahren im Weg. Wachsendes Umweltbewusstsein, verstärkte Bemühungen zur Minderung von Umweltbelastungen durch Emissionen aus Verbrennungsmotoren sowie maßgebliche Fortschritte bei der Entwicklung elektrischer Energiespeicher haben Elektrofahrzeugen, vor allem Personenkraftwagen, zum Durchbruch verholfen. Neben Hybridfahrzeugen, in denen ein Verbrennungsmotor mit einem elektrischen Antrieb in verschiedenen Konfigurationen kombiniert wird, sind vor allem komplett elektrisch angetriebene Fahrzeuge (batterieelektrische Fahrzeuge; BEV) die sich rasch verbreitende Option (Abb. 1.32).

Auch größere Fahrzeuge, die vor allem im öffentlichen Personennahverkehr eingesetzt werden, können rein elektrisch als Batteriefahrzeuge betrieben werden. Ab-

Abb. 1.31: Elektrofahrzeug (Lohner-Porsche, 1899, Technisches Museum, Wien).

Abb. 1.32: Batteriebetriebene Pkws verschiedener Hersteller. Die kleine Abbildung zeigt die Ladesteckdosenabdeckung.

bildungen 1.33 und 1.34 zeigen batteriebetriebene Busse, und Abb. 1.35 zeigt einen mit Superkondensatoren als Energiespeicher ausgestatteten Bus.

1.13.3 Schienenfahrzeuge

Die Vorzüge des elektrischen Antriebs von Schienenfahrzeugen, sowohl bei Lokomotiven wie in Triebwagen, wurden spätestens beim Ausbau des Personennahverkehrs in Untergrundbahnen im Vergleich zu der im 19. Jahrhundert bei Lokomotiven dominierenden Dampfmaschine deutlich. Neben dem hohen Beschleunigungsvermögen war vor allem in Tunnelstrecken die Abgasfreiheit überaus wichtig. Als Nachteil galten und gelten bis heute die relativ hohen Investitionskosten für die nötige Oberleitung

Abb. 1.33: Batteriebetriebener Bus des Herstellers Solaris, Typ Urbino 18, in Szczecin am Hauptbahnhof.

Abb. 1.34: Batteriebetriebener Bus des Herstellers Rampini der Wiener Linien an der Ladestelle Schwarzenbergplatz. Die an die Leitungen für Oberleitungs- oder Trolleybusse erinnernden relativ dünnen Drähte zeigen Batteriebusse an. Für Superkondensatorfahrzeuge wären wesentlich stärkere Drähte und Zuleitungen erforderlich (s. Abb. 1.35).

an (oder die Stromschiene neben) der Strecke. Vor allem an weniger belasteten Strecken, also auf Neben- und Sekundärbahnen, stellte dies für die Elektrifizierung ein zentrales Hindernis dar. Erste Versuche mit zweiachsigen Akkumulatortriebwagen auf der Frankfurter Waldbahn 1891 und wenig später mit motorisierten Personenwagen bei der Pfalzbahn 1895 verliefen ermutigend. Im größeren Ausmaß finden sich seit 1907 bei den Preußisch-Hessischen Staatseisenbahnen die nach ihrem Konstrukteur benannten Wittfeld-Triebwagen (Abb. 1.36). Sie wurden schließlich erst um 1950 ausgemustert.

Abb. 1.35: Superkondensator-versorgter Bus der Linie 26 an einer Haltestelle auf der Renmin-Straße in Shanghai.

Abb. 1.36: Wittfeld-Akkumulatortriebwagen der Preußischen Staatsbahnen (Bildrechte bei Autor/-in unbekannt – de:Die Lokomotive (April 1909), Gemeinfrei, https://commons.wikimedia.org/w/index.php?curid= 147874214).

Bei der Deutschen Bundesbahn kam es zur Entwicklung der Triebwagen der Baureihen ETA 175 und ETA 150, von denen die letzten Fahrzeuge 1995 ausgemustert wurden (Abb. 1.37).

Die Entwicklung von Hybridfahrzeugen, die elektrische Energie wahlweise aus eingebauten Akkumulatoren oder einer Oberleitung bezogen, scheiterte seinerzeit an Wirtschaftlichkeitsüberlegungen. Bis zu diesem Zeitpunkt wurden ausnahmslos Bleiakkumulatoren eingesetzt. Das Aufkommen neuartiger wiederaufladbarer Batterien, vor allem von Lithiumionen-Batterien, hat das Interesse an Akkufahrzeugen unterstützt vom Bemühen um verminderten Einsatz fossiler Brennstoffe, vor allem Dieseltreibstoff, in der Fahrzeugtechnik zu erneuten technischen Entwicklungen und zahlreichen Erprobungsprojekten erneuert. Die relativ langen Ladezeiten stehen einer intensiven Fahrzeugnutzung noch im Weg. Vor allem bei Anwendungen mit kurzen Haltestellenabständen, so bei Straßenbahnen, verspricht der Ersatz von Akkumulatoren durch Superkondensatoren Abhilfe. Diese Speicher für elektrische Energie haben derzeit zwar noch nicht das Energiespeichervermögen von Akkumulatoren, können aber in kurzer Zeit, z. B. beim Aufenthalt an einer Haltestelle, so weit aufgeladen werden, dass die Fahrstre-

Abb. 1.37: Akkumulatortriebwagen der BR 815 der Deutschen Bahn (Bildrechte bei Benedikt Dohmen, Archiv-Nr. 79/01 – Eigenes Werk, CC BY-SA 3.0, https://commons.wikimedia.org/w/index.php?curid= 1020161).

cke bis zur nächsten Haltestelle, meist aber viel weiter, möglich ist. Abbildung 1.38 zeigt Fahrzeuge und weitere Details einer Installation in Shenyang/China.

Der Einsatz von Superkondensatoren mit der für sie typischen extrem hohen elektrisch Leistungsabgabe/-aufnahme (s. Abschn. 4.6) erlaubt noch eine weitere Verbesserung: Das regenerative Bremsen (mitunter auch Rekuperations- oder Nutzbremse genannt). Dabei werden die Antriebsmotoren als Generatoren genutzt. Wird ein Fahrzeug konventionell elektrisch abgebremst (Widerstandsbremse), wird die ihm innewohnende kinetische Energie E_{kin} nach

$$E_{kin} = \frac{1}{2} m \cdot v^2 \qquad (1.1)$$

mit der Fahrzeugmasse m und seiner Geschwindigkeit v hauptsächlich als Abwärme in sog. Bremswiderständen freigesetzt. Bei einem Fahrzeuggewicht von 200 t und $v = 100 \, km \cdot h^{-1}$ werden bei Abbremsung bis zum Stillstand immerhin 77,16 MJ an Wärmeenergie abgegeben. Je nach Bremssystem kann davon auch ein Teil auf die Umwandlung von z. B. Bremsscheiben und -klötzen in Abrieb und Feinstaub entfallen. Man kann allerdings auch versuchen, die kinetische Energie als elektrische Energie zu speichern. Da beim raschen Abbremsen entsprechend große Leistungen freigesetzt werden, die von Batterien nicht schadlos aufgenommen werden können, sind Superkondensatoren eine sehr vorteilhafte Speicheroption. Die in ihnen gespeicherte Energie kann beim anschließenden Anfahren und Beschleunigen wieder genutzt werden. Die Vorteile von entsprechend leistungsfähigen Speichern entlang einer Strecke illustriert Abb. 1.39.

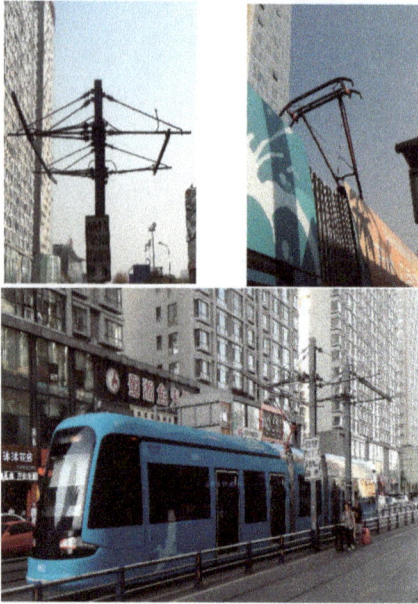

Abb. 1.38: Superkondensator-versorgte Straßenbahn der Linie 2, Haltestelle Xinglong Outlets, in Shenyang.

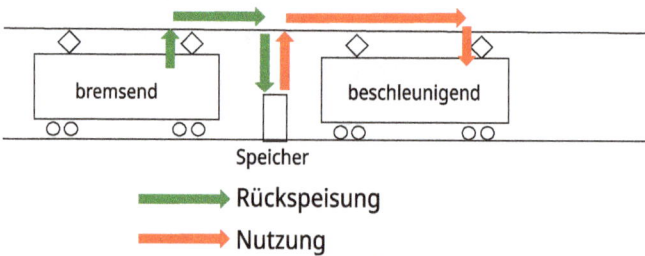

Abb. 1.39: Prinzip des regenerativen Bremsens mit Speicher an der Strecke.

Mit Speichern kann die beim Bremsen freiwerdende Energie kurzfristig aufgenommen und zeitversetzt wieder zur Verfügung gestellt werden. Ohne Speicher wäre allenfalls bei zeitgleicher Entnahme der rückgespeisten Leistung im Netz der Bahnstrecke eine Nutzung möglich. Instabilitäten im Netz der Bahn wären zu befürchten. Die Mehrkosten für die Installation von Speichern in allen Fahrzeugen werden vermieden.

Mit weiteren Verbesserungen in der Energiespeichertechnik wie noch verschärften Auflagen des Umweltschutzes ergeben sich weitere Anwendungen. Zweikraftlokomotiven, die elektrische Energie über einen Generator von einem Dieselmotor oder aus der Oberleitung erhalten, können durch Einbau eines Speichers, der vorteilhaft an den elektrischen Zwischenkreis zwischen Generator und/oder Transformator einerseits und

Antriebsmotoren andererseits angekoppelt ist, zu Hybridfahrzeugen (s. Abb. 1.40) nach verschiedenen, möglicherweise inkonsistenten Definitionen) ergänzt werden, die auch kurze Strecken z. B. beim Rangieren ohne Oberleitung und ohne die üblichen Emissionen des Dieselmotors befahren können.

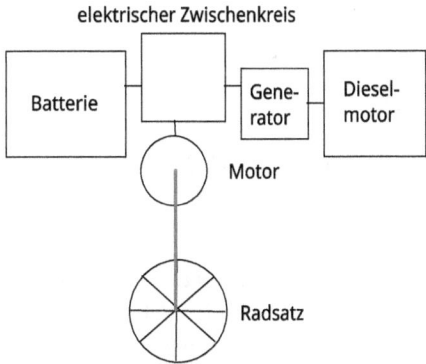

Abb. 1.40: Funktionsschema einer Hybridlokomotive.

Das Bild zeigt nur eine der verschiedenen Möglichkeiten. Statt eines Dieselmotors kann auch eine Brennstoffzelle eingebaut werden, und der Einbau der für den Betrieb unter einer Oberleitung oder an einer Stromschiene benötigten Ausrüstung ist ebenfalls denkbar. Zur Unterstützung der Batterie beim Anfahren und Beschleunigen wäre die Kombination mit einem Superkondensator attraktiv. Der modulare Aufbau bisher bekannter Beispiele erleichtert den Bau der für den Einsatzort besonders geeigneten Kombination.

1.13.4 Flurförderzeuge

Allgemein bekannt sind Gabelstapler in zahlreichen verschiedenen Ausführungen, aber für spezielle Anwendungen wie weitgehend automatisierte Hochregallager und andere System der Lagerung und Verteilung werden weitere Geräte wie Regalförderer eingesetzt. Allen gemeinsam ist eine Energiequelle für den Antrieb der für die Fortbewegung und das Heben der Last eingebauten Motoren. Bei älteren Systemen, die zudem oft außerhalb von Gebäuden eingesetzt wurden, kann dies ein Verbrennungsmotor sein. In Hallen ist dies wegen der anfallenden Abgase wenig willkommen. Daher werden neben abgasarmen Motoren, die z. B. mit Flüssig- oder Erdgas betrieben werden, zunehmend elektrische Antriebe eingesetzt. Da die Flurförderfahrzeuge meist frei beweglich sind oder in Schienen zwischen Hochregalen fahren, ist ihr Betrieb nur mit eingebauten Energiespeichern sinnvoll (Abb. 1.41).

Abb. 1.41: Batteriewechsel an einem Gabelstapler (Bildrechte bei Still gmbh, CC BY-SA 3.0, https://commons.wikimedia.org/w/index.php?curid=2157362).

Dies waren zunächst vor allem Batterien, die in den nächtlichen Betriebspausen aufgeladen werden. Verlängerte Betriebszeiten bis zum Dauerbetrieb haben das Interesse an anderen Speichersystemen sowie an Brennstoffzellen wachsen lassen, bei denen keine langen Ladezeiten anfallen. Da Brennstoffzellen elektrischen Lastspitzen nur begrenzt gewachsen sind, ist wiederum eine Kombination mit Superkondensatoren sinnvoll.

1.13.5 Aufzüge und Fahrstühle

Ein Fahrstuhl benötigt zum Heben der Kabine elektrische Energie. Diese wird praktisch stets durch einen elektrischen Antrieb bereitgestellt. Beim Ablassen muss dagegen gebremst werden, und dies geschieht häufig durch Schaltung des Antriebsmotors als Generator und Wandlung der freiwerdenden elektrischen Energie in Widerständen (Bremswiderständen) in Abwärme. Dies entspricht der bei elektrischen Eisenbahnen schon lange verbreiteten Widerstandsbremse, die auch dort zur Vermeidung des Verschleißes an mechanischen Bremsen verbreitet ist. Dieses Verfahren ist zwar meist einfach im Aufbau und kostengünstig, es ist jedoch stets nicht energieeffizient. Fahrstuhlhersteller bieten daher die Option einer Rückspeisung der freiwerdenden Energie ins Netz an, was eine Energieersparnis von bis zu 75 % bewirken kann (Abb. 1.42).

Abb. 1.42: Anzeige in einem Aufzug, die den Betrieb eines Rückgewinnungssystems anzeigt.

Beim Netzausfall hilft dieser Modus allerdings nicht, die Kabine in eine sichere Position zu bringen. Einige Hersteller haben daher wiederaufladbare Batterien eingebaut – mit allen damit verbundenen Problemen, die man von unterbrechungsfreien Stromversorgungen und von durch stetige Vollladung in ihrer Lebenserwartung begrenzten Sekundärbatterien kennt. Zudem blieb ein weiteres ebenfalls mit der Netzstabilität zusammenhängendes Problem ungelöst: Die großen Stromspitzen beim Anfahren der Aufwärtsbewegung der Kabine. Durch den Einsatz von Superkondensatoren anstelle von Sekundärbatterien wird dieses Problem erfolgreich gelöst; eine Kombination mit einer Batterie kann sogar Stromausfälle abfangen.

1.14 Großrechnersysteme

Ein Stromausfall kann bei einem Computer jeder Größe zu verheerenden Datenverlusten und weiteren Schäden führen. Diese können bis in die von einem Computer überwachten oder gesteuerten Anlagen (Verkehrslenkung, Anlagensteuerung etc.) reichen. Eine zuverlässige und unterbrechungsfreie Stromversorgung, die zumindest die Zeit bis zum Hochlaufen einer Notstromversorgung z. B. mit dieselelektrischen Systemen überbrückt oder ein zuverlässiges Abschalten des Rechners ohne Datenverlust oder andere Schäden ermöglicht, ist in praktisch jeder Anwendung wünschenswert und in vielen Fällen unerläßlich. Üblicherweise werden dazu unterbrechungsfreie Stromversorgungen (USV) eingesetzt, die für sehr unterschiedliche Lasten bei entsprechender Größe der Batteriespeicher ausgelegt werden können (Abb. 1.43 und 1.44).

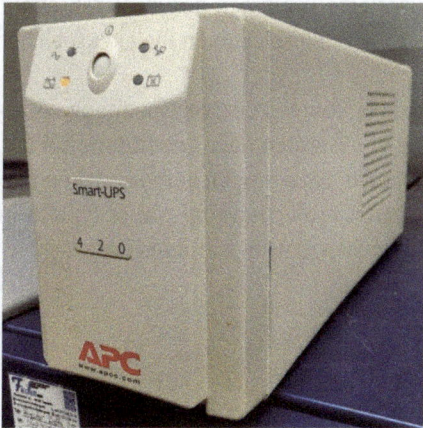

Abb. 1.43: Kleine USV für einen Computer ($P = 420$ W).

Die eingesetzten Bleiakkumulatoren werden dabei aus dem elektrischen Netz ständig nachgeladen. Ihre Zahl bestimmt die Leistung wie Kapazität der USV. Bei einem Netz-

Abb. 1.44: Größere USVs (links P = 8 kW, rechts P = 24 kW).

ausfall wird der von den Batterien gelieferte Gleichstrom durch elektronische Wandler (Inverter, d. h., Wechselrichter) als Wechselstrom an die angeschlossenen Verbraucher abgegeben.

1.15 Notstromversorgungen

Für die zuverlässige Stromversorgung von Gebäuden, Einrichtungen wie Krankenhäusern, Verkehrsleitstellen und anderen Bestandteilen der Infrastruktur mit elektrischer Energie bei Ausfall der Netzversorgungen sind Notstromversorgungen notwendig. Es handelt sich hier um vergleichsweise groß ausgelegte Versionen der im Vorabschnitt beschriebenen USVs. Abbildung 1.45 zeigt als typisches Beispiel einen Bleiakkuspeicher in einem Institutsgebäude.

Ist z. B. bei häufig durch nur kurzfristige Schwankungen der Netzspannung verursachten Störungen die zuverlässige Versorgung von Geräten oder Laboratorien nötig, sind u. U. einfache entsprechend groß dimensionierte Batteriespeicher ausreichend.

Abbildung 1.46 zeigt einen Blick in einen Batteriespeicherraum wie er typisch in Einrichtungen der kritischen Infrastruktur und Rechenzentren zu finden ist.

1.16 Windkraftanlagen

Auf den ersten Blick ist ein Zusammenhang zwischen Windkraftanlagen und elektrischen Energiespeichern nicht erwartet – soll doch die Anlage elektrische Energie durch Wandlung bereitstellen und ins öffentliche Netz einspeisen. Für den Betrieb der Anlage, die Messung und Erfassung von Betriebsparametern und nötige Verstellungen ist elektrische Energie unabhängig von der Bereitstellung der Energie für das Netz selbst dann nötig, wenn das Netz von der Anlage getrennt oder nicht zur Verfügung steht. Für

Abb. 1.45: USV in einem wissenschaftlichen Institut (CECRI, Karaikudi, Indien).

Abb. 1.46: Batteriespeicher (Bildrechte bei By Jelson25 – Own work, CC BY 3.0, https://commons. wikimedia.org/w/index.php?curid=7458278).

die Unterstützung der allgemeinen Mess- und Steuertechnik würde eine typische unterbrechungsfreie Stromversorgung (USV) ausreichen. Für die Versorgung der im Windrad selbst verbauten elektromotorischen Antriebe benötigt man relativ kleine nahe am Antrieb montierte Speicher mit höchster Zuverlässigkeit, die auch unter ungünstigen Umständen bei Starkwind die Blätter des Windrades in eine Neutralstellung bringen.

1.17 Pufferung von Kurzzeitlasten

Strenggenommen gehört diese Anwendung, die bevorzugt in netzgebundenen Anwendungen auftaucht, nicht in dieses Kapitel. Sie wurde aber schon bei Fahrstühlen, Fahrzeuganlassern etc. angesprochen: kurzzeitige Strom- oder allgemeiner Leistungsspitzen beim Betrieb elektrischer Anwendungen. Beim Anlassen eines Verbrennungsmotors mit einem elektrischen Anlasser oder beim Ingangsetzen einer Aufzugskabine treten kurzzeitige Stromspitzen durch die hohe Leistungsaufnahme der verwendeten Elektromotoren auf. Dies mag eine frisch geladene und nicht junge Starterbatterie wenig beeindrucken, aber eine schon gealterte Batterie bei niedrigen Temperaturen und nach längerer Betriebspause nur teilweise geladen kann die benötigte Leistung u. U. nicht abgeben. Verwendet man hier einen Superkondensator, der im einfachsten Fall zur Batterie parallel geschaltet ist, kann dieser den benötigten hohen Strom liefern.

Beim Aufzugsmotor kann eine unerwünschte Fluktuation, hier ein Einbruch der Netzspannung, vermieden werden, wenn wiederum ein geeigneter Speicher eingesetzt wird. Vor allem bei Antriebsmotoren, die ohnehin nicht direkt aus dem Stromnetz, sondern über einen Gleichstromzwischenkreis (Abb. 1.47) betrieben werden, kann dieser Speicher vergleichsweise einfach in diesen Zwischenkreis integriert werden.

Abb. 1.47: Gleichstromzwischenkreis.

Dies kann auch bei anderen elektrischen Antrieben vorteilhaft zur Kostensenkung genutzt werden, wenn die elektrischen Energiekosten nicht nur nach der tatsächlichen Energienutzung, sondern auch nach der ggfs. und je nach Tarif nur kurzzeitig entnommenen Spitzenlast berechnet werden. Die beschriebene Maßnahme ist sehr gut geeignet, diese Spitzenlast zu mindern – und damit vielfach auch die effektiven Energiekosten.

Weiterführende Lektüre

R. Holze: Elektrische Energie – Speichern und Wandeln, Springer essentials, Heidelberg 2019.

R. Holze: Superkondensatoren, Springer, Berlin 2024.

2 Elektroenergie aus Wandlungsprozessen

Elektrische Energie kann nur durch Umwandlung aus anderen Energieformen bereitgestellt werden. Einen ersten Überblick gängiger Energieformen und möglicher Wandlungsprozesse gibt Tabelle 2.1. Dabei ist nicht jede Verknüpfung eine Wandlung zwischen verschiedenen Energieformen.

Tab. 2.1: Energieformen und mögliche Wandlungsprozesse.

aus \ in	Mechanische Energie	Thermische Energie	Strahlungs-energie	Elektrische Energie	Chemische Energie	Nuklear-energie
Mechanische Energie	Getriebe	Bremse	Synchrotron-strahlung	Dynamo	Kugelmühle	Prozesse in Teilchen-beschleuniger
Thermische Energie	Gasturbine	Wärme-tauscher	Glühdraht	Thermoelement	Hochofen	Supernova
Strahlungs-energie	Radiometer	Solarkollektor	Nichtlineare Optik	Photovoltaik	Photosynthese	Kernphoto-effekt
Elektrische Energie	Elektromotor	Heizplatte	Blitzlicht	Transformator	Elektrolyseur	–
Chemische Energie	Muskel	Gasbrenner	Glühwürmchen	Brennstoffzelle	Kohlever-gasung	–
Nuklear-energie	Schnelle Neutronen	Sonne	γ-Strahlung	–	Radiolyse	–

Eine Beschreibung aller der nur mit Stichworten beschriebenen Umwandlungsprozesse und -optionen würde den Rahmen des Buches sprengen. Vielmehr verdienen hier die als Beispiele mit Elektroenergie verknüpften hervorgehobenen Umwandlungsprozesse Beachtung und nähere Betrachtung.

Möchte man elektrische Energie als mechanische Arbeit nutzen, ist ein Elektromotor eine weitverbreitete Option. Soll die Wandlung stattdessen zu chemischer Energie führen die danach gespeichert werden kann, ist ein Elektrolyseur, in dem Wasser in Wasserstoff (der anschließend unter Druck, tiefkalt verflüssigt oder auf andere Weise gespeichert wird) und Sauerstoff gewandelt wird, der Weg zur chemischen Energie. Soll dagegen Strahlungsenergie aus z. B. Sonnenlicht als elektrische Energie nutzbar gemacht werden, ist Photovoltaik der naheliegende Weg. Wärmeenergie läßt sich in Thermoelementen in elektrische Energie wandeln. Hierfür ist der Seebeck- oder thermoelektrische Effekt die Grundlage. Allerdings handelt es sich nur um sehr kleine umsetzbare Energiebeträge. Vor allem in der Raumfahrt wurden Radionuklidbatterien (auch Radioisotopengenerator, Isotopenbatterie oder Atombatterie genannt) mit Peltierelementen als den eigentlichen Wandlern zur Stromversorgung von Satelliten etc. eingesetzt. Dabei wird die Wärme aus radioaktiven Zerfallsprozessen genutzt. Eben diese Radioaktivität und der mäßige Wirkungsgrad (meist < 10 %) stehen einer breiten Anwendung im Wege.

https://doi.org/10.1515/9783111436838-002

Stattdessen wird man Wärmeenergie meist zunächst zur Verdampfung von Wasser einsetzen und mit dem erzeugten Dampf eine Turbine betrieben. So erhaltene mechanische (oder kinetische) Energie wird anschließend in einem Dynamo (Generator) in elektrische Energie gewandelt. Es sind nun zwei Umwandlungsschritte erforderlich. Dies wird in Abb. 2.1 deutlich: In der gezeigten Turbinenhalle eines Kraftwerks (Schwarze Pumpe) sind sowohl die Dampfturbine für den ersten wie der Generator für den zweiten Schritt erkennbar.

Abb. 2.1: Turbinenhalle eines Kraftwerks mit Dampfturbinen und Generatoren (Bildrechte bei I. Dergenaue (https://commons.wikimedia.org/wiki/File:Turbinenhalle_KSP.jpg), „Turbinenhalle KSP", https://creativecommons.org/licenses/by-sa/3.0/legalcode).

Während der Wirkungsgrad des ersten Schrittes nach den Überlegungen aus dem Carnot-Prozess der Thermodynamik je nach technischer Auslegung bereits höhere zweistellige Werte erreichen kann, ist der Wirkungsgrad des Generators mit bis zu 99 % sehr hoch. Der sich aus der Multiplikation der Einzelwirkungsgrade ergebende Gesamtwirkungsgrad η_{ges} ist damit – trotz der Mehrstufigkeit – deutlich höher und damit attraktiver als beim einstufigen thermoelektrischen Weg. Mit dem energetischen Wirkungsgrad (oft wird η als Symbol verwendet) ist dabei der Prozentsatz elektrischer Energie am Ausgang des Wandlungsprozesses bezogen auf die in den Wandlungsprozess eingespeiste Energie gemeint,

$$\eta = \frac{E_{\text{aus}}}{E_{\text{ein}}}. \tag{2.1}$$

In einem mehrstufigen Prozess ergibt sich

$$\eta_{\text{ges}} = \eta_1 \cdot \eta_2 \cdot \eta_3. \tag{2.2}$$

Für einen fairen und den Einsatzbedingungen angemessenen Vergleich müssen allerdings der größere technische Aufwand, System- und Betriebskosten und andere praktische Parameter berücksichtigt werden.

Die Nutzung elektrischer Energie unter den Bedingungen eines fehlenden Netzanschlusses oder besonderer technischer Bedingungen (z. B. extreme Leistungsspitzen beim Betrieb von Hochleistungsmagneten) stand in zahlreichen Beispielen im Mittelpunkt des vorangegangenen ersten Kapitels. In diesem Kapitel sollen die mit Tabelle 2.1 beispielhaft angesprochenen Wege zur elektrischen Energie eingehender vorgestellt werden. Dabei werden den stark vereinfachten Angaben in Tabelle 2.1 weitere Details hinzugefügt. Vor allem wird dies durch Betrachtung konkreter Beispiele wie der mechanischen (kinetischen) Energie in Strömungen von Luft (Windenergie) oder Wasser (Gezeitenenergie) anschaulich werden.

2.1 Mechanische Energie

2.1.1 Rotationsenergie

Der Dynamo an einem Fahrrad ist vermutlich das am besten und häufigsten sichtbare Beispiel eines Verfahrens zur Umwandlung mechanischer Energie – hier der am Reibrad des Dynamos (Seitenläufer) eingespeisten kinetischen Rotationsenergie – in elektrische Energie. Abbildung 2.2 zeigt ein typisches Beispiel.

Abb. 2.2: Ein Fahrraddynamo als Beispiel eines kleinen Generators.

In ihm wird der Permanentmagnet des Rotors gegenüber den festmontierten Feldwicklungen des Stators durch das Reibrad in Bewegung gesetzt. Das so erzeugte rotierende Magnetfeld induziert in den Statorspulen eine Spannung, die zur Beleuchtung des Fahrrads eingesetzt wird. Abbildung 2.3 zeigt dies an einem geöffneten Dynamo.

Abb. 2.3: Zerlegter Fahrraddynamo mit fest eingebauten und verdrahteten Spulen (Stator) und dem rotierenden Permanentmagneten.

Die bekannten Nachteile des Seitenläufers, vor allem die bei Regen und Schnee häufigen Funktionsausfälle, werden beim Nabendynamo (Abb. 2.4) überwunden. An der Achse sind die Spulen des Stators befestigt, und auf der Innenseite der rotierenden Nabe sind Permanentmagnete befestigt. Anders als beim Seitenläufer ist ein separater Schalter erforderlich, um den zur Tageszeit unnötigen und bei schlechter Justierung des Scheinwerfers für andere Verkehrsteilnehmer lästigen Betrieb vor allem des Scheinwerfers zu verhindern.

Abb. 2.4: Nabendynamo mit elektrischer Steckverbindung (in Abb. links).

Wird statt des von Permanentmagneten erzeugten statischen magnetischen Feldes ein durch elektrische Spulen erzeugtes Feld genutzt, spricht man vom oft Werner von Siemens zugeschriebenen dynamoelektrischen Prinzip. Es ist in zahlreichen technischen Variationen in den meist als Generatoren bezeichneten Wandlern verwirklicht, die in den folgenden Abschnitten gezeigt werden.

2.1.2 Windkraftanlagen

Die kinetische Energie des Windes wird seit Urzeiten zum Vortrieb von Segelschiffen und seit dem 7. Jahrhundert und vermutlich noch viel länger zum Antrieb von Windmühlen (Abb. 2.5) genutzt. Die Idee, eine Windmühle (der Begriff taucht mitunter leicht ironisch zur Bezeichnung von Windkraftanlagen auf) mit einem Generator zu koppeln, tauchte in den 1880er Jahren des 19. Jahrhunderts auf, als J. Blyth 1887 in Schottland und C. F. Brush in Cleveland, Ohio, und ebenfalls in den 1890er Jahren P. la Cour in Dänemark diese Kombination nutzten. Versorgte die Anlage von la Cour nur das Dorf Askovs, liefen 1908 in Dänemark bereits 72 Windkraftanlagen mit Leistungen von 5 bis 25 kW. In den 1930er Jahren waren sie für viele Farmen in den USA mangels eines ausreichend ausgebauten Versorgungsnetzes die Hauptquelle elektrischer Energie.

Abb. 2.5: Windmühle (Mühle am Wall, Bremen).

Die technische Entwicklung hat zu immer größeren Anlagen mit immer höherer elektrischer Leistung geführt. Moderne bereits installierte Anlagen (GE Wind Energy Haliade-X, s. Abb. 2.6) liefern 13 MW, und Anlagen mit noch höherer Leistung werden entwickelt. Da die abgegeben Leistung von der Windstärke abhängt, werden Anlagen bevorzugt an Orten mit gleichmäßig hoher Windstärke errichtet. Auch wenn die Installation von Anlagen in der Nähe von Verbrauchern ökonomisch wegen geringerer Übertragungskosten vorteilhafter erscheint, ist dies wegen des geringeren und stärker wechselhaften Windangebots oft unzweckmäßig. Bei der Aufstellung von Anlagen an Orten mit höherem und gleichmäßigerem Windangebot (z. B. in Norddeutschland (onshore) oder auf dem Meer (offshore)) sind allerdings höhere Übertragungskosten zu berücksichtigen.

Bei aktuellen Anlagen dreht sich ein dreiblättriger Rotor in Windrichtung vor dem Mast meist im Uhrzeigersinn (nur eine Drehrichtung ist wegen der Asymmetrie der Ro-

Abb. 2.6: Prototyp der Windkraftanlage GE Wind Haliade-X (Bildrechte bei Von kees torn – Windturbine Haliade -X, CC BY-SA 2.0, https://commons.wikimedia.org/w/index.php?curid=97698299).

torblätter möglich; die vorherrschende Drehrichtung scheint einem historischen Zufall geschuldet) und treibt mit oder ohne Zwischengetriebe einen Generator an. Die Gondel, an der der Rotor angebracht und in der der Generator, ggfs. das Zwischengetriebe und weitere technische Anlagen untergebracht sind, ist auf der Mastspitze montiert und wird in die Windrichtung gedreht. Entsprechend der Windgeschwindigkeit werden die Rotorblätter verstellt (pitch). Beide Einstellungen erfolgen mit Elektromotoren, und sie müssen im Interesse der Betriebssicherheit mit höchster Zuverlässigkeit erfolgen. Wie in Kap. 1 dargestellt, ist dazu eine unterbrechungsfreie Stromversorgung erforderlich. Der technische Entwicklungstrend weist zu getriebelosen Anlagen und zu Generatoren mit Permanentmagneten wegen ihres höheren Wirkungsgrades und kompakteren Bauform bei allerdings höheren Materialkosten und fehlender Regelbarkeit des Magnetfeldes. Der letztgenannte Nachteil kann auch bei Generatoren mit höherer Leistung durch mittlerweile auch für größere Leistung verfügbare elektronische Frequenzumrichter ausgeglichen werden. Zunehmend werden Windkraftanlagen mit Regeleinrichtungen ausgestattet, die in Grenzen die Anpassung der Leistung sowohl an geringere Abnahme wie auch zumindest für einige Sekunden an gestiegene Abnahme ermöglichen. Dabei wird die in den mechanischen Komponenten (Rotor, Nabe, Getriebe etc.; s. Abb. 2.7) gespeicherte Energie unter Inkaufnahme einer kurzzeitig absinkenden Drehzahl genutzt. Dieses Vorgehen ähnelt der Momentanreserve in thermischen Kraftwerken und Wasserkraftwerken, die die Trägheit des Turbinen-Generatorstrangs nutzt.

Für moderne Anlagen liegt die Energierücklaufzeit, d. h., die Zeit, in der die für Herstellung, Bau und Recycling benötigte Energie von der Anlage bereitgestellt wird, deutlich unter einem Jahr. Für thermische Kraftwerke ist naturgemäß eine derartige Angabe nicht möglich, da in ihnen ständig fossile Energieträger unwiderruflich verbraucht werden.

Abb. 2.7: Antriebsstrang einer Windkraftanlage (Bildrechte bei Von Paul Anderson, CC BY-SA 2.0, https://commons.wikimedia.org/w/index.php?curid=5125761).

2.1.3 Wasserkraftanlagen

Sehr ähnlich ist die Nutzung der kinetischen Energie fließenden Wassers in Strömungs-oder Laufwasserkraftwerken sowie in Gezeitenkraftwerken. Da sich die kinetische Energie aus dem Wasserfluss entlang eines Gefälles ergibt, kann auch von der Nutzung der ihm innewohnenden potentiellen Energie (Lageenergie) gesprochen werden. Dies wird bei der Betrachtung von Pumpspeicherkraftwerken deutlicher, bei denen der meist gut sichtbare Höhenunterschied zwischen Ober- und Unterbecken diesen Aspekt anschaulich macht. Beim Laufwasser tritt dieser Aspekt dagegen zurück.

In einem Pumpspeicherkraftwerk wird die potentielle Energie des aus dem Ober- oder Speicherbecken (Oberwasser) durch Rohrleitungen und darin strömenden Wassers am unteren Ende beim Einlauf in das Unter- oder Tiefbecken genutzt. Abbildung 2.8 zeigt das nach dem Pionier dieser Technologie A. Koepchen benannte 1930 vom RWE bei Herdecke in Betrieb genommene und nach Schäden an den Pumpen 1994 stillgelegte Koepchenwerk. Es wurde durch das unmittelbar daneben errichtete Pumpspeicherkraftwerk Herdecke 1989 ersetzt.

In der Abbildung gut sichtbar sind der Hengsteysee als Tiefbecken, das Kraftwerkshaus mit Pumpen, Turbinen und Generatoren sowie die Druckleitungen zum oberen 160 m höher gelegenen Speichersee. Bei dem im Bild links erkennbaren neuen Werk ist die Rohrleitung im Berghang nicht mehr sichtbar angeordnet. Während im alten Werk Pumpen und Turbinen separat in vier Maschinensätzen ausgeführt waren und insgesamt ca. 150 MW elektrische Leistung im Pumpbetrieb aufnehmen und im Generatorbetrieb abgeben konnten, übernimmt eine Francis-Pumpturbine mit einer elektrischen Leistung von bis zu 162 MW diese Aufgaben im neuen Werk. Durch die entnehmbare Wassermenge im oberen Speicherbecken ist das elektrische Energiespeichervermögen mit ca. 590 MWh geben; es wird ein Wirkungsgrad von 80 % erreicht. Das Funktionsschema eines Pumpspeicherkraftwerks zeigt Abb. 2.9.

Abb. 2.8: Pumpspeicherkraftwerk Herdecke (Bildrechte bei Jochen Schneider (https://commons.wikimedia.org/wiki/File:Koepchenwerk.jpg), „Koepchenwerk", https://creativecommons.org/licenses/by-sa/3.0/legalcode).

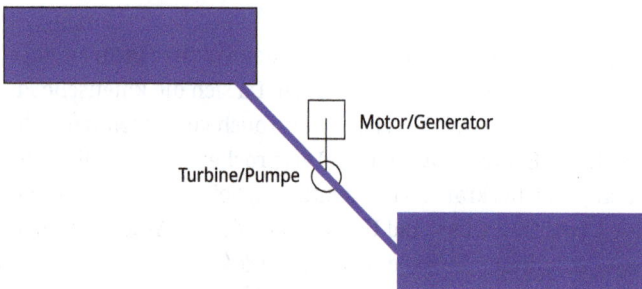

Abb. 2.9: Funktionsschema eines Pumpspeicherkraftwerks.

Das Prinzip wird wiederum bereits seit langer Zeit angewendet: Mit Windmühlen wurde Wasser in höher gelegene Speicher gepumpt, und beim gleichmäßigen Ablauf wurden Wassermühlen zum Betrieb vor allem von Webstühlen eingesetzt. Die Speicherung erlaubte eine Verstetigung des Energieangebotes, das bei Nutzung nur der Windmühlen ständigen und abträglichen Fluktuationen ausgesetzt gewesen wäre.

Einen historischen Turbinensatz aus einem Pumpspeicherkraftwerk in Tsarska Bistritsa, Bulgarien, zeigt Abb. 2.10.

Verzichtet man auf die Pumpoption, bleibt ein Speicherkraftwerk zurück, bei dem die potentielle Energie des z. B. in einem Stausee gespeicherten Wassers bei Abfluss genutzt wird. Dies ist z. B. im Speicherwasserkraftwerk Hemsfurth am Fuss der Edertalsperre genutzt.

In einem Laufwasserkraftwerk wird die Energie fließenden Wassers genutzt. Potentielle Energie spielt insoweit eine Rolle, als der Höhenunterschied zwischen Anfang und Ende eines Flusses diesen Wasserfluss antreibt. Im einfachsten Fall, d. h., ohne eine Aufstauung des Flusses, handelt es sich um Strömungskraftwerke mit meist nur niedrigem Leistungsvermögen. Beim klassischen Laufwasserkraftwerk wird das zufließende

Abb. 2.10: Turbinensatz (links Generator, Mitte Turbine, Siemens 1912) aus dem Wasserkraftwerk im Park Tsarska Bistritsa in den Rila-Bergen (Bulgarien).

Wasser aufgestaut. Anders als beim Speicher- und Pumpspeicherkraftwerk ist aber der Wasserzufluss stets gleich dem Wasserabfluss. Das Funktionsprinzip zeigt Abb. 2.11.

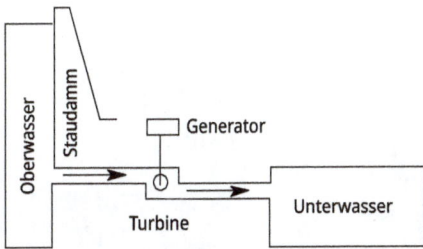

Abb. 2.11: Funktionsschema eines Laufwasserkraftwerks.

Das Aufstauen des Wassers führt wiederum zur Ausbildung eines Höhenunterschiedes des Wasserspiegels im Ober- und im Unterwasser. Die damit verbundene potentielle Energie wird zur Wandlung beim Fluss durch eine Turbine als kinetische Energie erhalten, mit der ein Generator angetrieben wird. Die Nutzung des Prinzips in einer vereinfachten Form ohne Aufstauung ist seit langer Zeit bekannt. Abbildung 2.12 zeigt ein Beispiel aus China.

Im Beispiel aus Syrien (Abb. 2.13) wird die kinetische Energie zur Wasserhebung benutzt. Statt der einfachen Bretter in Abb. 2.12 sind Schöpfeimer montiert.

Bei relativ geringen Stauhöhen wird ein Niederdruckkraftwerk betrieben. Die erhaltene Leistung ist weniger auf den Höhenunterschied als auf die Durchflussmenge des Wassers zurückzuführen. Besonders geeignet sind Kaplanturbinen. Bei größerer Fallhöhe (25 bis 400 m) besteht ein Mitteldruckkraftwerk, in dem bevorzugt Francis-Turbinen eingesetzt werden. Bei noch größeren Fallhöhen, die vor allem bei Anlagen im Hochgebirge auftreten, liegt ein Hochdruckkraftwerk vor, und es kommen Peltier-Turbinen zum Einsatz.

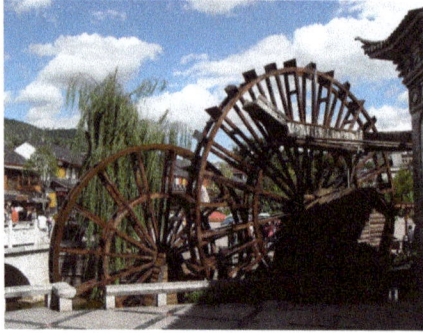

Abb. 2.12: Wasserrad in Lijiang, China (Bildrechte bei https://upload.wikimedia.org/wikipedia/en/c/cc/ Lijiang_Water_Wheel.JPG).

Abb. 2.13: Die Norias von Hama aus einer Serie von 17 der Wasserhebung zur Bewässerung dienende Maschinen am Fluss Orontes (Syrien; Bildrechte bei By Heretiq – Own work, CC BY-SA 3.0, https://commons. wikimedia.org/w/index.php?curid=268702).

In einem Gezeitenkraftwerk sind die beiden Aspekte kinetische und potentielle Energie gut erkennbar verknüpft. Tritt an einer Flussmündung in das offene Meer ein Tidenhub auf, d. h., ein Unterschied der Meeresspiegelhöhe zwischen Ebbe und Flut, kann das in die Mündung bei Flut ein- und bei Ebbe wieder ausströmende Meerwasser zum Antrieb einer Turbine mit angebautem Generator genutzt werden. Zudem liefert das ständig ablaufende Flusswasser einen Beitrag. In Gezeitenmühlen, die traditionellen Wassermühlen ähneln, wurde diese Möglichkeit schon vor Jahrhunderten genutzt. Dabei fließt während der Flut Meerwasser durch eine Schleuse im Damm, der Fluss und Meer trennt, in den Fluss ein. Bei Ebbe fließt das Wasser nun über das Mühlrad ins Meer zurück. In modernen Ausführungen werden Turbinen in einen Deich oder Damm eingebaut. Wegen des geringen Höhenunterschiedes (s. Abb. 2.14) werden dies vor allem Rohrturbinen vom Kaplan-Typ sein.

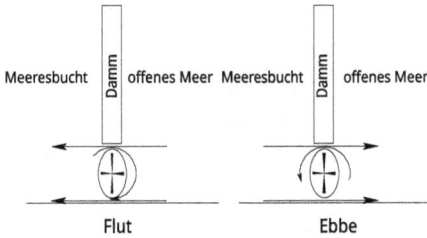

Abb. 2.14: Funktionsschema eines Gezeitenkraftwerks.

Wird ein Mindesttidenhub von fünf Metern gefordert, gibt es weltweit ca. einhundert potentiell geeignete Standorte, von denen vermutlich nur die Hälfte wirtschaftlich nutzbar ist. Die Leistungsabgabe folgt den Gezeiten, die zudem auch noch unterschiedlich stark ausfallen können (Spring- und Nipptiden). Die technischen Anlagen sind dem stark korrodierend wirkenden Meerwasser ausgesetzt. Bau und Betrieb einer solchen Anlage sind mit erheblichen Einwirkungen auf die lokale Fauna und Flora verbunden. Diese Nachteile haben vermutlich zu der weltweit nur kleinen Zahl von Gezeitenkraftwerken geführt. Sie lassen zudem keinen nennenswerten weiteren Zubau erwarten. Die Möglichkeit, geeignete Turbinen auch zum Wasserpumpen auszulegen, würde solche Anlagen in die Nähe von Pumpspeicherkraftwerken rücken. Dies ist an der Mündung des Flusses Rance in der Nähe von St Malo realisiert. Der Tidenhub von durchschnittlich 12 m, der bis zu 16 m betragen kann, hat in Verbindung mit einem Absperrbauwerk von 750 m Länge und einem Staubecken von ca. 22 km^2 Fläche zu einem Kraftwerk mit einer Maximalleistung von 240 MW geführt, das im Jahr rund 600 GWh Elektroenergie bereitstellt.

Weitere Projektideen, bei denen auf dem Meeresboden aufgestellte oder im Wasser angebrachte Turbinen ohne Bau eines Damms die Strömungsenergie nutzen, werden immer wieder diskutiert, sind bislang aber wegen zahlreicher technischer Probleme nur in sehr kleiner Zahl und mit recht gemischtem Erfolg realisiert. Zur Unterscheidung werden sie als Meeresströmungskraftwerke bezeichnet.

2.1.4 Mechanoelektrische Wandler

Beim piezoelektrischen Effekt wird durch mechanische Krafteinwirkung auf einen geeigneten meist anorganisch-kristallinen Festkörper eine Verschiebung der ihn bildenden Ionen mit dem Ergebnis einer Ladungstrennung bewirkt. Diese Spannung kann an auf den Kristall aufgebrachten Elektroden abgenommen und genutzt werden. Gewandelte Energiebeträge sind gering; sie könnten für die Versorgung von kleinen Anwendungen wie Sensoren von Interesse sein. Kombination mit geeigneten elektrischen Energiespeichern erleichtert die Nutzung bei wechselhaftem Angebot.

2.2 Thermische Energie

Vor allem als Sekundärenergie taucht thermische Energie in mehrstufigen Wandlungs-prozessen bei der Nutzung fossiler Energieträger (als Verbrennungswärme) und von Kernenergie auf. Sie wird dort meist zur Verdampfung von Wasser genutzt, der so erhaltene Wasserdampf treibt eine Turbine an. Die darin erhaltene kinetische Energie wird in einem Generator schließlich in elektrische Energie gewandelt.

Die in der Umgebung, in Luft, Wasser Erdreich etc. bei Umgebungstemperatur enthaltene thermische (Primär)Energie kann mit Hilfe von Wärmepumpen genutzt werden. Die so auf ein höheres Temperaturniveau beförderte Wärmeenergie wird vor allem für Niedertemperaturanwendungen wie der Raumheizung und der Erwärmung von Brauchwasser genutzt.

2.3 Strahlungsenergie

Im elektromagnetischen Spektrum (Abb. 2.15) tritt im langwelligen infraroten (IR) für das menschliche Augen nicht wahrnehmbaren Teil Strahlung auf, die oft auch als Wärmestrahlung bezeichnet wird.

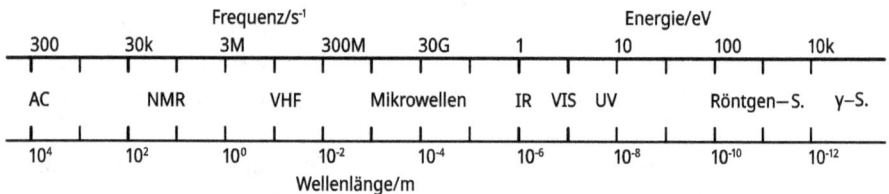

Frequenz/s^{-1}						Energie/eV			
300	30k	3M	300M	30G	1	10	100	10k	
AC	NMR	VHF	Mikrowellen		IR VIS UV		Röntgen–S.	γ–S.	
10^4	10^2	10^0	10^{-2}	10^{-4}	10^{-6}	10^{-8}	10^{-10}	10^{-12}	
		Wellenlänge/m							

Abb. 2.15: Das elektromagnetische Spektrum (S. = Strahlung).

Sie wird zusammen mit dem sichtbaren Teil des Spektrums in entsprechend aus-gelegten Kollektoren von solarthermischen Anlagen zur Erwärmung von Wasser oder anderen Wärmeträgermedien genutzt (Solarthermie). Die erreichbaren Temperaturen legen die Nutzung vor allem im Niedertemperaturbereich, zur Gebäudeheizung und Brauchwassererwärmung nahe.

Im sichtbaren Bereich des Spektrums wie auch im kurzwelligen Teil liegt Strahlung vor, die mit dem photovoltaischen Effekt zur Wandlung der darin enthaltenen Strahlungsenergie in elektrische Energie genutzt werden. Die Wandler (Solarzellen) enthalten als zentrale Komponente eine Halbleiterschicht, in der einfallendes Licht eine Ladungstrennung bewirkt. So freigesetzte Elektronen und Löcher (bewegliche negative und positive Ladungsträger) werden räumlich getrennt und stehen für einen elektrischen Stromfluss bereit. Abbildung 2.16 zeigt dies schematisch, und Abb. 2.17 zeigt eine typische Ausführung einer Solarzelle.

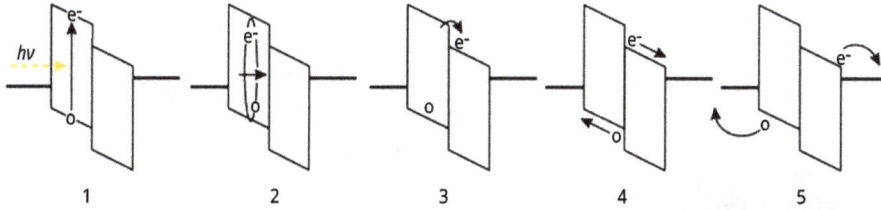

Abb. 2.16: Photovoltaische Umwandlung von Strahlungsenergie in elektrische Energie: (1) Ladungstrennung, (2) ein Exziton wird so gebildet, (3) an der Grenze der beiden Halbleiterschichten tritt Trennung von Elektronen **e⁻** und Löchern **o** ein, (4) die Ladungsträger werden räumlich getrennt, (5) Ladungsträger werden im äußeren Stromkreis abtransportiert.

Abb. 2.17: Photovoltaik-Zelle.

Abb. 2.18: Photovoltaik-System auf einem Gebäudedach.

In größerem Umfang sind z. B. Photovoltaikanlagen auf Gebäudedächern im Einsatz (Abb. 2.18).

Die eindrucksvoll einfache Wandlung von Lichtenergie in kinetische Energie in einer Lichtmühle (s. Abb. 2.19) ist zwar dekorativ, aber nicht von praktischer Bedeutung.

An Orten gleichbleibend hoher Sonneneinstrahlung sind sog. solarthermische Kraftwerke denkbar. In ihnen wird Sonnenlicht durch großflächige Spiegel auf Kollektoren geleitet, in denen analog zur solarthermischen Sonnenenergienutzung zur

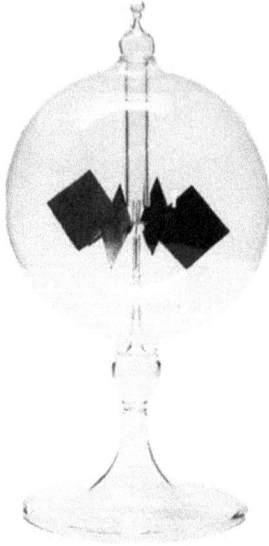

Abb. 2.19: Lichtmühle.

Wassererwärmung (s. o.) nun andere Flüssigkeiten erwärmt werden, die auf wesentlich höherem Temperaturniveau zur Dampferzeugung genutzt werden; der Dampf treibt eine Turbine. Die Technik erlaubt vergleichsweise einfach eine Speicherung der Wärmeenergie, und dies erlaubt eine verstetigte Abgabe elektrischer Energie bzw. eine Anpassung an die Nutzung.

2.4 Chemische Energie

Mit diesem Begriff ist die in chemischen Bindungen gespeicherte Energie gemeint. Bei deren Umwandlung im Verlauf chemischer Reaktionen wird oft Wärmeenergie als Reaktionsenthalpie H freigesetzt. Gängig ist dabei die Symbolik ΔH, die die Änderung der Enthalpie zwischen vorher und nachher meint. Hier ist vor allem die bei Verbrennungsvorgängen von Energieträgern wie Kohlenstoff C freigesetzte Energie von Interesse,

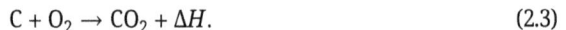

$$C + O_2 \rightarrow CO_2 + \Delta H. \tag{2.3}$$

Für die Umsetzung (Oxidation) von einem Mol Kohlenstoff (ca. 12 g) mit der entsprechenden Menge Sauerstoff beträgt der Wert 393,8 kJ. Da die Angabe stets auf das System bezogen wird und da beim Ablauf der Reaktion Wärme abgegeben wird (exotherme Reaktion), wird der Betrag mit einem negativen Vorzeichen (egoistisches Vorzeichen) versehen: $\Delta H = -393,8$ kJ. Ohne das Vorzeichen spricht man vom Brennwert, und bezogen auf eine chemische Reaktion, auch von der Wärmetönung. Diese Wärme kann (als Sekundärenergie) in thermischen Kraftwerken zur Verdampfung von Wasser oder auf andere Weise in Verbrennungsmotoren genutzt werden. Die ggfs. nach weiteren Wandlungsschritten bereitgestellte kinetische (meist Rotations)Energie kann in einem Generator in elektrische Energie gewandelt werden.

Die Wandlung und damit Nutzung chemischer Energie auf dem Weg über thermische Energie unterliegt den aus der Thermodynamik bekannten und mit dem Carnot-Kreisprozess beschriebenen Wirkungsgradbegrenzungen. Andere nichtthermische Wandlungsprozesse unterliegen dieser Begrenzung nicht. Unter den möglichen Optionen genießt die Brennstoffzelle das größte Interesse. Die Grundidee der Brennstoffzelle ist die räumliche Trennung des Oxidations- und Reduktionsprozesses der in Gl. (2.3) zusammengefassten Verbrennungsreaktion. Dabei wird formal die Oxidation des Kohlenstoffs gemäß

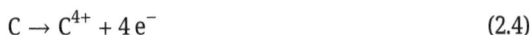

$$C \rightarrow C^{4+} + 4\,e^- \tag{2.4}$$

von der Reduktion des Sauerstoffs gemäß

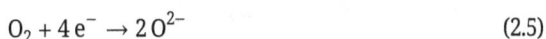

$$O_2 + 4\,e^- \rightarrow 2\,O^{2-} \tag{2.5}$$

getrennt. C^{4+} tritt praktisch nicht auf, O^{2-} allenfalls als Ion in Oxiden. Man muss daher die Reaktion(sgleichung)en ergänzen,

$$C + 2\,O^{2-} \rightarrow CO_2 + 4\,e^-. \tag{2.6}$$

Damit ist auch bereits ein erster grundsätzlicher Hinweis zur praktischen Realisierung gegeben: An der Elektrode nach Gl. (2.4), an der eine Oxidation stattfindet und die traditionell Anode genannt wird, müssen zum Ablauf der Reaktion die erwähnten O^{2-}-Ionen bereitgestellt werden. Dies geschieht durch Transport der an der anderen Elektrode, die traditionell Kathode genannt wird, durch Reduktion von z. B. Luftsauerstoff erzeugten O^{2-}-Ionen durch ein ionenleitendes Medium – den Elektrolyt – zur negativen Elektrode. Letztere Bezeichnung – die anders als der Begriff Anode weniger verwirrungsanfällig ist – rührt von der Freisetzung von Elektronen her, d. h., von negativen Ladungsträgern. Eine analoge Betrachtung führt zur Bezeichnung positive Elektrode statt Kathode. Das bislang betrachtete Beispiel, die direkte Umsetzung (Oxidation) von Kohlenstoff, ist seit der ersten Idee dazu bekannt, die W. Ostwald bei einem Vortrag in Leipzig 1894 vorstellte und die 1897 in einem Patent von W. Jacques mit einer Kohlenstoffanode und einer Sauerstoffelektrode beschrieben wurde. Die direkte Umsetzung von Kohlenstoff oder gar – wie von Ostwald angeregt – von Kohle ist bislang wenig erfolgreich geblieben. Dagegen gibt es zahlreiche andere oxidierbare Materialien, die oxidiert werden können und naheliegend als Brennstoffe bezeichnet werden. Der einfachste Brennstoff ist Wasserstoff, und die entsprechende Reaktion ist

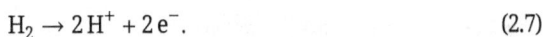

$$H_2 \rightarrow 2\,H^+ + 2\,e^-. \tag{2.7}$$

Als Zellreaktion ergibt sich

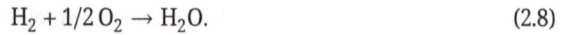

$$H_2 + 1/2\,O_2 \rightarrow H_2O. \tag{2.8}$$

Das Funktionsschema zeigt in Abb. 2.20 am Beispiel der mit einer ionenleitenden Polymermembran als Festelektrolyt ausgestatteten Brennstoffzelle die wesentliche Komponenten.

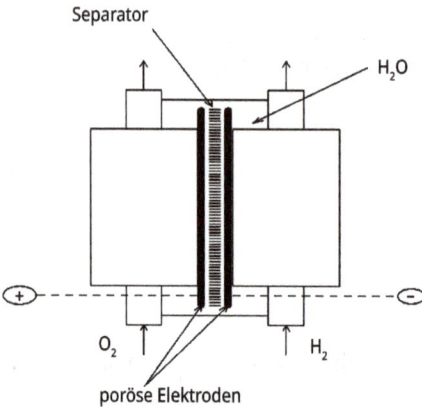

Abb. 2.20: Prinzipschema einer Brennstoffzelle. Hier: einer Wasserstoff/Sauerstoff-Zelle vom Typ der Polymerelektrolyt-Brennstoffzelle.

Eine kleine Laborzelle wird in Abb. 2.21 vorgestellt.

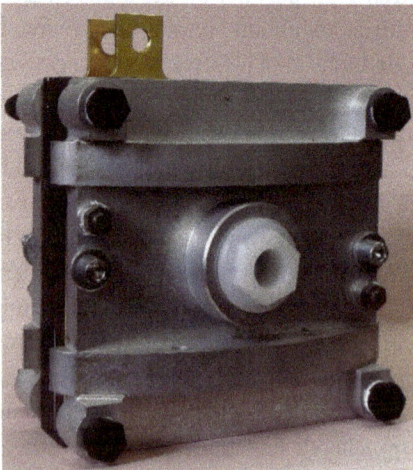

Abb. 2.21: Laborbrennstoffzelle vom Typ der Polymerelektrolyt-Brennstoffzelle.

Die erreichte Zellspannung einer Einzelzelle liegt bei weniger als 1 V. Dies ist für praktische Anwendungen unvorteilhaft. Es werden daher mehrere Zellen in Reihe zu einem Zellstapel montiert. Der Einsatz eines PEM-Brennstoffzellenstapels mit 705 W elektrischer Leistung in einem Gerät, das neben der Stromlieferung auch Warmwasser bereitstellt, ist in einem Brennstoffzellenheizgerät (s. Abb. 2.22) realisiert. Neben dem elektrischen Wirkungsgrad der Brennstoffzelle wird ein Gesamtwirkungsgrad der Brennstoffzelle (elektrisch und thermisch) von bis zu 92 % erzielt.

Abb. 2.22: Brennstoffzellenheizgerät Vitovalor PT 2 (Viessmann). Im Bild rechts unten das Brennstoffzellenmodul, rechts oben das Brennwertgerät zur Spitzenlastabdeckung und links der Warmwasserspeicher (Bildwiedergabe mit freundlicher Genehmigung von Viessmann Climate Solutions SE).

Im gezeigten Gerät wird bezogen auf den Heizwert des eingesetzten Brennstoffs (Erdgas, ggfs. mit beigemischtem Wasserstoff) ein Wirkungsgrad von 37 % erreicht. Bezieht man die genutzte Abwärme mit ein, steigt der Wirkungsgrad auf 92 %.

2.5 Nuklearenergie

Mit Nuklearenergie ist üblicherweise die Kernbindungsenergie gemeint. Bei Kernspaltungsprozessen wie sie in Kernkraftwerken ablaufen, wird ein Teil der durch die Abbremsung der Spaltprodukte freiwerdenden Energie als Wärme freigesetzt. Sie kann direkt in den bereits erwähnten Radionuklidbatterien genutzt werden. Außer unter den besonderen Bedingungen in der Raumfahrt ist dieser Weg technisch wie wirtschaftlich nicht interessant. Vielmehr wird die Wärme in teilweise mehrstufigen Prozessen zum Verdampfen von Wasser genutzt; der gebildete Wasserdampf treibt Turbinen an, die wiederum mit Generatoren gekoppelt sind.

Weiterführende Lektüre

H. Watter: Regenerative Energiesysteme, 6. Aufl., Springer Vieweg, Wiesbaden 2022.

F. Joos: Nachhaltige Energieversorgung: Hemmnisse, Möglichkeiten und Einschränkungen, Springer, Wiesbaden 2019.

Erneuerbare Energien, M. Kaltschmitt, W. Streicher, A. Wiese Hrsg., Springer, Berlin 2020.

Future Energy, T. M. Letcher Hrsg., Elsevier Science, Amsterdam 2013.

U. Blum, E. Rosenthal, B. Diekmann: Energie – Grundlagen für Ingenieure und Naturwissenschaftler, Springer Vieweg, Wiesbaden 2020.

3 Elektroenergie speichern

Die Speicherung und Wandlung elektrischer Energie in netzunabhängigen Anwendungen, die in Kap. 1 beispielhaft dargestellt wurden, sind wichtige Bausteine auch und mit wachsender Bedeutung der Nutzung elektrischer Energie aus Wind und Sonne – den umgangssprachlich als Erneuerbare bezeichneten Quellen. Obwohl elektrochemische Systeme – wie in Kap. 4 und 5 gezeigt wird – in Bau und Beschaffung noch immer vergleichsweise kostspielig sind, andererseits aber eine Reihe bemerkenswerter und für einige Zwecke unentbehrlicher und zentraler Vorzüge aufweisen, ist ihr Einsatz in einigen Fällen die einzige Option.

Für eine angemessene Einordnung in die breite Palette von Optionen ist ein Blick auf verfügbare Verfahren unerlässlich. Nur bei Kenntnis der anderen Möglichkeiten – das Wort Alternative, das nur eine andere Möglichkeit nahelegt, verbietet sich hier, da es meist mehrerer Möglichkeiten gibt – ist eine fundierte Auswahl und Entscheidung möglich.

Grundsätzlich kann elektrische Energie direkt, d. h., ohne einen Wandlungsschritt, gespeichert und ggfs. auch ohne einen solchen Schritt aus dem Speicher entnommen werden (Weg 1 in Abb. 3.1). Bislang ist dies nur mit elektromagnetischen Spulen und Kondensatoren möglich. Dies ist umso bedauerlicher, als jeder Umwandlungsschritt naturgesetzlich mit Verlusten, meist in Form von Abwärme, verbunden ist. Die in großer Vielfalt verfügbaren Verfahren zu dieser zweiten Option schließen bei Einspeicherung wie bei Entnahme Wandlungsschritte ein (Weg 2). Die beiden Schritte können sich im Einzelfall stark ähneln, sie können aber auch sehr unterschiedlich sein. Schematisch gibt Abb. 3.1 die Optionen wieder.

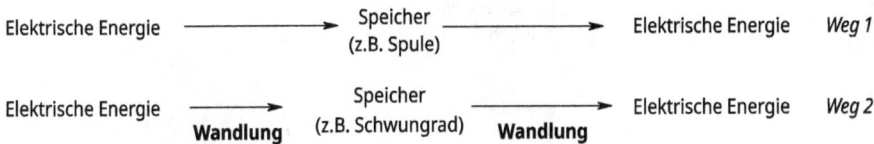

Abb. 3.1: Wege der Speicherung und Wandlung elektrischer Energie.

Eine erste und noch recht grobe Übersicht für beide Wege zeigt Tabelle 3.1. Etwas differenzierter zeigt Abb. 3.2. Wege und Optionen auf.

In Abb. 3.2 werden Möglichkeiten der Speicherung von Wärmeenergie nicht erwähnt. Die nonchalante Subsummierung von Wärmeenergiespeicherung in Fachbeiträgen als eine Variante der Speicherung elektrischer Energie soll hier nicht wiederholt werden. In der öffentlichen Diskussion steht vielmehr die Speicherung elektrischer Energie im Mittelpunkt. Dies mag an der Einordnung von Wärmeenergie als geringerwertige Energie liegen, was vielleicht auf die vergleichbar engere Rolle von Wärmespeichern als Möglichkeit der Entkopplung von Angebot und Nachfrage im Vergleich

https://doi.org/10.1515/9783111436838-003

Tab. 3.1: Speicheroptionen für elektrische Energie.

Mechanische Speicherung:	Elektrochemische Speicherung:
Pumpspeicherkraftwerke	Akkumulatoren
Druckluftspeicher	Redox-Flow-Batterien
Schwungradspeicher	Elektrolyseure kombiniert mit Brennstoffzellen
Direkte Speicherung:	Superkondensatoren
Kondensatoren	
Magnetspulen	

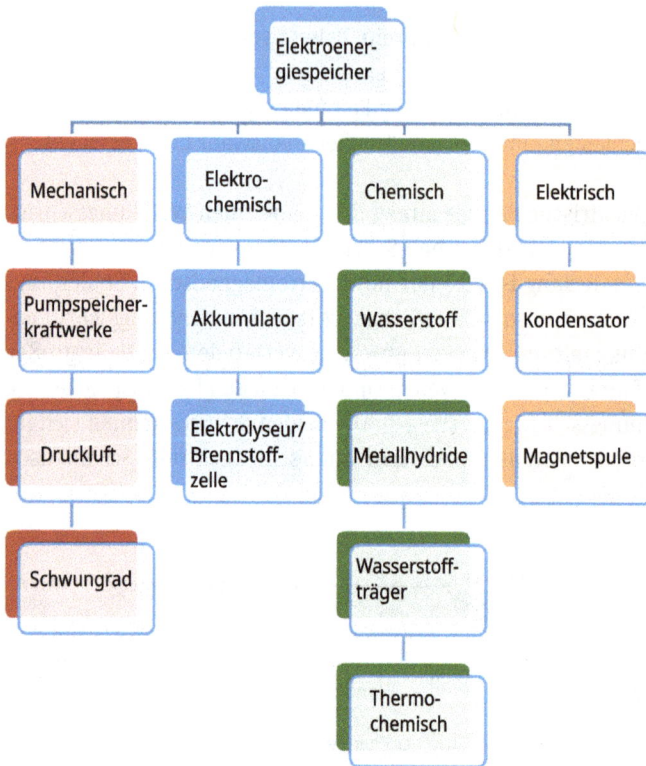

Abb. 3.2: Optionen zur Speicherung elektrischer Energie.

zur Vielzahl der Aufgaben von Speichern für elektrische Energie zurückgeht. Es kann auch auf die örtlich oder allenfalls regional begrenzte Bedeutung eines Wärmespeichers zurückgehen.

Wärme kann als fühlbare Wärme oder als Latentwärme gespeichert werden. Im ersten Fall wird das Wärmespeichervermögen (die Wärmekapazität C oder spezifische Wärme c, die die Temperaturänderung ΔT mit der umgesetzten Wärmemenge ΔQ nach $C = \Delta Q/\Delta T$ bzw. $c = \Delta Q/\Delta T \cdot m$ verknüpfen) eines Materials genutzt, und im zweiten

Fall werden meist physikalische (z. B. Schmelzen) oder seltener bei thermochemischer Speicherung chemische (z. B. Adsorption) Umwandlungsprozesse und die dabei umgesetzten Wärmemengen genutzt. Im einfachsten Fall wird eine ausreichend große Menge eines Speichermaterials, z. B. Wasser in einem thermisch isolierten Tank, durch zur Verfügung stehende (Überschuss)Wärme erhitzt (Einspeicherung). Bei Bedarf kann die Wärme leicht entnommen werden. In Pufferspeichern in Anlagen zur Gebäudeheizung und Brauchwassererwärmung, die in einfachster Weise mit dem Heizungskreislauf verknüpft sind, ist dies schon in kleinem Maßstab wirtschaftlich und weit verbreitet. Größere Anlagen können mit der Wärmeversorgung von Gebäuden oder Fernwärmenetzen verknüpft werden und dabei ggfs. zusätzlich die Abwärme technischer Anlagen nutzen. Im Vergleich zu den hier betrachteten Speichern für elektrische Energie haben Wärmespeicher zweifelsohne einen Vorteil: Es bedarf keiner Wandlungsschritte bei der Ein- und Ausspeicherung. Daher gibt es auch keine dabei anderenfalls zu erwartenden Wandlungsverluste.

Ein historisch wie technisch interessanter Anwendungsfall, der sich der Kategorisierung und Zuordnung weitgehend entzieht, ist die elektrische Beheizung von Dampflokomotiven. Zunächst und aus heutiger Sicht handelt es sich um eine Wandlung von elektrischer Energie in Wärmeenergie: Mangels eigener Kohlevorkommen und vollständiger Abhängigkeit von Importkohle war die Schweiz im Zweiten Weltkrieg von verfeindeten Mächten umgeben. Die Idee, eine kleine Rangierlokomotive vom Type E 3/3 (Spitzname Tigerli) mit einem leistungsstarken „Tauchsieder" (960 kW[1]) auszustatten, wurde mit einem auf dem Führerhaus montierten Stromabnehmer und einem auf dem Kesselscheitel montierten Transformator realisiert, der die in den beiden Wasserkästen neben dem Kessel montierten Heizelemente mit Strom (bei 20 V und jeweils 6000 A) versorgte. Das erhitzte Wasser wurde mit einer elektrisch betriebenen Umwälzpumpe in den Kessel befördert, und dort fand die Verdampfung statt. Nach einer Stunde elektrischer Heizung war Betriebsbereitschaft erreicht. Die nach Abschaltung der Heizung verfügbare Dampfmenge reichte für 20 min Fahrbetrieb. Den Kosten der zusätzlichen elektrischen Anlage (100.000 Schweizer Franken) standen jährliche Kosteneinsparungen von ca. 36.000 Franken gegenüber. Mit der gespeicherten Wärme war fahrdrahtunabhängiger Betrieb möglich, daher handelt es sich also fast um eine Zweikraftlokomotive. Diese Idee wurde in Abschn. 1.13.3 erwähnt. Die beiden Lokomotiven wurden nach Erprobung auf die gewohnte Betriebsart zurückgebaut.

Mit der (Ein)Speicherung elektrischer Energie und ihrer Nutzung bei Entnahme (Ausspeicherung) aus dem Speicher wird neben der Entkopplung von Angebot und Nachfrage noch eine Vielzahl weiterer Aufgaben erfüllt[2]:

---

1 Aus 20 V und 2 × 6000 A ergeben sich 240 kW, der in der Literatur angegebene Wert 960 kW ist nicht nachvollziehbar.
2 Begriffe und Akronyme sind weitgehend von der englischen Sprache dominiert. Es wird kein Versuch unternommen, deutsche Varianten zu kreieren.

LL: Load leveling, load following, Lastausgleich: Die Inanspruchnahme des elektrischen Netzes, d. h., die Nutzung elektrischer Energie, zeigt tages- und jahreszeitabhängige typische Verläufe mit einem Minimum der Nachfrage zur Nachtzeit um ca. 03:00 Uhr, einem ersten Maximum um ca. 07:00 Uhr und einem weiteren meist höheren Maximum um ca. 19:00 Uhr. Lage und Deutlichkeit der Maxima hängen von Wochentag und Jahreszeit ab. Eine graphische Darstellung führt zu einem Kurvenverlauf, der mitunter als Entenkurve (s. Abschn. 6.5) bezeichnet wird. Das Angebot aus konventioneller Stromerzeugung in thermischen Kraftwerken ist dagegen weitgehend konstant. Erneuerbare Energiequellen zeigen dagegen deutliche tageszeitliche Schwankungen. Beispielhaft zeigt Abb. 3.3 das Leistungsangebot eines Windparks.

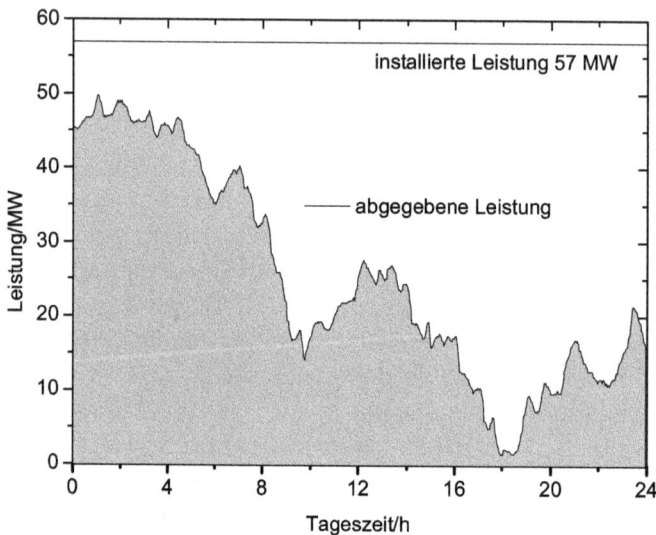

Abb. 3.3: Tatsächliche Leistungsabgabe eines Windparks (76 Windräder) in Chap-Chat, Quebec, Kanada, am 16.03.2004.

Eine entsprechende Darstellung der Leistungsabgabe einer Photovoltaikanlage zeigt einen Verlauf mit einem ausgeprägten Maximum zur Mittagszeit wegen der dann höchsten Sonneneinstrahlung (Abb. 3.4).

Da für hohe Stabilität des elektrischen Netzes ein möglichst weitgehender Ausgleich von Angebot und Nachfrage erforderlich ist, werden neben der Ausbildung eines möglichst weiträumigen Stromnetzes (Verbundnetz) und der Nutzung der Nachfragesteuerung (z. B. Ladung von Batteriefahrzeugen und Betrieb elektrischer Geräte wie Wasch- und Spülmaschinen zur nachfrageschwachen Nachtzeit) Möglichkeiten des Lastausgleichs durch Energiespeicher bei zunehmender Nutzung erneuerbarer Energien immer wichtiger.

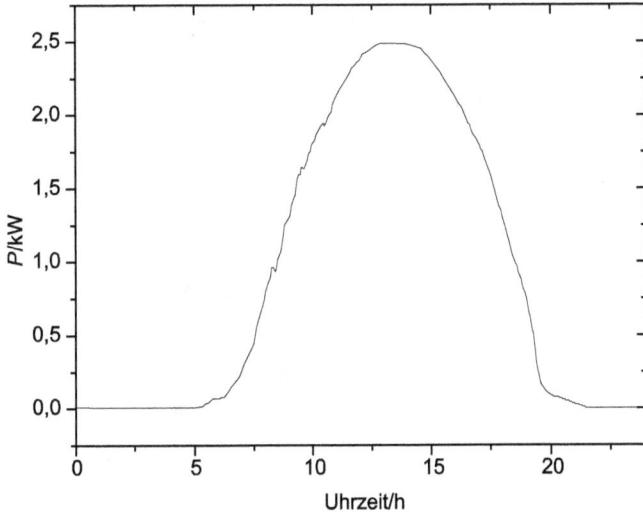

Abb. 3.4: Tatsächliche Leistungsabgabe *P* einer nach Süden ausgerichteten Photovoltaikanlage am 09.07.2023.

Im Zusammenhang mit der Installation von Kernkraftwerken wurde mit load following auch die Installation von Speichern gemeint, die den mit konstanter Leistung laufenden Kraftwerken die im Netz nicht nötige Leistungsabgabe in nachfrageschwachen Zeiten abnahmen, z. B. nachts. Das Speicherkraftwerk Huntorf (s. Abschn. 3.1.2) war mit diesem Ziel anlässlich der Inbetriebnahme von Kernkraftwerken in der Region gebaut.

PS: Peak shaving, Lastspitzenkappung, Laststeuerung. Damit ist eine Verstetigung der Netzbelastung gemeint, d. h., der aus dem Netz entnommenen Leistung. Dies kann zunächst durch Lastverschiebung **LS** geschehen (load shifting, auch peak oder peak-load shifting). Dabei werden An- und Abschaltung von Verbrauchern dem Leistungsangebot soweit möglich angepasst. Dazu ist eine Energiespeicherung noch nicht zwingend nötig. PS wird allerdings nur begrenzt möglich sein, und es kann im Einzelfall technisch schwierig oder gar unmöglich und im privaten Bereich mit Komforteinbußen verbunden sein. Die erwähnte Anpassung des Betriebs von Wasch- und Spülmaschinen oder das Batterieladen von Elektrofahrzeugen wird allerdings ohne solche Einbußen möglich sein.

Bei der Abwägung, ob anfallende Energie aus z. B. einer Photovoltaikanlage oder einer Windfarm vordringlich zum Laden eines ggfs. eigenen oder lokalen Speichers zur gesicherten Nutzung wirtschaftlicher Vorteile (Vorteil aus selbst erzeugtem Strom) oder hauptsächlich ins Netz eingespeist werden soll, ist im Hinblick auf die optimale Nutzung der Ressource Netz eine netzoptimierte Einspeisung wie in Abb. 3.5 schematisch gezeigt sinnvoll.

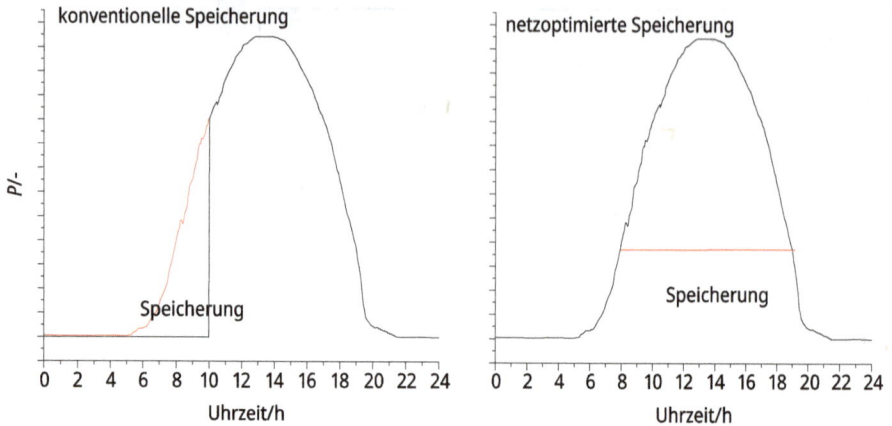

Abb. 3.5: Netzoptimierte Energiespeicherung.

Bei der konventionellen Speicherung wird zunächst die volle von der Photovoltaikanlage abgegebene Leistung in den Speicher gesteckt. Nach Volladung wird die dann vergleichsweise hohe Leistung ins Netz gespeist. Dies führt zu einer relativ hohen Netzbelastung. Bei der netzoptimierten Speicherung wird die Speicherung ganztägig durchgeführt, und die an das Netz abgegebene Leistung und damit die Netzbelastung fallen geringer aus. Naheliegend ist die zweite Variante von zuverlässigen Prognosen der zu erwartenden Leistungsabgabe der Photovoltaikanlage und damit der Prognose der Sonnenintensität abhängig.

Der Unterschied zwischen PS und LL wird in Abb. 3.6 deutlich. Während bei PS nur die Lastspitzen bei der Speicherung und der Entnahme ausgeglichen werden, kommt es im Idealfall bei LL zu einem kompletten Ausgleich. Die Flächen deuten angenähert die entnommenen und gespeicherten Energiemengen an. Größere Flächen zeigen also einen größeren Speicherbedarf an; für LL sind größere Energiespeicher als für PS nötig.

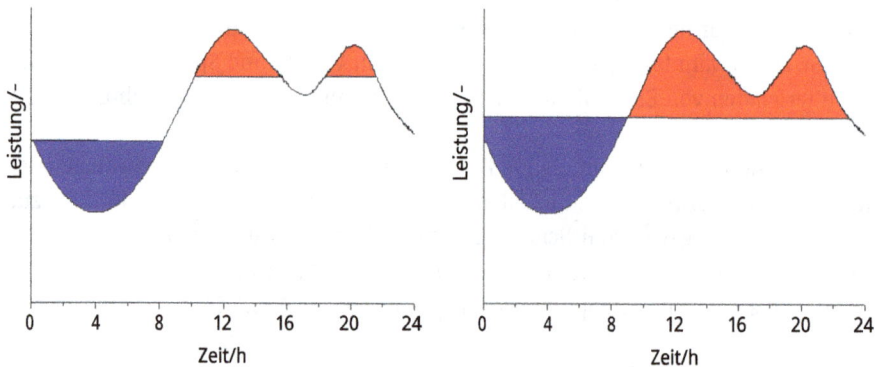

Abb. 3.6: PS (links) und LL (rechts), dargestellt sind Leistung bei der Speicherung ■ und der Entnahme ■.

Gradientenminimierung: Änderungen der Leistungsabgabe (berichtet in Prozent pro Minute) thermischer Kraftwerke sind wegen der thermischen Trägheit der Hauptkomponenten und wegen bei zu abrupten Änderungen zu befürchtenden Wärmespannungen in Komponenten nur relativ langsam möglich. Bei Anlagen der erneuerbaren Energieerzeugung sind die Änderungen der Leistungsabgabe mitunter recht schnell, d. h., der Gradient der Leistungsabgabe ist also wesentlich steiler als bei konventionellen Anlagen. Abb. 3.7 zeigt dies schematisch.

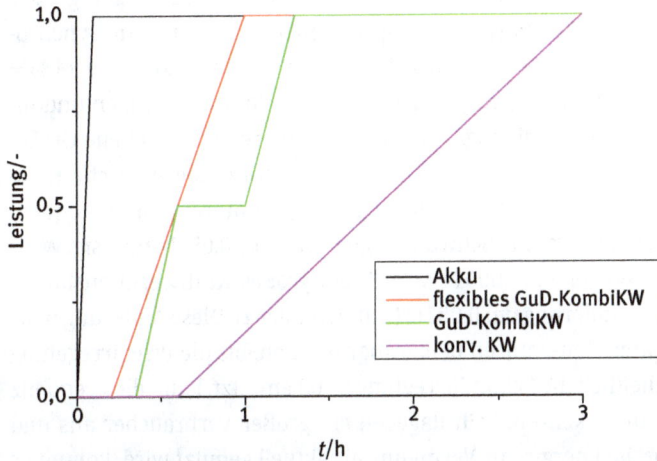

Abb. 3.7: Schematische Darstellungen der zeitabhängigen Änderung der Leistungsabgabe (von Null auf Vollast (=1) für einen Akkumulatorspeicher, ein Gas&Dampf-Kombikraftwerk, ein flexibles Gas&Dampf-Kombikraftwerk und ein konventionelles Kohlekraftwerk.

Ein Akkumulatorspeicher (dies gilt auch für einen mit Superkondensatoren ausgestatteten Speicher) kann sehr schnell von Null- auf Vollast gebracht werden, und dies gilt auch in der umgekehrten Richtung. Dagegen benötigt ein konventionelles Kohlekraftwerk einige Zeit, bis eine erste Leistungsabgabe überhaupt möglich ist. Die folgende zeitliche Zunahme erfolgt ebenfalls relativ langsam. Ein Gas&Dampf-Kombikraftwerk reagiert vergleichsweise und konstruktionsbedingt wesentlich rascher. Die beobachtete Stufe geht auf das Einsetzen der Leistungsabgabe der Dampfturbine zurück, die die zunächst nur abgebende Gasturbine unterstützt. Ein konstruktiv davon verschiedenes flexibles Gas&Dampf-Kombikraftwerk zeigt schnelleres Einsetzen der Leistungsabgabe, und diese steigt zudem rascher an (mit einem steileren Gradienten). Um den raschen Leistungsabgabeänderungen erneuerbarer Energiequellen besser Rechnung tragen zu können, sind Speicher wünschenswert, die schnelle Gradienten aufweisen. Hilfsweise sind schnelle Speicher in Kombination mit relativ trägen Wandlern und Speichern denkbar, bei denen diese Kombination die thermische Belastung der langsamen Komponente mindert.

PQ: Power quality, im Deutschen als Spannungs- oder Versorgungsqualität bezeichnet, beschreibt die Einhaltung von Spannungs- und Frequenzwert sowie der Sinusform im elektrischen Netz. Im erweiterten Sinn beschreibt PQ auch die Verfügbarkeit. Neben der rein formalen Betrachtung durch einen Vergleich zwischen Istwerten der drei Kenngrößen und den erwarteten oder vorgeschriebenen/geregelten Sollgrößen ist eine praktische Betrachtung aufschlußreich: Eine Wechselspannung, die für den Betrieb eines Allstromgerätes oder des Ladegerätes für ein Mobiltelefon ausreicht, kann in einem empfindlichen Verbraucher verheerende Funktionsstörungen auslösen.

Frequenzabweichungen können vor allem von plötzlichen Abschaltungen großer Verbraucher wie Erzeuger verursacht werden. Bei zu großer Abweichung (in synchronen, d. h., Verbundnetzen, sind $\pm 0,5\,\%$ = ± 1 Hz zulässig, und in Inselnetzen sind $\pm 1\,\%$ = ± 2 Hz zulässig) kann es zum Verlust der Synchronizität von Motoren kommen und im ungünstigsten Fall zu deren Beschädigung. Mit Synchronmotoren angetriebene Geräte laufen langsamer. Bei weniger als $47,5$ Hz können in Generatoren mechanische Resonanzschwingungen auftreten, die bis zur Zerstörung der Generatoren führen können. Im westeuropäischen Verbundnetz sind Schwankungen von nur $\pm 0,05$ Hz zulässig. Würde in diesem Netz ein Erzeuger mit 1000 MW (z. B. ein großes Kraftwerk) ausfallen, ergäbe sich eine Frequenzminderung um $0,08$ Hz (Unterfrequenz). Diese Änderung würde sich an allen verknüpften Generatoren bemerkbar machen, bis die Primärregelung (s. u.) einsetzt. Wenn schließlich die Sekundärregelung (s. u.) einsetzt, kann die Frequenz wieder zum Nennwert zurückkehren. Fällt dagegen ein großer Verbraucher aus und steht damit mehr elektrische Energie zur Verfügung als aktuell genutzt wird, kommt es zur Überfrequenz.

Spannungsabweichungen können bei plötzlichen Lastaufschaltungen (z. B. beim Einschalten eines elektrischen Heizlüfters) bereits im Haushalt als kurzzeitige Schwankungen der Helligkeit von Glühbirnen wahrgenommen werden. Dies wird als brownout bezeichnet. Einen kompletten Spannungszusammenbruch nennt man auch blackout. Während das Lampenflackern eher unpraktisch ist, können zu kleine Spannungen (Unterspannung) zu Schäden an Elektromotoren etc. führen. Gleiches gilt für zu hohe Spannungen (Überspannung). Hier treten zu den genannten Schäden u. a. auch das Durchbrennen des Glühfadens einer konventionellen Glühbirne hinzu. Genau Angaben zum Ausmaß der Schäden sind nicht bekannt. Für die USA wurden sie 2006 auf 5 Mrd USD geschätzt.

Abweichungen von der Sinusform, Oberwellen und weitere Verzerrungen. Von Generatoren verursachte Spannungsabweichungen wie auch von Lasten verursachte Ströme können Schwingungen der Netzspannung mit Frequenzen oberhalb der Netzfrequenz verursachen. Sie werden als harmonische oder Oberwellen bezeichnet und führen zu einer Verzerrung der Sinusform. Sie können elektromechanische Schwingungen in Maschinen sowie zusätzliche Verluste und Überhitzung in Transformatoren verursachen.

Die Einhaltung der wesentlichen drei Kriterien ist zunächst und vordringlich durch eine möglichst weiträumige Vernetzung elektrischer Energieanbieter und -verbraucher

erreichbar. Die Bedeutung dieser Vernetzung, die international erstaunlich unterschiedlich weit verbreitet ist, wird in einer Darstellung der durchschnittlichen Netzausfallzei-
ten für europäische Länder mit unterschiedlich weit entwickeltem Vernetzungsstand in
Abb. 3.8 gezeigt. Die naheliegende Sorge, dass der wachsende Beitrag der Erneuerbaren
wegen ihrer offenkundigen Fluktuationen zwangsläufig zu Instabilitäten und Netzaus-
fällen führen muss, wird bei einer Betrachtung der für Deutschland ermittelten Angaben weitgehend ausgeräumt; Abb. 3.9 zeigt dies. Mit dem in diesem Zusammenhang auftauchenden Begriff der Dunkelflaute wird in der Energiewirtschaft der Zustand bezeichnet, in dem Windenergie- und Photovoltaikanlagen in einer Region wegen Schwach-
wind oder Windstille (Flaute) bei gleichzeitiger Dunkelheit über längere Zeiträume nur
sehr geringe Mengen elektrischer Energie liefern. Tritt eine Dunkelflaute in der kalten
Jahreszeit mit erfahrungsgemäß hohem Energiebedarf durch Heizung und Beleuchtung
ein, spricht man von einer kalten Dunkelflaute, die z. B. in den frühen Abendstunden besonders ausgeprägt sein kann.

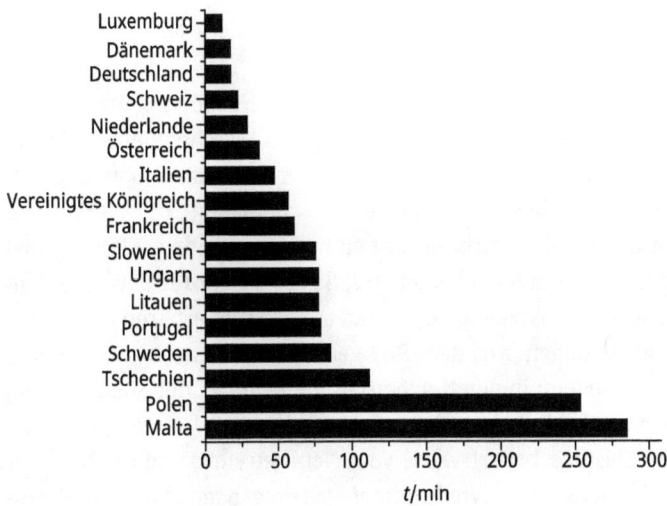

Abb. 3.8: Netzausfälle in Min/Jahr in Europa 2013.

Die Kombination von Solar- und Windenergienutzung vor allem bei Einbeziehung
der aus Windparks im Meer stammenden Beiträge führt verbunden mit verstärkter
deutschland- und europaweiter Verknüpfung der Stromnetze zu einer weiteren Stabilisierung, wie eine Studie des Deutschen Wetterdienstes (2018) nahelegt. Ihre Ergebnisse
sind für Dunkelflauten von 48 Stunden Dauer für den Zeitraum 1995 bis 2015 in Abb. 3.10
zusammengefasst.

Bei den Unterbrechungen, die statistisch in Abb. 3.8 zusammengefasst werden,
ist hinsichtlich denkbarer Ursachen kein Unterschied zwischen einem durch Sturm

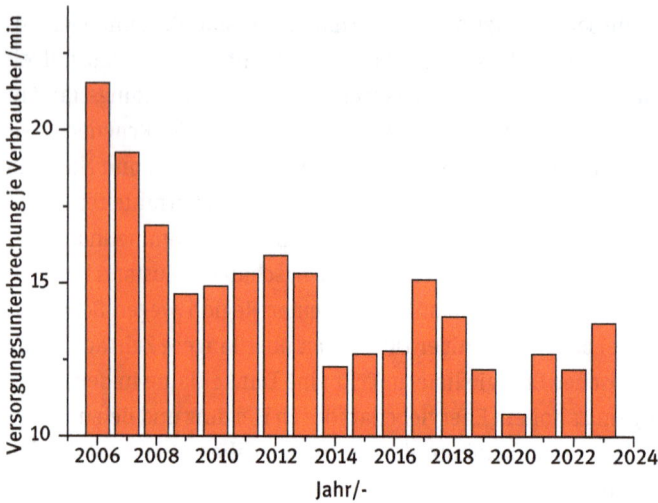

Abb. 3.9: Versorgungsunterbrechung je Verbraucher im Jahr in Deutschland (Datenquelle Bundesnetzagentur).

umgeknickten Hochspannungsmast, einer durch einen umstürzenden Baum abgerissenen Leitung, einem in ein Umspannwerk eingedrungenen Waschbär, einem Orkan oder einem Schneetief oder einer plötzlichen Abnahme der Windstärke oder Sonnenstrahlung gemacht. Extremwetterlagen, d. h., höhere Gewalt, haben 2023 4,3 Minuten der Unterbrechungszeit ausgemacht. Ihre im Zusammenhang mit dem Klimawandel denkbar wachsende Zahl sollte zum Nachdenken Anlaß geben. Schlußfolgerungen hinsichtlich einer destabilisierenden Wirkung des Einsatzes der Erneuerbaren lassen sich aus diesen Daten aber nicht ziehen. Aus dem Bild geht allerdings auch nicht hervor, dass die Netzbetreiber zunehmend in den Netzbetrieb mit dem Ziel der Stabilisierung (Redispatch) eingreifen müssen. Dabei wird die von Anbietern (Kraftwerken, Windfarmen etc.) angebotene Leistung bedarfsweise vom Netz getrennt, und die Anbieter werden für z. B. durch Abregelung von Windkraftanlagen entgangene Einnahmen entschädigt. Eine intensivere Vernetzung, d. h., ein verstärkter weiträumiger Netzausbau, verringert die Wahrscheinlichkeit solcher Maßnahmen. Dabei kommt der verbesserten Verbindung zwischen Regionen mit hoher Erzeugung (z. B. in Windkraftanlagen in Norddeutschland) und hochindustrialisierten Regionen mit zahlreichen Großabnehmern besondere Bedeutung zu. Einen Überblick zu den in Deutschland entstandenen Kosten gibt Abb. 3.11.

Die von 2022 nach 2023 beobachtete Abnahme geht dabei weniger auf den fortschreitenden Netzausbau, sondern vielmehr auf gesunkene Kosten der eingesetzten fossilen Energieträger zurück.

Einer Frequenz- und Spannungsabweichung steht die sog. Momentanreserve (spinning reserve) in Form der Schwungmasse der Generatoren in Kraftwerken entgegen.

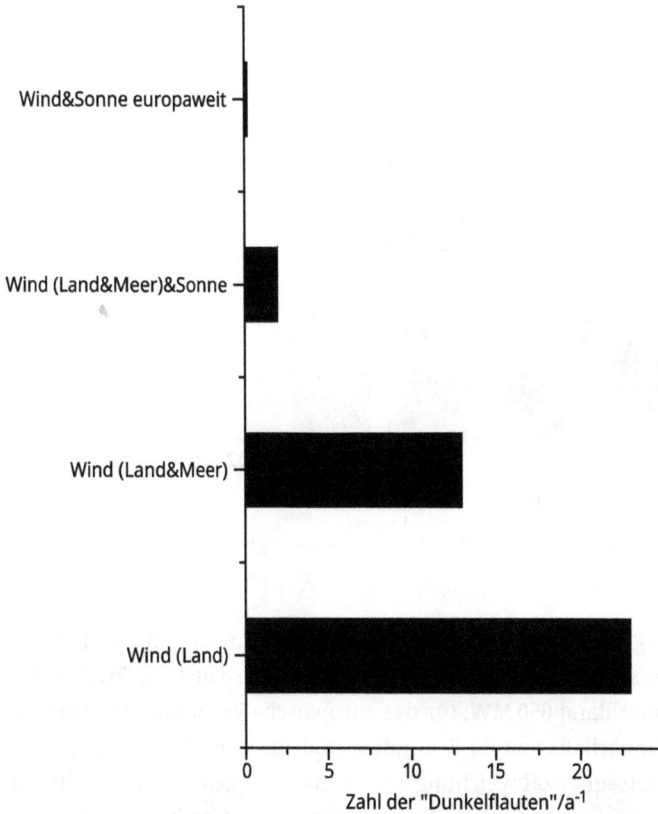

Abb. 3.10: Durch zunehmende Integration verschiedener Quellen an verschiedenen Orten verbunden mit steigender Vernetzung erzielte Versorgungssicherheit ausgedrückt in der Zahl jährlicher Situationen, in denen Dunkelflauten über Deutschland und Europa auftraten (Datenquelle: Deutscher Wetterdienst).

Dieser Beitrag entfällt naturgemäß bei Photovoltaikanlagen. Auch bei Windkraftanlagen – bei denen das rotierende Windrad ja eine analoge Wirkung nahelegt – ist durch die Ankopplung an das Netz über einen Gleichstromzwischenkreis diese Option nicht mehr gegeben. Diesem Mangel kann allerdings eine synthetische Schwungmasse in netzbildenden Umrichtern für diese Ankopplung abhelfen. Die vor allem von industriellen Großverbrauchern erwartete Ausregelung innerhalb einer Sinuswelle, d. h., innerhalb 1/50 s, ist damit grundsätzlich erfüllbar. Über diese Reserve hinaus kommen die bereits erwähnten Primär- und Sekundärreglungen (auch positive/negative primäre und sekundäre Regelenergie) zum Einsatz. Mit positiver Regelenergie[3] wird die aus einer Quelle an das Netz zur Regelung abgegebene Energie bezeichnet,

---

3 Die Wortwahl ist nur begrenzt richtig: Es wird Leistung bereitgestellt oder aufgenommen, die entsprechend der Dauer der Inanspruchnahme zu Energie führt. Es wird daher auch der äquivalente Begriff

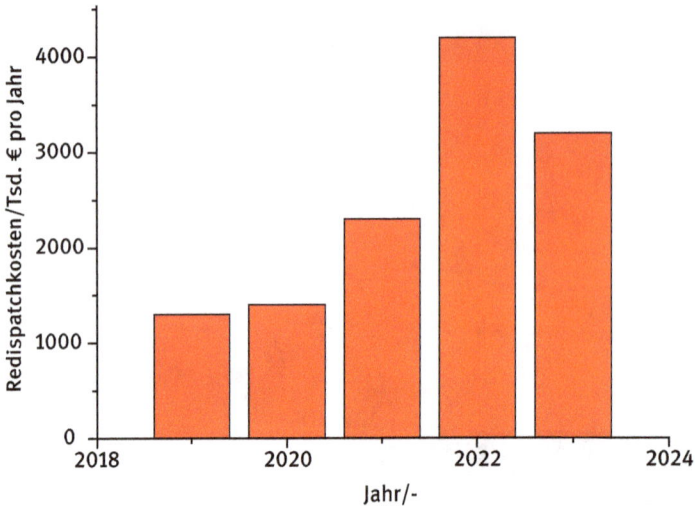

Abb. 3.11: Redispatchkosten pro Jahr in Deutschland.

und negative Regelenergie meint die von einem Speicher aufgenommene Energie. Abbildung 3.11 zeigt dies schematisch am Beispiel eines Einspeiseausfalls. Primäre Regelenergie (2024 für Deutschland 650 MW; für das europäische Verbundnetz 1450 MW) muss praktisch sofort, innerhalb von 30 Sekunden, und für eine Zeit von bis zu 15 Minuten und durch Netzfrequenzabweichung automatisch ausgelöst von den in wöchentlichen Auktionen ermittelten und verpflichteten Erzeugern bereitgestellt werden. Die sekundäre Regelenergie muss innerhalb von 5 Minuten bereitgestellt werden. Mit ihr werden die Erzeuger der primären Regelenergie entlastet. Der Abruf erfolgt wiederum automatisch, ausgelöst durch Leistungsvergleich nach Nichterreichen der Frequenzstabilisierung. Schließlich muss innerhalb von 15 Minuten die Minutenreserve (tertiäre Regelenergie) manuell ausgelöst abrufbar und bis zu einer Stunde lang verfügbar sein. Wie in Abb. 3.12 dargestellt, geht es bei der Nutzung von Regelenergie vor allem um den Ausgleich von Leistungsschwankungen. Vereinzelt wird daher auch von Regelleistung gesprochen.

Primäre und sekundäre Regelenergie wurde und wird in erheblichem Umfang von konventionellen Großkraftwerken bereitgestellt. Im Zuge ihres Ersatzes durch Erneuerbare gehen auch ihre Beiträge zurück. Die immer präziser werdenden Wetter- und Windvorhersagen gleichen dies zwar teilweise aus, der Bedarf an Regelenergie der genannten Arten, die nun vermehr aus Speichern entnommen oder als negative Regelenergie an sie abgegeben werden, wird aber insgesamt zunehmen. Abbildung 3.13 zeigt

─────────────

Regelleistung etc. angetroffen. Ebenso werden die Begriffe Reserve und Regel munter gemischt verwendet.

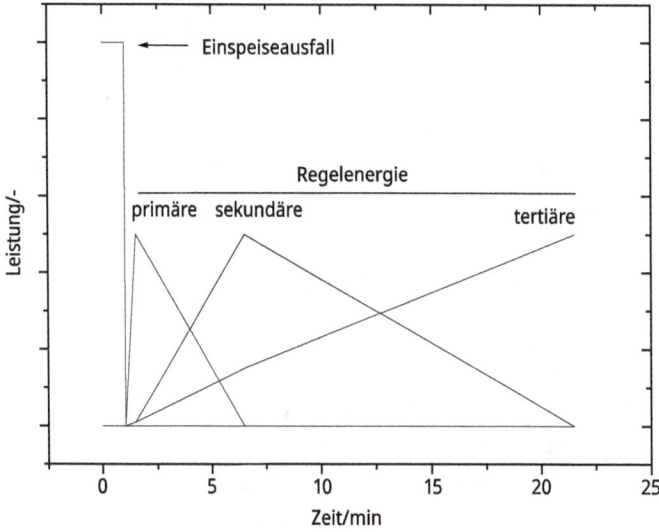

Abb. 3.12: Typen von Regelenergie.

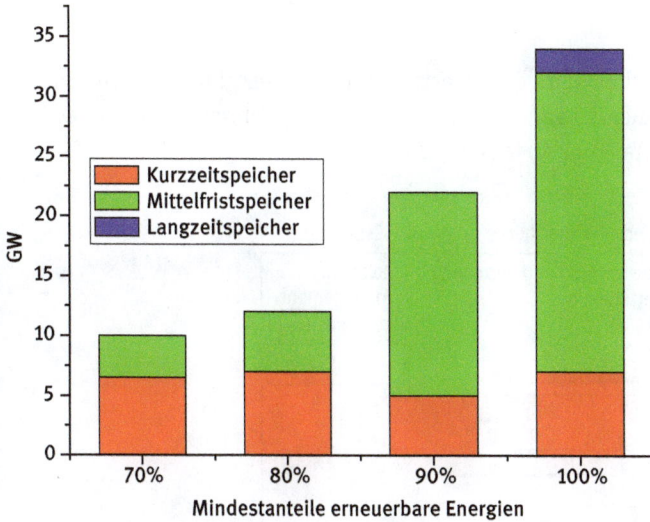

Abb. 3.13: Erwarteter Anteil von verschiedenen Typen von Speichern in Abhängigkeit vom Anteil erneuerbarer Energie an der gesamten Erzeugung elektrischer Energie.

dies schematisch. Für die bisher betrachteten Regelenergien werden Kurzzeitspeicher genutzt.

Nicht immer reicht eine weitgehende Vernetzung elektrischer Erzeuger und Verbraucher aus. Zur Netzstabilisierung und Einhaltung der genannten Qualitätskriterien Spannung, Frequenz und Sinusform wie auch zur Erfüllung der weiteren genannten Aufgaben LL und PS bedarf es der Speicher elektrischer Energie. Sie werden zudem zur Bereitstellung von Regelenergie benötigt. Die in Abb. 3.2 summarisch vorgestellten Speicher können nun unter Berücksichtigung des in Abb. 3.1 genannten Kriteriums direkt/mit Wandlung entsprechend ihres Zeitverhaltens, ausgedrückt z. B. als typische Lade- oder Entladezeit, für die in Abb. 3.12 bezeichneten Verwendungszwecke in Abb. 3.14 eingeordnet werden.

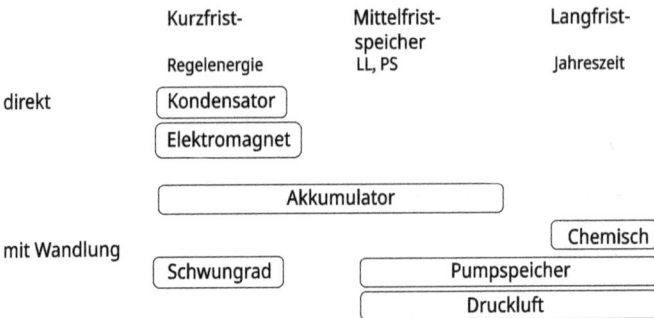

Abb. 3.14: Zuordnung verschiedener Elektroenergiespeicher zu Speicherdauern.

Das Kriterium der typischen Entladezeit erlaubt eine weiter differenzierte Zuordnung von Speichersystemen zu Anwendung mit einer ungefähren Angabe typischer Anlagenleistungsfähigkeiten (in kW) in Abb. 3.15.

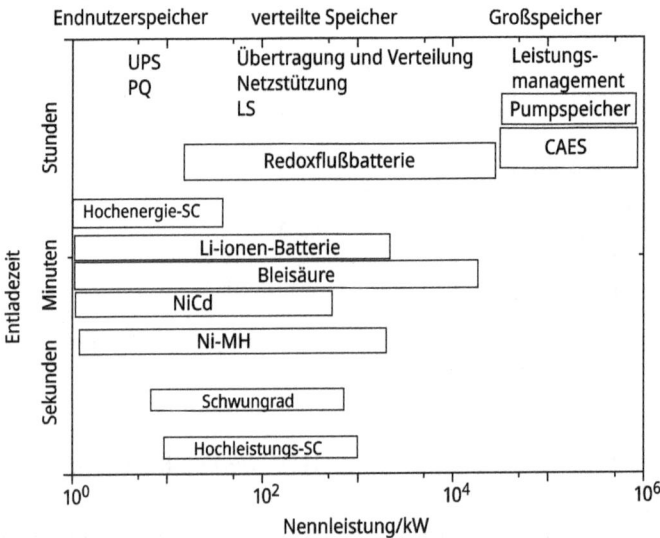

Abb. 3.15: Zuordnung verschiedener Elektroenergiespeicher zu Anwendungen und typischen Entladezeiten.

Folgend werden die Speicheroptionen für Elektroenergie wie bereits in der Übersicht in Abb. 3.2 aufgezeigt vorgestellt.

Zu den für allen Speichertechniken relevante Eigenschaften gehört die Schwarzstartfähigkeit. Damit ist die Fähigkeit eines Speichers gemeint, elektrische Energie ohne Zufuhr von elektrischer Energie von außen abgeben zu können. Diese vor allem für elektrochemische Speicher trivial und geradezu unsinnig erscheinende Bedingung wird nachvollziehbar, wenn man das Verknüpfen eines Speichers mit dem Netz jenseits des Betätigen eines Lichtschalters betrachtet: Die vom Speicher ggfs. durch Wandler, Umrichter etc. bereitgestellte und eingespeiste Wechselspannung muss hinsichtlich Spannungswert und Phasenlage exakt den im verknüpften Netz bestehenden Parametern entsprechen. Die für die Steuerung nötige Regeltechnik bedarf einer elektrischen Versorgung, die in einem Pumpspeicherkraftwerk oder einem Schwungradspeicher nicht selbstverständlich gegeben ist. Sie wird bei diesen Systemen dem Netz entnommen. Im Fall einer Netzstörung oder eines Netzzusammenbruches sind diese Speicher hilflos. Bedarfsweise kann durch ergänzende Ausrüstung eines Speichers die Schwarzstartfähigkeit nachgerüstet werden.

3.1 Mechanische Speicher

Energie kann als potentielle (Lage-) oder kinetische (Bewegungs-) Energie gespeichert werden. Zum ersten Typ gehören Pumpspeicherkraftwerke und Druckluftspeicherkraftwerke, zum zweiten Typ gehören Schwungradspeicher.

3.1.1 Pumpspeicherkraftwerke

Zu den Wasserkraftwerken, in denen kinetische Energie des fließenden Wassers in Laufwasserkraftwerken oder potentielle (Lage)Energie auf höherem Niveau gespeicherten Wassers in Speicherkraftwerken in elektrische Energie gewandelte wird, gehören auch die in Kap. 2 vorgestellten Pumpspeicherkraftwerke. Anders als in Speicherkraftwerken besteht mit der Option, das abgelaufene Wasser und Nutzung eingespeister elektrischer Energie wieder in das höher gelegene Speicherbecken zu befördern, eine Möglichkeit der Speicherung elektrischer Energie. Diese Möglichkeit wird weltweit intensiv genutzt. Von allen Speicherverfahren ist dieses Verfahren mit großem Abstand das populärste. Für 2019 wurden 98 % der weltweit installierten Speicherkapazität von 173 GW dieser Technologie zugeordnet. Die übrigen Speichertechnologien tragen 2 % zur Gesamtspeicherkapazität bei (Abb. 3.16).

In absoluten Zahlen ergibt sich für 2018 der in Tabelle 3.2 zusammengefasste Sachstand für die weltweit installierte Leistung.

Pumpspeicherkraftwerke stellen eine ausgereifte Technologie dar. Die errichteten Anlagen sind langlebig. Der Verlust an gespeicherter Energie (entsprechend der Selbst-

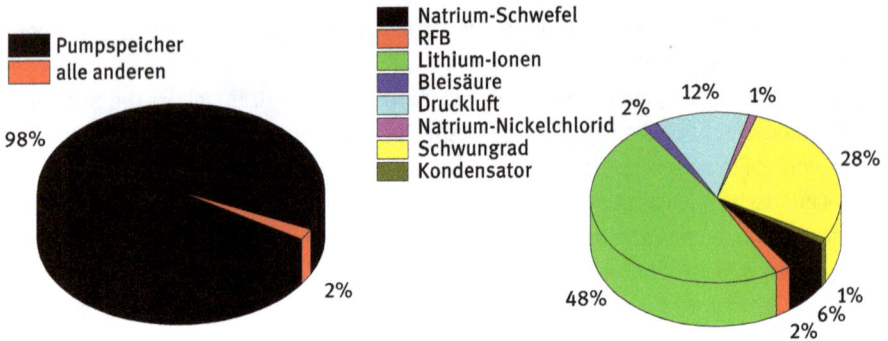

Abb. 3.16: Anteile der Speichertechnologien für elektrische Energiespeicherung (Stand 2018).

Tab. 3.2: Weltweit installierte Elektroenergiespeicher (Stand 2018).

Technologie	MW
Natrium-Schwefel	189
Lithium-Ionen	1.629
Bleisäure	75
Natrium-Nickelchlorid	19
RFB	72
Pumpspeicher	169.557
Druckluft	407
Schwungrad	931
Kondensator	49
	172.928

entladung bei elektrochemischen und anderen Speichern) beschränkt sich auf Verdunstungsverluste. Nachteilig ist der große Flächenbedarf und damit die flächenbezogen niedrige Energie- und Leistungsdichte sowie die Notwendigkeit geeigneter topographischer Voraussetzungen. In Deutschland sind die Möglichkeiten vermutlich weitgehend erschöpft, und außerdem verursachen schon erste Planungsgedanken für Ausbauprojekte erbitterten Widerstand der Bevölkerung. Das letzte in Deutschland angedachte Projekt ist nach jahrelangem Hinhalten u. a. dieser Widerstände wegen aufgegeben worden. Weitere für eine vergleichende Betrachtung bedenkenswerte Daten sind in Tabelle 3.4 am Ende des Kapitels zusammengefasst.

3.1.2 Druckluftspeicherkraftwerke

Die bei der Kompression von Luft zu Druck- oder Pressluft aufgewendete Kompressionsarbeit ist in der komprimierten Luft als Druck- oder Spannungsarbeit gespeichert. Bei der Entspannung z. B. in einer Kolbenmaschine oder einer Turbine kann sie zu-

rückgewonnen werden. Dieser Gedanke wurde bereits 1839 in Paris in einem Druck-
luftfahrzeug umgesetzt, mit dem 1840 erste Versuchsfahrten zwischen Paris und Ver-
sailles durchgeführt wurden. Bereits hier musste der bei der Expansion der Druckluft
auftretenden Abkühlung bis zur Vereisung von Restfeuchte in der Druckluft Rechnung
getragen werden. Die weitere Entwicklung führte zum System Mèkarski, bei dem durch
im Fahrzeug – dies waren vor allem Straßenbahntriebwagen – mitgeführtes Heißwas-
ser die Luft erwärmt wurde. Diese Entwicklung wurde ebenso wenig fortgesetzt wie
die Verwendung von Druckluft zum Anlassen der in der ersten Diesellokomotive von
der Firma Sulzer entwickelten Diesel-Klose-Sulzer-Thermolokomotive. Dagegen wurden
Druckluftlokomotiven in Bergwerken intensiv genutzt.

Für stationäre Energiespeicher wird Luft komprimiert und in unterirdischen Kavernen gespeichert. In Druckluftspeicherkraftwerken (compressed air energy storage;
CAES) wird die komprimierte Luft in einer Turbine entspannt. Die bei der Kompression
freigesetzte Wärme kann in einem Wärmespeicher aufgenommen werden und bei der
Entnahme zur Erwärmung der bei Expansion sich abkühlenden Luft verwendet werden. Diese Betriebsart wird als adiabatisch bezeichnet (A-CAES). Praktisch wird in den
wenigen gebauten Anlagen allerdings die komprimierte Luft bei der Verbrennung von
Erdgas genutzt. Sie wird in eine Gasturbine eingespeist, um so die Luftverdichterstufe
der Turbine einzusparen (HD-CAES). Die bei der Verdichtung in einer solchen Anlage
anfallende Wärme wird an die Umgebung abgegeben; die Betriebsweise ist diabatisch
(D-CAES). Beide Betriebsweisen zeigt schematisch Abb. 3.17.

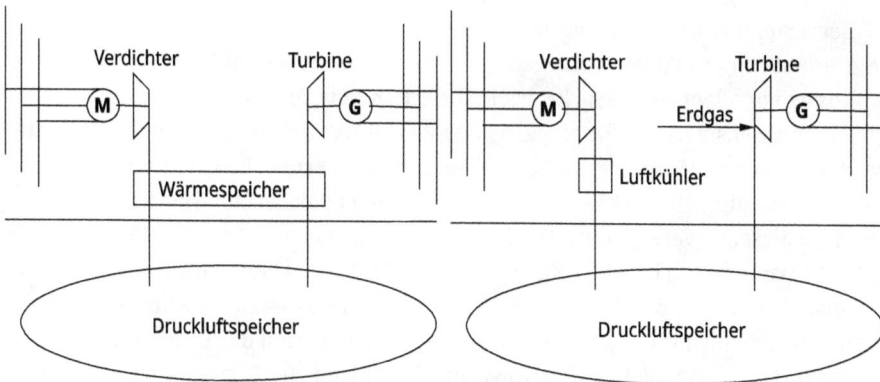

Abb. 3.17: Prinzipschema eines Druckluftspeichers. Links: Adiabatisch. Rechts: Diabatisch.

Weltweit wurden bislang zwei Anlagen in Huntorf (Deutschland) und McIntosh
(USA) gebaut, 2022 wurde eine weitere Anlage in Zhangjiakou (China) in Betrieb genommen. Im Vergleich zu Pumpspeicherkraftwerken können Druckluftspeicherkraftwerke
rasch auf Bedarfsänderungen reagieren: Die Anlage in Huntorf stellt bereits nach 3
Minuten 50 % der Vollleistung zur Verfügung. Die Vollleistung wird nach 10 Minuten er-

reicht. Die Anlage ist zudem schwarzstartfähig, d. h., sie kann ohne Energiezufuhr von außen hochgefahren werden. Von weiteren Projekten wie eingestellten Planungen wird immer wieder berichtet. Einige Vergleichsdaten sind in Tabelle 3.4 zusammengetragen.

3.1.3 Schwungradspeicher

In einem rotierenden Körper ist kinetische Energie als Rotationsenergie gespeichert. Bei der Einspeicherung durch einen Elektromotor wird die Drehzahl und damit die gespeicherte Energie erhöht, und bei der Entnahme wird dieser Motor nun als Generator genutzt, und die Drehzahl geht zurück. Vorübergehend waren Schwungradspeicher in Omnibussen im Einsatz (Oerlikon Gyrobus, 1950er Jahre, MAN 1990er Jahre). Mäßige Reichweite, erhebliches Mehrgewicht und nachteilige Einflüsse auf das Fahrverhalten haben den Erfolg dieser Speichertechnik zunächst begrenzt und sie schlußendlich vom Markt verschwinden lassen.

Die Entwicklung von Materialien, die den extremen mechanischen Anforderungen vor allem an das Schwungrad und seine Lagerung in diesen Speichern noch besser Rechnung tragen, hat eine Renaissance eingeleitet. Mit dem zunehmenden Einsatz erneuerbarer Energien an Stelle thermischer Kraftwerke mit ihren meist dampfbetriebenen Turbinen und elektromagnetischen rotierenden Generatoren entfällt deren die Netzspannung wie -frequenz stabilisierende Wirkung. Die vergleichsweise hohe Leistung (hohe Leistungsdichte) wegen rascher Be- und Entladung bei mäßigem Speichervermögen, d. h., niedriger Energiedichte, von Schwungradspeichern macht sie zu Optionen bei der Bereitstellung primärer Regelenergie zur Netzstabilisierung. Ihre kompakte Bauweise erlaubt einen lokalen und dezentralisierte Einsatz. Wegen bislang hoher Kosten ist ihr Einsatz vor allem zu diesem Zweck realisiert. In New York steht eine Anlage mit 200 Schwungmassenspeichern für eine Leistung von 20 MW bei einer maximalen Ein-/Ausspeicherdauer von 15 Minuten. Im autarken, d. h., netzfernen, Betrieb des Stromnetzes auf der norwegischen Insel Utsira wird seit 2004 ein Speicher mit 5 kWh Speichervermögen zu diesem Zweck genutzt. Die Stadtwerke München nutzen seit 2015 eine Anlage mit 28 Schwungrädern bei einer Kapazität von 100 kWh und einer Leistung von 600 kW, maximal 1 MW, zur Netzstabilisierung. Vollgespeichert drehen sich die im Vakuum gelagerten Rotoren mit 45.000 rpm. Eine vergleichbare Anlage auf der Insel Aruba erreicht eine Leistung von 5 MW. In Hazle Township (USA) sind 200 Schwungräder mit einer Abgabeleistung von 20 MW bei einer Reaktionszeit von 4 Sekunden und einem Speichervermögen von 5 MWh installiert. Der energetische Gesamtwirkungsgrad für die Anlage beträgt 85 %.

Für lokale Anwendungen elektrischer Energie, bei denen kurzzeitig sehr hohe elektrische Leistungen benötigt werden, sind Schwungradspeicher eine denkbare Option, wie z. B. die Anlage im Forschungszentrum Garching. Dort wird ein 220 t wiegender Stahlkörper auf 1650 U/min beschleunigt, und beim Ausspeichern wird er innerhalb weniger Sekunden auf 1200 U/min abgebremst. Dabei werden für kurze Zeit bis zu 300 MW elektrische Leistung bereitgestellt. Von 900 kWh maximal gespeicherter Energie werden dabei nur 400 kWh genutzt. Noch kleinere Speicher wurden z. B. für Kraftfahrzeuge entwickelt. Auf Flugzeugträgern werden sie zur Versorgung der elektromagnetischen Katapulte (s. Kap. 1) eingesetzt. Bei Kernfusionsexperimenten (z. B. ASDEX Upgrade) werden Schwungradspeicher eingesetzt. Im genannten Beispiel wird eine Masse von 200 Tonnen in einer halben Stunde Ladezeit auf Nenndrehzahl gebracht. In den ca. 10 Sekunden Entladezeit werden Leistungen von 100 bis 400 MW abgegeben.

3.2 Elektrochemische Speicher

Von den in Abb. 3.2 genannten elektrochemischen Speichern ist im engeren Wortsinn nur der Akkumulator (lat.: Sammler) ein System, das elektrische Energie in Form von chemischer Energie speichern und wieder abgeben kann. Primärbatterien, in denen elektrische Energie ebenfalls in Form von chemischer Energie gespeichert ist, können diese nur als elektrische Energie abgeben; der Vorgang ist unumkehrbar. Insofern können sie zwar auch in einem etwas weiteren Wortsinn als Speicher aufgefasst werden, sind aber in diesem Kapitel nicht von Interesse.

3.2.1 Akkumulator

Durch einen als Elektrolyse allgemein bezeichneten elektrochemischen Prozess wird elektrische Energie durch Stoffumwandlung, oftmals Zerlegung (-lyse), unter Einwirkung elektrischer Felder (Elektro-) in chemische Energie umgewandelt, die in den dabei erzeugten Stoffen gespeichert wird. Dies wird am Beispiel des klassischen Bleiakkumulators (Abb. 3.18) deutlich:

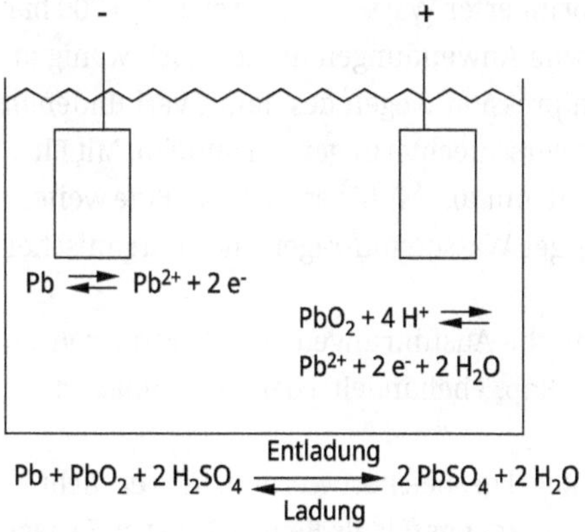

Abb. 3.18: Prinzipschema des Bleiakkumulators.

Bei der Ladung, der Speicherung elektrischer Energie, wird Bleisulfat elektrolysiert, d. h., elektrochemisch in Blei und Bleidioxid zerlegt. Die energiereicheren Produkte werden an den beiden Elektroden abgeschieden. Blei wird an der negativen und Bleidioxid an der positiven Elektrode abgeschieden. Die Bezeichnungen Anode und Kathode sind zwar populär, in Akkumulatoren aber nur verwirrend: Die negative Elektrode ist bei der Ladung und Elektrolyse die Kathode, bei der Entladung /oder Ausspeicherung die Anode. Für die positive Elektrode gilt das Umgekehrte. Daher wird in diesem Buch von beiden Begriffen im Zusammenhang mit Speichern kein Gebrauch gemacht. Anders und übersichtlicher stellt sich die Lage bei Systemen dar, die nur eine Richtung der Wandlung (elektrische Energie → chemische Energie, oder chemische Energie → elektrische Energie) erlauben (s. Abschn. 3.2.2). Hier ist eine Verwechslung nicht möglich und der Gebrauch von Anode und Kathode also eindeutig.

Zahlreiche weitere Beispiele umkehrbarer elektrochemischer Prozesse, die in Akkumulatoren genutzt werden können oder zumindest dafür vorgeschlagen wurden, werden in einer Übersicht in Kap. 4.6 und im Detail für ausgewählte Systeme in Kap. 5 eingehender dargestellt. Typische Daten von Batterien als Elektroenergiespeicher sind in Tabelle 3.4 am Kapitelende versammelt.

3.2.2 Elektrolyseur/Brennstoffzelle

In einem Elektrolyseur wird ein Stoff unter der Einwirkung von elektrischem Strom in seine Bestandteile zerlegt. Von besonderem Interesse ist hier die Elektrolyse von Wasser unter Bildung von Wasserstoff und Sauerstoff. Will man den bei der Elektrolyse produzierten Wasserstoff für eine weitere elektrochemische Nutzung speichern, hier also der Produktion elektrischen Stroms, gibt es verschiedene Optionen. Allen Ansätzen gemeinsam ist die Tatsache, dass die auf das Volumen bezogene Energiedichte (volumetrische Energiedichte) von gasförmigem Wasserstoff $0,0108\,MJ \cdot L^{-1}$ beträgt. Für Dieselkraftstoff beträgt der Wert $35\,MJ \cdot L^{-1}$. Komprimierter Wasserstoff erreicht bei 700 bar immerhin $5,6\,MJ \cdot L^{-1}$. Der Wert ist für praktische Anwendungen immer noch wenig attraktiv, und zudem ist der Weg über die Kompression wegen des damit verbundenen Energieaufwands mit weiteren Wirkungsgradverschlechterungen verbunden. Mit Flüssigwasserstoff ist eine weitere Verbesserung auf nun $10,1\,MJ \cdot L^{-1}$ erreichbar. Eine weitere Verbesserung ist durch die Verwendung flüssiger Wasserstoffträger (meist organischer chemischer Verbindungen) erzielbar.

Elektrochemische Grundlagen wie technische Ausführungen von Elektrolyseuren werden kurz in Abschn. 4.6 und ausführlich in Kap. 5 behandelt. Hier steht zunächst die Speicherung im Mittelpunkt.

Der so erzeugte Wasserstoff muss in der Regel gespeichert werden, falls er nicht in ein Pipelinenetz in reiner Form oder in einer Übergangszeit als Beimischung zu Erdgas (nach aktuellem Stand der Technik 5 bis 10 Vol.%) eingespeist wird.

Die Speicherung in Form von Metallhydriden erfordert einen weiteren chemischen Umwandlungsschritt, hier: eine umkehrbare (reversible) chemische Reaktion. Sie wird daher im folgenden Abschn. 3.3 behandelt. Wasserstoff kann zudem auf der Oberfläche einer Vielzahl von Materialien adsorbiert werden. Diese Materialien werden dazu im Interesse einer möglichst großen für die Adsorption zur Verfügung stehenden Oberfläche als hochporöse Körper ausgebildet. Für praktische und vor allem für wirtschaftliche Anwendungen sind bisher weder geeignete Materialien noch Prozesse bekannt. Neben der Adsorption auf einer Oberfläche ist auch die Absorption in einen Festkörper oder einer Flüssigkeit denkbar. Der erste Fall ist bei der Bildung von Metallhydriden (s. Abschn. 3.3.1) realisiert, und für den zweiten Fall sind wiederum keine realisierten Beispiele bekannt.

3.2.3 Physikalische Wasserstoffspeicherung

Die Speicherung von Wasserstoff ohne chemische Wandlungsprozesse kann durch Kompression (CgH2 oder CGH2, compressed gaseous hydrogen), Verflüssigung und Aufbewahrung bei tiefen Temperaturen und durch Adsorption bei tiefen Temperaturen an Materialien mit hohen spezifischen Oberflächen erfolgen.

3.2.3.1 Druckspeicherung

Abhängig vom eingesetzten Elektrolyseverfahren und den gewählten Prozessparametern wird Wasserstoff bei einem Druck gebildet, der von Umgebungsdruck bis ca. 30 bar reichen kann. Mit Elektrolyseuren, in den Polymerelektrolytmembrane als Separatoren eingesetzt werden, sind höhere Drücke kaum erzielbar. Vor allem im Interesse einer optimalen Nutzung eines Speichervolumens, insbesondere eines meist recht teuren Hochdrucktanks, ist eine weitere Kompression erforderlich. Sie kann einen erhebliche Anteil entsprechend mehr als 10 % der im Wasserstoff gespeicherten Energie benötigen; bei 700 bar entspricht die mechanische Kompressionsarbeit ca. 15 % des unteren Heizwertes (lower heating value; LHV) des gespeicherten Wasserstoffs. Mögliche Drücke konnten in den letzten Jahren erheblich gesteigert werden. Aktuell sind Tanks mit einem Gesamtgewicht von ca. 80 kg für p = 700 bar (70 MPa) verfügbar. Bei noch höheren Drücken wäre der Gewinn an gespeicherter Energie wegen der immer größeren Abweichung des realen Gasverhaltens vom idealen Verhalten im Vergleich zum technischen Aufwand für das Druckgefäß wie auch die Kompression unwirtschaftlich groß. Die Füllung eines solchen Tanks ist in ca. drei Minuten machbar. Die wegen der geringen Größe von Wasserstoffmolekülen hohe Diffusivität der Moleküle, die ihre Passage durch Metalle mit im Einzelfall eintretender Materialversprödung ermöglicht, kann durch geeignete Beschichtungen z. B. mit Kunststoffen, die für Wasserstoff nahezu undurchlässig sind, verhindert werden. Tanks werden bevorzugt aus glasfaserverstärkten Kunststoffen gefertigt. In einem Serienfahrzeug ermöglicht die Kombination von zwei oder drei zylindrischen Tanks die Speicherung von 6 kg Wasserstoff, die dem Fahrzeug eine Reichweite von bis zu 500 km verschaffen. Kugelförmige Tanks wären zwar technisch vorteilhafter, sind aber in einem Fahrzeug schlechter unterzubringen.

Wasserstoffspeicherung im großen Stil kann unterirdisch in porösen Gesteinen (Porenspeicher) oder Kavernen, meist durch Auslaugung entstandene Salzkavernen, bei erhöhtem Druck gespeichert werden. Viele dieser Speicher waren bereits als Speicher für Stadt- oder Leuchtgas, das vor der breiten Einführung von Erdgas aus der Kokerei stammend verbreitet war, im Einsatz. Da diese Gase bis zu 50 % Wasserstoff enthielten, ist die grundsätzliche Eignung dieser Speicher nachgewiesen. Dabei wurden Porenspeicher bereits als Ergänzung der vorher weitverbreiteten Gasometer bereits in der Mitte des 20. Jahrhunderts genutzt. Einige werden zur Speicherung von Erdgas, sehr wenige für Wasserstoff genutzt, und viele sind nicht mehr in Betrieb. Diese Speicher beruhen auf vorteilhaften geologischen Formationen. Ein ausreichend großer poröser Gesteinskörper aus z. B. porösem Sand- oder Kalkstein wird von einem gasundurchlässigen Barrieregestein (z. B. Ton oder Salz) eingeschlossen. Ausgebeutete Erdgaslagerstätten sind dabei eine attraktive Option: Ihre Speicherfähigkeit haben sie durch die langdauernde Rückhaltung des zunächst entstandenen Erdgases nachgewiesen. Allerdings enthalten diese Lagerstätten oft kleine Mengen von Restgasen, die im gespeicherten Wasserstoff als Verunreinigung auftauchen. Dies kann für einige Anwendungen des Wasserstoffs inakzeptabel sein. Zudem kann es abhängig von der chemischen Umgebung im Speichergestein zu chemischen Reaktionen wie der Methanbildung oder Sulfatreduktion kommen. Dies kann ggfs. zu Verunreinigungen führen.

Kavernenspeicher sind als Hinterlassenschaften der Salzgewinnung oder durch gezielte Auslaugung entstandene unterirdische Hohlräume mit typischen Volumina von 500 bis 800 · 10^3 m^3 in bis zu 2.000 m Tiefe. Da die Salze, die den Hohlraum einschließen, gasundurchlässig sind, bedarf es keiner zusätzlichen Abdichtung. Die bei der Auslaugung für neue Speicher anfallenden großen Mengen konzentrierter Salzlösungen können allerdings ein ökologisches Problem darstellen.

3.2.3.2 Flüssigwasserstoffspeicherung

Auf den ersten Blick ist die etwas größere volumetrische Energiedichte von verflüssigtem Wasserstoff als von komprimiertem Wasserstoff als Vorteil vermutlich der Grund für die anfängliche Begeisterung, mit der Entwicklungsarbeiten zu entsprechenden Tanks mit Superisolation und der Handhabung von flüssigem tiefkaltem Wasserstoff bei $T = -253\,°C$ betrieben wurden. Bereits der erhebliche Energieaufwand für die Abkühlung und Verflüssigung, der bei ca. 30 % des unteren Heizwertes des Wasserstoffs liegt, wirkt wenig ermutigend. Da bei einer realen Isolation eine langsame Verdampfung des flüssigen Wasserstoffs unvermeidlich und der Tank nicht für hohe Überdrücke ausgelegt ist, muss für kontrolliertes und risikoarmes Ablassen des gasförmigen Wasserstoffs gesorgt werden. Bislang ungelöste weitere Forderungen an die Befüllungstechnik haben das Interesse an dieser Speichertechnologie weitgehend erlöschen lassen.

3.2.3.3 Adsorptionsspeicher

Bei ausreichend tiefer Temperatur $T < -200\,°C$ kann Wasserstoff an z. B. aktivierten Kohlenstoffen adsorbiert werden. Dabei können Wasserstoffgehalte bis 6,5 Gew.% bezogen auf das Speichermaterial erreicht werden. Die Einlagerung von Wasserstoff in einem Wirtsgitter (interstitieller Wasserstoff) geschieht zwar ohne Ausbildung chemischer Bindungen, die Bindung ist energetisch allerdings deutlich stärker als bei einfacher Adsorption und wird daher im Zusammenhang mit Metallhydriden betrachtet. Hier würde zudem der Begriff der Absorption präziser sein.

3.3 Chemische Speicher

Die Speicherung elektrischer Energie in Form chemischer Energie ist die Grundlage der in den beiden vorangegangenen Abschnitten betrachteten elektrochemischen Speicher. Umgangssprachlich wird man allerdings eher an die bereits in Abb. 3.2 „Speicherung in Form chemischer Verbindungen" wie Wasserstoff (bereits in Abschn. 3.2.3 und üblicherweise auch als elektrochemischer Speicher angesehen) denken, vor allem aber an chemische Verbindungen wie Metallhydride, hydrierte organische Verbindungen sowie an Verbindungen, die im Rahmen thermochemischer Verfahren auftauchen. Die direkte Speicherung von Wasserstoff aus der Elektrolyse als Druckwasserstoff sowie als verflüssigter oder adsorbierter tiefkalter Wasserstoff wurde bereits in Abschn. 3.2.3 angesprochen. Weitere Speicheroptionen, die häufig mit einem allgemeinen Akronym PtX (auch P2X), spezifischer mit PtH, PtG etc. diskutiert werden, bezeichnen hier bereits vorgestellte Prozesse oder befinden sich in einem noch frühen Entwicklungsstadium. Da sie bevorzugt die Wandlung elektrischer Energie, die hier mit P bezeichnet oft noch als Stromüberschuß im Markt gesehen wird, in andere Energieformen meist ohne eine Rückwandlung in elektrische Energie beschreiben, werden sie hier nur kurz zusammengefasst:

PtC: Power to chemicals, wiederum mit elektrischer Energie hergestellter Wasserstoff wird zu weiteren Chemikalien für die chemische Industrie umgesetzt.

$PtCH_4$: Sonderfall von PtG, der die Nutzung elektrischer Energie zur Methanproduktion bezeichnet.

PtF: Power to fuels, mit elektrischer Energie werden Stoffe zur Erzeugung synthetischer Kraftstoffe (E-Fuels) hergestellt, die anschließend in Verbrennungsmaschinen anstelle aus fossilen Quellen gewonnener Brennstoffe eingesetzt werden.

PtG: Power to gas, mit elektrischer Energie wird zunächst Wasserstoff hergestellt, der dann in weiteren chemischen Reaktionen zu Brenngasen wie Methan oder Ammoniak umgesetzt wird. Diese können unmittelbar genutzt, in das Gasversorgungsnetz eingespeist oder für weiter chemische Reaktionen genutzt werden. Da sie auch gespeichert werden können, handelt es sich um eine Option der Speicherung elektrischer Energie.

PtH: Power to heat, mit elektrischer Energie werden Speichermedien erhitzt, die gespeicherte Wärme wird anschließend als Heizwärme, Prozesswärme etc. genutzt. Ebenfalls kann die Energie zum Betrieb von Wärmepumpen genutzt werden, und die so erhaltene Wärme kann z. B. in Fernwärmenetze eingespeist werden.

PtL: Power to liquid, darunter werden Prozesse zur Gewinnung flüssiger Kraftstoffe mit Hilfe aus erneuerbaren Quellen erzeugter elektrischer Energie subsummiert. Dabei wird oft in einer Reihe verknüpfter Teilschritte CO_2 aus Punktquellen (z. B. thermisch-fossilen Kraftwerken, Zementfabriken) bereitgestellt. Dies wird mit elektrolytisch erzeugtem Wasserstoff umgesetzt. Es können Alkohole und Ammoniak hergestellt werden, die als Ersatz fossiler Kraftstoffe oder als Wasserstoffträger dienen.

PtX: allgemeiner Oberbegriff, der die Nutzung von Stromüberschüssen zur Wandlung in andere Energieformen und -träger sowie Nutzungen benennt.

3.3.1 Metallhydride

Zahlreiche Metalle, Metallmischungen und -legierungen bilden mit Wasserstoff stöchiometrische Verbindungen, die als Metallhydride bezeichnet werden:

$$\text{Metall} + \text{Wasserstoff} \underset{\text{Entladen}}{\overset{\text{Laden}}{\rightleftarrows}} \text{Metallhydrid} + \text{Wärme}. \tag{3.1}$$

Außerdem können neben stöchiometrischen Metallhydriden auch polymere Metallhydride, sog. komplexe Metallhydride und nichtstöchiometrische Metallhydride, gebildet werden. Wasserstoff kann zudem durch Ad- und Absorption gebunden werden. Sie können in Metallhydridspeichern zur Wasserstoffspeicherung genutzt werden. Vorteilhaft ist die praktisch drucklose Speicherung, nachteilig sind die langsame Wasserstoffaufnahme und -abgabe. Zudem sind die hohe Masse des Speichermediums sowie die teilweise erheblichen Materialkosten hinderlich.

3.3.2 Wasserstoffträger

Für die Speicherung von Wasserstoff durch Bildung wasserstoffreicher Verbindungen in chemischen Reaktionen sind zahlreiche Bespiel untersucht und in einigen Fällen erfolgreich realisiert. Dazu gehört die Bildung von Methanol durch Umsetzung von Kohlenmonoxid oder -dioxid mit Wasserstoff. Zur Ausspeicherung, d. h., zur Wiedergewinnung elektrischer Energie, ist die Umsetzung von Methanol in Brennstoffzellen denkbar (s. Abschn. 5.4.2). Andere Wege zur elektrischen Energie durch z. B. Nutzung des Wasserstoffs in thermischen Kraftwerken (als Ersatz für Erdgas) sind ebenfalls denkbar. Beide Wege sind durch niedrige Wirkungsgrade nachteilig gekennzeichnet. Weitere flüssige organische Wasserstoffträger (liquid organic hydrogen carriers; LOHC) sind bekannt. Dazu gehören u. a. organische Verbindungen mit Doppelbindungen, die mit Wasserstoff in einer Hydrierungsreaktion umgesetzt werden können. Ein untersuchtes Beispiel ist die reversible Hydrierung von *N*-Ethylcarbazol unter Bildung von Dodecahydro-*N*-ethylcarbazol entsprechend der Reaktionsgleichung in Abb. 3.19. Der Einbau eines Heteroatoms (N) resultiert in einer vergleichsweise niedrigen Temperatur, bei der die im Entladungsfall ablaufende Dehydrierungsreaktion abläuft. Allgemein sind hohe Reaktionstemperaturen und die damit verbundenen hohen Aufwendungen für thermische Prozessenergie für diesen Weg der Speicherung von (elektrischer) Energie nachteilig.

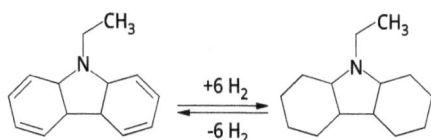

Abb. 3.19: Reversible Reaktion der Hydrierung/Dehydrierung von *N*-Ethylcarbazol.

Weitere Verbindungen wie Dibenzyltoluol, Benzyltoluol, Naphthalin oder Azaborine wurden untersucht. In der Regel sind die erreichten Energiedichten, die sich mit dem Brennwert des bei der Ausspeicherung freigesetzten Wasserstoffs berechnen lassen, enttäuschend niedrig. Neben den Nachteilen relativ hoher Reaktionstemperaturen ist zudem eine nur unvollständige Stoffumwandlung nachteilig.

Eine im weiteren Sinn ebenfalls chemische Speicherung von Wasserstoff könnte durch die katalysierte Reaktion

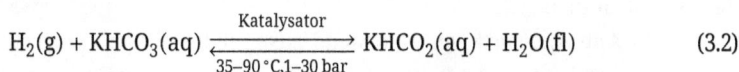

$$H_2(g) + KHCO_3(aq) \underset{35-90\,°C, 1-30\,bar}{\overset{Katalysator}{\rightleftharpoons}} KHCO_2(aq) + H_2O(fl) \qquad (3.2)$$

erfolgen. In dieser Reaktion werden ökologisch unbedenkliche Stoffe eingesetzt. Die Gleichgewichtslage lässt sich durch Wasserstoffdruck und Temperatur steuern, was vor allem auf den thermodynamischen Daten der Reaktion beruht. Für die wässrige Formiatlösung ergibt sich eine Speicherdichte von 5–28 kg(H_2)·m^{-3}, und für das feste Salz ergibt sich 44,4 kg(H_2)·m^{-3}. Verglichen mit einer Druckspeicherung entspricht dies rechnerisch einem Speicherdruck von 830 bar.

Allen vorstehend dargestellten Optionen der Wasserstoffspeicherung steht bei seiner energetischen Nutzung als z. B. Ersatz für Erdgas der Nachteil des insgesamt betrachteten niedrigen Wirkungsgrades im Weg. Eine Gesamtbetrachtung der Vor- und Nachteile der Wasserstoffnutzung sollte aber nicht auf diesen rein energetischen Aspekt beschränkt werden. Eine vorsichtige Einordnung verschiedener denkbarer Anwendungen von grünem Wasserstoff führt zu einer von Liebreich 2021 zusammengetragenen Gesamtschau (Abb. 3.20), in der die zahlreichen Verwendungsmöglichkeiten und Effizienz- und Wirtschaftlichkeitsgesichtspunkten abgewogen werden.

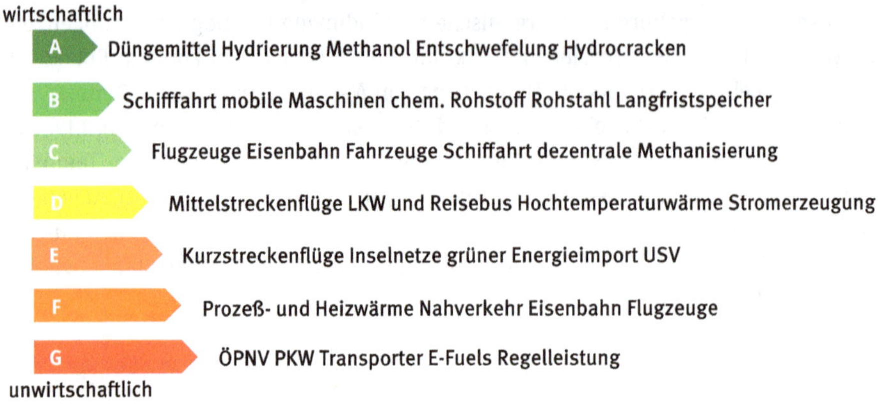

wirtschaftlich

A	Düngemittel Hydrierung Methanol Entschwefelung Hydrocracken
B	Schifffahrt mobile Maschinen chem. Rohstoff Rohstahl Langfristspeicher
C	Flugzeuge Eisenbahn Fahrzeuge Schifffahrt dezentrale Methanisierung
D	Mittelstreckenflüge LKW und Reisebus Hochtemperaturwärme Stromerzeugung
E	Kurzstreckenflüge Inselnetze grüner Energieimport USV
F	Prozeß- und Heizwärme Nahverkehr Eisenbahn Flugzeuge
G	ÖPNV PKW Transporter E-Fuels Regelleistung

unwirtschaftlich

Abb. 3.20: Nutzungsmöglichkeiten grünen Wasserstoffs.

Bei einigen Verwendungen ist grüner Wasserstoff praktisch die einzige Option. Hier geht es vor allem um seine stoffliche Verwendung (A und B) sowie um den Einsatz für netzferne Anwendungen (C). Bei den folgenden Nutzungen (D bis G) führt der Vergleich mit anderen Optionen (z. B. Batterie- statt Brennstoffzellfahrzeuge, Flüge statt Bahnfahren) jeweils mit Blick auf die energetische Effizienz zu einer eher skeptischen bis ablehnenden Bewertung. Gewiss wird im Einzelfall eine aus technischen Gründen, z. B. beim Betrieb von Sonderfahrzeugen mit Verbrennungsmotor, eine andere Einordnung begründbar sein. Hier werden allerdings auch andere in Abb. 3.20 nicht berücksichtigte Kriterien wie Häufigkeit und gesellschaftlich-politische Bedeutung von Bedeutung sein. Neben grünem Wasserstoff gibt es noch weitere Farben von Wasserstoff. Diese sind in Tab. 3.3 zusammengestellt.

Die in Abb. 3.20 stark vereinfachend zusammengefassten Bewertungen der Sinnhaftigkeit verschiedener Nutzungen von grünem Wasserstoff können am Beispiel der Nutzung elektrischer Energie in Personenkraftwagen veranschaulicht werden. Dazu ist zunächst ein Blick auf den Energiebedarf je gefahrenem Kilometer für verschiedene PKW-Typen als Ausgangspunkt hilfreich (Abb. 3.21).

Betrachtet man den energetischen Gesamtwirkungsgrad (Well-to-wheel, die Gesamtkette von der Energiequelle bis zum Antriebsrad des Fahrzeugs), ergibt sich die je nach Energiequelle differenzierte Abb. 3.22.

Die große Bandbreite z. B. bei einem batteriebetriebenen Fahrzeug ergibt sich aus der Quelle: Im günstigsten Fall elektrische Energie aus Wasserkraftwerken, im ungünstigsten Fall aus einem thermischen mit Braunkohle gefeuerten Kraftwerk. Bei mit Wasserstoff betriebenen Fahrzeugen (FC-H2 und ICE-H2) wurde im ungünstigsten Fall Wasserstoff aus einer Elektrolyse mit Strom aus einem Braunkohlenkraftwerk angenommen, im günstigsten Fall Wasserstoff aus Methanreformierung. Die energetische Überlegenheit eines BEV wird deutlich, die wenig ermutigenden Aussichten von E-Fuels ebenfalls, wenn sie in ICE verwendet werden.

Tab. 3.3: Die Farben des Wasserstoffs.

	Gelber Wasserstoff, der nur durch Elektrolyse mit Strom aus Photovoltaikanlagen erzeugt wird. Etwas verwirrend wird damit gelegentlich auch Wasserstoff bezeichnet, der mit elektrischer Energie aus dem Netz mit seiner typischen Mischung verschiedener Energieträger gewonnen wird.
	Blauer Wasserstoff aus fossilen Brennstoffen (derzeit vor allem Erdgas) mit Einspeicherung des anfallenden CO_2 (CO_2-Sequestration) und damit ohne Freisetzung klimawirksamer Gase gewonnen wird. Da CO_2 und nicht Kohlenstoff gelagert wird ist dieser Fall vom türkisfarbigen Wasserstoff zu unterscheiden.
	Grauer Wasserstoff aus fossilen Brennstoffen ohne CO_2-Sequestration hergestellt.
	Schwarzer Wasserstoff aus Kohle (derzeit vor allem Steinkohle) gewonnen. Der Prozeß wird auch als Kohlevergasung bezeichnet.
	Brauner Wasserstoff aus Braunkohle (statt Steinkohle bei schwarzem Wasserstoff) hergestellt, mitunter wird auch Wasserstoff, der bei anderen Elektrolysen (z. B. Chlor-Alkali-Elektrolyse) als Nebenprodukt anfällt.
	Türkiser Wasserstoff wird durch thermische Zerlegung von Methan (z. B. aus Erdgas) durch Pyrolse mit festem Kohlenstoff als Beiprodukt hergestellt. Damit werden die denkbaren Probleme der CO_2-Sequestration vermieden.
	Orangefarbener Wasserstoff aus biogenen Quellen (Biomasse, Biokraftstoff etc.)
	Lila Wasserstoff wird durch Hochtemperaturelektrolyse (s. Abschn. 5.4.1) oder in thermo-chemischen Prozessen mit Hitze und elektrischer Energie aus Kernkraftwerken hergestellt.
	Rosa Wasserstoff wird durch Elektrolyse mit elektrischer Energie aus Kernkraftwerken hergestellt.
	Roter Wasserstoff wird in einem katalytischen Wasserspaltungsverfahren mit Wärme aus Kern-kraftwerken hergestellt.
	Weißer Wasserstoff wurde als Begriff für natürlich vorkommenden Wasserstoff vorgeschlagen. Angesichts der jahrhundertealten Erkenntnis, daß Wasserstoff elementar in der Natur nicht vorkommt ist der Vorschlag zumindest eigenwillig.

3.3.3 Thermochemische Prozesse

Energiespeicherung mit Wasserstoff als Energieträger und seine Speicherung durch Ad-sorption wurde bereits in Abschn. 3.2 vorgestellt. Wegen der Wärmeumsätze bei Adsorp-tion und Desorption bei der Entspeicherung kann dies im weiteren Sinn auch als ther-mochemischer Prozess bezeichnet werden. Ebenfalls können Verfahren, in denen che-mische Verbindungen als Wasserstoffträger benutzt werden, thermochemischen Ver-fahren zugeordnet werden.

Im engeren Sinn werden Verfahren, bei denen umkehrbare chemische Reaktionen, die unter Aufnahme bzw. Freisetzung von Wärmeenergie ablaufen, als thermochemi-scher Prozesse bezeichnet. Zu ihrer Nutzung als Option für die Speicherung elektri-scher Energie muss einer der bereits vorgestellten ein- oder mehrstufigen bereits vorge-stellten Prozesse zur Umwandlung von Wärme- in elektrische Energie und ggfs. zurück eingeschaltet werden. Allgemein kann ein solcher Prozess, bei dem beispielhaft eine Verbindung A mit B unter Bildung von C und Freisetzung von Wärme Q entsteht, so beschrieben werden:

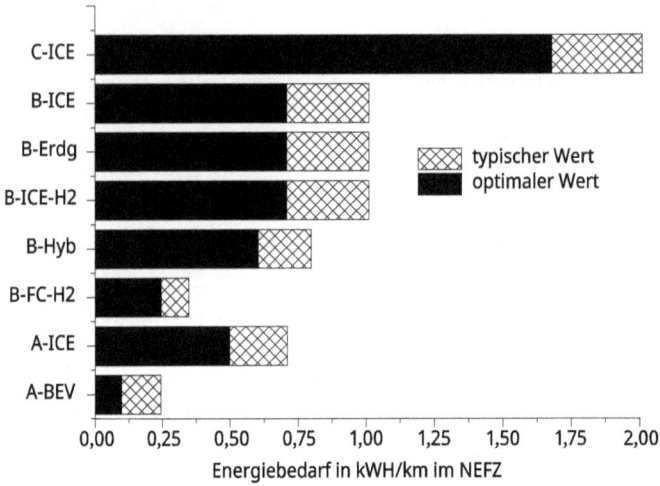

Abb. 3.21: Energiebedarf je gefahrenem Kilometer für A: Kompaktfahrzeug, B: Mittelklassefahrzeug und C: Luxusfahrzeug, mit Antrieb durch ICE: Verbrennungsmotor Benzin/Diesel, Erdg: Verbrennungsmotor Erdgas, ICE-H2: Verbrennungsmotor mit Wasserstoff, Hyb: Hybrid, FC-H2: Brennstoffzelle mit Wasserstoff, BEV: Batterie; NEFZ: neuer europäischer Fahrzyklus (Daten aus: Wasserstoff in der Fahrzeugtechnik; M. Klell, H. Eichlseder, A. Trattner Hrsg., Springer Vieweg, Wiesbaden 2018).

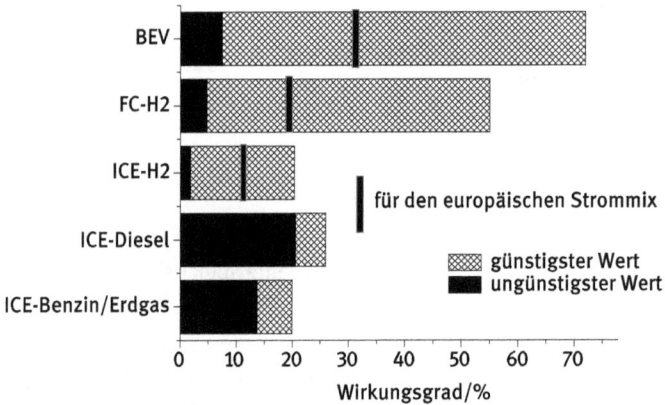

Abb. 3.22: Wirkungsgrade für verschiedene Fahrzeugantriebe mit Antrieb durch ICE: Verbrennungsmotor Benzin/Diesel/Erdgas/Wasserstoff, FC-H2: Brennstoffzelle mit Wasserstoff, BEV: Batterie, (Daten aus: Wasserstoff in der Fahrzeugtechnik; M. Klell, H. Eichlseder, A. Trattner Hrsg., Springer Vieweg, Wiesbaden 2018).

$$A + B \rightarrow C + Q \quad \text{(exotherm)}. \tag{3.3}$$

Dieser Entladung eines Speichers, in dem A und B aufbewahrt wurden, steht die Ladung gemäß

$$C + Q \rightarrow A + B \quad \text{(endotherm)} \tag{3.4}$$

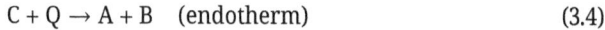

gegenüber. Die thermodynamischen Begriffe, die die Prozesse, genauer: ihre freie Enthalpie(änderung), bezeichnen, sind in Klammern angegeben. Es hat rechnerische Ansätze gegeben, mit denen in Betracht kommende Prozesse und Verbindungen betrachtet und eingegrenzt wurden. Dabei spielten allgemeine Kriterien eine praktische Rolle:

1. Energiespeicherdichte (thermodynamisch)
2. Reaktortemperatur für den Speicherprozess
3. Korrosivität bei Lagerung und/oder Reaktion
4. Umweltverträglichkeit und Toxizität des Materials
5. Kosten des Materials (reichlich vorhanden/leicht abbaubar)
6. Anzahl der Materialkomponenten bei der Synthesereaktion
7. Reaktordruck

Diese allgemeinen Kriterien werden verständlicher, wenn man Zahlen hinzufügt und Beispiele benennt:

$$SrBr_2 \cdot H_2O + 5\,H_2O \leftrightharpoons SrBr_2 \cdot 6\,H_2O + Q. \tag{3.5}$$

Es handelt sich um ein geschlossenes thermochemisches Speichersystem. Die beiden Salzhydrate des $SrBr_2$ verbleiben als Feststoffe in z. B. einem planaren Solarkollektor; der bei der Speicherung, d. h., bei der Erhitzung durch Wärmezufuhr von außen, freigesetzte Wasserdampf wird in einem separaten Tank als Flüssigkeit aufbewahrt. Dabei strömt der heiße Wasserdampf durch einen Plattenwärmetauscher, in dem Wärme ein- bzw. ausgekoppelt und z. B. in einem Gebäudeheizungskreislauf genutzt wird. Die Temperatur am Ausgang des Solarkollektors liegt mit $T = 80\,°C$ in einem technisch interessanten Bereich, und die Gleichgewichtstemperatur für Gl. (3.5) ist mit $T = 43\,°C$ ebenfalls nutzbar. Berechnete Energiespeicherdichten E sind, soweit bekannt, mit den folgenden Gleichungen für weitere Beispiele angegeben:

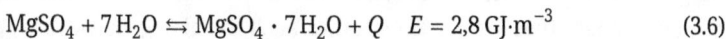

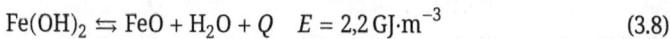

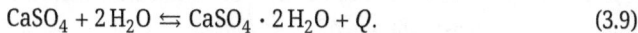

$$MgSO_4 + 7\,H_2O \leftrightharpoons MgSO_4 \cdot 7\,H_2O + Q \quad E = 2{,}8\,GJ\cdot m^{-3} \tag{3.6}$$

$$Fe + CO_2 \leftrightharpoons FeCO_3 + Q \quad E = 2{,}6\,GJ\cdot m^{-3} \tag{3.7}$$

$$Fe(OH)_2 \leftrightharpoons FeO + H_2O + Q \quad E = 2{,}2\,GJ\cdot m^{-3} \tag{3.8}$$

$$CaSO_4 + 2\,H_2O \leftrightharpoons CaSO_4 \cdot 2\,H_2O + Q. \tag{3.9}$$

Erreichte Speicherdichten sind größer als mit Latentwärmespeichern (s. o.) erzielte Werte. Dennoch sind soweit bekannt Systeme lediglich zur Wärmespeicherung erprobt. Über eine angekoppelte Elektroenergiespeicherung wurde bislang nicht berichtet.

3.4 Elektrische Speicher

3.4.1 Kondensatoren

Legt man an einen Kondensator, der im einfachsten aus zwei als Elektroden bezeichneten Metallplatten und Luft als isolierendes Dielektrikum dazwischen besteht, eine Gleichspannung U an, kommt es zur Ladungstrennung und zur Ausbildung eines elektrischen Feldes. Die damit gespeicherte Energie[4] E hängt mit der angelegten Spannung U und dem als Kapazität C bezeichneten Speichervermögen des Kondensators nach

$$E = \frac{C}{2}U^2 \tag{3.10}$$

zusammen. Die Kapazität hängt vor allem von den mechanischen Daten und Materialeigenschaften des Kondensators und seiner Komponenten ab, d. h., den beiden Elektroden und dem Dielektrikum dazwischen:

$$C = \frac{Q}{U} = \frac{A \cdot \varepsilon}{d} = \frac{A \cdot \varepsilon_0 \varepsilon_r}{d}. \tag{3.11}$$

Dabei ist Q die gespeicherte Ladung, U die angelegte Spannung, A die Fläche und d der Abstand der beiden Elektroden. Die dielektrischen Materialeigenschaften werden mit der Dielektrizitätskonstante ε bezeichnet, die sich aus der absoluten ε_0 und der relativen, materialtypischen und dimensionslosen Dielektrizitätskonstante ε_r zusammensetzt. Zur Ausbildung ausreichend großer Flächen werden für praktische Kondensatoren Folien mit einem dazwischen gelegten isolierenden Dielektrikum aufgewickelt. Abbildung 3.23 zeigt typische Beispiele.

Zur Steigerung der Kapazität ist neben einer Flächenvergrößerung und Abstandsverringerung (durch dünnere Folien) die Verwendung von Keramiken mit großen Werten von ε_r (z. B. Bariumtitanat mit $\varepsilon_r \sim 1000$) genutzt worden. Noch höhere Flächenvergrößerungen erzielt man durch Aufrauhung der z. B. aus Aluminiumfolie hergestellten Elektroden. Dies verlangt allerdings nach einer Gegenelektrode, die der erzielten Oberflächenrauhigkeit folgt. Dies führte zum Elektrolytkondensator. Das auf der rauhen Aluminiumoberfläche gebildete Aluminiumoxid Al_2O_3 dient dabei als isolierendes Dielektrikum. Ersetzt man es durch z. B. Tantaloxid, dessen relative Dielektrizitätskonstante $\varepsilon_r = 27$ wesentlich größer ist als die von Al_2O_3 ($\varepsilon_r = 7$), ergeben sich ebenfalls hohe Kapazitätswerte. Schlußendlich sind Elektrolytkondensatoren aber praktisch auf Werte begrenzt, die sie zwar in der Elektronik und Elektrotechnik für zahlreiche An-

---

4 Leider ist die Zahl der Buchstaben im Alphabet begrenzt. Die Mehrfachbelegung von z. B. E als Symbol für Potential und Energie ist eine bedauerliche Verwechslungsquelle. Da Arbeit mit dem Symbol W der Energie entspricht, wäre W statt E denkbar. Die gängige Beschränkung auf Arbeit als mechanische Arbeit würde hier allerdings nur weitere Verwirrung stiften. Es bleibt also bei E für Energie und Potential.

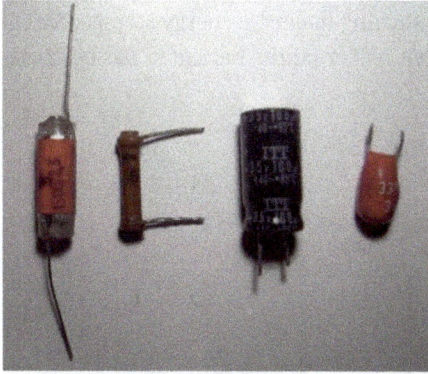

Abb. 3.23: Technische Kondensatoren. Von links: Styroflex-Kondensator mit Aluminium- und Polystyrolfolien, keramischer Kondensator, Elektrolytkondensator und Tantalkondensator.

wendungen einschließlich der Pufferung und kurzzeitigen Energiespeicherung in z. B. Blitzlichtern und Zündanlagen unentbehrlich machen, für Speicherung im größeren Rahmen sind sie dagegen ungeeignet.

Dies hat sich mit dem Siegeszug der Superkondensatoren vollkommen geändert. Ihr Aufbau, ihre Funktion, der Entwicklungsstand und die Perspektiven werden in Abschn. 4.8 eingehend vorgestellt. Die Zusammenschaltung vieler Zellen ermöglicht technisch interessante Betriebsspannungen und hohe Stromstärken. Neben den bereits in Kap. 1 vorgestellten Anwendungen gibt es noch zahlreiche weitere Einsatzmöglichkeiten, die in Auswahl in Kap. 5 und 6 beschrieben werden.

3.4.2 Magnetspulen

Eine an eine Magnetspule angelegte elektrische Gleichspannung führt zu einem Stromfluss durch diese Spule, der ein Magnetfeld erzeugt. In ihm ist die zugeführte Energie gespeichert. Trennt man die Spule von der Stromversorgung und schließt die beiden Anschlüsse (Persistenzschalter) kurz, fließt der Strom weiter. Der elektrische Widerstand des Spulenmaterials führt zu Joule'scher Erwärmung: Der Strom nimmt ab und bricht schließlich zusammen. Die zugeführte Energie ist in Wärme umgewandelt, aber eine praktisch sinnvolle Speicherlösung ist dies nicht. Legt man eine Wechselspannung an und verursacht damit einen Wechselstrom, ergeben sich mit dem nun im Takt der Wechselspannungsfrequenz variierenden Magnetfeld andere Möglichkeiten, die im Transformator intensiv genutzt werden.

Nimmt man statt eines konventionellen Drahtmaterials einen Supraleiter und kühlt ihn unter die Sprungtemperatur, bei der der elektrische Widerstand schlagartig verschwindet, d. h., zu 0 Ω wird, fließt der Strom unbegrenzt lange weiter, das Magnetfeld bleib bestehen und die eingespeicherte Energie erhalten. Man hat einen supraleitenden magnetischen Energiespeicher (Superconducting magnetic energy storage; SMES) gebaut. Erste Anregungen dazu werden aus den 1960er Jahren berichtet. Das beschriebene Funktionsschema zeigt Abb. 3.24.

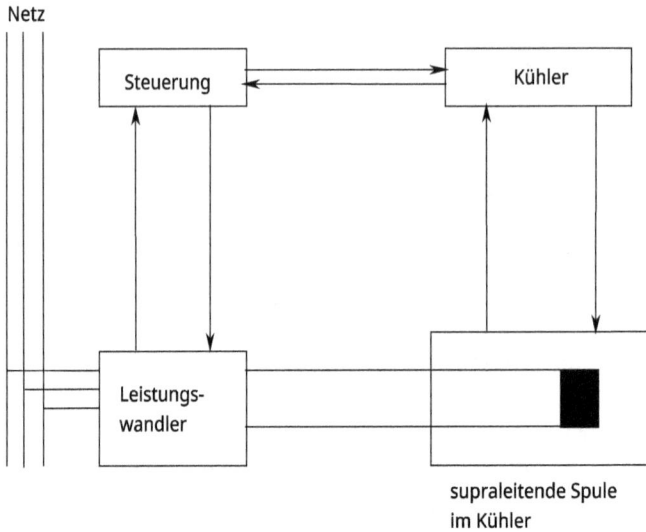

Abb. 3.24: Funktionsschema eines SMES.

Geringe Verluste wegen nichtidealen Verhaltens elektrischer Komponenten, u. a. im Zusammenhang mit dem Persistenzschalter, führen dazu, dass die Energie nicht unendlich lange unvermindert gespeichert bleiben wird. Experimentelle Beobachtungen zeigen allerdings selbst über Jahre nur geringste Verluste. Die gespeicherte Energie ist aus Stromstärke I und Induktivität L nach

$$E = \frac{1}{2}L \cdot I^2 \tag{3.12}$$

berechenbar. Die Induktivität kann nicht durch Einbringen eines ferromagnetischen Materials gesteigert werden, da mit ihnen nur magnetische Flussdichten bis ca. 2 T möglich sind. Bei größeren Werten tritt Sättigung ein, und die relative Permeabilität nimmt ab. Die entnehmbare Maximalleistung P hängt vom fließenden Strom I ab und von der Spannung U, die nun als Selbstinduktionsspannung der Spule anhängig von der Stromänderungsrate dI/dt auftritt:

$$P = I \cdot U. \tag{3.13}$$

Damit sind hohe Leistungen erreichbar; praktisch setzt die Leistungsfähigkeit der zur Ankopplung an das elektrische Netz nötigen elektronischen Wandler wie auch die

Spannungsfestigkeit der Materialien Grenzen. Die bislang erreichten Leistungen legen den Einsatz von SMES zur Spannungs- und Netzstabilisierung ähnlich wie die beschriebenen Schwungradspeicher nahe. Die erreichbaren Energiedichten wie auch die Kosten machen SMES wenig geeignet für die Speicherung größerer Energiemengen und über längere Zeit. Zwar ist die Selbstentladung einer SMES zunächst extrem klein, theoretisch gleich Null. Bezieht man allerdings realistischer Weise den Energieaufwand zur Kühlung mit ein, ergeben sich praktische Werte der Selbstentladung und des Wirkungsgrades, die in Tabelle 3.4 zusammengefasst sind. Praktische Anwendungen vor allem zur Netzstabilisierung (PQ) bei Verbrauchern am Ende langer Übertragungsleitungen sowie mit häufigen und starken Lastschwankungen sind im Einsatz. Geringe Energiedichten und noch immer sehr hohe Kosten stehen einer weiteren Verbreitung im Weg.

Einen Überblick zu elektrischen Energiespeichern gibt Tabelle 3.4. Die Angaben sind nur als Anhaltspunkte zur Orientierung zu verstehen, da sie sich nahezu täglich dem wissenschaftlich-technischen Fortschritt folgend ändern können. Zudem sind für einige Systeme höchst unterschiedliche Varianten mit deutlich verschiedenen Eigenschaften zusammengefasst.

Tab. 3.4: Vergleichende Daten elektrischer Energiespeicher. Die Daten sind nur als Anhaltspunkte zu verstehen.

System	P_{max}/ MW	Lebens- dauer/ Zyklen	Effizi- enz/%	Selbst- entladung/ %·h^{-1}	Investition/ €·kWh	Energie- dichte/ Wh·kg^{-1}	Typ. Entlade- zeit
Pumpspeicher	>3000	>1000	80	~0	71	0,1–3,3	8 h
Druckluft	290	unbek.	42–54	~0	unbek.	9	2 h
Schwungrad	300	>100000	95	0,1–10	500–1000	unbek.	100 s
Superkondensator	0,1	500000	90	0,2	10000	unbek.	100 s
Sekundärbatterie	>1	1000	90	unbek.	1000	unbek.	0,1 h
SMES	7	10^6	90	unbek.	30–200	unbek.	0,01 s

Weiterführende Lektüre

M. Zapf: Stromspeicher und Power-to-Gas im deutschen Energiesystem, Springer Vieweg, Wiesbaden 2017.

R. Holze, Energy Stor. Convers. 1 (2023) 304.

Y. Wu, R. Holze, Bunsen-Magazin 22(3) (2020) 50.

Energiespeicher – Bedarf, Technologien, Integration (M. Sterner, I. Stadler Hrsg.) Springer Vieweg, Berlin 2017.

Electrochemical Technologies for Energy Storage and Conversion (R. S. Liu, L. Zhang, X. Sun, H. Liu, J. Zhang Hrsg.) WILEY-VCH, Weinheim 2012.

R. Holze: Superkondensatoren, Springer, WissensExpress, Heidelberg 2024.

R. A. Huggins: Energy Storage, Springer, New York 2010.

A. von Meier: Electric Power Systems, John Wiley&Sons, Hoboken 2006.

4 Elektroenergie elektrochemisch wandeln und speichern

Möglichkeiten der elektrochemischen Energiespeicherung und -wandlung wurden in den vorangegangenen Kapiteln 1 und 3 bereits allgemein erwähnt. Sie werden in diesem Kapitel umfassend und mit besonderem Praxisbezug vorgestellt. Dabei werden Grundlagen nur berücksichtigt, soweit dies zum Verständnis notwendig ist. Besonders hervorgehoben wird die große Bandbreite technisch-praktischer Ausführungen, die für die im Folgekapitel dargestellten Anwendungen wichtig ist. Allgemeine Aspekte wie Alterung und Selbstentladung in Speichersystemen sind auf die Chemie der Systeme bezogen zwar individuell verschieden, es gibt aber allgemeine Gesichtspunkte. Im Interesse der Übersichtlichkeit werden in zwei Folgeabschnitten allgemein diese Vorgänge behandelt, systemtypische Aspekte werden dann jeweils bei der Vorstellung der Systeme beschrieben. Weitere praktische, vor allem anwendungsbezogene Details werden in den entsprechenden Abschnitten von Kap. 5 behandelt.

4.1 Alterung

Jedes elektrochemische System zur Energiewandlung und -speicherung unterliegt der Alterung. Dies trifft selbst für eine unbenutzt gelagerte Batterie oder eine abgeschaltete Brennstoffzelle zu. Daher wird zwischen diesem kalendarischen und zyklischem Altern beim Betrieb unterschieden. Auf den ersten Blick scheinen beide Entwicklungen ebenso unerwünscht wie naturgesetzlich-unvermeidlich zu sein. Eingehende Untersuchungen, die im Einzelfall durch wirtschaftliche Interessen noch vorangetrieben werden, zeigen also aufbauend auf dem Verständnis der in beiden Varianten des Alterns in einem System ablaufenden Veränderungen Möglichkeiten zumindest der Verlangsamung auf.

In beiden Fällen macht sich das Altern in einer Verschlechterung der Leistung eines Systems und in der Abnahme des verfügbaren Speichervermögens bemerkbar. Im Einzelfall kann dies ein kleinerer entnehmbarer Strom aus einem Akkumulator, eine Zunahme seines Innenwiderstands, eine nur noch unvollständige Aufladung und damit verbunden eine geringere entnehmbare Energie bei der anschließenden Entladung oder die Minderung des Speichervermögens durch teilweise Verlust aktiver Masse durch Zerbröseln der Elektroden in der Zelle sein.

4.2 Selbstentladung

Eine geladene Batterie befindet sich ebenso wie ein aufgeladener Superkondensator in einem energetisch höheren Zustand als das entsprechende entladene System. Sie befinden sich in einem Ungleichgewichtszustand. Neben der erwünschten Entladung im Betrieb, die sie dem (entladenen) Gleichgewichtszustand wieder näher bringt, ist

https://doi.org/10.1515/9783111436838-004

Selbstentladung als ein unerwünschter Weg eine weitere Option. Selbstentladung eines Superkondensators macht sich – genauso wie bei einer Batterie – im Abfall der Zellspannung bemerkbar; bei einer Batterie ist diese Veränderung allerdings oft unmerklich klein. Tabelle 4.1 zeigt einen Überblick zur Selbstentladung elektrochemischer Wandler- und Speichersysteme.

Tab. 4.1: Selbstentladeraten bei Raumtemperatur.

	System	Selbstentladung
Primärsystem	Alkalimanganzelle	0,5 % pro Monat
	Leclanchézelle	0,5 % pro Monat
	Lithiumbatterie	0,5 % pro Monat
Sekundärsystem	Lithiumionen-Batterie	4 % pro Monat
	NiMH	25 % pro Monat
	LSD-NiMH[a]	4 % pro Monat
	NiCd	20 % pro Monat
	RAM[b]	0,5 % pro Monat
Superkondensator	EDLC	1,8 % pro Tag

[a] NiMH-Batterie mit niedriger Selbstentladung (low self-discharge NiMH)
[b] Wiederaufladbare Alkali-Manganzelle (rechargeable alkaline-manganese)

4.3 Eine erste Übersicht

Elektrochemische Energiespeicher, die stets auch Energiewandler sind (diese trivial erscheinende Feststellung lässt sich nicht umdrehen: Nicht jeder elektrochemische Wandler ist auch ein Speicher – anderslautende Behauptungen in wissenschaftliche Veröffentlichungen, die z. B. Brennstoffzellen als Speicher bezeichnen, lassen mangelnde Sachkenntnis befürchten), werden traditionell – und leider nicht ganz korrekt und vollständig – in

1. Primärzellen
2. Sekundärzellen
3. Brennstoffzellen

einsortiert. Primärzellen (1., umgangssprachlich oft als Batterien bezeichnet) enthalten Energie, die in Form chemischer Verbindungen gespeichert ist (z. B. Zinkmetall und Mangandioxid in einer Alkali-Mangan-Zelle) und die bei der Entladung der Zelle in der Wandlungs- oder Zellreaktion unter Freisetzung elektrischer Energie umgesetzt (hier zu weiteren Zink- und Manganverbindungen) wird. Der Vorgang ist nicht umkehrbar; ist das Ausgangsmaterial vollständig oder weitgehend (weil eine weitere Nutzung der Zelle unpraktisch ist da z. B. die Zellspannung zu klein oder der entnehmbare Strom zu gering sind) aufgezehrt, kann die Zelle nur noch entsorgt werden, am besten natürlich stofflich recycelt werden (Abb. 4.1). Die dabei zu beachtende Batterieverordnung

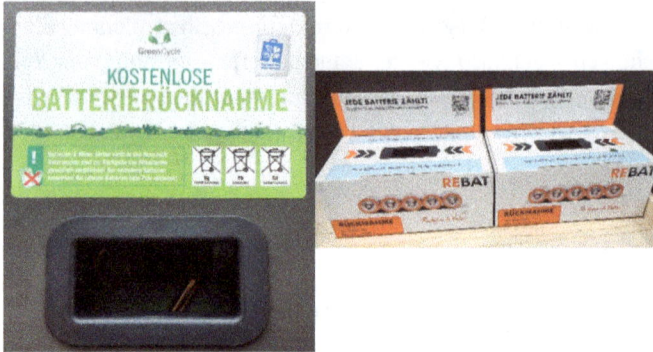

Abb. 4.1: Sammelbehälter für verbrauchte Primär- und Sekundärbatterien.

der Europäischen Union (BATT2, 2023/1542, 28.07.2023) ersetzt ihre Vorgängerin von 2006.

Über die bislang bereits geltende Regelung der stofflichen Verwertung von gebrauchten Batterien hinaus regelt die neue Verordnung die für den zweckmäßigen Gebrauch hilfreiche genauere Kennzeichnung und Beschriftung von Batterien. Die bereits seit Wirksamwerden der ersten Verordnung erzielten Recyclingquoten variieren stark, und noch immer landen zu viele Primärzellen im Hausmüll. In Deutschland stieg die Sammelquote für Gerätebatterien (ein Sammelbegriff, der Primär- und Sekundärbatterien umfasst) von 48,2 % im Jahr 2021 auf 50,7 % im Jahr 2022. Die mit der alten Batterieverordnungen verlangte Quote von mindestens 45 % wurde zwar erreicht, befriedigend ist das Ergebnis aber wohl noch nicht. Es gibt eine bislang allerdings wenig bedeutende Ausnahme von der Unumkehrbarkeit der Entladung: Nur teilweise entladene Alkali-Manganzellen können in Grenzen wieder aufgeladen werden. Einzelheiten werden im entsprechenden Abschnitt vorgestellt, allerdings ist die anfängliche Begeisterung längst verfolgen. Dafür geeignete Zellen und Ladegeräte sind bereits wieder vom Markt verschwunden. Eine weitere diskutierte Option ist die mechanische Aufladung durch Ersatz z. B. einer aufgebrauchten Aluminiumelektrode in einer Aluminium-Luft-Batterie. Bei diesem in der Frühzeit einer breiteren Diskussion über Elektromobilität diskutierten Zelltyp wurde an einer „Tankstelle" neben der Entnahme der Reste der Aluminiumelektrode auch die mit den Reaktionsprodukten der elektrochemischen Umsetzung des Metalls beladene Elektrolytlösung durch frische Lösung ersetzt. Die entnommene Lösung wurde dem Recycling zugeführt. Auch dieses Konzept ist nach Literaturlage nur noch von historischem Interesse.

Sekundärzellen (2., auch: Akkumulatoren, wiederaufladbare Batterien) bieten die Möglichkeit der Umkehrung: Die Entladereaktion kann umgekehrt und elektrische Energie kann in chemischen Verbindungen gespeichert werden (z. B. im Bleisäure-Akkumulator mit einer negativen Blei- und einer positiven Bleidioxidelektrode in einer Schwefelsäurelösung). Lade- und Entladevorgang können oft wiederholt werden. Damit ist eine weitaus bessere Materialnutzung als bei Primärbatterien gegeben. Allerdings sind die Zellen bei vergleichbarer Größe stets wesentlich teurer. Unter ökonomischen Aspekten macht ihre Nutzung daher nur bei ständigem und wiederholtem Gebrauch Sinn, und zudem muss eine Stromquelle für die Aufladung durch ein geeignetes Ladegerät zur Verfügung stehen. Während die Vielzahl der mitunter auf nur ganz spezielle Zellen ausgelegten Ladegeräte lästig ist, stellt die Notwendigkeit ihrer Netzversorgung bei netzferner Verwendung der Batterie einen Nachteil dar, der im Extremfall eine Primärzelle zweckmäßiger machen kann.

Ergänzend zu den bereits genannten Sammelquoten zeigt ein weiterer Blick auf die in Verkehr gebrachten Primär- und Sekundärzellen (Abb. 4.2) einen wichtigen Trend: Der Anteil der Primärbatterien, der 2022 bei 66,2 % lag, sinkt kontinuierlich. 2010 waren 76 % aller Zellen Primärbatterien, 2009 sogar 81 %. Entsprechend steigt der Anteil an Sekundärzellen. Dies ist aus energetischen wie stofflichen Gründen zu begrüßen.

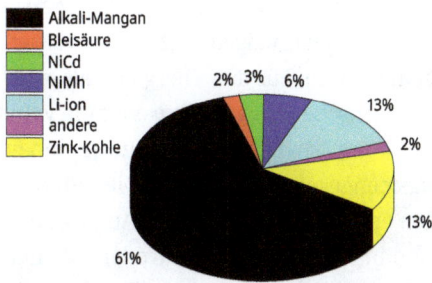

Abb. 4.2: Anteile der 2010 in Deutschland verkauften Primär- und Sekundärbatteriesysteme mit einer Gesamtmasse von 42531 Tonnen.

Die meist in der dritten Kategorie benannten Brennstoffzellen sind anders als Primär- und Sekundärzellen nur Wandler, keine Speicher. In ihnen wird die in Brennstoffen wie Wasserstoff oder Alkoholen und Oxidationsmitteln wie Sauerstoff gespeicherte chemische Energie solange in elektrische Energie und Reaktionsprodukte gewandelt, wie sie der Zelle zugeführt werden. Wird der Nachschub unterbrochen, wird keine elektrische Energie mehr bereitgestellt. Die ablaufenden Reaktionen können nicht umgekehrt werden. Zwar ist grundsätzlich denkbar z. B. an der positiven Elektrode statt der elektrochemischen Sauerstoffreduktion eine elektrolytische Sauerstoffentwicklung ablaufen zu lassen, aber dies könnte mit nur geringem Wirkungsgrad, hohen Verlusten oder rascher Schädigung der Elektroden verbunden sein. Zur Energiespeicherung ist vielmehr die Kombination der Brennstoffzelle vor allem in ihrer einfachsten Form der Wasserstoff/Sauerstoff-Brennstoffzelle (Knallgaszelle) mit einer Wasserelektrolyse verbunden mit der Speicherung des erzeugten Wasserstoffs sinnvoll.

Modifizierte Brennstoffzellen, die auch als Elektrolyseure nutzbar sind, wurden vorgeschlagen und eingehend untersucht; sie zeigten sich aber bislang dem Konzept der getrennten Zellen unterlegen.

Diesen technischen Bedingungen wird hier insoweit Rechnung getragen, als Brennstoffzellen mit Elektrolyseuren gemeinsam behandelt werden.

Schließlich ist als weitere vierte Rubrik zur obigen traditionellen Dreiteilung der Superkondensator hinzugekommen.

4.4 Primärsysteme

Elektrochemische Energiesysteme in diesem Kapitel sind Primärbatterien, die sich von wiederaufladbaren Batterien (Abschn. 4.5) darin unterscheiden, dass sie nur entladen werden und allgemein nicht wieder aufgeladen werden können. Wenige Ausnahmen werden folgend angesprochen. Primärbatterien sind geeignet für gelegentliche Anwendungen oder für solche, die nur kleine kontinuierliche oder unregelmäßige Ströme erfordern. Diese Batterien sollten daher eine ausreichend lange Lagerzeit, angemessenen Energiegehalt (Kapazität), ausreichendes Leistungsvermögen, akzeptable Kosten für den Verbraucher und hohe Zuverlässigkeit aufweisen. Für den Energieinhalt einer Zelle und damit für die gewichtsbezogene gravimetrische Energiedichte oder die volumenbezogene volumetrische Energiedichte ist die pro Gewichts- oder Volumeneinheit eines Elektrodenmaterials gespeicherte Ladungsmenge ausschlaggebend. Die Differenz der Elektrodenpotentiale der beiden Elektroden ergibt die Zellspannung. Ausgewählte und vor allem praktisch interessante Daten sind in Tabelle 4.2 zu Elektrodenpotentialen (diese Auflistung wird auch als die elektrochemische Reihe bezeichnet) und für die gespeicherte Ladung in Tabellen 4.3 und 4.4 zusammengetragen.

Die Werte von ΔG_0 sind stets mit Bezug auf die Wasserstoffelektrode und ihre Elektrodenreaktion ermittelt bzw. berechnet. Dies wird in der Literatur vermutlich stets stillschweigend angenommen, wenn für eine Elektrode eine Energiedichte berechnet wird. Sie sind in jedem Fall thermodynamische Daten, die noch keine Aussage dazu enthalten, ob die beschriebene Reaktion überhaupt mit praktisch nutzbarer Geschwindigkeit abläuft. Einer Antwort auf diese gewiß ebenso drängende Frage kommt man mit der Betrachtung der Kinetik von Elektrodenreaktionen näher, einfache oder gar tabellierte Antworten gibt es allerdings dazu nicht. Lediglich für die Geschwindigkeit des zentralen Ladungsdurchtritts, d. h., der Elektrodenreaktion im allerengsten Sinn, gibt es tabellarische Sammlungen von sog. Austauschstromdichten j_0 und Standardaustauschstromdichten j_{00}. Diesem Ladungsdurchtritt können je nach Elektrodentyp und Zellchemie etliche weitere Reaktionen und Teilschritte vor- und nachgelagert sein. Abbildung 4.3 zeigt dies am Beispiel der Bleielektrode aus einem wässrigen Bleisäureakkumulator.

Elektrochemische Details werden in Abschn. 4.5.1 dargestellt.

Tab. 4.2: Elektrodenreaktionen, freie Reaktionsenthalpien und Standardelektrodenpotentiale.

Elektrodenreaktion	ΔG_0/kJ	$E_{00,SHE}$/V
$Li \rightarrow Li^+ + e^-$	−293,8	−3,045
$K \rightarrow K^+ + e^-$	−282,2	−2,925
$Na \rightarrow Na^+ + e^-$	−261,8	−2,714
$Mg + 2\,OH^- \rightarrow Mg(OH)_2 + 2\,e^-$	−519,0	−2,69
$Al + 4\,OH^- \rightarrow [H_2Al(OH)_3]^- + H_2O + 3\,e^-$	−680,2	−2,35
$Al + 3\,OH^- \rightarrow Al(OH)_3 + 3\,e^-$	−665,7	−2,30
$Al \rightarrow Al^{3+} + 3\,e^-$	−480,5	−1,66
$Zn + 2\,OH^- \rightarrow Zn(OH)_2 + 2\,e^-$	−240,2	−1,245
$Zn + 4\,OH^- \rightarrow ZnO_2^{2-} + H_2O + 2\,e^-$	−234,6	−1,216
$H_2 + 2\,OH^- \rightarrow 2\,H_2O + 2\,e^-$	−159,7	−0,828
$Zn \rightarrow Zn^{2+} + 2\,e^-$	−147,2	−0,763
$Cd + 4\,NH_3 \rightarrow Cd(NH_3)_4^{2+} + 2\,e^-$	−117,7	−0,61
$Fe \rightarrow Fe^{2+} + 2\,e^-$	−84,9	−0,440
$Cd \rightarrow Cd^{2+} + 2\,e^-$	−77,7	−0,403
$Pb + SO_4^{2-} \rightarrow PbSO_4 + 2\,e^-$	−68,7	−0,356
$Pb + HSO_4^- \rightarrow PbSO_4 + H^+ + 2\,e^-$	−58,4	−0,303
$Pb \rightarrow Pb^{2+} + 2\,e^-$	−24,3	−0,126
$\frac{1}{2}HO_2^- + \frac{1}{2}OH^- \rightarrow \frac{1}{2}O_2 + H_2O + 2\,e^-$	7,3	−0,076
$H_2 \rightarrow 2\,H^+ + 2\,e^-$	0,0	0,0
$Hg + 2\,OH^- \rightarrow HgO + H_2O + 2\,e^-$	+18,9	+0,098
$Ag + Cl^- \rightarrow AgCl + 2\,e^-$	+21,4	+0,222
$Cu \rightarrow Cu^{2+} + 2\,e^-$	+64,6	+0,337
$2\,Ag + 2\,OH^- \rightarrow Ag_2O + H_2O + 2\,e^-$	+66,6	+0,345
$2\,OH^- \rightarrow \frac{1}{2}O_2 + H_2O + 2\,e^-$	+77,4	+0,401
$Ag + 2\,OH^- \rightarrow AgO + H_2O + 2\,e^-$	+91,8	+0,476
$Cu \rightarrow Cu^+ + e^-$	+50,3	+0,521
$Ag_2O + 2\,OH^- \rightarrow 2\,AgO + H_2O + 2\,e^-$	+117,1	+0,607
$\frac{1}{2}H_2O_2 \rightarrow \frac{1}{2}O_2 + H^+ + e^-$	+65,8	+0,682
$Ag \rightarrow Ag^+ + 2\,e^-$	+77,1	+0,7995
$\frac{3}{2}OH^- \rightarrow \frac{1}{2}HO_2^- + \frac{1}{2}H_2O + e^-$	+84,7	+0,878
$2\,Br^- \rightarrow Br_2 + 2\,e^-$	+205,5	+1,065
$H_2O_{fl} \rightarrow \frac{1}{2}O_2 + 2\,H^+ + 2\,e^-$	+237,2	+1,229
$2\,Cl^- \rightarrow Cl_2 + 2\,e^-$	+262,2	+1,359
$PbSO_4 + 2\,H_2O \rightarrow PbO_2 + HSO_4^- + 3\,H^+ + 2\,e^-$	+313,8	+1,627
$PbSO_4 + 2\,H_2O \rightarrow PbO_2 + SO_4^{2-} + 4\,H^+ + 2\,e^-$	+325,1	+1,685
$H_2O \rightarrow \frac{1}{2}H_2O_2 + H^+ + e^-$	+171,4	+1,776
$2\,F^- \rightarrow F_2 + 2\,e^-$	+554,0	+2,87

Im Hinblick auf eine maximale Zellspannung wäre die Kombination der Elemente am Anfang und am Ende von Tabelle 4.3 und 4.4 erwünscht. Eine Lithium/Fluor-Batterie erscheint allerdings als höchst unwahrscheinlich. Für eine möglichst hohe gravimetrische Energiedichte ist die Kombination Aluminium/Sauerstoff attraktiv. Dieses System ist praktikabel – wie in Abschn. 4.4.4 gezeigt wird. Vorstehende Daten und Überlegun-

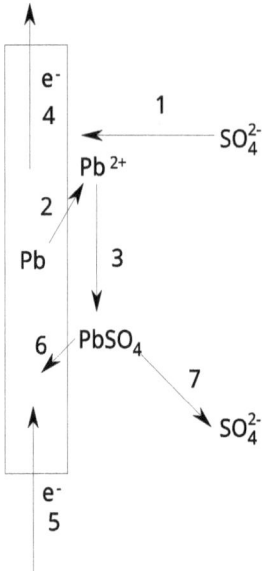

Abb. 4.3: Denkbare Teilschritte einer Bleielektrodenreaktion bei der Entladereaktion (oben, Schritte 1–4) und bei der Ladereaktion (unten, Schritte 5–7).

gen lassen sich in einem Wunschzettel für Elektrodenmaterialien und Kombinationen zusammenfassen:

- Die Elektrodenpotentiale sollten möglichst unterschiedlich sein.
- Pro Masse- und Volumeneinheit sollte so viel elektrische Ladung wie möglich umgewandelt werden.
- Die Elektrodenmaterialien sollten kostengünstig und leicht verfügbar sein.
- Ihre Gewinnung und Verarbeitung soll so umweltschonend wie möglich erfolgen.
- Die Elektrodenreaktionen sollten schnell und mit kleinen Überpotentialen ablaufen.
- Die Materialien sollten in der elektrochemischen Zelle stabil sein. Außer den gewünschten Elektrodenreaktionen unter Last (beim Laden und Entladen) sollten keine weiteren Reaktionen (z. B. Korrosion) stattfinden.
- Die Bestandteile einer elektrochemischen Zelle sollten nach dem Gebrauch möglichst vollständig wiederverwertbar sein.

4.4.1 Wässrige Systeme

Wässrige Systeme nutzen thermodynamisch, zumindest aber kinetisch, stabile Metalle wie Zink, Cadmium und Magnesium, die in Tabelle 4.2 oberhalb der Wasserstoffelektrode gefunden werden, als negative Elektrode.

Tab. 4.3: Elektrodenreaktionen und charakteristische Daten von Materialien für negative Elektroden.

Material	vereinfachte Elektrodenreaktion[a]	M/g·mol^{-1}	M/e/g	Q_g/Ah·kg^{-1}	Q_v/Ah·L^{-1}	nat. Häufigkeit/%[b]
Al	$Al \rightarrow Al^{3+} + 3e^-$	26,98	8,99	2980	8040	8,07
Bi	$Bi \rightarrow Bi^{3+} + 3e^-$	208,98	69,66	385	3770	$2 \cdot 10^{-5}$
C	$LiC_6 \rightarrow 6C + Li^+ + e$	12,01	72,06	372	855	0,09
Cd	$Cd \rightarrow Cd^{2+} + 2e^-$	112,41	56,20	477	4120	10^{-5}
Cu	$Cu \rightarrow Cu^{2+} + 2e^-$	63,443	31,78	843	7490	0,007
Fe	$Fe \rightarrow Fe_2 + 2e^-$	55,85	27,93	960	754	5,05
Fe	$Fe \rightarrow Fe^{3+} + 3e^-$	55,85	18,62	1439	11330	5,05
H_2	$H_2 \rightarrow 2H^+ + 2e^-$	2,02	1,01	26590	2,19	0,14
Hg	$H \rightarrow H^{2+} + 2e^-$	200,59	100,3	267	3630	$5 \cdot 10^{-5}$
Li	$Li \rightarrow Li^+ + e^-$	6,94	6,94	3860	2060	0,006
Mg	$Mg \rightarrow Mg^{2+} + 2e^-$	24,31	12,16	2210	3840	1,94
MnO_2	$LiMnO_2 \rightarrow MnO_2 + Li^+ + e^-$	86,94	21,73	1233	6203	0,09 (Mn)
$LiMoO_2$	$LiMoO_2 \rightarrow MoO_2 + Li^+ + e^-$	134,82	134,82	198,78	932	0,00019 (Mo)
$LiMoO_3$	$LiMoO_3 \rightarrow MoO_3 + Li^+ + e^-$	150,81	150,81	177,71	833	0,00019 (Mo)
Na	$Na \rightarrow Na^+ + e^-$	22,99	22,99	1166	1130	2,64
Ni	$Ni \rightarrow Ni^{2+} + 2e^-$	58,71	29,36	913	7850	0,019
Pb	$Pb \rightarrow Pb^{2+} + 2e^-$	207,20	103,6	259	2930	0,0018
Sb	$Sb \rightarrow Sb^{3+} + 3e^-$	121,75	40,6	660	4370	$2 \cdot 10^{-5}$
Si[c]	$22 Li + 5 Si \rightarrow Li_{22}Si_5 + 22e^-$	140,43	31,91	4198	9778	27,69
Zn	$Zn \rightarrow Zn^{2+} + 2e^-$	65,38	32,69	820	5850	0,012

[a]Vereinfacht, hängt von Zellreaktion und -zusammensetzung ab.
[b]Bezogen auf die Erdkruste.
[c]$Li_{22}Si_5$ entsteht nur bei erhöhter Temperatur ($T = 415\,°C$), bei Raumtemperatur entsteht $Li_{15}Si_4$ mit $Q_g = 3579$ mAh·g^{-1}. Weitere Legierungen existieren: Li_2Si, Li_4Si, $Li_{12}Si_7$, Li_7Si_3, $Li_{13}Si_7$, $Li_{13}Si_4$, $Li_{10}Si_3$, Li_7Si_2 und $Li_{15}Si_4$.

Zink-Kohle-Batterie

Zink-Kohle-Batterien sind die ersten kommerziellen Trockenbatterien. Sie wurden aus der Technologie der nassen Leclanché-Zelle entwickelt und bestehen aus einem Zinktopf, der sowohl als Behälter wie als negativer Anschluss dient. Der positive Anschluss ist ein von einer Mischung aus MnO_2 und Kohlepulver umgebener Kohlestift. In Allgebrauchsbatterien ist ein Brei aus Ammoniumchlorid mit etwas $ZnCl_2$ aufgelöst in Wasser der Elektrolyt.

1876 wurde eine erste nasse Leclanché-Zelle mit einem komprimierten Block von MnO_2 hergestellt. 1886 erhielt C. Gassner ein Patent auf eine trockene Version durch Verwendung eines Zinkbechers und einer Paste aus den genannten Salzen und Gips (später Weizenmehl) als Elektrolyt. Im 20. Jahrhundert wurden Stabilität und Kapazität von Zink-Kohle-Zellen kontinuierlich verbessert, einschließlich der Verwendung von MnO_2 von höherer Reinheit, besserer Zellverschluss und reineres Zink als negative Elektrode. Am Ende des 20. Jahrhunderts war die Kapazität der Zink-Kohle-Zelle auf das Vierfache des entsprechenden Wertes von 1910 gewachsen.

Tab. 4.4: Elektrodenreaktionen und charakteristische Daten von Materialien für positive Elektroden.

Material	vereinfachte Elektrodenreaktion[a]	M/g·mol^{-1}	M/e/g	Q_g/Ah·kg^{-1}	Q_v/Ah·L^{-1}	nat. Häufigkeit/%[b]
$Ag_2V_4O_{11}$	$7\,Li + Ag_2V_4O_{11} \rightarrow Li_7Ag_2V_4O_{11}$	595,50	85,07	315	1510	–
Br_2	$Br_2 + 2\,e^- \rightarrow 2\,Br^-$	79,90	39,95	671	2093	$2 \cdot 10^{-5}$
F_2	$F_2 + 2\,e^- \rightarrow 2\,F^-$	38,00	19,00	141	2,19	0,029
O_2	$O_2 + 4\,e^- \rightarrow 2\,O^{2-}$	32,00	16,00	3350	4,39	46,71
CuO	$CuO + 2\,e^- \rightarrow Mn + O^{2-}$	79,55	39,77	674	4370	0,012 (Cu)
MnO_2	$MnO_2 + 4\,e^- \rightarrow Mn + 2\,O^{2-}$	86,94	21,73	1233	6203	0,09 (Mn)
	$MnO_2 + H_2O + e^- \rightarrow MnOOH + OH^-$	86,94	86,94	308	1551	0,09 (Mn)
	$MnO_2 + 2\,H_2O + 2\,e^- \rightarrow Mn(OH)_2 + 2\,OH^-$	86,94	43,47	616	3101	0,09 (Mn)
NiOOH	$NiOOH + H_2O + e^- \rightarrow Ni(OH)_2 + OH^-$	91,70	91,7	292	1415	0,019 (Ni)
PbO_2	$PbO_2 + SO_4^{2-} + 4\,H^+ + 2\,e^- \rightarrow PbSO_4 + 2\,H_2O$	239,20	119,5	224	2100	0,0018 (Pb)
V_2O_5	$V_2O_5 + Li^+ + e^- \rightarrow LiV_2O_5$	181,83	181,83	147	495	0,01 (V)

[a]Vereinfacht, hängt von Zellreaktion und -zusammensetzung ab.
[b]Bezogen auf die Erdkruste.

Folgende Elektrodenreaktionen laufen an der negativen

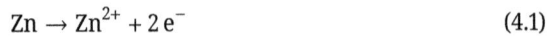

$$Zn \rightarrow Zn^{2+} + 2\,e^- \tag{4.1}$$

und der positiven Elektrode

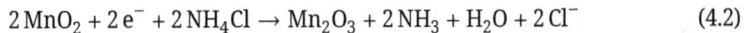

$$2\,MnO_2 + 2\,e^- + 2\,NH_4Cl \rightarrow Mn_2O_3 + 2\,NH_3 + H_2O + 2\,Cl^- \tag{4.2}$$

ab. Sie ergeben die Zellreaktion

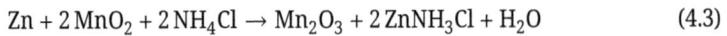

$$Zn + 2\,MnO_2 + 2\,NH_4Cl \rightarrow Mn_2O_3 + 2\,ZnNH_3Cl + H_2O \tag{4.3}$$

Die Zellspannung ist 1,50 V, die Energiedichte liegt bei 100–120 Wh·kg^{-1} oder 220–280 Wh·l^{-1}, mit einer Leistungsdichte von ungefähr 20–25 W·kg^{-1}.

In einer Zink-Kohle-Batterie dient ein Graphitstab als Stromsammler und positiver Anschluss. Es ist von einem Pulver aus Mangan(IV)oxid vermischt mit einem leitfähigen Zusatz wie Kohlepulver zur Steigerung der elektrischen Leitfähigkeit (MnO_2 ist ein Halbleiter mit großer Bandlücke) umgeben. Präziser sollte daher die Batterie als Zink-Mangan-Oxid-Batterie bezeichnet werden.

Es gibt verschiedene Nebenreaktionen wie die des Zinks mit der Elektrolytlösung, die zu Selbstentladung und verkürzter Lagerhaltbarkeit führen. Die Nebenreaktionen führen zur Bildung von Wasserstoffgas und internem Druckaufbau. Wenn der Kohlestift leicht porös ist, kann er das Entweichen von Wasserstoffgas unter Rückhalt des Wassers aus der Elektrolytlösung ermöglichen. Zur weitgehenden Unterdrückung dieser Korrosion wurden dem Zink zunächst Metalle wie Hg, Pb und Cd mit hohem Überpotential der Wasserstoffentwicklung (d. h., kinetischer Hemmung der Wasserstoffentwicklung) zugefügt. Später wurden diese giftigen Metalle durch akzeptablere Legierungselemente ersetzt. Als Alternative können dem Elektrolyt auch Korrosionsinhibitoren zugesetzt werden.

In früheren Ausführungen bestand der Separator aus einer Schicht von Stärke oder Mehl, und Gussasphalt wurde zum Verschluss benutzt, um das Austrocknen des Elektrolyten zu verhindern. Heute wird ein Separator aus Stärke-beschichtetem Papier verwendet, der dünner ist und mehr Platz für MnO_2 lässt, und eine thermoplastische Verschlussscheibe. Das Verhältnis von MnO_2 zu Kohlepulver in der Kathodenpaste beeinflusst die Charakteristiken der Zelle. Mehr Kohlepulver erniedrigt den Innenwiderstand, während mehr MnO_2 zu größerer Kapazität führt.

Während der Entladung wird das Blech des Zinkgehäuse dünner, weil es aufgebraucht wird. Wenn es dünn genug ist, beginnt Zinkchlorid aus der Batterie auszutreten. Abbildung 4.4 zeigt das betrübliche Ergebnis.

Abb. 4.4: Undicht gewordene Zink-Kohle-Zellen.

Nicht nur alte Zellen waren nicht lecksicher und wurden sehr klebrig, wenn die Paste durch Löcher im Zinkgehäuse leckt. Eine umgedrehte (inside-out) Form mit einem Kohlebecher und Zinkfahnen im Inneren, die lecksicherer war, wurde seit den 1960er Jahren nicht mehr hergestellt.

Zur Steigerung der Lagerfähigkeit von Zink-Kohle-Batterien wird NH_4Cl vollständig durch $ZnCl_2$ ersetzt; die damit hergestellte Batterie wird als Hochlast-Batterie (heavy-duty) zur Unterscheidung von Allgebrauchs-Zink-Kohle-Batterien bezeichnet. Die positive Elektrodenreaktion ist leicht verschieden,

$$MnO_2 + e^- + H_2O \rightarrow MnO(OH) + OH^-. \tag{4.4}$$

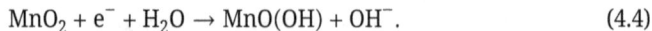

Die Zellreaktion ist

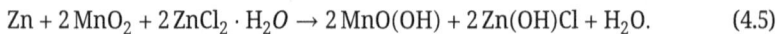

$$Zn + 2\,MnO_2 + 2\,ZnCl_2 \cdot H_2O \rightarrow 2\,MnO(OH) + 2\,Zn(OH)Cl + H_2O. \tag{4.5}$$

Dieses Batteriesystem existiert seit mehr als 100 Jahren und ist noch immer eine wichtige Batterie vor allem im Konsumbereich. Es ist weiterhin stark verbreitet für gelegentlichen Gebrauch in Taschenlampen und tragbaren Radios wie auch Anwendungen mit geringem Strombedarf, wie Fernbedienungen und Digitaluhren. Es ist überall verbreitet und weltweit in den meisten Zellgrößen erhältlich. Es macht 20 % aller tragbaren Batterien im Vereinigten Königreich von England und 18 % in der Europäischen Union (EU) nach Volumen aus.

Alkali-Mangan-Batterie

Diese 1957 patentierte Batterie wurde alkalische Batterie genannt, weil sie die erste Batterie mit einem alkalischen KOH-Elektrolyten war. In ihr ist Zink die negative Elektrode, und die positive Elektrode ist MnO_2. Die Elektrodenreaktionen sind an der negativen Elektrode,

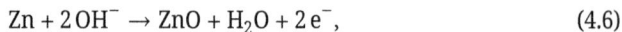

$$Zn + 2\,OH^- \rightarrow ZnO + H_2O + 2\,e^-, \tag{4.6}$$

und an der positiven Elektrode,

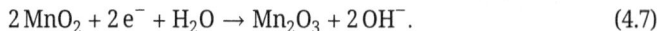

$$2\,MnO_2 + 2\,e^- + H_2O \rightarrow Mn_2O_3 + 2\,OH^-. \tag{4.7}$$

Die Zellreaktion ist damit

$$Zn + 2\,MnO_2 \rightarrow Mn_2O_3 + 2\,ZnO. \tag{4.8}$$

Die nominale Zellspannung beträgt 1,5 V. Die Leerlaufspannung einer nicht entladenen alkalischen Zelle variiert von 1,50 bis 1,65 V, abhängig von der Reinheit des verwendeten MnO_2 und des Gehaltes an ZnO in der Elektrolytlösung. Die Ausgangsspannung unter Last hängt vom Entladezustand und der Strombelastung ab; sie variiert von 1,1 bis 1,3 V. Die komplett entladene Zelle hat eine Restspannung im Bereich 0,8 bis 1,0 V. Die Energiedichte beträgt ca. 150 Wh·kg^{-1} oder 460 Wh·l^{-1}. Eine typische Entladekurve zeigt Abb. 4.5.

Alkali-Mangan-Batterien sind Zink-Kohle-Batterien vom Leclanché- oder Zinkchlorid-Typ weit überlegen. Sie zeigen folgende Vorteile: Ähnlich wie Zink-Kohle-Batterien haben alkalische Zn/MnO$_2$-Batterien ebenfalls Schwachstellen wie Gasentwicklung, Selbstentladung und Korrosion. Das Hauptproblem ist mit dem Zink verbunden, das mit der KOH-Lösung unter Wasserstoffentwicklung reagieren kann. Zur Korrosionshemmung wurde in den späten 1960er Jahren wenig Quecksilber zugefügt,

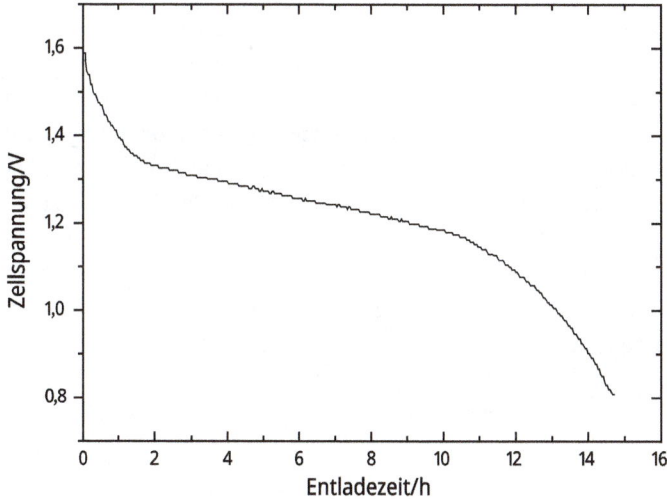

Abb. 4.5: Typische Entladekurve einer alkalischen Zn/MnO_2-Batterie bei Raumtemperatur.

das mit dem Zink der negativen Elektrode ein oberflächliches Amalgam bildet. An ihm ist die Wasserstoffentwicklung stark verlangsamt. Wegen der Giftigkeit des Quecksilbers wurde sein Gebrauch im zivilen Bereich 2005 verboten, und nun werden andere metallische Elemente wie Al, Na, Ca, Co, Ni, In, Bi, Sn und Pb im Bereich von 500 ppm zugegeben, um das Gasungsproblem zu lösen. Leckage von Alkali-Mangan-Batterien geht meist auf Wasserstoffgasbildung während der Ladung und Selbstentladung. Diese erhöht den Druck in der Batterie. Schließlich wird der überhöhte Druck entweder die isolierenden Dichtungen am Ende der Batterie oder das metallische Gehäuse oder beides aufreißen. Zusätzlich kann mit Alterung der Batterie der äußere Stahlbehälter teilweise korrodieren oder rosten, was zum Versagen des Behälters beitragen kann. Wenn Leckage wegen Korrosion des äußeren Stahlbehälters eintritt, absorbiert die KOH-haltige Elektrolytlösung CO_2 aus der Luft unter Bildung flockigen kristallinen K_2CO_3, das wächst und sich von der Batterie aus mit der Zeit verbreitet und so zu weiteren Schäden am System führt (ein Beispiel zeigt Abb. 4.6).

Abb. 4.6: Leckende alkalische Batterie.

Das aktive Material der positiven Elektrode ist MnO_2. Üblicherweise wird elektrochemisch hergestellter, synthetischer EMD (electrochemically prepared manganese dioxyde) in alkalischen Batterien eingesetzt, der durch Elektrolyse in einem sauren Bad aus in Schwefelsäure aufgelöstem kalziniertem natürlichen Mangandioxid hergestellt wird, das durch Ausfällung von Schwermetallverunreinigungen wie Eisen, Kupfer, Kobalt, Nickel, Chrom und Molybdän befreit wurde. MnO_2 wird mit Graphit und Acetylenschwarz gemischt und unter hohem Druck zu einem Zylinder geformt, um eine gute Bindung zwischen dem Stahlgehäuse und den Partikeln der aktiven Masse herzustellen. Das hohle Zentrum der positiven Elektrode wird mit einem Separator ausgekleidet, der den Kontakt mit der zentralen negativen Elektrode und damit den Kurzschluss der Batterie verhindert. Zur Vermeidung der Gasung der Batterie gegen Ende der Lebenszeit wird mehr MnO_2 als nötig eingebracht, um vollständigen Verbrauch des Zinks zu sichern.

Der Separator besteht aus einer ungewebten Lage von Zellulose- oder synthetischen Polymerfasern. Er erlaubt Ionentransport und bleibt in der hoch alkalischen Elektrolytlösung stabil. Der Elektrolyt ist konzentrierte KOH mit gelierenden Zusätzen wies CMC (Carboxymethylcellulose) zur Stabilisierung der negativen Elektrodenstruktur. Ein organischer Zinkkorrosionsinhibitor kann zur Verlängerung der Lagerdauer dem Elektrolyt zugefügt werden.

Die negative Elektrode besteht aus einer Dispersion von Zinkpulver in einem den KOH-Elektrolyt enthaltenden Gel. Zinkpartikel werden zur Verringerung des Innenwiderstands und zur Vergrößerung der aktiven Elektrodenoberfläche benutzt, um die effektive Stromdichte und damit verbundene Elektrodenüberpotentiale so klein wie möglich zu halten. Eine weitere Option zum Erzielen größerer innerer Oberflächen der negativen Zinkelektrode ist das Aufwickeln langer, dünner Schichten oder Bänder der positiven und der negativen Elektrode. Mit diesen Konfigurationen ist die Elektrodenoberfläche zumindest 20-mal größer als mit gewöhnlichen Konfigurationen.

Im größten Teil der industrialisierten Welt werden alkalische Batterien für Konsumelektronik wie auch für viele elektrische Geräte bevorzugt, da ihre Kosten zwischen denen für Zink-Kohle-Batterien und Lithiumbatterien liegen.

Alkalische Batterie machen 80 % der hergestellten Batterien in den Vereinigten Staaten von Amerika aus; weltweit werden mehr als 10 Milliarden Zellen pro Jahr produziert. Alkalische Batterien machen 46 % aller Verkäufe von Primärzellen in Japan aus, 68 % in der Schweiz, 60 % im Vereinigten Königreich von England und 47 % in der EU, einschließlich eines kleine Anteils von Sekundärzellen. Sie werden in vielen alltäglichen Geräten wie MP3-Spieler, CD-Spieler, Digitalkameras, Pager, Spielzeuge, Taschenlampen, Radios und vielem mehr eingesetzt.

Zn/HgO-Batterien

Zn/HgO-Batterien werden auch Quecksilberbatterien, Quecksilberoxidbatterien oder Quecksilberzellen genannt. Dieses System ist seit mehr als 100 Jahren bekannt, war aber bis 1942 kaum verbreitet, als S. Ruben eine balancierte Quecksilberzelle für militärische Hochstromanwendungen wie z. B. in Metalldetektoren, Munition (z. B. Torpedos) und Funksprechgeräte entwickelte, die in tropischen Umgebungen bei erhöhten Temperaturen gelagert werden konnte. Einige Zeit während und nach dem Zweiten Weltkrieg waren diese Batterien eine populäre Stromquelle für tragbare elektronische Geräte. Die Elektrodenreaktionen sind

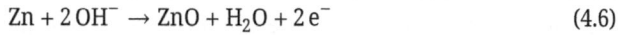

$$Zn + 2\,OH^- \rightarrow ZnO + H_2O + 2\,e^- \tag{4.6}$$

an der negativen und an der positiven Elektrode

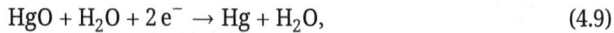

$$HgO + H_2O + 2\,e^- \rightarrow Hg + H_2O, \tag{4.9}$$

und der Zellreaktion,

$$Zn + HgO \rightarrow ZnO + Hg. \tag{4.10}$$

Das zunächst an der Zinkelektrode gebildete $[Zn(OH)_4]^{2-}$ fällt bei fortgesetzter Entladung als ZnO aus. Die Entladekurve ist sehr flach und bleibt konstant bei 1,35 V. Diese konstante Spannung wird bis zu den letzten 5 % der Lebensdauer gehalten, dann fällt die Spannung rasch. Bei geringer Last bleibt die Spannung innerhalb von 1 % über einen weiten Temperaturbereich konstant. Die Haltbarkeitsdauer ist mit bis zu zehn Jahren exzellent. Das Hauptproblem ist die Entsorgung wegen des toxischen Quecksilbergehalts. Die Energiedichte beträgt 100–120 Wh·kg^{-1} oder 400–500 Wh·l^{-1}. Typische Entladekurven zeigt Abb. 4.7.

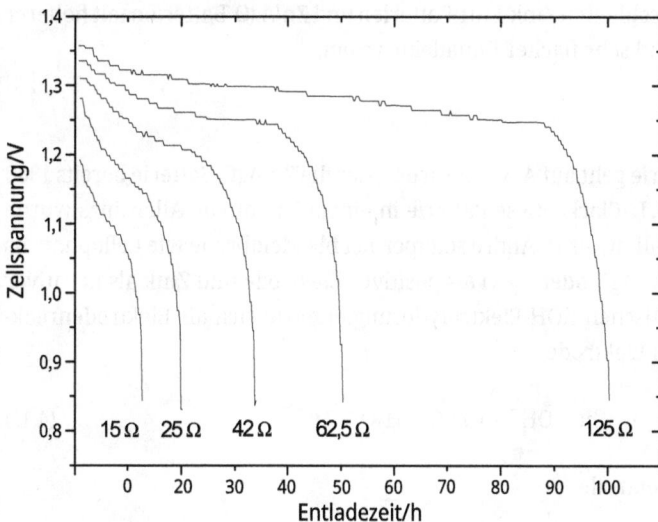

Abb. 4.7: Entladekurven einer Zn/HgO-Batterie R20 bei 20 °C mit verschiedenen Ohmschen Lasten.

Quecksilberoxid ist ein Nichtleiter. Leitende Zusätze wie Graphit oder Ruß müssen zugegeben werden. Der Leitfähigkeitszusatz hilft auch bei der Verhinderung der Koaleszenz von Quecksilber zu größeren Tröpfchen.

Die negative Zinkelektrode ist von der positiven Elektrode durch eine Lage Papier oder eines anderen mit Elektrolytlösung getränkten porösen Materials getrennt. NaOH oder KOH werden als Elektrolyt benutzt. Die Batterie mit NaOH liefert eine nahezu konstante Spannung bei kleinen Entladeströmen und ist ideal für z. B. Hörgeräte, Rechner und elektronische Uhren. Batterien mit KOH liefern eine konstante Spannung bei höheren Strömen und sind geeignet für Anwendungen mit höherem kurzzeitigem Strombedarf wie Blitzlichter und Uhren mit Beleuchtung. Die Leistung ist auch bei niedrigeren Temperaturen besser.

Die positive Elektrode der Zn/HgO-Batterie enthielt manchmal etwas zusätzliches MnO_2 zur Erzeugung einer Ausgangsspannung von 1,4 V und einer mehr fallenden Entladekurve zur leichteren Feststellung der verbleibenden Kapazität.

Wegen des Quecksilbergehaltes und wegen Umweltbedenken bei der Entsorgung ist der Verkauf von Quecksilberbatterien in vielen Ländern verboten. Sowohl ANSI als auch die International Electrotechnical Commission haben ihre Standards für Zn/HgO-Batterien zurückgezogen. 1991 hat die Europäische Kommission das Marketing bestimmter Batterietypen mit mehr als 25 mg Quecksilbergehalt oder, im Fall von alkalischen Batterien, mehr als 25 ppm Hg, nach Gewicht verboten. 1998 wurde der Bann auf Zellen ausgedehnt, die mehr als 0,005 ppm Hg nach Gewicht enthalten. 1992 verbot New Jersey (USA) den Verkauf von Zn/HgO-Batterien. 1996 haben die Vereinigten Staaten von Amerika allgemein den zivilen Verkauf von quecksilberhaltigen Batterien verboten. Das Verkaufsverbot für Zn/HgO-Batterien verursachte zahlreiche Probleme für Photographen, deren Ausrüstung häufig auf deren vorteilhafter Entladekurve und langer Lebensdauer beruhten. Alternativen schließen Zink-Luft-Batterien und Zn/AgO-Batterien mit höherer Zellspannung (1,55 V) und sehr flacher Entladekurve ein.

Zn/AgO-Batterie

Die Idee zu dieser Batterie geht auf A. Volta zurück, der die Zn/AgO-Batterie bereits 1800 vorstellte. 1883 stellte C. L. Clarke diese Batterie in einem Patent vor. Allerdings wurde das System erst 1941 Realität, als H. Andre semipermeable Membrane wie Cellophan als Separator vorschlug. Mit AgO oder Ag_2O als positiver Elektrode und Zink als negativer Elektrode in einer alkalischen KOH-Elektrolytlösung ergeben sich als Elektrodenreaktionen an der negativen Elektrode

$$Zn + OH^- \rightarrow ZnO + H_2O + 2\,e^- \tag{4.11}$$

und an der positiven Elektrode

$$AgO + 2\,e^- + H_2O \rightarrow Ag + 2\,OH^- \tag{4.12}$$

oder

$$Ag_2O + 2e^- + H_2O \rightarrow 2Ag + 2OH^-, \qquad (4.13)$$

und als Zellreaktion

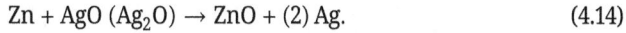

$$Zn + AgO\ (Ag_2O) \rightarrow ZnO + (2)\ Ag. \qquad (4.14)$$

Die durchschnittliche Entladespannung beträgt 1,59 V; typische Energiedichten sind 175 Wh·kg^{-1} sowie 530 Wh·l^{-1}.

Allerdings sind ihre hohen Kosten und ihre schlechte Leistung bei hohen wie tiefen Temperaturen ein Nachteil. Dies begrenzt den zivilen Einsatz. Zn/AgO-Batterien zeigten vor den Lithium-Technologien die höchste Energiedichte. Diese Batterie wird meist als kleine (Knopf)Zelle wegen der hohen Kosten des positiven Elektrodenmaterials (Silberoxid) produziert. Natürlich kann es auch als größere Zelle konstruiert und produziert werden, wenn die überlegene Leistung der Silberoxidchemie die Kostenbetrachtungen schlägt. Diese größeren Zellen werden meist in militärischen Anwendungen gefunden, zum Beispiel in Mark 37-Torpedos oder in Unterseebooten der Alfa-Klasse. In den letzten Jahren wurden sie wichtiger als Füllzellen für bemannte und unbemannte Raumschiffe und Hochstromanwendungen in Geschossen, Raumfahrtstartvehikeln, Torpedos und Torpedoziele. Verbrauchte Batterien können zur Wiedergewinnung des Silbergehaltes aufgearbeitet werden.

Cd/AgO-Batterien
Wenn Zink in der Zn/AgO-Batterie durch Cadmium ersetzt wird, erhält man eine Cd/AgO-Batterie. Ihre Elektrodenreaktionen sind an der negativen Elektrode

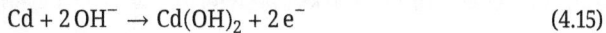

$$Cd + 2OH^- \rightarrow Cd(OH)_2 + 2e^- \qquad (4.15)$$

und an der positiven Elektrode

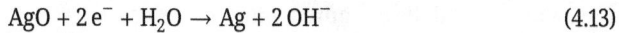

$$AgO + 2e^- + H_2O \rightarrow Ag + 2OH^- \qquad (4.13)$$

oder

$$Ag_2O + 2e^- + H_2O \rightarrow 2Ag + 2OH^-, \qquad (4.14)$$

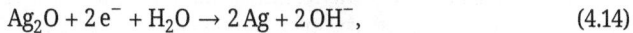

sowie der Zellreaktion

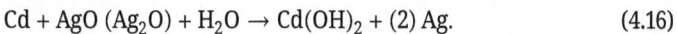

$$Cd + AgO\ (Ag_2O) + H_2O \rightarrow Cd(OH)_2 + (2)\ Ag. \qquad (4.16)$$

Die Zellen zeigten eine geringe Selbstentladung, mechanische Robustheit und einen weiten Einsatztemperaturbereich, in speziellen Ausführungen bis zu 180 °C. Eine 12 V-Batterie dieses Typs wurde früher für häusliche Rauchdetektoren eingesetzt, in denen die zweistufige Entladespannungscharakteristik ein brauchbares Warnsignal zur Anzeige eines Batterieersatzes gab. Seine Lagerhaltbarkeit ist selbst im nassen Zustand sehr gut. Nach Lagerung bei Raumtemperatur für ein Jahr stehen noch 85 % der anfänglichen Kapazität zur Verfügung. Der Gehalt an toxischem Cadmium hat ihren Ersatz vor allem durch Lithiumbatterien beschleunigt.

Mg/MnO$_2$-Batterien

Die Mg/MnO$_2$-Batterie ist ein attraktiver Kandidat, da sowohl die negative wie die positive Elektrode auf ausreichenden natürlichen Ressourcen beruhen. Sein Elektrolyt ist meist eine wässrige Lösung von MgBr$_2$ oder Mg(ClO$_4$)$_2$. Die Elektrodenreaktionen sind an der negativen Elektrode

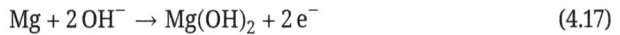

$$Mg + 2\,OH^- \rightarrow Mg(OH)_2 + 2\,e^- \qquad (4.17)$$

und an der positiven Elektrode

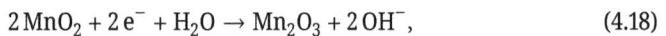

$$2\,MnO_2 + 2\,e^- + H_2O \rightarrow Mn_2O_3 + 2\,OH^-, \qquad (4.18)$$

sowie der Zellreaktion

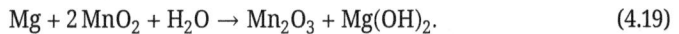

$$Mg + 2\,MnO_2 + H_2O \rightarrow Mn_2O_3 + Mg(OH)_2. \qquad (4.19)$$

Die theoretische Zellspannung beträgt 2,8 V, und die praktische durchschnittliche Ausgangsspannung ist 1,9–2,0 V. Sie ist höher als die der oben erwähnten wässrigen Primärbatterien. Im Ergebnis ist ihre Energiedichte das Zweifache der von Zn/AgO-Batterien. Gute Kapazitätserhaltung und lange Lagerbarkeit selbst bei hohen Temperaturen gehen auf die starke Passivierung des Magnesiums in der wässrigen Lösung zurück.

Abbildung 4.8 zeigt in der ersten Entladung einen voltage delay, der auf die Existenz des passivierenden Mg(OH)$_2$-Films zurückgeht. Nach Beginn der Entladung wird dieser Film entfernt und die Spannung nimmt wieder zu.

Das Lagerverhalten ist sehr gut, viel besser als das von Zink-Kohle-Batterien (Abb. 4.9). Nach fünf Jahren bei 20 °C beträgt der Kapazitätsverlust nur 10–20 %.

Mit Aluminium statt Magnesium erhält man eine Al/MnO$_2$-Primärbatterie. Das Entladeprodukt des Al ist Al(OH)$_3$. Die elektrochemische Leistung und Charakteristiken ähneln denen von Mg/MnO$_2$-Batterien.

4.4.2 Nichtwässrige Systeme

Nichtwässrige Primärbatterien wurden vor allem auf der Grundlage von Lithium als negativer Elektrode entwickelt, weil sein Redoxpotential das niedrigste und seine gra-

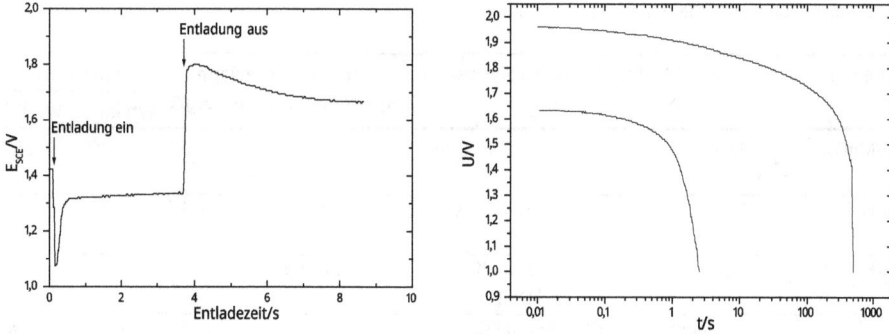

Abb. 4.8: Entladekurven einer Mg/MnO$_2$-Primärbatterie bei Raumtemperatur: (a) Elektrodenpotential der Mg-Elektrode bei der ersten und (b) Zellspannung bei folgenden normalen Entladungen mit verschiedenen Stromstärken.

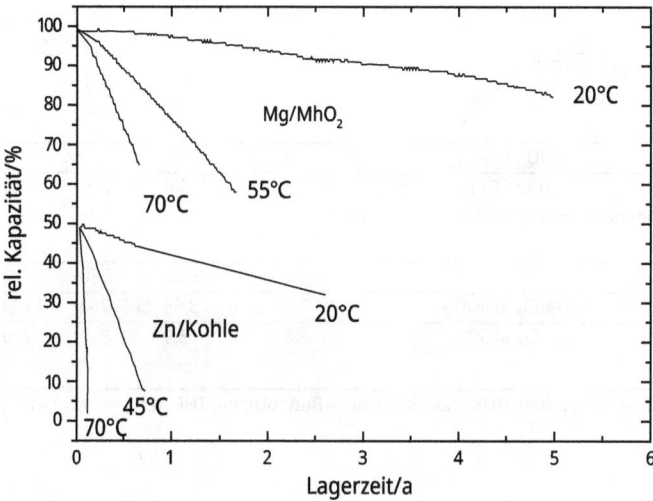

Abb. 4.9: Vergleich des Lagerverhaltens einiger Primärbatterien.

vimetrische Ladungsdichte die größte sind (Tabellen 4.2 und 4.3). Natürlich können andere Metalle wie Na, Mg und Al ebenso als negative Elektrode benutzt werden.

Primäre Lithiumbatterien

Wenn Feststoffe oder Flüssigkeiten als positive Elektrode verwendet werden, besteht die Elektrolytlösung aus einem organischen Lösungsmittel und einem anorganischen Lithiumsalz. Damit sind verschiedene Lithiumprimärbatterien möglich. Einige sind in Tabelle 4.5 zusammengestellt. Weitere werden in diesem Abschnitt nicht diskutiert, da sie nicht kommerziell erhältlich sind.

Tab. 4.5: Einige Eigenschaften von Lithiumprimärbatterien.

Chemie	Positive Elektrode	Elektrolytlösung	Nominal-spannung/V	Leerlauf-spannung/V	Energiedichte Wh·kg^{-1}	Wh·l^{-1}
Li/MnO$_2$	MnO$_2$	LiClO$_4$ in PC und DME	3,0	3,3	280	580
Li/FeS$_2$	FeS$_2$	LiClO$_4$ in PC, DOX und DME	1,4–1,6	1,8	297	
Li/FeS	FeS	LiClO$_4$ in PC, DOX und DME	1,2–1,5			
Li/CF$_x$	Carbonmonofluorid	LiBF$_4$ in PC, DME und/oder GBL	3	3,1	360–500	1000
Li/CuO	CuO	LiClO$_4$ in DOX	1,5	2,4		
Li/CuS	CuS	LiClO$_4$ in THF und DME		1,8–2,1 und 1,4–1,7		470
Li/Bi$_2$O$_3$	Bi$_2$O$_3$		1,5	2,04		
Li/Bi$_2$Pb$_2$O$_5$	Bi$_2$Pb$_2$O$_5$		1,5	1,8		
Li/V$_2$O$_5$	V$_2$O$_5$		2,4/3,3	3,4	260/120	660/300
Li/Ag$_2$V$_4$O$_{11}$ (Li-SVO oder Li-CSVO)	Ag$_2$O + V$_2$O$_5$ (SVO) Ag$_2$O + V$_2$O$_5$ + CuO (CSVO)	LiPF$_6$ oder LiAsF$_6$ in PC und DME				
Li/Ag$_2$CrO$_4$	Ag$_2$CrO$_4$	LiClO$_4$-Lösung	2,6/3,1	3,45		
Li/SO$_2$	SO$_2$ an PTFE-gebundenem Kohlenstoff	LiBr in SO$_2$ mit wenig CH$_3$CN	2,85	3,0	250	400
Li/SO$_2$Cl$_2$	SO$_2$Cl$_2$		3,7	3,95	330	720
Li/SOCl$_2$	SOCl$_2$	LiAlCl$_4$ in SOCl$_2$	3,5	3,65	500–700	1200
Li/(SOCl$_2$ + BrCl) (Li/BCX)	SOCl$_2$ + BrCl	LiAlCl$_4$ in SOCl$_2$	3,7–3,8	3,9	350	770

PC: Propylencarbonat; DME: Dimethoxyethan; DOX: Dioxolan; GBL: γ-Butyrolacton; THF: Tetrahydrofuran.

Lithiummetall ist in wässriger Lösung instabil. Daher müssen auf organischen Lösungsmitteln basierende Lösungen oder Festelektrolyte verwendet werden, die nicht mit Lithiummetall reagieren. Eine geeignete organische Elektrolytlösung sollte folgende Forderungen erfüllen:

– Lithiummetall muss im organischen Lösungsmittel(gemisch) chemisch stabil sein.
– Der Gehalt an reaktiven Verunreinigungen im organischen Lösungsmittel(gemisch) sollte so niedrig wie möglich sein, um Nebenreaktionen zu vermeiden.
– Bei Raumtemperatur hohe ionische Leifähigkeit, die üblicherweise ein bis zwei Größenordnungen niedriger als die von wässrigen Elektrolytlösungen ist.
– Flüssig in einem weiten Temperaturbereich.
– Entladeprodukte sollten eine möglichst kleine Löslichkeit in der organischen Elektrolytlösung haben.
– Kostengünstig.

Bislang werden für organische Elektrolytlösungen in Lithiumprimärbatterien Lithium-salze wie $LiClO_4$ aufgelöst in Propylencarbonat oder seiner Mischung mit anderen Lö-sungsmitteln verwendet.

Es gibt viele verschiedene Typen von Lithiumprimärbatterien, die einige Vorteile im Vergleich zu traditionellen Primärbatterien haben:

- Hohe Entladespannung bis zu 3,95 V.
- Hohe spezifische Energiedichten, die das Zwei- bis Fünffache der Werte von kon-ventionellen alkalischen Batterien erreichen können.
- Hohe Leistung dank spiralig-gewundener oder anderer Hochoberflächen-Elektro-dendesigns.
- Weiter Bereich von Betriebstemperaturen von typisch −40 bis 70 °C bis −80 bis 150 °C.
- Flache Entladekurve.
- Lange Lagerzeit von bis zu 10–20 Jahre.

Li/MnO$_2$-Primärbatterien

In Li/MnO$_2$-Zellen wird thermisch behandeltes MnO_2 als positive Elektrode und $LiClO_4$ in einem Lösungsmittelgemisch von PC und Dimethoxyethan (DME) als Elektrolytlösung verwendet. Die Elektrodenreaktionen sind an der negativen Elektrode

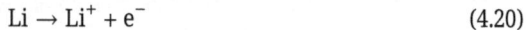

$$Li \rightarrow Li^+ + e^- \qquad (4.20)$$

und an der positiven Elektrode mit $0 < x < 1$

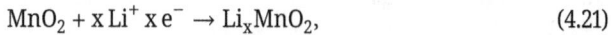

$$MnO_2 + x\,Li^+\,x\,e^- \rightarrow Li_x MnO_2, \qquad (4.21)$$

mit der Zellreaktion

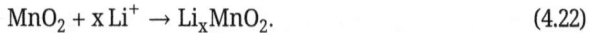

$$MnO_2 + x\,Li^+ \rightarrow Li_x MnO_2. \qquad (4.22)$$

MnO_2 wird vom tetravalenten zum trivalenten Zustand reduziert. Das feste Entla-dungsprodukt verbleibt in der positiven Elektrode. Es gibt keine Gasentwicklung wäh-rend der Entladung, die Druckaufbau verursachen könnte. Allerdings kann Li mit dem organischen Elektrolyten unter Gasentwicklung einen Passivfilm (solid-electrolyte in-terface (SEI) film) ausbilden, der weitere Reaktionen verhindert. MnO_2 kommt in ver-schiedenen Formen und Phasen wie α-, β-, γ-, δ-, λ-MnO$_2$ und Ramsdellit vor. Alle sind aus MnO_6-Oktaedern mit unterschiedlichen weiteren Verbindungen aufgebaut, und ih-re unterschiedlichen kristallinen Phasen sind durch die Größe der gebildeten Tunnel mit der Zahl der oktaedrischen Untereinheiten ($n \times m$) charakterisiert. Unter ihnen ist für die Anwendung Li/MnO$_2$-Primärzellen die optimale Komposition eine Mischung aus β- und γ-MnO$_2$-Phase.

Der ursprüngliche Separator ist ein ungewebtes Tuch aus Polyethylen-oder Polypro-pylenfasern, seit kurzem werden auch modifizierte Glasfasermatten verwendet. Ihre Kosten sind niedriger, und damit gebaute Zellen zeigen eine bessere Strombelastbarkeit. Sie haben die folgenden Vorteile:

- Hohe Absorption von flüssiger Elektrolytlösung.
- Niedriger Widerstand.
- Niedrige Kosten.
- Damit gebaute Zellen zeigen eine hohe Leistungsdichte.

Interessanterweise sind populäre kommerzielle Batterie mit MnO_2 als dem positiven Elektrodenmaterial in drei Typen erhältlich: Zink-Kohle, Alkalisch und Lithium. Auch wenn die positive Elektrode die grundsätzlich gleiche Zusammensetzung hat, sind Ände-rungen in Reinheit und Kristallstruktur für jedes System erforderlich. Zink-Kohle-Zellen nutzen das rohe Erz, während alkalische Zellen höher gereinigtes elektrolytisch her-gestelltes MnO_2 benötigen. Lithiumzellen benötigen noch reineres Material aus einer thermischen Behandlung von elektrolytischem MnO_2, mit der eine in organischen Elek-trolytlösungen stabilere Kristallstruktur erzeugt wird.

Li/Bi$_2$O$_3$-Primärbatterien

Bi_2O_3 kann ebenfalls als positives Elektrodenmaterial für Lithiumprimärbatterien be-nutzt werden. Die Elektrodenreaktionen sind damit

$$Bi_2O_3 + 6\,Li^+\,6\,e^- \rightarrow 3\,Li_2O + 2\,Bi, \tag{4.23}$$

und die Zellreaktion ist

$$6\,Li + Bi_2O_3 \rightarrow 3\,Li_2O + 2\,Bi. \tag{4.24}$$

Die Leerlaufspannung beträgt ca. 2,2 V, und die Arbeitsspannung liegt bei 1,7–1,8 V, ähnlich der von Zn/AgO- und Zn/HgO-Batterien. Sie können miteinander ausgetauscht werden. Der Arbeitstemperaturbereich ist 10–45 °C.

Li/FeS$_2$-Primärbatterien

Ursprünglich wurden Li/FeS$_2$-Batterien militärisch genutzt; sie werden auch als wie-deraufladbare Zellen diskutiert. Sie wurden von Energizer zuerst als Knopfzelle in der Mitte der 1970er Jahre eingeführt, in AA-Größe 1989 und in AAA-Größe 2004. Sie nutzen natürliches Pyrit als positive Elektrode. Die Elektrodenreaktion in organischer Elektro-lytlösung ist an der positiven Elektrode

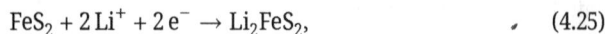

$$FeS_2 + 2\,Li^+ + 2\,e^- \rightarrow Li_2FeS_2, \tag{4.25}$$

und die Zellreaktion ist

$$4\,\text{Li} + \text{FeS}_2 \rightarrow \text{Li}_2\text{FeS}_2 + \text{Fe}. \tag{4.26}$$

Die Entladereaktion verläuft in zwei Stufen, mit Li_2FeS_2 als Zwischenprodukt. Die durchschnittliche Entladespannung ist 1,5 V (s. Abb. 4.10) und ist damit ähnlich wie die von Zink-Kohle-Batterien. Daher können Li/FeS$_2$-Zellen Zink-Kohle- und Alkali-Mangan-Batterien in verschiedenen Anwendungen vor allem im zivilen Bereich wegen der folgenden Vorteile ersetzen:

- Niedrige Kosten.
- Gute Strombelastbarkeit, leistungsstärker als alkalische Batterien.
- Hohe Energiedichte, bis zum Achtfachen anderer Primärbatterien.
- Exzellentes Verhalten bei niedrigen Temperaturen mit hoher Belastbarkeit selbst bei −20 °C.
- Exzellent lange Lagerbarkeit, mehr als 30 Jahre bei Raumtemperatur.
- Verträgt hohe Temperaturen wie 60 °C gut.
- Exzellente Sicherheit und Zuverlässigkeit selbst unter Missbrauchsbedingungen.

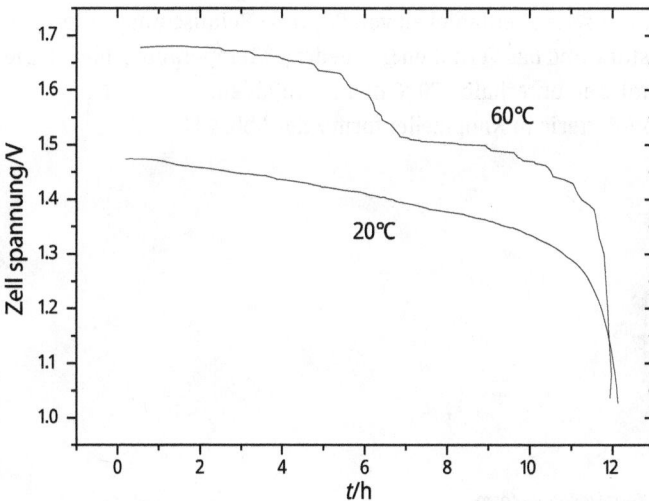

Abb. 4.10: Entladekurve einer Li/FeS$_2$-Primärbatterie bei verschiedenen Temperaturen.

Li/CF$_x$-Primärbatterien

Li/CF$_x$-Batterien nutzen CF$_x$ (x ~ 1,0) als positive Elektrode und LiBF$_4$ in γ-Butyrolakton als Elektrolytlösung. Die Elektrodenreaktionen sind neben der bekannten Reaktion der Lithiumelektrode an der positiven Elektrode

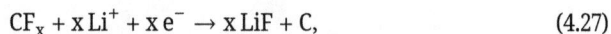

$$\text{CF}_x + x\,\text{Li}^+ + x\,\text{e}^- \rightarrow x\,\text{LiF} + \text{C}, \tag{4.27}$$

mit der Zellreaktion

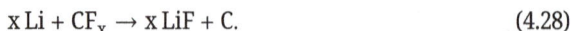

$$x\,Li + CF_x \rightarrow x\,LiF + C. \tag{4.28}$$

CF_x wird durch Fluorierung von Graphit bei erhöhter Temperatur mit Fluorgas verdünnt mit N_2 hergestellt. Diese kostspielige Synthese ist ein Grund für den hohen Preis des Elektrodenmaterials und der fertigen Zellen. Die verfügbare Kapazität von CF_x wird vom Fluorierungsgrad beeinflusst. Der bei der Entladung gebildete Kohlenstoff steigert die elektronische Leitfähigkeit des Materials der positiven Elektrode und damit deren Strombelastbarkeit. Die Zellspannung liegt um 2,6–2,9 V. Die Beteiligung der Lösungsmittelmoleküle an der Reaktion der positiven Elektrode ist ein Grund für die Expansion der positiven CF_x-Elektrode während der Entladung. Entsprechend sollte die Konstruktion einer Li/CF_x-Batterie diese Expansion berücksichtigen. Die Batterie hat die folgenden Vorzüge:

- Hohe theoretische und praktische Energiedichte.
- Gut geeignet für wiederholte Kurzzeitbelastung.
- Gutes Verhalten bei erhöhter Temperatur, die 85 °C oder sogar 100 °C betragen kann.
- Flaches Entladeprofil vor allem bei kleinen Entladeströmen.

Wegen der mäßigen elektronischen Leitfähigkeit von CF_x trotz Beimischung leitfähigen Kohlenstoffs sind die Leistung und das Verhalten bei niedriger Temperatur schlecht. Die Batterie wird für Temperaturen unterhalb −20 °C nicht empfohlen.

Eine typische Lithium-Batterie in Knopfzellenform zeigt Abb. 4.11.

Abb. 4.11: Lithium-Batterie in Knopfzellenbauform.

Li/SO$_2$-Primärbatterien
Untersuchungen zu Li/SO$_2$-Primärbatterien begannen in den 1960er Jahren. Sie benutzen SO_2 (ca. 70 Gew.%), Acetonitril (23 Gew.%) und LiBr als Elektrolytlösung mit einem Druck von $3\text{–}4 \times 10^5$ Pa bei Raumtemperatur.

Die positive Elektrode besteht aus polytetrafluoroethylen-gebundenem porösen Kohlestoff auf Aluminiumstreckmetall. Die negative Lithiumelektrode ist auf Kupferfolie als Stromsammler aufgewalzt. Mikroporöses Polypropylen dient als Separator. Die Elektrodenreaktion an der positiven Elektrode ist

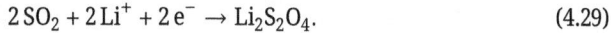

$$2\,SO_2 + 2\,Li^+ + 2\,e^- \rightarrow Li_2S_2O_4. \tag{4.29}$$

Die Zellreaktion ist:

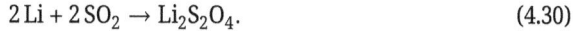

$$2\,Li + 2\,SO_2 \rightarrow Li_2S_2O_4. \tag{4.30}$$

In dieser Batterie steht der Lithiummetall im direkten Kontakt mit dem aktiven Material der positiven Elektrode und bildet unlösliches $Li_2S_2O_4$ (Lithiumdithionit), das die negative Elektrode passiviert. Dementsprechend ist die Selbstentladung sehr gering und die Lagerzeit sehr lang. Die nominale Entladespannung ist 3,0 V und die normale Arbeitsspannung 2,7–2,9 V. Selbst bei −40 °C kann die Zelle noch entladen werden. Die Entladekurve ist sehr flach. Es gibt unmittelbar nach Anschließen einer Last und einsetzendem Stromfluss einen Spannungseinbruch (voltage delay), da etwas Zeit zum Aufbrechen des passivierenden $Li_2S_2O_4$-Films nötig ist. Zur Lösung dieses Problems der Spannungshysterese kann eine Vorentladung bei hoher Stromdichte für kurze Zeit vor dem regulären Gebrauch durchgeführt werden. Üblicherweise hängt die Kapazität dieses Batterietyps vor allem von der eingebrachten Lithiummenge (0,9–1,05 der Kapazität des SO_2 zur Vermeidung exzessiver Reaktionen des Lithiums mit dem Acetonitril) ab. In den meisten Fällen ist die Kapazität allerdings durch die Fähigkeit der positiven Elektrode zur Aufnahme des ausgefallenen $Li_2S_2O_4$ als Entladeprodukt begrenzt.

Wegen der Verwendung von SO_2 ist der Zellverschluss sehr wichtig. Das Gehäuse hat ein Ventil, das bei ca. 90 °C oder 2,4 MPa aktiviert wird. Da das Entladeprodukt $Li_2S_2O_4$ unlöslich ist, kann die Lagerzeit einer Li/SO_2-Batterie mehr als 10 Jahre bei Raumtemperatur betragen. Beispielsweise zeigt eine D-Zelle nur 8 % Kapazitätsverlust nach 14 Jahren Lagerung bei Raumtemperatur. Selbst bei Lagerung bei 70 °C beträgt der Kapazitätsverlust nach einem Jahr weniger als 35 %.

Li/SO_2-Batterien haben Magnesiumbatterien als Hauptstromquelle für Kommunikationsgeräte ersetzt. Die meisten Anwendungen benötigen Multizellbatteriepacks, in denen individuelle Zellen größer als typische Konsumzellen sind, meist F- oder DD-Größe, die mehr als 3 Ah Kapazität und eine spiralgewickelte Konstruktion besitzen. Sie werden in militärischer elektronischer Ausrüstung wie Radiosender, Detektor für chemische Kampfstoffe, digitale Kommunikationsgeräte und elektronische Abwehrgeräte eingesetzt. Weitere militärische Anwendungen sind Nachtsichtgeräte, Schallmessbojen und Munition. Nichtmilitärische Anwendungen schließen industrielle Steuerungen und Wetterballons wie auch intelligente elektronische Zähler (smart electronic meters) für Elektrizität und Wasser in Gebäuden ein.

Li/SOCl$_2$-Primärbatterien

1969 wurde SOCl$_2$ (Thionylchlorid) als anorganisches Lösungsmittel für wiederaufladbare Li/Br$_2$- und Li/Cl$_2$-Batterien vorgeschlagen. 1972 wurde es als positives Elektrodenmaterial für Li/SOCl$_2$-Primärbatterien eingesetzt, die 1973 in Gebrauch kamen. Die Zellen enthalten LiAlCl$_4$ als Elektrolytsalz und eine Fiberglasmatte als Separator. Eine poröse Kohleelektrode mit Nickel- oder Edelstahlunterlage dient als Stromsammler der positiven Elektrode. Die positive Elektrodenreaktion ist

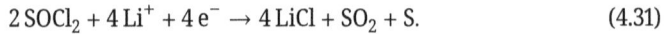

$$2\,SOCl_2 + 4\,Li^+ + 4\,e^- \rightarrow 4\,LiCl + SO_2 + S. \tag{4.31}$$

Die Zellreaktion ist

$$6\,Li + 2\,SOCl_2 \rightarrow 4\,LiCl + SO_2 + S. \tag{4.32}$$

SO$_2$ kann nach Gl. (4.30) weiter reagieren, was zu einer modifizierten Zellreaktionsgleichung führt,

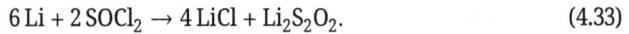

$$6\,Li + 2\,SOCl_2 \rightarrow 4\,LiCl + Li_2S_2O_2. \tag{4.33}$$

Die Leerlaufspannung ist mit 3,65 V sehr hoch, und ebenfalls sehr hoch ist die gravimetrische Energiedichte bis zu 590 Wh·kg^{-1}. Die Entladung führ zu isolierenden Ablagerungen von LiCl und S in der porösen Kohleelektrode mit einer signifikanten Zunahme des Innenwiderstand und schnellem Spannungsabfall gegen Ende der Nutzung. Da SOCl$_2$ in einem weiten Temperaturbereich von −104 °C bis 76 °C als Flüssigkeit vorliegt, ergibt sich ein weiter Betriebstemperaturbereich.

Anders als bei der Li/SO$_2$-Primärbatterie wird kein Cosolvens benötigt. Nach Zeiten der Lagerung ist das Verhalten ähnlich dem von Li/SO$_2$-Primärbatterien, d. h., die Batterie zeigt eine Spannungsverzögerung (voltage delay). Nach längerer Lagerung wird sie länger. Üblicherweise erholt sich die Entladespannung auf 95 % ihres maximalen Wertes innerhalb einer Minute. Die Kapazität und stabile Spannung werden durch diese Verzögerung nicht beeinträchtigt.

Entsprechend der intendierten Endverwendung können Li/SOCl$_2$-Batterien in verschiedenen Typen hergestellt werden: Niedriger Strom (high energy), mittlerer Strom, hoher Strom (high power) und große Kapazität. Sie werden scheibenförmig, zylindrisch oder prismatisch ausgebildet. Die Kapazität einer Einzelzelle kann bis zu 2.400 Ah für eine Scheibenzelle und 16.500 Ah für eine prismatische Zelle betragen.

Zylindrische Niedrigstrom-Li/SOCl$_2$-Batterien (s. Abb. 4.12) werden zur Versorgung verschiedener implantierbarer neurologischer Geräte wie Tiefenhirnstimulatoren (DBS) zur Linderung von Symptomen im Zusammenhang mit der Parkinson-Krankheit, Sakralnervenstimulatoren für Probleme mit der Blasenkontrolle, Rückenmarksstimulatoren für chronische Rücken- und Beinschmerzen und Magenstimulatoren zur Linderung von chronischer Übelkeit und Erbrechen im Zusammenhang mit Gastroparese und zur Behandlung von Fettleibigkeit verwendet. Sie können ebenfalls für

CMOS-Speicher, Radiofrequenz-ID-Tag, Verbrauchsmessgeräte, Gebührenerfassungssysteme und drahtlose Sicherheitssysteme benutzt werden.

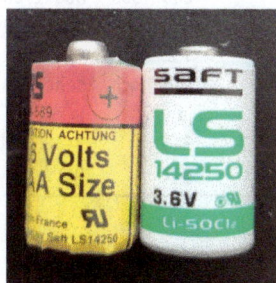

Abb. 4.12: Lithium-Thionylchlorid-Primärbatterien in der Größe 1/2 AA.

Zylindrische Hochstromzellen in Scheibenform und sehr große prismatische Batterien wurden für militärische Anwendungen benutzt. Der Einsatz in Konsumprodukten war durch Sicherheits- und Kostenvorbehalte begrenzt. Intermediate und low-rate-Zellen werden seither in MWD-Geräten (measure-while-drilling) für die Ölexploration eingesetzt, da sie auch bei hohen Temperaturen funktionieren.

Li/SO$_2$Cl$_2$-Primärbatterie

Die Li/SO$_2$Cl$_2$-Primärbatterie ähnelt dem Li/SOCl$_2$-System. Sie enthält LiAlCl$_4$ als Elektrolytsalz und eine Glasfasermatte als Separator. Eine poröse Kohleelektrode mit Nickel- oder Edelstahlträger dient als Stromkollektor der positiven Elektrode. Die elektrochemische Reaktion an der positiven Elektrode ist

$$SO_2Cl_2 + 2\,Li^+ + 4\,e^- \rightarrow 2\,LiCl + SO_2. \tag{4.34}$$

Die Zellreaktion mit der Weiterreaktion von SO$_2$ ist

$$4\,Li + 2\,SOCl_2 \rightarrow 2\,LiCl + Li_2S_2O_2. \tag{4.35}$$

Die sehr hohe Zellspannung von 3,95 V ist bislang die höchste von Primärbatterien. SO$_2$Cl$_2$ existiert im Gleichgewicht mit Cl$_2$ und SO$_2$, Änderungen im Gehalt an Cl$_2$ resultieren in Änderungen der Spannung mit der Temperatur und während der Lagerung. Aus diesem Grund wurden Li/SO$_2$Cl$_2$-Batterien nie kommerzialisiert.

Vergleichend sind in Tabelle 4.6 einige charakteristische Daten der bislang vorgestellter Primärbatterien zusammengetragen.

Tab. 4.6: Typische Daten von Batterien in gängigen Größen.

	Kohle-Zink	Alkali-Mangan	Lithium (Li-FeS$_2$)	NiCd	NiMH
AA (mAh)	400–700	1800–2800	2500–3400	600–1000	800–2700
AAA (mAh)	~300	800–1200	1200	300–500	600–1250
Nominelle Zellspannung/V	1,5	1,5	1,5	1,2	1,2
Entladestrom	sehr gering	gering	mittel	sehr hoch	sehr hoch
Wiederaufladbar?	nein	nein	nein	ja	ja
Lagerzeit/a	1–2	7	10–15	3–5	3–5
Lecksicherheit	schlecht	gut	sehr gut	gut	gut

4.4.3 Festelektrolytbatterien[1]

Während in Batterien mit wässrigen Elektrolytlösungen vor allem bei Leckagen austretende Flüssigkeit unerwünscht bis gefährlich ist, kommt bei nichtwässrigen Lösungen deren Entzündlichkeit als erhebliches Risiko hinzu. Es hat daher nicht an Versuchen gefehlt, statt flüssiger Elektrolytlösungen feste ionenleitende Elektrolyte zu entwickeln und einzusetzen. Da feste Ionenleiter bei Raumtemperatur meist ionische Leitfähigkeiten aufweisen, die für praktische Anwendungen selbst bei sehr dünnen Elektrolytschichten zu gering erscheinen, waren die im nächsten Abschnitt behandelten Hochtemperaturbatterien, in denen eine weit über Raumtemperatur liegende Betriebstemperatur das Problem unzureichender ionischer Leitfähigkeit behob und zudem andere aktive Massen nutzbar wurden, ein erster Ausweg. Die mit dem Betrieb bei erhöhter Temperatur verbundenen neuen Herausforderungen beschränken ihre Einsatzmöglichkeiten und stellen für manche Autoren dramatische Risiken dar. Der Wunsch nach Festelektrolyten und damit Festkörperbatterien zum Betrieb bei Raumtemperatur besteht fort. Der breite Einsatz von Batterien in zahlreichen portablen und mobilen Anwendungen hat diesem Wunsch weiteren Nachdruck verliehen.

Als ersten Schritt auf dem Weg zur Festkörperbatterie kann der Einsatz von Gelelektrolyten statt flüssiger Elektrolytlösungen angesehen werden. Da sie – unabhängig von welchem Weg man zum Gel gelangt ist (durch Gelieren einer Flüssigkeit oder Aufweichen eines Festkörpers) – die Herkunft von flüssigen Elektrolytlösungen noch deutlich erkennen lassen, werden sie im Folgeabschnitt 4.5 bei Sekundärbatterien unter Stichworten wie Lithiumpolymerakku oder Bleigelakku abgehandelt. Festkörperbatterien mit einem im engeren Sinn Festelektrolyten werden dagegen intensiv untersucht und

[1] Da in den weitaus meisten Primär- und Sekundärbatterien aktive Massen in fester Form vorliegen, dürfte das entscheidende Kriterium der Aggregatzustand des Ionenleiters dazwischen sein – daher der Titel des Abschnitts. Festkörperbatterie wäre wohl deutlich ungenauer, eine Übersetzung von solid-state batteries oder all solid-state batteries wird garnicht erst versucht. Das Ergebnis wäre komisch bis zur Unverständlichkeit.

mitunter als die nächste Batteriegeneration nach der Lithiumionen-Batterie angepriesen (s. Abschn. 4.5.4 mit weiteren Details zu Festelektrolyten).

Der oft erhebliche Aufwand bei der Herstellung und Verarbeitung von Festelektrolyten legt ihren Einsatz vor allem in Sekundärbatterien mit ihren im Vergleich naturgemäß deutlich höheren Verkaufspreisen nahe. Von dieser profanen Überlegung ausgenommen sind Primärbatterien für Anwendungen, bei denen der Preis einer Batterie nur eine periphere Rolle spielt. Batterien für Herzschrittmacher (und implizit andere Anwendungen in der Medizintechnik) sind ein populäres Beispiel – und derzeit auch das einzige erfolgreiche System einer Festelektrolytbatterie vom Typ Lithium/Iod-Polyvinylpyridin. In ihr wird an der negativen Elektrode Lithium gemäß

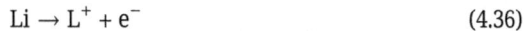

$$Li \rightarrow L^+ + e^- \tag{4.36}$$

umgesetzt, und an der positiven Elektrode

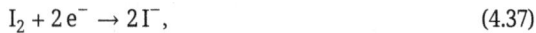

$$I_2 + 2\,e^- \rightarrow 2\,I^-, \tag{4.37}$$

mit der Zellreaktion

$$2\,Li + I_2 \rightarrow 2\,LiI. \tag{4.38}$$

Das Iod wird als Komplex mit Poly-2-vinylpyridin eingesetzt. Die Mischung der beiden elektrisch nicht leitenden Komponenten wird längere Zeit (3 Tage) auf 149 °C erhitzt. Die erhaltene schwarze Paste leitet elektronisch und wird noch warm auf die Lithiumelektrode gegossen. An der Grenzfläche wird kristallines LiI als Festelektrolyt spontan gebildet, das elektrisch nicht leitet, aber den Transport von Lithiumionen ermöglicht. Um eine größere Grenzfläche Lithiumelektrode-Festelektrolyt zu erhalten, wird das Lithiumblech mechanisch aufgeraut. Die Batterie wird in einer für die Anwendung adaptierte Form hergestellt. Meist werden halbkreisförmige Zellen (typischer Radius 3 cm, Dicke 0,6 bis 0,8 cm) mit einer Kapazität von ca. 2 Ah bei 12,5 bis 15,5 g Gewicht mit einem ähnlich geformten Modul, das die Elektronik enthält, und einem Anschlussblock zu dem in Bild 1.3 gezeigten Schrittmacher kombiniert: Mit ca. 10 µA wird ein nur geringer, vor allem vom mäßig leitenden Elektrolyten begrenzter Strom abgegeben. Er reicht für den beschriebenen Zweck aus. Der bei Festelektrolytbatterien kritische und problematische Kontakt Elektrode-Elektrolyt wird durch das beschriebene Verfahren wirksam und in für die sehr moderaten Stromdichten ausreichenden Weise hergestellt. Für poröse Elektroden, wie sie in zahlreichen Primär- wie Sekundärbatterien eingesetzt werden, ist das Verfahren nicht ausreichend. Die pastöse Masse des Iod-Polyvinylpyridin-Komplexes würde wegen ihrer hohen Viskosität nicht in einen porösen Elektrodenkörper eindringen können.

4.4.4 Metall-Luft-Batterien

Aus den zusammengefassten Überlegungen zu theoretisch mit Blick auf möglichst große Zellspannungen besonders vielversprechenden Elektrodenkombinationen ergibt sich die Verwendung einer Sauerstoffelektrode als nach der praktisch nahezu aussichtslosen Fluorelektrode nächst vorteilhafte Möglichkeit. Neben dem vergleichsweise positiven Elektrodenpotential, das eine entsprechend große Zellspannung verspricht, geht der aus der Umgebungsluft entnommene Sauerstoff in die Berechnung des Zellgewichtes und damit der Energiedichte nicht ein. Sorgfältige Betrachtung führt allerdings zur Feststellung, dass das Reaktionsprodukt der Elektrodenreaktion der negativen Elektrode aufgenommenen Sauerstoff enthält und sich das Gewicht der Zelle damit rechnerisch erhöht hat. In übliche Betrachtungen geht aber der Ausgangszustand der Zelle und nicht etwa ihr erschöpfter Zustand ein. Dieser Vorteil darf allerdings nicht zur Annahme führen, dass in einer Metall-Luft-Batterie nur im Metall der negativen Elektrode gesichert sei. Batterien mit nur einer Elektrode bleiben weiterhin ein Wunschtraum – auch wenn zahllose wissenschaftliche Aufsätze Anderes nahelegen. Schematisch zeigt der Querschnitt einer als Knopfzelle ausgebildeten Zink-Luft-Batterie das größere für das Metall der negativen Elektrode zur Verfügung stehende Volumen (s. Abb. 4.13).

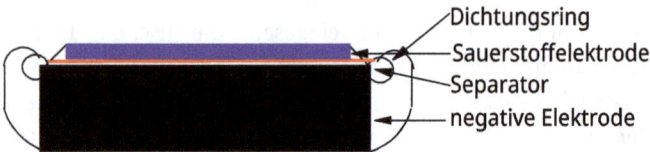

Dichtungsring
Sauerstoffelektrode
Separator
negative Elektrode

Abb. 4.13: Schnittzeichnung einer Zink-Luft-Knopfzelle.

Die Elektrodenreaktionen hängen vom pH-Wert der Lösung und vom entstehenden Reaktionsprodukt der Metallelektrode ab. Allgemein kann an der positiven Elektrode formuliert werden

$$O_2 + 4\,H^+ + 4\,e^- \rightarrow 2\,H_2O \quad \text{(sauer)} \tag{4.39}$$

$$O_2 + 2\,H_2O + 4\,e^- \rightarrow 4\,OH^- \quad \text{(alkalisch)}, \tag{4.40}$$

und an der negativen Metallelektrode

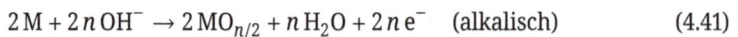

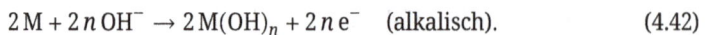

$$2\,M + 2\,n\,OH^- \rightarrow 2\,MO_{n/2} + n\,H_2O + 2\,n\,e^- \quad \text{(alkalisch)} \tag{4.41}$$

$$2\,M + 2\,n\,OH^- \rightarrow 2\,M(OH)_n + 2\,n\,e^- \quad \text{(alkalisch)}. \tag{4.42}$$

Da praktisch alle technisch interessanten Metalle in saurer Lösung thermodynamisch unbeständig sind, ist dieser Fall hier nicht weiter von Interesse. Es verbleiben als Zellreaktionen

$$4\,M + n\,O_2 \to 4\,MO_{n/2} \tag{4.43}$$

$$4\,M + n\,O_2 + 2\,n\,H_2O \to 4\,M(OH)_n. \tag{4.44}$$

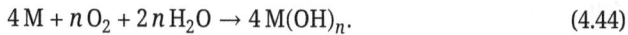

Die Reduktion des Sauerstoffs wird häufig beim Peroxid enden, das dann weiter reagieren kann, z. B. in Sauerstoff und OH$^-$ disproportionieren. Die Reaktionsprodukte zeigen mitunter ebenfalls ein in der Praxis ungünstiges Verhalten. Mit Aluminium in neutraler Elektrolytlösung bildet sich ein voluminöses gelartiges Hydroxid. Mit einer Zinkelektrode ist das Verhalten der negativen Elektrode dagegen weitgehend unproblematisch.

Tabelle 4.7 gibt einen Überblick zu typischen Eigenschaften von Metall-Luft-Primärbatterien. Sie nutzen wässrige und nichtwässrige (aprotische) Elektrolytlösungen, und ihr Nutzungs- und/oder Entwicklungszustand ist unterschiedlich.

Tab. 4.7: Einige Eigenschaften von Metall-Luft-Primärbatterien.

Batteriesystem	Li/Luft	Na/ Luft	Mg/ Luft	Al/ Luft	K/Luft	Ca/ Luft	Fe/ Luft	Zn/ Luft
Erfindungsjahr	1996	2012	1966	1962	2013	k. A.	1968	1878
Metallkosten ($/kg)[a]	68	1,7	2,75	1,75	~20	1,7	0,40	1,85
Theoretische Zellspannung/V	2,96	2,27	3,09	2,71	2,48	3,12	1,28	1,65
Theoretische Energiedichte/Wh·kg$^{-1,b}$	3458	1106	2840	2796	935	4180	763	1086
Elektrolyte für praktische Batterien	Aprotisch	Aprotisch	Alkalisch	Alkalisch oder Salzlösung	Aprotisch	Aprotisch	Alkalisch	Alkalisch
Praktische Spannung/V	~2,6	~2,2	1,2–1,4	1,1–1,4	~2,4	2,0	~1,0	1,0–1,2
Praktische Energiedichte/Wh·kg^{-1}	Unklar^c	Unklar^c	400–700	300–500	Unklar^c		60–80	350–500
Primär P oder wiederaufladbar R	P und R	P und R	P	P	P und R	P und R	P und R	P und R

[a]Datenquelle: http://www.metalprices.com.
[b]Sauerstoff eingeschlossen.
[c]Bezogen auf die Katalysatormasse.

Wässrige Metall-Luft-Primärbatterien
Mg/Luft-Primärbatterie

In einer Mg/Luft-Primärbatterie mit alkalisch Elektrolytlösung oder einfach Seewasser findet an der negativen Elektrode die Reaktion statt

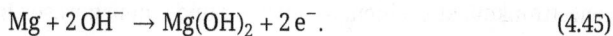

$$Mg + 2\,OH^- \to Mg(OH)_2 + 2\,e^-. \tag{4.45}$$

Mit der oben beschriebenen Reaktion an der positiven Sauerstoffelektrode folgt die Zellreaktion

$$Mg + O_2 + H_2O \rightarrow Mg(OH)_2. \tag{4.46}$$

Die theoretische Zellspannung (3,09 V) und Energiedichte (2840 Wh·kg^{-1}) sind sehr hoch und Kosten und Gewicht sind niedrig: Die Zelle ist umweltfreundlich. Um eine gute Leistung der negativen Magnesiumelektrode zu erzielen und um Nebeneffekte des ausfallenden Mg(OH)$_2$ auf den Entladevorgang zu minimieren, sollte ihre Oberfläche so groß wie möglich sein. Eine Methode ist die Bildung von Magnesiumlegierungen mit anderen Elementen. Dies mindert allerdings die Entladekapazität und erhöht die Kosten. Beispielsweise ergibt eine Mg-Al-Pb-In-Legierung ein negativeres Potential und zeigt eine höhere Materialnutzung im Unterschied zu Mg-Al-Pb-Legierungen und reinem Magnesium. Ein anderer effektiver Weg ist die Ausbildung einer porösen oder Mikro-/Nanostruktur. Wenn allerdings die Oberfläche zu groß und/oder die Partikelgröße zu klein sind, kann unerwünschte Korrosion verstärkt auftreten:

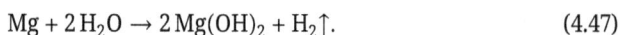

$$Mg + 2\,H_2O \rightarrow 2\,Mg(OH)_2 + H_2\uparrow. \tag{4.47}$$

Passivierung und Korrosion sind allerdings bereits im Fall des Kontaktes des Metalls mit einer wässrigen Elektrolytlösung zu beobachten. Passivschichten und Korrosionsprodukte behindern die Elektrodenreaktion. Diese zentralen Nachteile haben den Erfolg der Mg/Luft-Batterie bislang sehr behindert.

Al/Luft-Primärbatterie

Mit einer Aluminiumelektrode ergibt sich vereinfacht

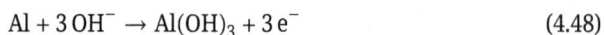

$$Al + 3\,OH^- \rightarrow Al(OH)_3 + 3\,e^- \tag{4.48}$$

an der negativen Elektrode, und mit der bekannten Reaktion an der Sauerstoffelektrode folgt als Zellreaktion

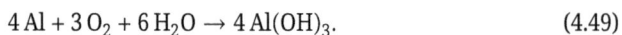

$$4\,Al + 3\,O_2 + 6\,H_2O \rightarrow 4\,Al(OH)_3. \tag{4.49}$$

Das System ist kostengünstig, leicht und umweltfreundlich. In derzeit vorgeschlagenen Systemen mit alkalischen wie auch mit neutralen Elektrolytlösungen ist die nominale Spannung ca. 1,2 V. Als negative Aluminiumelektrode wurden Legierungen mit verschiedenen Zusammensetzungen vorgeschlagen. Die Luftelektrode (positive Elektrode oder Kathode) besteht aus einer reaktiven Schicht von Kohlenstoff mit einem Nickelnetzstromkollektor, einem Katalysator und einem porösen hydrophoben PTFE-Film, der Elektrolytlösungsaustritt verhindert. Abbildung 4.14 zeigt Bilder typischer Elektroden, die ein Metallnetz zur Stromableitung und die aufgepresste PTFE-Folie erkennen lassen.

Abb. 4.14: Luftelektroden für Metall/Luft-Batterien. Links Elektrolytseite mit Metallnetz als Stromableiter, rechts mit aufgepresster poröser PTFE-Folie.

Korrosion und Passivierung sind, wie bereits bei der Mg/Luft-Zelle festgestellt, zentrale Hindernisse auf dem Weg zur erfolgreichen Nutzung.

Zn/Luft-Primärbatterie

Edison erfand die erste Zink/Luft-Batterie in den frühen 1900er Jahren. Die Herstellung kommerzieller Zn/Luft-Primärbatterien begann 1932. Die Kohleelektroden wurden mit Wachs behandelt, um Flutung zu verhindern. Dieser Typ wird noch immer in großen Zink/Luft-Zellen für Navigationshilfen und Eisenbahnsignalen, abgelegene Kommunikationsstandorte und Navigationshilfen benutzt. Es handelt sich um langdauernde Niedrigstromanwendungen. In den 1970er Jahren ermöglichte die Technologie dünner Elektroden aus der Brennstoffzellenentwicklung Zn/Luft-Batterien als kleine Knopfzellen und prismatische Zellen für Hörgeräte, Pager und medizinische Geräte, vor allem für die Herztelemetrie.

Zn/Luft-Batterien werden mit einer negativen Zinkblechelektrode, einer porösen Kohleelektrode mit MnO_2-Katalysator für die positive Sauerstoffelektrode und einer KOH-Elektrolytlösung hergestellt. Die Elektrodenreaktionen sind an der negativen Elektrode

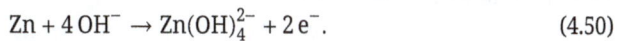

$$Zn + 4\,OH^- \rightarrow Zn(OH)_4^{2-} + 2\,e^-. \tag{4.50}$$

Mit der bekannten Sauerstoffelektrodenreaktion ergibt sich die Zellreaktion

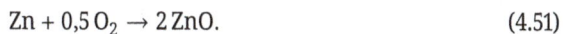

$$Zn + 0{,}5\,O_2 \rightarrow 2\,ZnO. \tag{4.51}$$

Dies schließt eine Reaktion nach

$$Zn(OH)_4^{2-} \rightarrow ZnO + H_2O + 2\,OH^-$$ (4.52)

in der Elektrolytlösung ein.

Die nominale Zellspannung ist ca. 1,2 V mit einer Energiedichte von 450 Wh·l^{-1} und 150 Wh·kg^{-1}. Die Entladespannungskurve ist flach und während der kompletten Entladung unverändert. Neben reinem Zink werden Zink-Aluminiumlegierungen eingesetzt. Zur Minderung der Korrosion können weitere Legierungselemente oder in der Elektrolytlösung Korrosionsinhibitoren zugesetzt werden.

Abbildung 4.15 zeigt Verkaufspackungen von Zink-Luft-Knopfzellen der Größen 13 und 10 (die für Knopfzellen bereits bemängelte Bezeichnungsflut gibt es auch hier; man findet die abgebildeten Zellen auch als Aid 13 oder PR48, 7000ZD, ZA13, V13A, DA13 und A10 oder PR70,7005ZD, ZA10,V10A, und DA230). Als Fähnchen sind Aufkleber auf der für Luftzutritt als Lochscheibe ausgebildeten Abdeckung der positiven Elektrode erkennbar. Sie verhindern bei Lagerung den Zutritt von kohlendioxidhaltiger Umgebungsluft, die vor allem bei längerer Lagerung eintretende Karbonatisierung der alkalischen Elektrolytlösung wird ebenso wie das Austrocknen der Zelle wirksam verhindert. Vor Gebrauch wird die Fahne abgerissen.

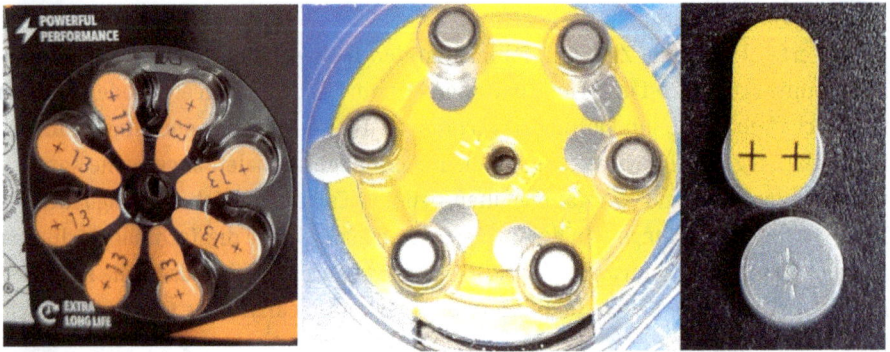

Abb. 4.15: Verkaufspackung mit acht Zink-Luft-Knopfzellen Größe 13 und Größe 10 (mitte), mit/ohne Schutzaufkleber (rechts), für Hörgeräte.

Fe/Luft-Primärbatterie

Fe/Luft-Primärbatterien verwenden Eisen als negative Elektrode, die bekannte positive Sauerstoffelektrode und eine KOH-Elektrolytlösung. Die elektrochemischen Reaktionen sind

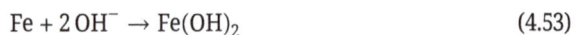

$$Fe + 2\,OH^- \rightarrow Fe(OH)_2$$ (4.53)

an der negativen Elektrode, und mit der vorgestellten Reaktion an der Sauerstoffelektrode folgt als Zellreaktion

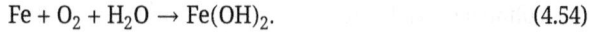

$$Fe + O_2 + H_2O \rightarrow Fe(OH)_2. \tag{4.54}$$

Das an der Eisenelektrode zunächst gebildete $Fe(OH)_2$ kann weiter reagieren und FeOOH oder Fe_3O_4 bilden. Diese Prozesse liefern jedoch kaum zusätzliche elektrische Energie. Dies ist der Hauptgrund dafür, dass das Endprodukt der Fe/Luft-Zellreaktion als $Fe(OH)_2$ geschrieben wird. Seine Nennspannung beträgt 1,28 V. Die Luftelektrode ähnelt der in der Zn/Luft-Batterie verwendeten, da dieselbe alkalische KOH-Elektrolytlösung verwendet wird.

In nichtwässrigen Metall-Luft-Batterien werden Metalle als negative Elektrode verwendet, die in wässriger Elektrolytlösung weder thermodynamisch noch kinetisch stabil sind; daher müssen nichtwässrige (aprotische) Lösungsmittel zur Herstellung von Elektrolytlösungen verwendet werden. Dazu gehören Li/Luft-, Na/Luft- und K/Luft-Primärbatterien. Nur das System Li/Luft war und ist Gegenstand der Forschung in nennenswertem Umfang. Von einer praktischen Nutzung sind alle denkbaren Beispiele weit entfernt.

Mit einer Sauerstoffelektrode, die sich auch zur Sauerstoffentwicklung eignet, und einer Metallelektrode, die ebenfalls zuverlässig die Wiederabscheidung des Metalls erlaubt, wäre eine wiederaufladbare Metall/Luft-Zelle denkbar. Darauf wird in Abschn. 4.5.3 eingegangen.

4.4.5 Füllzellen[2]

Die Selbstentladung (s. Abschn. 4.1) kann in kompletten Zellen, bei denen die aktiven Massen bereits mit der ionenleitenden Phase z. B. einer Elektrolytlösung, in Kontakt sind, kaum vollständig unterdrückt werden. Die Selbstentladung kann unter moderaten Umweltbedingungen, insbesondere bei niedrigen Temperaturen, gering sein und sogar bis auf 1 % der gespeicherten elektrischen Energie pro Jahr absinken. Bei den meisten Systemen sind die Zahlen wesentlich größer, und bei Nickel/Cadmium- oder Nickel/Metallhydrid-Akkumulatoren kann die vollständige (Selbst)Entladung einer Zelle innerhalb weniger Monate erfolgen. Für viele Anwendungen ist aber die zuverlässige Abgabe der gespeicherten Kapazität ohne nennenswerten Verlust auch nach langer Lagerung wesentlich, ja sogar lebensrettend: Schwimmwesten in Flugzeugen und

---

2 Auch Füllelemente, Reserve-Batterie. Als Reserve-Batterie oder -Akku werden manchmal Geräte bezeichnet, die dazu dienen, mobile Geräte (insbesondere Mobiltelefone) ohne Zugang zu einer Stromleitung aufzuladen, indem ein externer Akku (manchmal auch Powerbank genannt) an das Gerät angeschlossen wird. Diese Geräte sind hier nicht gemeint.

auf Schiffen, Rettungslichter auf Rettungsbooten, Notbeleuchtung in U-Booten, Backup-Systeme in Flugzeugen und Markierungen für Fluchtlichter in U-Booten. Bei diesen und einigen anderen Anwendungen folgt auf lange Lagerzeiten ein plötzlicher Energiebedarf, ohne dass viel Zeit zur Verfügung steht, um die Batterie betriebsbereit zu machen. Diese Aktivierung hat zu einer weiteren Bezeichnung für diese Batterien geführt: aktivierte Batterien.

Es werden verschiedene Aktivierungsprinzipien verwendet: Bei einigen Systemen wird die Elektrolytlösung separat gelagert und bei Bedarf in die Batterie eingespritzt. Andere Systeme, insbesondere für maritime Anwendungen, werden einfach durch Fluten der Trockenbatterie mit Seewasser aktiviert. Systeme mit geschmolzenen Elektrolyten werden durch die von pyrotechnischen Vorrichtungen entwickelte Wärme aktiviert. Obwohl die meisten dieser Batterien nicht für den Verbrauchermarkt bestimmt sind – viele sind vor allem für militärische Anwendungen bestimmt – werden diese Batterien auch mit Blick auf die im ersten Kapitel in Auswahl vorgestellten Anwendungen folgend kurz beschrieben.

Einige Batterien verfügen über Schutzvorrichtungen, die sie vor einer Zersetzung während der Lagerung bewahren. Die Zink-Luft-Zelle, die in Hörgeräten verwendet wird, hat eine Klebelasche an den Löchern vor der sauerstoffverbrauchenden Elektrode, um zu verhindern, dass Kohlendioxid mit der alkalischen Elektrolytlösung reagiert oder diese Lösung austrocknet. Ersatzbatterien für Blei-Säure-Autobatterien werden manchmal als trocken geladen verkauft (sowohl die positive als auch die negative Masse sind voll geladen), Batteriesäure muss vor dem Einbau hinzugefügt werden. Dies ermöglicht den sicheren Transport der trockenen Batterie, mehr nicht. Diese Zellen werden daher nicht als Füllzellen oder Reservebatterien bezeichnet.

Seewasser-aktivierte Batterien

Dieses ursprünglich für militärische Anwendungen in elektrischen Torpedos entwickelte System mit einer negativen Magnesiumelektrode und einer positiven Silberchloridmasse wurde zu kleineren Einheiten für eine Vielzahl von Anwendungen weiterentwickelt. Die teure positive Masse kann durch andere Massen ersetzt werden, was zu erheblichen Leistungseinbußen und deutlich niedrigeren Kosten führt (siehe unten). Die vereinfachte Zellreaktion lautet

$$Mg + 2\,AgCl \rightarrow MgCl_2 + 2\,Ag, \quad U_{00} = 2{,}59\,V. \tag{4.55}$$

Vorzugsweise werden Magnesiumlegierungen mit 3–6 Gew. % Aluminium und 1 Gew.-% Zink verwendet, die sich leicht zu Blechen walzen lassen. Silberchlorid kann aufgrund seiner metallähnlichen mechanischen Eigenschaften durch Walzen in Platten hergestellt werden. Die Elektroden sind für das Meerwasser zugänglich, und Kunststoffabstandshalter halten sie auf Distanz. Die Zellspannung der Mg/AgCl-Zelle liegt bei offenem Stromkreis bei 1,7–1,9 V, und unter Last sinkt sie auf etwa 1,5 V. Als mögliche

Ursache werden passivierende Schichten auf der Magnesiumelektrode vermutet, deren Bildung Wärme erzeugt. Wegen der frei fließenden Elektrolytlösung ist dies kein großes Problem. $MgCl_2$ ist im Meerwasser gut löslich, und es kommt zu keiner Konzentrations-polarisation. Eine konkurrierende Nebenreaktion ist die Korrosion von Magnesium in Meerwasser, bei der ein Gemisch aus Magnesiumhydroxid und Magnesiumoxychlorid mit zusätzlichem Wasserstoffgas entsteht. Bei den meisten Metallen nimmt die Wasser-stoffentwicklung (d. h., die Korrosion) ab, wenn die anodische Stromdichte zunimmt. Magnesium ist die Ausnahme; hier nimmt mit zunehmender anodischer Stromdichte auch die Wasserstoffentwicklungsrate zu (negativer Differenzeffekt; NDE). Wasserstoff-blasen beschleunigen den Transport der Elektrolytlösung und den Abtransport des Reaktionsprodukts, und die entstehende Wärme beschleunigt die Elektrodenreaktion. Es sind verschiedene Betriebsmodi dieser Batterien möglich. Im Tauchbetrieb wird die komplette Zellbaugruppe einfach in Meerwasser getaucht. Eine starke Strömung des Meerwassers im forced-flow Modus ermöglicht besonders hohe Entladeraten, wie sie z. B. in Torpedos benötigt werden. Beim Eintauchtyp werden die Elektroden durch ei-nen porösen Separator auf Abstand gehalten. Bei der Aktivierung wird Meerwasser in die Zelle gegossen und in den Separator absorbiert, so dass die Zelle betriebsbereit ist. Anstelle eines Separators können auch Kunststoffabstandshalter verwendet werden, die den Fluss der Elektrolytlösung noch weniger behindern.

Für diesen Zellentyp werden zahlreiche Vorteile genannt, darunter die unbegrenzte Lagerfähigkeit bei Temperaturen zwischen −50 und 70 °C, der Betrieb in Meerwasser mit einem Salzgehalt zwischen 1,5 und 3,6 Gew.% bei 0 bis 35 °C, die hohe gravimetrische Energiedichte von bis zu 165 Wh·kg^{-1} und die schnelle Aktivierung in weniger als einer Sekunde. Das teure Silberchlorid ist ein großer Nachteil.

Anstelle von Silberchlorid kann auch das billigere Bleichlorid $PbCl_2$ verwendet wer-den. Die Zellreaktion ist

$$Mg + PbCl_2 \rightarrow MgCl_2 + Pb. \tag{4.56}$$

Bleichlorid kann nicht gewalzt werden; stattdessen muss sein Pulver auf einem Me-tallnetz verpresst werden. Der Aufbau der Zelle ist ähnlich wie der zuvor beschriebene; die Zellenspannung unter Last ist mit 1,08 V niedriger und fällt bei höheren Strömen schnell ab. Die Zellen sind daher nur für Anwendungen mit geringer Belastung geeig-net. Kupferchlorid ist ein weiterer Ersatz für Silberchlorid bei der Zellreaktion

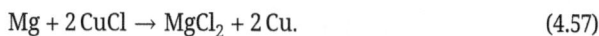

$$Mg + 2\,CuCl \rightarrow MgCl_2 + 2\,Cu. \tag{4.57}$$

Die Entladespannung beträgt etwa 1,3 bis 1,4 V, und die erzielbare Stromstärken sind gering. Da Kupfer(II)-chlorid hygroskopisch ist, müssen die gelagerten Zellen versiegelt werden. Bei der Aktivierung muss die Versiegelung entfernt werden, was eine zusätzli-che Komplikation darstellt.

Bleidioxid kann als positive Masse verwendet werden, was zu Zellen mit einer Betriebsspannung von etwa 1,5–1,6 V bei niedrigen Stromdichten unter 15 mA·cm^{-2} ermöglicht. Die in Blei-Säure-Akkumulatoren verwendeten pastierten Platten arbeiten weniger effizient als die Metallchlorid-Elektroden. Der Innenwiderstand der Zelle wird durch die Verwendung von Papierseparatoren anstelle der oben erwähnten Abstandshalter verringert. Dadurch wird allerdings der Elektrolytfluss behindert und die Leistung der Zelle eingeschränkt. Die Konstruktion könnte dennoch einen Vorteil bieten. Wenn der Separator mit Salzlösung getränkt und anschließend getrocknet wird, bevor die Zelle zusammengebaut wird, kann die Aktivierung in Süßwasser erfolgen, wodurch sich der Einsatzbereich dieser Zellen erweitert.

Bei Zellen offener Bauart, die elektrisch in Reihe geschaltet sind und im Meerwasser betrieben werden, kommt es zu Leckströmen, d. h., zu Nebenschlussströmen zwischen den Zellen aufgrund der durch die gemeinsame Elektrolytlösung hergestellten ionischen Verbindung zwischen den Zellen. Dies führt zu einer verringerten Ausgangsspannung und Leistungseinbußen. Bei Langzeitbetrieb mit niedrigen Strömen sollte eine Parallelschaltung der Zellen mit anschließender Umwandlung der Gleichspannung auf Werte, die höher sind als die Zellspannung, bevorzugt werden, wenn die Anwendung dies erfordert.

Anstelle verschiedener Verbindungen, die wie oben beschrieben als positive Massen verwendet werden, kann die Reduktion von Sauerstoff, der entweder im Meerwasser gelöst ist oder durch ein geeignetes Zelldesign (Abb. 4.16) der sauerstoffreduzierenden porösen gasgespeisten Elektrode zugeführt wird, verwendet werden. Die resultierende Zelle bietet eine hohe Energiedichte, da das Reduktionsmittel nicht in die Berechnung eingeht.

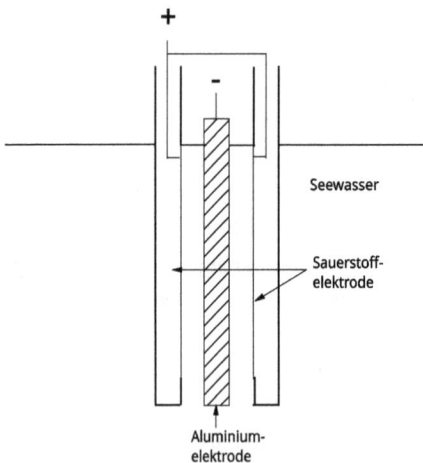

Abb. 4.16: Vertikaler Querschnitt einer Aluminium-Luft-Batterie.

Bei der Zelle handelt es sich eigentlich um eine Metall-Luft-Batterie; sie wurde bereits oben im Prinzip vorgestellt.

4.5 Sekundärsysteme

Während die zunächst vorgestellten Primärsysteme nur die Umwandlung von gespeicherter chemischer Energie in elektrische Energie ohne die Möglichkeit der Umkehrung dieser Umwandlung bieten, besitzen Sekundärsysteme diese Möglichkeit der Umwandlung von elektrischer Energie in chemische Energie, die in den Verbindungen, die die positiven und negativen Elektroden bilden (und nicht etwa in nur einer Elektrode), gespeichert ist. Eine Sekundärbatterie sollte in der Lage sein, mindestens 500 Entlade-/Ladezyklen ohne nennenswerte Verschlechterung der Leistung zu durchlaufen. Fahrzeugbatterien sollten mindestens 1.000 Zyklen aushalten, und eine Batterie in einem Satelliten sollte mehr als 20.000 Zyklen überstehen. Es gibt verschiedene Möglichkeiten, Sekundärbatterien auf der Grundlage von Elektrolyten (Elektrolytlösungen) zu klassifizieren: wässrige Sekundärbatterien, nichtwässrigen Sekundärbatterien, Batterien mit Gelpolymerelektrolyten und Festelektrolytbatterien. Als eine weitere Kategorie werden Hochtemperatursysteme vorgestellt. Sie vereinen verschiedene Eigenschaften von Feststoffbatterien mit denen von nichtwässrigen Systemen, unterscheiden sich aber neben der stark erhöhten Betriebstemperatur auch in vielen anderen Aspekten.

Beim Vergleich und bei der Auswahl von Sekundärbatterien sind zahlreiche Aspekte und Kriterien zu berücksichtigen. Die erste Frage ist immer die nach der Anwendung. Anwendungen wie Notfalltaschenlampen benötigen eine zuverlässige und wartungsfreie Stromquelle mit geringer Selbstentladung; Sekundärbatterien wären offensichtlich eine schlechte Wahl. Nur in einer Umgebung, in der ein ständiges Aufladen (Erhaltungsladung) möglich ist, können Sekundärbatterien eine Option für Anwendungen sein, die mehr Energie benötigen, als von Primärzellen geliefert werden kann. Andererseits würden häufig verwendete Geräte, Computer, Mobiltelefone usw., die mit Primärbatterien betrieben werden, dabei extreme Kosten verursachen, so dass Sekundärbatterien, auch wenn sie in der Anschaffung teurer sind, die wirtschaftlichere Lösung darstellen. Weitere Argumente werden weiter unten angeführt.

Neben den bereits benannten Merkmalen von Elektroden für Primärbatterien sind weitere allgemeine Überlegungen zu weiteren Merkmalen von Elektroden für meisten Sekundärbatterien nötig. In einer Primärbatterie sollte die aktive Masse so vollständig wie möglich genutzt werden. Im Falle einer Zinkelektrode bedeutet ihre vollständige Auflösung die vollständige Umwandlung der gespeicherten chemischen in elektrische Energie. Dies wäre bei einer Sekundärbatterie höchst unerwünscht, da kein Material übrig bliebe, das beim anschließenden Ladevorgang als Träger für die Wiederabscheidung dienen könnte. Ähnliches gilt für die Mangandioxid-Elektrode in einer Zink-Alkali-Batterie: Eine vollständige Umwandlung von MnO_2 in $Mn(OH)_2$ würde die Ladungsreaktion, die erst am Mn(III)-Zustand von MnO(OH) ansetzt, schlicht unmöglich machen.

Im Falle der Blei-Säure-Batterie sollte bei der Entladung nur das in das Metallgitter der negativen Elektrode eingepresste poröse Bleimaterial verwendet werden, und das aus einer Bleilegierung gegossene oder geschnittene Gitter selbst sollte von der anodischen Reaktion nicht angegriffen werden. Bei Primärbatterien sind die Entladungsprodukte nur von geringem Interesse, solange sie die Nutzung der Batterie nicht beeinträchtigen, indem sie z. B. eine Elektrode mit einer Passivierungsschicht überziehen, die die Entladungsreaktion behindert. Bei Sekundärbatterien sind diese Reaktionsprodukte in den meisten Fällen (eine Ausnahme ist die Festelektrolyt-Grenzfläche (SEI) in Lithium-Ionen-Batterien) das Ausgangsmaterial für den Ladevorgang. Daher ist ein für die Reaktionsumkehr vorteilhafter Zustand dieser Materialien erwünscht. Bei einer Blei-Säure-Batterie ist eine feindisperse Ablagerung von Bleisulfat erwünscht, da die große Oberfläche der vielen kleinen Teilchen durch schnelle Auflösung für eine ständige Versorgung mit Blei-Ionen sorgt. Große Partikel, die durch Sulfatierung entstehen (Wachstum großer Kristalle auf Kosten kleiner Kristalle; Ostwald-Reifung), sorgen für diese Versorgung weniger effektiv, was zu einem frühen Einsetzen der Batteriegasung durch Zersetzung der Elektrolytlösung anstelle der Ablagerung von Blei und Bleidioxid führt.

Generell können verschiedene unerwünschte Prozesse zu einer Verschlechterung der Elektroden- und Batterieleistung beitragen:

- Verdichtung durch Agglomeration oder Rekristallisation der aktiven Massen, was zu einer Verringerung der aktiven Oberfläche führt.
- Verlust von aktiver Masse durch Abfall vom Stromsammler (shedding) aufgrund von Volumenänderungen.
- Bildung elektrochemisch inaktiver und elektronisch vom Rest der Elektrode isolierte Bereiche; dies führt zu Kapazitätsverlusten.
- Ablagerung von Metall in Nadelform (Dendriten) an der negativen Elektrode, was zu einer Perforation des Separators zwischen negativer und positiver Elektrode und damit zu Kurzschlüssen führen kann.
- Korrosion des Stromsammlers, die einen erhöhten Innenwiderstand und mögliche Kapazitätsverluste verursacht.
- Ungleichmäßige Temperaturverteilung, die zu einer lokalen Austrocknung des Abscheiders durch Überhitzung führt.
- Entladungsreaktionen, bei denen erhebliche Mengen des Elektrolyten (im Falle der Blei-Säure-Batterie die Schwefelsäure) verbraucht werden, führen zu einem verringerten elektrolytischen Leitwert, was wiederum den Innenwiderstand (ESR) der Batterie erhöht.

4.5.1 Wässrige Systeme

Zu den wässrigen Sekundärbatteriesystemen gehören vor allem Blei-Säure-Batterien und Sekundärbatterien mit Nickelektroden. Wässrige wiederaufladbare Alkalimetallbatterien befinden sich in einem von praktischer Realisierung noch weit entfernten Forschungsstand.

Blei-Säure-Akkumulator

Die Geschichte der Blei-Säure-Batterie begann 1854, als Sinsteden zum ersten Mal Leistungsdaten zu diesem Batteriesystem veröffentlichte. Unabhängig von Sinstedens Arbeit stellte Planté 1859 eine wiederaufladbare Batterie her, indem er in Schwefelsäure getauchte Bleiplatten abwechselnd auf- und entlud. Das Bleidioxid (PbO_2) als aktives Material wird dabei direkt aus Blei erzeugt, das als leitendes Substrat verwendet wird. Planté-Platten sind immer noch in Gebrauch und werden im Prinzip nach diesem Verfahren hergestellt. 1881 führte Fauré die getrennte Herstellung der aktiven Materialien für die negative (Pb) und positive (PbO_2) Elektrode ein. Dies ist die Grundlage für das heute hauptsächlich verwendete pasted-plate Design. Seit diesen Anfängen ist die Blei-Säure-Batterie das wichtigste wiederaufladbare elektrochemische Energiespeichersystem, und sie behauptet seit mehr als eineinhalb Jahrhunderten unangefochten ihre Spitzenposition, die erst in jüngster Zeit von der Lithiumionen-Batterie bedrängt wird. Die elektrochemischen Reaktionen sind an der negativen Elektrode

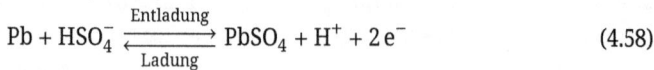

$$Pb + HSO_4^- \underset{\text{Ladung}}{\overset{\text{Entladung}}{\rightleftarrows}} PbSO_4 + H^+ + 2\,e^- \tag{4.58}$$

und an der positiven Elektrode

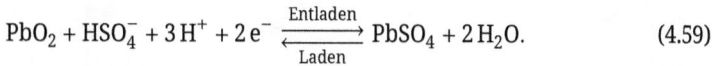

$$PbO_2 + HSO_4^- + 3\,H^+ + 2\,e^- \underset{\text{Laden}}{\overset{\text{Entladen}}{\rightleftarrows}} PbSO_4 + 2\,H_2O. \tag{4.59}$$

Als Zellreaktion ergibt sich

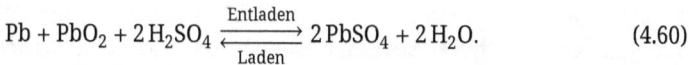

$$Pb + PbO_2 + 2\,H_2SO_4 \underset{\text{Laden}}{\overset{\text{Entladen}}{\rightleftarrows}} 2\,PbSO_4 + 2\,H_2O. \tag{4.60}$$

Die Leerlaufspannung beträgt 2,08 V. Der Reaktand für Elektrodenreaktionen ist HSO_4^- anstelle von H_2SO_4, obwohl eine wässrige Elektrolytlösung von H_2SO_4 verwendet wird. Gladstone und Tribe beschrieben 1882 ihre Theorie der Doppelsulfatierung anhand dieser Gleichung. Auch wenn die hohe Dichte von Blei wenig attraktive Werte der gravimetrischen Energiedichte befürchten lässt, dauert die Erfolgsgeschichte des Systems wegen seines vergleichsweise moderaten Preises an. Darüber hinaus gibt es weitere Vorteile, die für dieses System sprechen:

– Das gleiche chemische Element bildet das aktive Material in beiden Elektroden: Blei als Metall (Pb) in der negativen Elektrode und als Bleidioxid (PbO_2) in der positiven Elektrode. Dies erleichtert auch das Recycling. Etwa 97 % des in Batterien verwendeten Bleis werden recycelt.

–   Die Reaktanden sind schwer lösliche Feststoffe, die Reaktionen sind in hohem Maße reversibel.
–   Die reaktiven Verbindungen wie Blei, Bleisulfat und Bleidioxid (PbO_2) sind klar definierte chemische Verbindungen, bei denen es keine weitere Oxidationsstufen gibt. Folglich führt jede Spannung oberhalb der Leerlaufspannung zu einer vollständigen Aufladung.
–   Die elektronische Leitfähigkeit von Bleidioxid ist vergleichsweise hoch. Es besteht keine Notwendigkeit für leitende Zusatzstoffe.
–   Aufgrund des hohen Potentials der $PbO_2/PbSO_4$-Elektrode ist die Zellspannung mit 2 V recht hoch.

Das hohe Potential der positiven Elektrode verbietet die Verwendung von leitenden Metallen wie Kupfer als Stromsammler und mechanische Stütze innerhalb der positiven Elektrode. Stattdessen kann Blei mit seiner passivierenden PbO_2-Schicht benutzt werden, die das darunter liegende Metall weitgehend schützt, aber den elektronischen Strom leitet und so elektrochemische Reaktionen an der Oberfläche ermöglicht.

Je nach Konstruktion der Zelle kann ein interner Gasrückführungsmechanismus vorhanden sein. Bei einer Option kann der an der positiven Elektrode erzeugte Sauerstoff während der Überladung zur negativen Elektrode diffundieren, wo er reduziert wird. Die konkurrierende Wasserstoffentwicklungsreaktion läuft mit einer unbedeutend niedrigen Rate ab. Bei einer anderen Option reagiert der Sauerstoff an einem Katalysator mit dem erzeugten Wasserstoff, um sich wieder zu Wasser zu verbinden, und es kommt zu keinem Druckanstieg.

Elektroden

Wie aus Gl. (4.58) und (4.59) hervorgeht, sind Blei und Bleidioxid die aktiven Materialien für die negative bzw. positive Elektrode. Die Endprodukte nach dem Entladungsprozess sind jedoch dieselben, nämlich $PbSO_4$. Um die Zahl der Produktionsschritte zu verringern und Kosten zu sparen, werden beide Elektroden aus demselben Vorprodukt hergestellt, dem grauen Oxid oder Bleistaub – einer Mischung aus Bleioxid (PbO) und metallischem Blei. Es handelt sich um ein feines Pulver, das 20–30 Gew.% Blei (Pb) enthält. Die Größe der Primärpartikel liegt im Bereich von 1–10 μm. In der Regel bilden sich größere Agglomerate.

Graues Oxid kann durch Mahlverfahren hergestellt werden. Eine rotierende Trommel ist mit festen Bleikugeln oder -blöcken gefüllt. Die Schuppen werden durch einen Luftstrom, der durch die Trommel strömt, abgeschert, zerkleinert und gleichzeitig teilweise oxidiert. Durch Steuerung der Temperatur und des Luftdurchsatzes wird das gewünschte Pulver erhalten. Am Ende wird das oxidierte Material durch einen Luftstrom abtransportiert und klassiert. Zu grobe Partikel werden in die Mühle zurückgeführt. Dieser Mahlvorgang dauert mehrere Stunden, bis das Material durch die Trommel gelaufen ist. Die Reaktionen sind langsam.

Ein anderes Verfahren (das Barton-Verfahren), das auf geschmolzenem Blei basiert, wird heute bevorzugt. Das Herzstück einer solchen Vorrichtung ist der Barton-Reaktor, ein beheizter Topf, der teilweise mit geschmolzenem Blei gefüllt ist. Er wird kontinuierlich mit einem feinen Strom aus geschmolzenem Blei nachgefüllt. Feine Bleitröpfchen werden durch ein sich schnell drehendes Paddel erzeugt, das teilweise unter die Oberfläche des geschmolzenen Bleis im Barton-Reaktor getaucht ist. Die Oberfläche jedes Tröpfchens wird durch Oxidation in eine Schale aus PbO umgewandelt, und zwar durch einen Luftstrom, der gleichzeitig die oxidierten Teilchen mitreißt, wenn sie klein genug sind; andernfalls fallen sie zurück in die Schmelze, und der Prozess wird wiederholt. Der Luftstrom wirkt also wie ein Klassifikator für die Partikelgröße. Dieses Verfahren lässt sich leichter in kleinen Anlagen installieren und kann leichter kontrolliert werden.

Zur Senkung der Herstellungskosten werden für beide Elektroden der Bleisäurebatterie die gleichen Ausgangsstoffe verwendet: eine Mischung aus Bleisulfat und basischem Bleisulfat.

Aufgrund der verschiedenen Verwendungszwecke können die gewünschten Elektrodenstrukturen jedoch unterschiedlich sein. In dem von Planté beschriebenen ersten Aufbau hatten die Bleiplatten eine elektrochemisch aktive Oberfläche, die kaum größer als ihre geometrische Oberfläche war. Große Ströme würden daher zu hohen Stromdichten und entsprechend großen Elektrodenüberpotentialen führen. Bei späteren Zyklen wiesen das neu abgeschiedene Blei und Bleidioxid eine gewisse Porosität und damit eine größere aktive Oberfläche auf. Diese Ablagerungen müssen in engem Kontakt mit dem Träger – im Fall von Plantés Konstruktion das Bleiblech – gehalten werden. Planté stellte dies sicher, indem er die Bleiplatten mit einem Tuch umwickelte, das die Platten voneinander trennte und das poröse Material leicht an die Platten drückte. Die relativ große Menge an metallischem Blei in den Blechen trug zum Gewicht der Batterie bei, ohne selbst für die Energieumwandlung zur Verfügung zu stehen. Dennoch werden solche Planté-Elektroden in nur leicht abgewandelter Form immer noch für Anwendungen verwendet, bei denen es auf höchste Zuverlässigkeit und weniger auf geringes Gewicht und optimale Materialausnutzung ankommt. Ein besseres Verhältnis von aktiver Masse zu Stromabnehmer wird bei der in Europa vor allem bei Batterien mit größeren Kapazitäten verwendeten Röhrenplattenbauweise für die positiven Elektroden erreicht. Bei diesem Plattendesign sind die leitenden Elemente von den Komponenten getrennt, die zur mechanischen Unterstützung beitragen. Das Gitter besteht aus vertikalen Bleistäben in der Mitte der Rohre, die aus gewebten, geflochtenen oder nicht gewebten Stoffen bestehen und die positive Masse an ihrem Platz halten. Der Vorteil der Röhrenplattenkonstruktion ist die höhere Ausnutzung des aktiven Materials, was zu einem relativ geringen Gewicht im Verhältnis zur Speicherkapazität führt. Der zentrale stromsammelnde Dorn sorgt für einen gleichmäßigen Stromfluss im aktiven Material, und die mechanische Unterstützung durch das Rohr ermöglicht die Verwendung eines relativ leichten aktiven Materials. Dies bedeutet eine höhere Porosität und einen höheren Nutzungsgrad. Darüber hinaus wird auch die Lebensdauer verlängert. Ein Nachteil von

Röhrenplatten ist die Tatsache, dass für eine wirtschaftliche Produktion ein Mindest-durchmesser der Röhre von 6 bis 8 mm erforderlich ist und der Röhrendurchmesser der Plattendicke entspricht. Blei-Säure-Batterien mit solch dicken Platten sind für Hoch-stromentladung ungeeignet.

Die negative Elektrode der Planté-Plattenbatterie ist eine pastengefüllte Platte, die ein Gitter (in der Regel Blei) als mechanischen Träger und Stromabnehmer benötigt. Natürlich kann auch die positive Elektrode diese Konstruktion verwenden.

Zur Herstellung einer pastösen Platte ist das Mischen der Paste aus dem aktiven Material, Schwefelsäure und Wasser sehr wichtig. Das Ergebnis ist eine ziemlich feste Paste mit einer Dichte zwischen 1,1 und 1,4 g·cm^{-3}, die 8–12 Gew.% Bleisulfat enthält. Der Wassergehalt dieser Mischung bestimmt die später erreichbare Porosität des aktiven Materials. In der Paste bildet sich ein Gemisch aus Bleisulfat und basischem Bleisulfat. Bei dem üblichen Mischverfahren zwischen Raumtemperatur und 50 °C entsteht drei-basisches Bleisulfat. Bei Temperaturen über 70 °C wird die tetrabasische Modifikation (4PbO-PbSO$_4$) bevorzugt. Bis zu einem gewissen Grad ist die Bildung der tetrabasischen Variante erwünscht, da 4PbO-PbSO$_4$ bei der Umwandlung in Bleidioxid (PbO$_2$) relativ große Kristalle bildet. Dies führt zu einem mechanisch stabilen aktiven Material, aber da es schwieriger ist, dieses Material in Bleidioxid umzuwandeln, gibt es Nachteile, d. h., der Herstellungsprozess ist teurer (und dauert länger), und die Anfangskapazität ist etwas geringer. Für Batterien mit langer Lebensdauer, wie z. B. Bell-System-Batterien, wurde ein spezielles Verfahren zur Herstellung von reinem tetrabasischem Material entwickelt.

Blei-Gitter

Während bei Planté-Elektroden Bleibleche/Folien/Platten als mechanischer Träger und Stromabnehmer für pastierte und Röhrenplattenelektroden dienen, ist für andere Kon-struktionen ein Bleigitter oder eine andere Form des Stromabnehmers erforderlich (sie-he Abb. 4.17). Das Maschennetz des Gitters wird benötigt, um den Pellets aus aktivem Material, die den Hohlraum ausfüllen, mechanischen Halt zu geben. Außerdem muss das Gitter eine ausreichende elektronische Leitfähigkeit gewährleisten.

Abb. 4.17: Positive (links) und negative (rechts) Gitterelektroden einer Starterbatterie.

Bei Batterien, die für eine verlängerte Lebensdauer ausgelegt sind, wird das positive Gitter kräftiger ausgebildet, um der Korrosion nachfolgender Reaktionsgleichung länger standzuhalten,

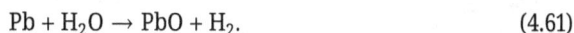

$$Pb + H_2O \rightarrow PbO + H_2. \tag{4.61}$$

Die mechanische Unterstützung des aktiven Materials ist von untergeordneter Bedeutung, wenn eine zusätzliche Unterstützung z. B. durch Umhüllungen oder Schläuche gegeben ist.

Das Bleigitter wird mit geringen Mengen von Antimon, Zinn, Kalzium, Selen oder seltenen Erden legiert, um die Festigkeit zu erhöhen und die Herstellung zu vereinfachen. Das Legierungselement hat einen großen Einfluss auf die Lebensdauer, die Selbstentladungsrate und den Wasserverbrauch der Batterien.

Antimon kann die elektronische Leitfähigkeit der Partikel, vor allem in der Nähe der Berührungspunkte zwischen ihnen, verbessern und die Kristallinität von PbO_2 verringern und insbesondere die Struktur der Korrosionsschicht zwischen dem Gitter und dem aktiven Material beeinflussen. Die mit Antimon legierten Platten haben eine längere Lebensdauer. Bei antimonfreien Blei-Säure-Batterien kommt es zu einem vorzeitigen Kapazitätsverlust, d. h., zu einer Abnahme der Kapazitätsnutzung, während des Lade-/Entladevorgangs. Der Hauptgrund dafür ist, dass Antimon einen starken Einfluss auf die Stabilität des aktiven Materials hat, der nicht durch eine spezielle Vorbehandlung oder Gestaltung der Elektroden kompensiert werden kann.

Kalziumlegierte Platten werden wegen ihres achtmal geringeren Wasserverbrauchs gegenüber antimonlegierten Platten bevorzugt. Kalzium wird immer dann oxidiert, wenn die positive Plattenspannung 40–80 mV unter der Leerlaufspannung liegt, und es bildet einen Isolator zwischen dem aktiven Material und dem Gitter. Um die Bildung von Wasserstoffgas während der Entladung zu verhindern, wird Kalzium benötigt, um das Gas zu absorbieren. Dies funktioniert nur bei langsamen Entladungen. Die Gasbildung bleibt ein Problem, wenn die Batterie tief oder schnell entladen wird, und eine Ventilregulierungsvorrichtung ist weiterhin erforderlich. Es ist möglich, Positivplatten aus Blei-Antimon und Negativplatten aus Blei-Calcium herzustellen. Allerdings wird das Antimon auf der negativen Elektrode abgeschieden, wodurch der wassersparende Vorteil der Kalzium-Negativen verlorengeht.

Zinn kann die Korrosion verringern. Die genannten Legierungselemente werden dem aktiven Material in der Regel nicht zugesetzt, sondern sind Legierungsbestandteile des Gitters. Sie werden durch Korrosion allmählich aus dem Gitter gelöst und dringen durch Auflösung und Diffusion in das aktive Material ein. Zinn wird an der positiven Elektrode oxidiert, wobei elektronisch leitendes Zinndioxid entsteht, das die schlecht leitende Bleisulfatschicht durchdringt, das Gitter beschichtet und die Leistung der Elektrode verbessert.

Elektrolytlösungen

Als Voraussetzung der beschriebenen Lade- und Entladevorgänge wird eine wässrige H_2SO_4-Lösung verwendet. Für einen möglichst geringen Innenwiderstand wird eine H_2SO_4-Lösung mit einer Dichte zwischen 1,2 und $1{,}3\,g{\cdot}ml^{-1}$ benutzt (vgl. Abb. 4.18). Wie bei den meisten Elektrolytlösungen nimmt die ionische (hier: protonische) Leitfähigkeit mit fallender Temperatur ab.

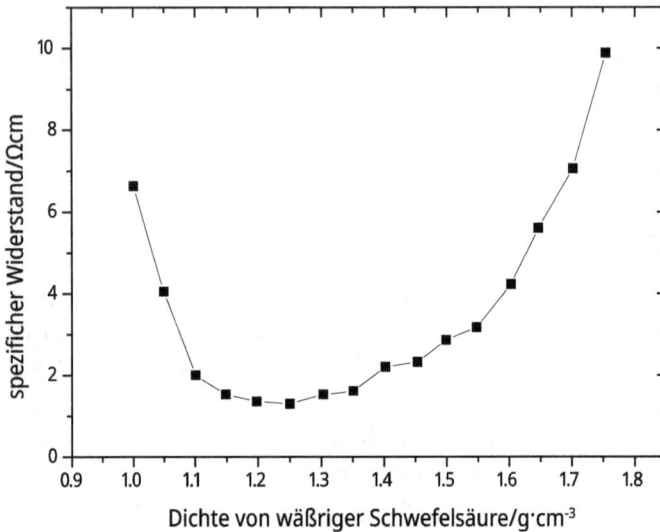

Abb. 4.18: Spezifischer Widerstand und Dichte einer wäßrigen H_2SO_4-Lösung.

Es ist bekannt, dass Gefäße, die eine wässrige H_2SO_4-Lösung enthalten, nicht leicht abzudichten sind und das Leckageprodukte nicht nur Geräte zerstören, sondern auch erhebliche Umweltschäden verursachen. In den 1970er Jahren wurde festgestellt, dass Kieselsäure die H_2SO_4-Lösung in ein Gel umwandeln kann. Solche Konstruktionen sind noch weniger anfällig für Verdunstung und werden häufig in Situationen eingesetzt, in denen eine regelmäßige Wartung kaum oder gar nicht möglich ist. So können wartungsfreie, verschlossene oder ventilgeregelte Blei-Säure-Batterien (VRLA) hergestellt werden. Gele haben außerdem einen niedrigeren Gefrier- und einen höheren Siedepunkt als die in herkömmlichen Nassbatterien verwendeten flüssigen Elektrolytlösungen, was sie für den Einsatz unter extremen Bedingungen empfiehlt. Das ehemals flüssige Inventar der Batterien wird in ein halbfestes Gel umgewandelt. Versiegelte oder gelartige Blei-Säure-Batterien haben sich weit verbreitet. Allerdings bremst das Gel die schnelle Bewegung der Ionen im Elektrolyten, verringert so ihre Mobilität und begrenzt damit die Stoßstromfähigkeit. Aus diesem Grund werden Gelbatterien bevorzugt in Energiespeicheranwendungen wie netzunabhängigen Systemen eingesetzt. Wird eine absorbierende Glasmatte (AGM) als Separator verwendet, kann sie ebenfalls große Mengen an H_2SO_4-Lösung absorbieren und zu einem Gel werden, da der Hauptbestandteil der Glasmatte SiO_2 ist. Sowohl Gel- als auch AGM-Batterien sind versiegelt, benötigen keine Wasserzugabe, können in jeder Ausrichtung verwendet werden und verfügen über ein Ventil zum Ablassen von Gas.

Separatoren

Ein effektiver Separator muss verschiedene mechanische Eigenschaften aufweisen: geeignete Permeabilität, Porosität, Porengrößenverteilung, spezifische Oberfläche, mechanische Konstruktion und Festigkeit, hoher elektronischer Widerstand und chemische Verträglichkeit mit dem Elektrolyten. Im Betrieb muss der Separator eine gute Säure- und Oxidationsbeständigkeit aufweisen. Die Fläche des Separators muss etwas größer sein als die Fläche der Platten, um Materialkurzschlüsse zwischen den Platten zu verhindern. Die Separatoren müssen über den gesamten Betriebstemperaturbereich der Batterie stabil bleiben. Separatoren behindern zwangsläufig den Ionenfluss zwischen den Platten und erhöhen den Innenwiderstand der Batterien. Einen typischen Separator aus einer Starterbatterie zeigt Abb. 4.19.

Abb. 4.19: Separator aus einer Starterbatterie.

In Blei-Säure-Batterien verhindern Separatoren zwischen der positiven und der negativen Platte einen Kurzschluss durch physischen Kontakt und Ablösung des aktiven Materials. Separatoren können aus Holz, Gummi, Glasfasermatten, Zellulose, Polyp(Vinylchlorid) (PVC) oder Polyethylen (PE) hergestellt werden. Ursprünglich war Holz die erste Wahl, aber es zersetzte sich in dem sauren Elektrolyt. Gummiseparatoren sind in der Batteriesäure stabil und bieten elektrochemische Vorteile gegenüber anderen Materialien. AGM, das sehr billig ist, wird häufig als Separator für Blei-Säure-Batterien verwendet.

Bei AGM-Batterien befindet sich genügend Elektrolyt in der Matte, um sie feucht zu halten. Wenn die Batterie perforiert wird, fließt der Elektrolyt nicht aus den Matten heraus. Auch die Verdunstung von Wasser wird durch die Matte stark reduziert, und regelmäßiges Nachfüllen von Wasser ist nicht erforderlich. Bei hohen Temperaturen kommt es jedoch immer noch zu Wasserverdunstung. Um dies zu verhindern, verfügen AGMs häufig über ein Einweg-Ablassventil, um den angesammelten Gasüberdruck abzulassen. Sie werden auch als ventilgeregelte Blei-Säure-Batterien bezeichnet. Ein weiterer Vorteil des AGM-Designs ist, dass der Elektrolyt zum Separatormaterial wird und mechanisch stabil ist. Dadurch kann der Plattenstapel im Batteriegehäuse zusammengedrückt werden, was die Energiedichte im Vergleich zu Flüssig- oder Gelversionen leicht erhöht. AGM-Batterien weisen oft eine charakteristische Ausbeulung in ihren Gehäusen auf, wenn sie in den üblichen rechteckigen Formen gebaut werden. Die Matte verhindert auch die vertikale Bewegung des Elektrolyts innerhalb der Batterie. Wenn eine normale Nassbatterie im entladenen Zustand gelagert wird, konzentrieren sich die schwereren Säuremoleküle am Boden der Batterie und es kommt zur Schichtung. Wenn die Batterie dann benutzt wird, fließt der Großteil des Stroms nur in diesem Bereich, und die Platten werden in ihrem unteren Bereich schneller verschlissen. Dies ist einer der Gründe, warum eine herkömmliche Autobatterie ruiniert werden kann, wenn man sie über einen längeren Zeitraum lagert und dann wieder auflädt. Die Matte verhindert diese Schichtung in erheblichem Maße und macht ein regelmäßiges Schütteln der Batterien, Auskochen oder eine Ausgleichsladung zur Durchmischung des Elektrolyts überflüssig. Die Schichtung führt auch dazu, dass die oberen Schichten der Batterie fast vollständig aus Wasser bestehen, das bei kaltem Wetter einfrieren kann; AGM-Batterien sind deutlich weniger anfällig für Schäden durch den Einsatz bei niedrigen Temperaturen.

Formierungsverfahren

Es gibt hauptsächlich zwei Formierungsprozesse: die Tankformierung und die Behälterformierung.

Tankformierung bedeutet, dass die ausgehärteten positiven und negativen Rohplatten abwechselnd in spezielle Tanks eingelegt werden, die mit verdünnter Schwefelsäure (im Allgemeinen im Bereich von 1,1–1,15 g·cm^{-3}) gefüllt sind und dass positive und negative Platten jeweils in einer bestimmten Anzahl parallel mit einem Gleichrichter verbunden werden. Der Formierungsprozess bedeutet, dass das aktive Material der Platten elektrochemisch in die Endstufe umgewandelt wird, d. h., in Bleidioxid (PbO$_2$) und schwammiges metallisches Blei für die positive bzw. negative Elektrode. Dieser Vorgang wird auch als one-shot Formation bezeichnet. Ausgehend vom porösen Material in der Rohplatte, werden beide Stoffe in einem schwammigen Zustand mit einer Porosität von etwa 50 Vol.% hergestellt. Die Tankformierung dauert zwischen 8 und 48 Stunden, abhängig von der Plattendicke. Nach Beendigung des Formierungsprozesses werden die Platten gewaschen und getrocknet. Sie können gelagert und später für den Zusammenbau von Batterien verwendet werden.

Die Behälterformierung unterscheidet sich von der Tankformierung. Sie wird durchgeführt, nachdem die Batterie zusammengebaut und mit Elektrolytlösung gefüllt ist. Sie wird auch als two-shot Formation bezeichnet. Während der Formierung wird die

Batterie erheblich überladen und erzeugt sowohl Wasserstoff als auch Sauerstoff, was zu Wasserverlusten führt. Die Konzentration der Füllsäure wird so eingestellt, dass die gewünschte Endsäurekonzentration am Ende der Formation annähernd erreicht wird und nur noch geringe Korrekturen erforderlich sind.

Einen als Starterbatterie benutzten Akkumulator zeigt Abb. 4.20.

Abb. 4.20: Aufgeschnittener trocken vorgeladener Blei-Säure-Akkumulator.

Abbildung 4.21 zeigt Entladekurven eines Blei-Säure-Akkumulators mit einer nominellen Kapazität von 1380 Ah bei verschiedenen Belastungen.

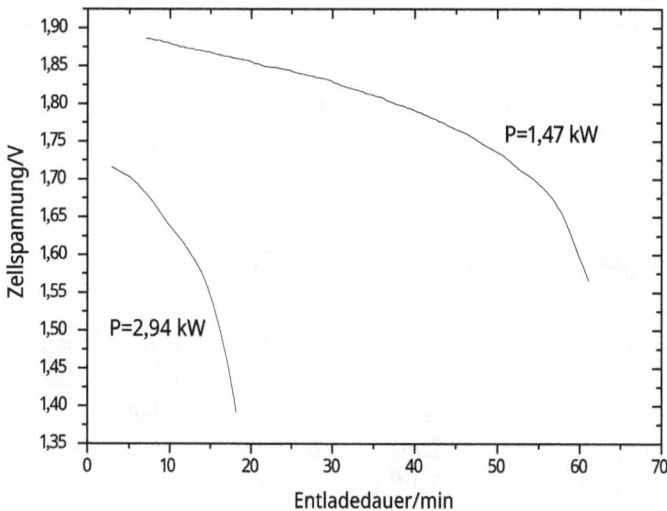

Abb. 4.21: Entladekurve eines Blei-Säure-Akkumulators bei verschiedenen Lasten.

Sekundärbatterien auf Ni-Basis

Sekundärbatterien auf Ni-Basis teilen die Verwendung von $Ni(OH)_2$ als positive Elektrode und von alkalischen Elektrolytlösungen. Der Unterschied ist das aktive Material für die negative Elektrode.

Ni-Cd-Akkumulator

Der Nickel-Cadmium-Akkumulator (Ni-Cd) hat eine positive Elektrode aus Nickelhydroxid, eine negative Elektrode aus Cadmium und eine alkalische Elektrolytlösung. Sie wurde 1899 von W. Jungner erfunden. 1906 gründete Jungner in der Nähe von Oskarshamn, Schweden, eine Fabrik zur Herstellung von Ni-Cd-Akkumulatoren in mit Elektrolytlösung gefluteter Ausführung.1932 wurden aktive Materialien in eine poröse, vernickelte Elektrode eingebracht, und 15 Jahre später begann die Produktion eines geschlossenen Nickel-Cadmium-Akkumulator. Die erste Produktion in den Vereinigten Staaten von Amerika begann 1946. Bis zu diesem Zeitpunkt handelte es sich um Taschenbatterien, die aus vernickelten Stahltaschen gefüllt mit Nickel- und Cadmium-Aktivmaterialien bestanden. In den 1950er Jahren wurden Ni-Cd-Akkumulatoren mit Sinterplatten immer beliebter. Ihre Energiedichte ist wesentlich höher als die von Blei-Säure-Akkumulatoren, und ihre weitere Entwicklung verlief sehr schnell. Seit den 1990er Jahren verlor Ni-Cd jedoch rasch Marktanteile an Ni-MH- und Lithium-Ionen-Akkumulatoren. Aufgrund der immer noch unbefriedigenden Energiedichte und der Umweltprobleme sank der Marktanteil um 80 %. Die elektrochemischen Reaktionen während des Lade- und Entladevorgangs sind

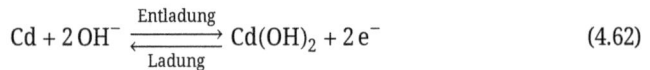

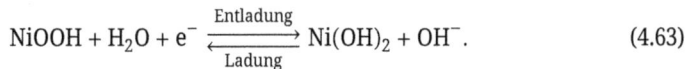

$$Cd + 2\,OH^- \underset{\text{Ladung}}{\overset{\text{Entladung}}{\rightleftharpoons}} Cd(OH)_2 + 2\,e^- \tag{4.62}$$

$$NiOOH + H_2O + e^- \underset{\text{Ladung}}{\overset{\text{Entladung}}{\rightleftharpoons}} Ni(OH)_2 + OH^-. \tag{4.63}$$

Die Zellreaktion ist

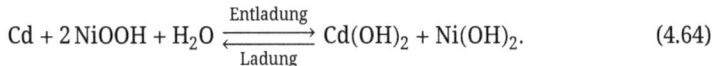

$$Cd + 2\,NiOOH + H_2O \underset{\text{Ladung}}{\overset{\text{Entladung}}{\rightleftharpoons}} Cd(OH)_2 + Ni(OH)_2. \tag{4.64}$$

Die alkalische Elektrolytlösung (in der Regel 1,25–1,28 $g \cdot cm^{-3}$ KOH-Lösung mit einer kleinen Menge LiOH) wird bei den Reaktionen nicht verbraucht, obwohl sie an den Reaktionen beteiligt ist. Daher ist ihr spezifisches Gewicht, anders als bei Blei-Säure-Akkumulatoren, kein Anhaltspunkt für den Ladezustand. Der Separator kann aus Nylonvlies, Vliesfasern aus PE oder Polypropylen (PP) bestehen, um die Durchlässigkeit für gasförmigen Sauerstoff zu gewährleisten, die für den Sauerstofftransport bei Überladung erforderlich ist.

Ein Ni-Cd-Akkumulator hat eine Nennspannung von 1,2 V, die bis fast zum Ende der Entladung kaum abnimmt (Abb. 4.22). Sie ist niedriger als die Spannung $U = 1,5$ V von

Alkali-Mangan- und Zink-Kohle-Primärbatterien. Die 1,5 V einer alkalischen Primärbatterie beziehen sich jedoch auf die Anfangsspannung und nicht auf die durchschnittliche Spannung unter Last. Da viele elektronische Geräte für den Betrieb mit Primärbatterien ausgelegt sind, die sich bis auf 0,90–1,0 V pro Batterie entladen können, reichen die relativ konstanten 1,2 V eines Ni-Cd-Akkumulator aus, um diese Primärbatterien in den meisten Anwendungen zu ersetzen.

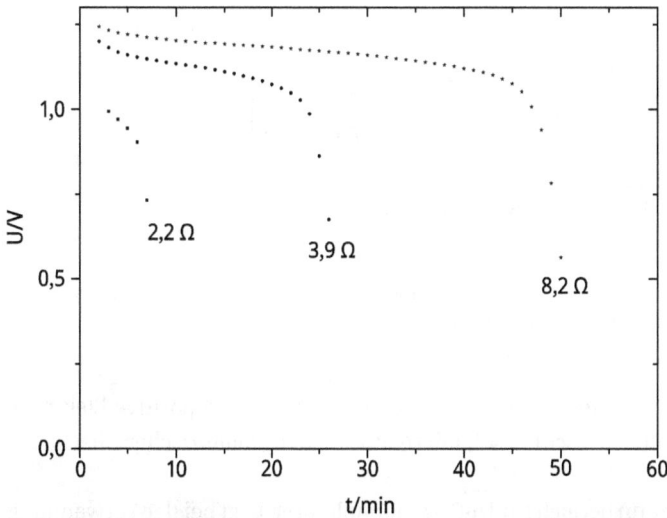

Abb. 4.22: Entladekurven eines NiCd-Akkumulators der Größe AAA mit nomineller Kapazität 250 mAh bei verschiedenen Ohm'schen Lasten.

In Abb. 4.23 wird die abnehmende Leistung bei fallender Temperatur deutlich.

In den 1950er Jahren wurde festgestellt, dass das Erhitzen von Nickelpulver bei einer Temperatur weit unterhalb seines Schmelzpunktes unter hohem Druck zu Sinterplatten führt. Die so entstandenen Platten sind hochporös mit etwa 80 Vol.% Porenvolumen. Positiv- und Negativplatten werden hergestellt, indem die porösen Nickelplatten in Lösungen getaucht werden, die nickel- bzw. cadmiumaktive Materialien enthalten. Die gesinterten Platten sind viel dünner als die Taschenelektroden, was zu einer größeren Oberfläche pro Volumen und einem geringeren Innenwiderstand führt und höhere Ströme ermöglicht.

Ni-Cd-Akkumulatoren haben in der Regel ein Metallgehäuse mit einer Verschlussplatte, die mit einem selbstdichtenden Sicherheitsventil ausgestattet ist. Die positiven und negativen Elektrodenplatten, die durch den Separator voneinander getrennt sind, sind im Inneren des Gehäuses spiralförmig aufgerollt. Dies Swiss-Roll-Konstruktion ermöglicht es einem Ni-Cd-Akkumulator, einen viel höheren Maximalstrom zu liefern als eine gleich große Alkali-Mangan-Batterie, bei der im Allgemeinen eine zylindrische Konstruktion verwendet wird, bei der das Batteriegehäuse mit Elektrolyt gefüllt ist und eine

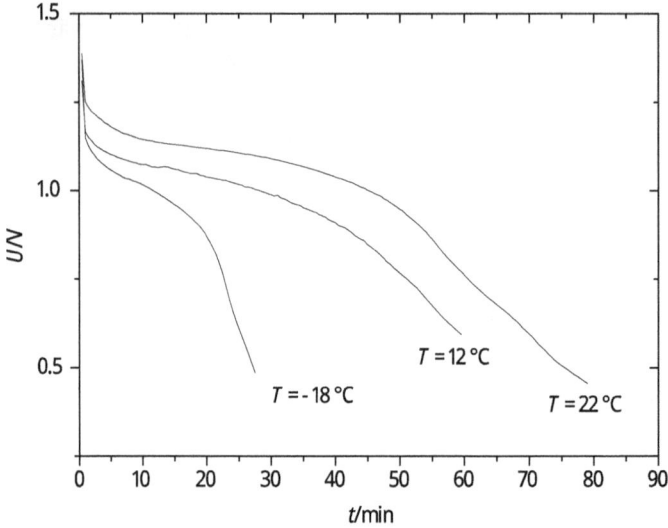

Abb. 4.23: Entladekurven eines Ni-Cd-Akkumulators der Größe AAA mit nomineller Kapazität 180 mAh bei fester Last $R = 3{,}9\,\Omega$ und verschiedenen Temperaturen.

negative Elektrode aus geliertem Zinkpulver und eine relativ dicke positive Elektrode aus MnO_2 und Zusatzstoffen (Abschn. 4.4.1) mit relativ kleiner geometrischer Oberfläche enthält.

Der sichere Temperaturbereich für Ni-Cd-Akkumulatoren liegt bei der Verwendung zwischen −20 und 45 °C. Während des Ladevorgangs bleibt die Temperatur des Akkumulators in der Regel niedrig und entspricht in etwa der Umgebungstemperatur; wenn sich der Akkumulator der Vollladung nähert, steigt die Temperatur auf 45–50 °C. Einige Ladegeräte erkennen diesen Temperaturanstieg und schalten den Ladevorgang ab, um eine Überladung zu verhindern.

Während der Lagerung entlädt sich ein Ni-Cd-Akkumulator bei 20 °C um etwa 10 % pro Monat, bei höheren Temperaturen um bis zu 20 % pro Monat. Es ist möglich, eine Erhaltungsladung mit einer Stromstärke durchzuführen, die gerade hoch genug ist, um diese Entladungsrate auszugleichen und einen Akkumulator vollgeladen zu halten. Wenn der Akkumulator jedoch über einen längeren Zeitraum unbenutzt gelagert werden soll, sollte sie auf höchstens 40 % ihrer Nennkapazität entladen werden (einige Hersteller empfehlen eine vollständige Entladung und sogar einen Kurzschluss nach vollständiger Entladung) und in einer kühlen, trockenen Umgebung gelagert werden.

Nach einer langen Entwicklungsgeschichte weisen Ni-Cd-Akkumulatoren folgende Merkmale auf:

– Zufriedenstellende Energiedichte: Normalerweise 40–60 $Wh{\cdot}kg^{-1}$ und 50–150 $Wh{\cdot}l^{-1}$.

- Lange Lebensdauer und Wirtschaftlichkeit: Die Lebensdauer kann mehr als 500 Zyklen betragen. Dies macht sie wirtschaftlich und bietet eine erwartete Lebensdauer ähnlich der des Geräts, in dem sie verwendet wird.
- Hervorragende Entladeeigenschaften: Die Akkumulatoren haben einen niedrigen Innenwiderstand und eine hohe, flache Spannungscharakteristik bei Hochstromentladung, was ein breiteres Anwendungsfeld gewährleistet.
- Hohe Lade- und Entladegeschwindigkeit. Die Akkumulatoren können schnell in ein bis zwei Stunden aufgeladen und entladen werden.
- Weiter Arbeitstemperaturbereich.
- Hohe Zuverlässigkeit mit selbstverschließender Entlüftung: Jeder Akkumulator ist mit einer selbstdichtenden Sicherheitsentlüftung ausgestattet, die das Auslaufen von Flüssigkeit verhindern kann und eine gute Sicherheit und wartungsfreie Funktion bietet. Es kann in jeder gewünschten Position während der Ladung, Entladung oder Lagerung verwendet werden.
- Lange Haltbarkeit: Die Lagerungsdauer ist lang mit wenigen Einschränkungen. Die Akkumulatoren lassen sich auch nach langer Lagerung problemlos aufladen.

Ni-Cd-Akkumulatoren wurden in einer breiten Palette von Größen und Kapazitäten hergestellt, von tragbaren, verschlossenen Typen bis hin zu großen, belüfteten Akkumulatoren. Sie können einzeln verwendet oder zu Paketen mit zwei oder mehr Einheiten zusammengesetzt werden. Kleine Akkumulatoren werden für tragbare Elektronik und Spielzeuge wie Solar-Gartenleuchten, schnurlose und drahtlose Telefone und Notbeleuchtung verwendet. Aufgrund ihres geringen Innenwiderstands können sie hohe Stoßströme liefern. Sie sind eine gute Wahl für ferngesteuerte elektrische Modellflugzeuge, Boote und Autos sowie für schnurlose Elektrowerkzeuge wie Bohrmaschinen und Kamerablitzgeräte. Miniatur-Knopf-Akkumulatoren werden gelegentlich als Notstromquellen für Halbleiterspeicher, fotografische Geräte, Handlampen (Taschenlampen) und als Standby-Batterien für Computerspeicher, Spielzeug und Neuheiten verwendet. Größere geflutete Akkumulatoren werden in Flugzeugen, Elektrofahrzeugen und zur Notstromversorgung verwendet. Die Materialien sind jedoch teurer als die der Blei-Säure-Akkumulatoren, und die Akkumulatoren haben eine hohe Selbstentladung.

Ni-Cd-Akkumulatoren sind anfällig für Kurzschlüsse aufgrund von Auflösungs-/Kristallisationsreaktionen an der negativen Elektrode, die zu einem Dendritenwachstum von Cd führen können, wodurch eine Verbindung zur positiven Platte entsteht.

Ein Nachteil von Ni-Cd-Akkumulatoren ist ihr Memory-Effekt, der auch als Batterieeffekt, lazy-battery Effekt oder Batteriespeicher bezeichnet wird. Bestimmte Ni-Cd-Akkumulatoren verlieren allmählich ihre maximale Energiekapazität, wenn sie wiederholt aufgeladen werden, nachdem sie nur teilweise entladen wurden. Die Batterie scheint sich an die geringere Kapazität zu erinnern. Ursache für diesen Effekt sind Veränderungen in den Eigenschaften der nicht ausgenutzten aktiven Materialien des Akkus. Die Ursachen für Memory-Effekte können wiederholte Überladungen sein, die zur

Bildung kleiner Elektrolytkristalle auf den Platten und zur Bildung von γ-NiOOH führen. Diese können die Platten verstopfen, wodurch sich der Widerstand erhöht und die Spannung einzelner Zellen in der Batterie sinkt.

Dieser Effekt kann überwunden werden, indem jede Zelle der Batterie einem oder mehreren tiefen Lade-/Entladezyklen unterzogen wird. Dies muss für die einzelnen Einheiten geschehen, nicht für eine Batterie mit mehreren Einheiten.

Die erreichte Energiedichte ist im Vergleich zu neueren Systemen relativ mäßig, und die hohe Selbstentladungsrate schränkt ihren Anwendungsbereich ein. Der größte Nachteil ist die starke Toxizität von Cd. Daher wurde die zivile Nutzung von Ni-Cd-Batterien nach und nach verboten. Sie werden hauptsächlich für militärische und Luft- und Raumfahrtanwendungen eingesetzt.

Ni-H$_2$-Akkumulator

Die Entwicklung des Nickel-Wasserstoff-Akkumulators begann 1970, und er wurde erstmals 1977 an Bord des Navigation Technology Satellite-2 (NTS-2) der US Navy eingesetzt. 1990 wurde er für das Hubble-Weltraumteleskop verwendet. Er kombiniert die positive Nickelelektrode einer Nickel-Cadmium-Batterie mit einer negativen Elektrode, die die Katalysator- und Gasdiffusionselemente einer Brennstoffzelle enthält. Die elektrochemischen Reaktionen sind an der negativen Elektrode

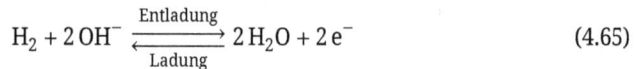

$$H_2 + 2\,OH^- \underset{\text{Ladung}}{\overset{\text{Entladung}}{\rightleftharpoons}} 2\,H_2O + 2\,e^- \tag{4.65}$$

und an der positiven Elektrode

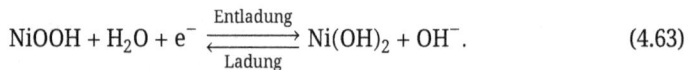

$$NiOOH + H_2O + e^- \underset{\text{Ladung}}{\overset{\text{Entladung}}{\rightleftharpoons}} Ni(OH)_2 + OH^-. \tag{4.63}$$

Die Zellreaktion ist

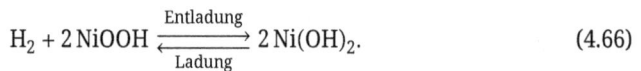

$$H_2 + 2\,NiOOH \underset{\text{Ladung}}{\overset{\text{Entladung}}{\rightleftharpoons}} 2\,Ni(OH)_2. \tag{4.66}$$

Die positive Elektrode besteht aus einer trockenen, gesinterten, porösen Nickelplatte, die Nickelhydroxid enthält. Die negative Wasserstoff-Elektrode besteht aus einem PTFE-gebundenen, schwarzen Platinkatalysator mit einer relativ hohen Beladung von $7\,\text{mg}\cdot\text{cm}^{-2}$; der Separator ist ein Zirkoniumdioxid-Gewebe (ZYK-15 Zircar). In der Vergangenheit wurde Asbest verwendet. Seine Nennspannung beträgt 1,25 V.

Während der Entladung wird der in einem Druckbehälter enthaltene Wasserstoff zu Wasser oxidiert, während die Nickeloxyd-Elektrode zu Nickelhydroxid reduziert wird. Das Wasser wird an der Nickelelektrode verbraucht und an der Wasserstoff-Elektrode erzeugt, sodass die Konzentration des Kaliumhydroxid-Elektrolyten (26 Gew.%, etwa $1,3\,\text{g}\cdot\text{cm}^{-3}$) konstant bleibt. Wenn die Batterie entladen wird, sinkt der Wasserstoffdruck, und damit sinkt die Ausgangsspannung, was einen zuverlässigen Ladezustandsindikator darstellt. In einer Kommunikationssatellitenbatterie beträgt der Druck bei voller Ladung über 3,4 MPa und sinkt bei kompletter Entladung auf nur etwa 0,1 MPa. Als Separatoren wurden Asbest, Zircar-Gewebe und Nylon verwendet, und jetzt wird PP mit einer entweder durch chemische Pfropfung von Acrylsäure oder durch Sulfonierung modifizierten Oberfläche als Separator eingesetzt. Wenn die Batterie überladen wird, reagiert der an der Nickelelektrode entstehende Sauerstoff mit dem in der Batterie vorhandenen Wasserstoff und bildet Wasser. Infolgedessen können die Batterien einer Überladung standhalten, solange die entstehende Wärme abgeleitet werden kann.

Ni-H_2-Akkumulatoren haben folgende Vorteile:

– Hohe Energiedichte: Im Vergleich zu anderen wiederaufladbaren Batterien bietet ein Nickel-Wasserstoff-Akkumulator eine Energiedichte von 75 Wh$\cdot$kg^{-1} und 60 Wh$\cdot$dm^{-3}.
– Lange Lebensdauer: Sie kann mehr als 20.000 Zyklen mit 85 % Energieeffizienz und 100 % Faraday-Wirkungsgrad betragen. Bei Satellitenanwendungen beträgt die Lebensdauer >15 Jahre mit über 40.000 Zyklen bei 40 % DOD.
– Gute Beständigkeit gegen Überladung und Überentladung: Während der Überladung kann der erzeugte Sauerstoff schnell mit Wasserstoff an der Oberfläche des Pt-Katalysators reagieren. Während der Überentladung reagiert Pt gemäß

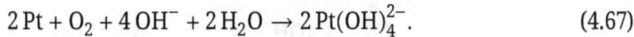

$$2\,Pt + O_2 + 4\,OH^- + 2\,H_2O \rightarrow 2\,Pt(OH)_4^{2-}. \tag{4.67}$$

– Das gelöste Platin wird während des folgenden Ladevorgangs wieder zu Pt reduziert.
– Gute Anzeige des Lade- oder Entladezustands, der sich leicht aus dem Wasserstoffdruck ablesen lässt.

Ihre Hauptnachteile sind

– Die hohen Anfangskosten, da einzelne Hochdruckbehälter benötigt werden.
– Die zu hohe Selbstentladung. In einigen Fällen können 50 % der Kapazität nach nur wenigen Tagen Lagerung verlorengehen. Natürlich ist sie bei niedrigeren Temperaturen langsamer.

Daher werden Ni-H_2-Akkumulatoren hauptsächlich für Raumsonden verwendet. So sind beispielsweise die ISS, Mercury Messenger, IntelSat (VI und VII), Mars Odyssey, International Space Station, Mars Global Surveyor, Deep Space, Molniya-3K, GLONASS und Fobos-Grunt mit Nickel-Wasserstoff-Batterien ausgestattet. Das Hubble-Weltraumteleskop, dessen Originalbatterien im Mai 2009 nach mehr als 19 Jahren nach dem Start ausgetauscht wurden, führte mit der höchsten Anzahl von Lade- und Entladezyklen aller Ni-H_2-Akkumulatoren in der niedrigen Erdumlaufbahn.

Ni-MH-Akkumulator

Die ersten Arbeiten zu Ni-MH-Batterien (Nickel-Metallhydrid) auf der Grundlage von gesinterten Ti-Ni-Legierungen und NiOOH wurden nach ihrer Erfindung 1967 durchgeführt. 1969 entdeckten Zijlstra et al. die vielversprechende Wasserstoffspeicherlegierung LaNi$_5$. In den 1970er Jahren weckte die Kommerzialisierung des Nickel-H$_2$-Akkumulators für Satellitenanwendungen wachsendes Interesse, da die Hydridtechnologie eine alternative, viel weniger sperrige Möglichkeit zur Speicherung von Wasserstoff bot. 1987 demonstrierten Willems und Buschow eine erfolgreiche Batterie auf der Grundlage dieses Ansatzes (unter Verwendung einer Mischung aus La$_{0,8}$Nd$_{0,2}$Ni$_{2,5}$Co$_{2,4}$Si$_{0,1}$), die nach 4.000 Zyklen noch 84 % ihrer Ladekapazität besitzt. Wirtschaftlichere Legierungen, die Mischmetall anstelle von Lanthan verwenden, wurden bald von der Ovonic Battery Co. in Michigan, USA, entwickelt, und die modernen Ni-MH-Akkumulatoren waren geboren. Gegenwärtig enthalten Ni-MH-Batterien als negative Elektrode Seltenerdmetalllegierungen des Typs AB$_5$.

Die chemischen Reaktionen sind ähnlich wie bei Ni-Cd-Batterien. Die Ni-MH-Batterie verwendet wie die Ni-Cd-Batterie Nickeloxydhydroxid (NiOOH) als positive Elektrode. Für die negative Elektrode wird jedoch eine wasserstoffabsorbierende Legierung anstelle von Cadmium verwendet. Die elektrochemischen Reaktionen sind an der negativen Elektrode

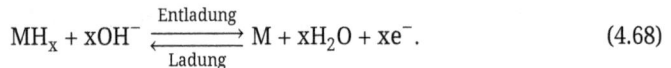

$$MH_x + xOH^- \xrightleftharpoons[\text{Ladung}]{\text{Entladung}} M + xH_2O + xe^-. \tag{4.68}$$

Mit der bekannten Reaktion an der positiven Elektrode ergibt sich als Zellreaktion

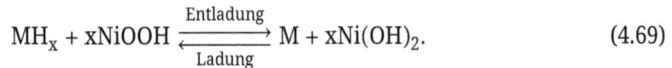

$$MH_x + xNiOOH \xrightleftharpoons[\text{Ladung}]{\text{Entladung}} M + xNi(OH)_2. \tag{4.69}$$

M bezieht sich auf eine intermetallische Verbindung. Es wurden viele verschiedene Verbindungen für diese Anwendung entwickelt, aber die derzeit verwendeten lassen sich in zwei Klassen einteilen. Die gebräuchlichste ist AB$_5$, wobei A eine Mischung aus seltenen Erden wie Lanthan, Cer, Neodym und Praseodym ist und B Nickel, Kobalt, Mangan und/oder Aluminium. AB$_2$ Verbindungen, bei denen A Titan und/oder Vanadium und B Zirkonium oder Nickel ist, modifiziert mit Chrom, Kobalt, Eisen und/oder Mangan, werden wegen der geringeren Lebensdauer selten verwendet. AB, A$_2$B-Verbindungen und Kohlenstoff-Nanoröhrchen wurden nur für die Wasserstoffspeicherung untersucht. Alle diese Verbindungen erfüllen die gleiche Funktion, indem sie reversibel ein Gemisch aus Metallhydridverbindungen bilden.

Die alkalische Elektrolytlösung enthält in der Regel Kaliumhydroxid mit geringen Mengen an NaOH oder LiOH. Als Separator werden meist hydrophile mit Acrylsäure gepfropfte oder sulfonierte Polyolefinvliese verwendet.

Die Nennspannung der Zellen beträgt 1,25 V, ähnlich wie bei einem Ni-Cd-Akkumulator. Die Kapazität ist allerdings zwei- bis dreimal so hoch wie die einer gleich großen

Ni-Cd-Zelle. Daher haben sie die Ni-Cd-Akkumulatoren in vielen Bereichen ersetzt, vor allem bei kleinen wiederaufladbaren Batterien. Ihre Vorteile sind wie folgt:

- Hohe Energiedichte: Die typische Energiedichte für kleine Ni-MH-Batterien beträgt etwa 60 Wh·kg^{-1} und für größere Ni-MH-Zellen etwa 75 Wh·kg^{-1}. Die volumetrische Energiedichte kann etwa 300 Wh·l^{-1} betragen.
- Hohe Leistungsdichte: Sie beträgt bis zu 1000 Wh·kg^{-1}.
- Gute Zyklenleistung, die 500 Zyklen bei 100 % DOD sein kann.
- Weniger anfällig für den Memory-Effekt als Ni-Cd-Akkus.
- Einfache Lagerung und Transport; unterliegt nicht der behördlichen Kontrolle.
- Umweltfreundlich, da sie nur wenig giftige Stoffe enthalten.
- Das Recycling von Nickel und seltenen Erden ist rentabel, und fast 100 % der Ni-MH-Batterien werden recycelt.

Ihre Nachteile sind die folgenden:
- Begrenzte Lebensdauer, insbesondere bei Tiefentladung.
- Erfordert einen komplexen Ladealgorithmus.
- Schlechte Überladebeständigkeit; der Erhaltungsladestrom muss niedrig gehalten werden. Bei einer Überladung mit niedrigen Strömen geht der an der positiven Elektrode erzeugte Sauerstoff durch den Separator und rekombiniert an der Oberfläche der negativen Elektrode. Die Wasserstoffentwicklung wird unterdrückt, und die Ladeenergie wird in Wärme umgewandelt. Durch diesen Prozess bleiben Ni-MH-Batterien im Normalbetrieb dicht und sind wartungsfrei. Bei einer hohen Überladungsrate ist dies jedoch schwierig, und es kann leicht zu Sicherheitsproblemen kommen.
- Die Wärmeentwicklung bei schneller Aufladung oder Entladung unter hoher Last.
- Die Selbstentladung ist hoch. Dies ist kurzfristig kein Problem, macht diesen Akkumulator aber für viele leichte Anwendungen wie Uhren, Fernbedienungen oder Sicherheitsvorrichtungen ungeeignet, wo die Batterie normalerweise viele Monate oder Jahre halten sollte. Wenn die Kapazität hoch ist, z. B. > 8.000 mAh, erhöht sich die Selbstentladungsrate. Daher können chemische Zusätze hinzugefügt werden, um die Selbstentladung auf Kosten der Kapazität zu verringern. Die Leistung nimmt ab, wenn sie bei hohen Temperaturen gelagert werden, und sie sollten an einem kühlen Ort bei etwa 40 % SOC gelagert werden.

Die Anwendung von Ni-MH verbreitete sich zunächst sehr schnell. Im Jahr 2000 waren beispielsweise fast die Hälfte aller in Japan verkauften wiederaufladbaren Gerätebatterien Ni-MH. Dieser Anteil ist im Laufe der Zeit aufgrund der zunehmenden Konkurrenz von Lithiumionen-Akkumulatoren gesunken. 2010 sank dieser Anteil in Japan auf etwa 22 %.

Ni-Fe-Akkumulatoren

Der schwedische Erfinder Waldemar Jungner versuchte, Cadmium durch Eisen in unterschiedlichen Mengen zu ersetzen. Er stellte jedoch fest, dass die Eisenformulierungen unzureichend waren, und gab das Projekt auf. Jungners Arbeit war in den Vereinigten Staaten von Amerika bis in die 1940er Jahre weitgehend unbekannt. Die Batterie wurde ursprünglich von Thomas A. Edison 1901 entwickelt. Er ließ sich 1902 eine Nickel-Cadmium- oder Kobalt-Cadmium-Batterie patentieren und adaptierte das Batteriekonzept, als er zwei Jahre nach Jungners Bau die Nickel-Eisen-Batterie in den Vereinigten Staaten von Amerika einführte. Er wollte sie als Energiequelle für Elektrofahrzeuge wie den Detroit Electric und den Baker Electric verwenden, da sie der damaligen Bleisäurebatterie weit überlegen war.

Das aktive Material der positiven Elektrode ist eine Form von Nickelhydrat. Die Rohre in den Elektroden bestehen aus sehr dünnem, fein gelochtem und vernickeltem Bandstahl. Das aktive Material der negativen Platten ist Eisenoxid. Es wird eine wässrige KOH-Elektrolytlösung, und die oben für Ni-MH-Akkus erwähnten Separatoren können auch hier eingesetzt werden. Die elektrochemischen Reaktionen während des Entlade- und Ladevorgangs sind an der negativen Elektrode

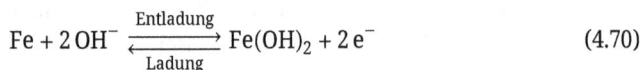

$$Fe + 2\,OH^- \underset{\text{Ladung}}{\overset{\text{Entladung}}{\rightleftharpoons}} Fe(OH)_2 + 2\,e^- \tag{4.70}$$

und an der positiven Elektrode

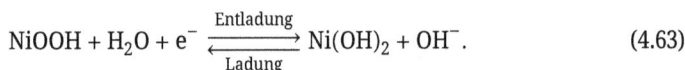

$$NiOOH + H_2O + e^- \underset{\text{Ladung}}{\overset{\text{Entladung}}{\rightleftharpoons}} Ni(OH)_2 + OH^-. \tag{4.63}$$

mit der Zellreaktion:

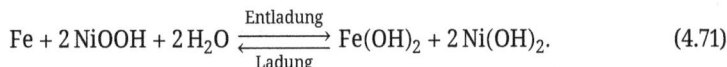

$$Fe + 2\,NiOOH + 2\,H_2O \underset{\text{Ladung}}{\overset{\text{Entladung}}{\rightleftharpoons}} Fe(OH)_2 + 2\,Ni(OH)_2. \tag{4.71}$$

Die Nennspannung beträgt 1,30 V, die Energiedichte beträgt 19–25 Wh·kg^{-1} und 30 Wh·l^{-1}. Das System hat folgende Vorteile:
- Es ist sehr robust: Es ist tolerant gegenüber Mißbrauch und kann eine sehr lange Lebensdauer haben.
- Es hat eine ausgezeichnete Toleranz gegenüber Überladung und Überentladung.
- Es ist stabil in tiefen Zyklen.
- Eine lange Haltbarkeit ohne Beschädigung. Der Hauptgrund dafür ist, dass sie aufgrund der geringen Löslichkeit der Reaktanden im Elektrolyten (KOH) häufige Zyklen überstehen kann.
- Eine lange Lebensdauer, die bis zu 30 Jahre betragen kann.
- Günstigere Kosten als die von Ni-Cd-Batterien.

Sie hat aber auch folgende Nachteile:
- Sie ist sehr schwer und sperrig.
- Die geringe Reaktivität der aktiven Komponenten schränkt die Hochstromfähigkeit ein. Der Hauptgrund dafür ist, dass die Bildung von metallischem Eisen während der Aufladung wegen der geringen Löslichkeit des Eisenhydroxids langsam erfolgt und die langsame Bildung von Eisenkristallen die Elektroden schont.
- Der Akkumulator kann nur langsam aufgeladen werden und liefert auch nur langsam Strom.
- Ein geringer Coulomb-Wirkungsgrad, typischerweise etwa 65 %.
- Ein steiler Spannungsabfall mit dem SOC.
- Eine geringe Energiedichte.
- Eine hohe Selbstentladungsrate: 20–30 % pro Monat.
- Eine stärkere Wasserstoffausgasung als bei Ni-Cd.
- Ein schlechtes Verhalten bei niedrigen Temperaturen im Vergleich zu Ni-Cd.

Nickel-Eisen-Batterien sollten nicht über eine konstante Spannungsversorgung geladen werden, da sie durch thermisches Durchgehen beschädigt werden können.

Eine typische Ausführungsform zeigt Abb. 4.24.

Abb. 4.24: Moderner Nickel-Eisen-Akkumulator.

Ni-Zn-Akkumulatoren

T. A. Edison erhielt 1901 ein US-Patent für ein wiederaufladbares Nickel-Zink-Batteriesystem. Es wurde später von dem irischen Chemiker J. J. Drumm entwickelt und zwischen 1932 und 1949 in vier zweiteiligen Drumm-Triebwagen für den Einsatz auf der Bahnstrecke Dublin-Bray installiert. Obwohl sie anfangs erfolgreich waren, wurden sie wieder ausgemustert, als die Batterien abgenutzt waren und der Betreiber keine Zukunftsperspektive erkennen konnte. Frühe Nickel-Zink-Batterien hatten mit einer begrenzten Zyklenzahl zu kämpfen. In den 1960er Jahren wurden Nickel-Zink-Batterien als Alternative zu Silber-Zink-Batterien für militärische Anwendungen untersucht, und in den 1970er Jahren waren sie erneut für Elektrofahrzeuge von Interesse. Die elektrochemischen Reaktionen sind an der negativen Elektrode

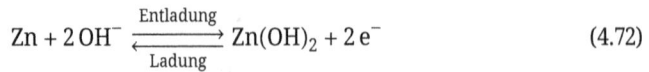

$$Zn + 2\,OH^- \underset{\text{Ladung}}{\overset{\text{Entladung}}{\rightleftharpoons}} Zn(OH)_2 + 2\,e^- \tag{4.72}$$

und an der positiven Elektrode

$$NiOOH + H_2O + e^- \underset{\text{Ladung}}{\overset{\text{Entladung}}{\rightleftharpoons}} Ni(OH)_2 + OH^-. \tag{4.73}$$

Mit der Zellreaktion

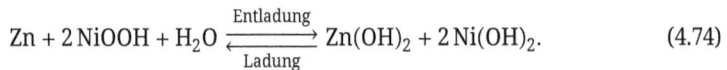

$$Zn + 2\,NiOOH + H_2O \underset{\text{Ladung}}{\overset{\text{Entladung}}{\rightleftharpoons}} Zn(OH)_2 + 2\,Ni(OH)_2. \tag{4.74}$$

Ähnlich wie bei Ni-Fe-Batterien, wird während des Entlade- bzw. Ladevorgangs Wasser verbraucht bzw. erzeugt. Der wässrigen KOH- Elektrolytlösung ist ein geringer Anteil von LiOH zugesetzt. Die Nennspannung beträgt 1,65 V, was Ni-Zn zu einem ausgezeichneten Ersatz für elektronische Produkte macht, die für die Verwendung von alkalischen Primärbatterien (1,5 V) ausgelegt sind.

Typische Daten und Vorteile sind:
- Die hohe Energiedichte: 100 Wh·kg^{-1} und 280 Wh·l^{-1}.
- Die hohe Ratenfähigkeit: >3.000 Wh·kg^{-1}.
- Das gutes Zyklusverhalten: 400–1.000 Zyklen.
- Die gute Schnellladeleistung: Bis zu 50C.
- Die Elektrodenmaterialien sind kostengünstig und umweltfreundlich und enthalten kein Quecksilber, Blei, Cadmium oder Metallhydride, die schwer zu recyceln sind.
- Ein guter Ersatz für Silber-Zink-Batterien.

Die Nachteile sind:
- Die hohe Selbstentladungsrate.
- Die Löslichkeit von Zink im alkalischen Elektrolyt begrenzt die Lebensdauer der Batterien.
- Die Bildung von Zinkdendriten an den Elektroden während des Aufladens führt zu Kurzschlüssen und verkürzt die Lebensdauer.

Sie dürfen nicht auf 0 V entladen werden, und die Entladeschlussspannung muss vielmehr 1,3 V betragen, sonst wird die Batterie beschädigt. Bei Verwendung in Reihenschaltung ist ein Verpolungsschutz erforderlich, z. B. eine geeignete Elektronik oder eine Last mit Abschaltung, bevor die Spannung zu niedrig wird, um Gasbildung zu vermeiden. Im Vergleich zu Cd(OH)$_2$ hat die Tendenz von Zn(OH)$_2$, in Lösung zu gehen und während des Ladevorgangs nicht vollständig zur negativen Elektrode zurückzuwandern, in der

Vergangenheit die kommerzielle Lebensfähigkeit der Ni-Zn-Batterie in Frage gestellt. Zudem neigt Zink zur Bildung von Dendriten (oder whiskers), was zu einem schlechten Zyklusverhalten führt. Seit dem Jahr 2000 haben Fortschritte es den Herstellern ermöglicht, dieses Dendritenproblem erheblich zu verringern. Zu diesen Fortschritten gehören Verbesserungen bei den Separatoren, das Hinzufügen von Stabilisatoren für Zink und Verbesserungen der Elektrolyte wie die Verwendung von Phosphaten. Blei-Ionen (10^{-4} **M**) und Tetrabutylammoniumbromid (TBAB, 5×10^{-5} **M**) können als Inhibitoren des schwammartig-dendritischen Zink-Elektrowachstums aus fliessenden alkalischen Zinkatlösungen verwendet werden. Die doppelte Zugabe von Pb(II) und TBAB führt aufgrund ihrer offensichtlichen Synergieeffekte zu einer wirksameren Unterdrückung des schwammartigen Zinkwachstums. Derzeitige Nickel-Zink-Batterien verwenden Nickelschaum- und Kupferschaum-Stromkollektoren als aktive Materialien, die jedoch teuer sind. Neue, billigere Stromabnehmer auf Kohlenstoffbasis sind jedoch in der Entwicklung. Außerdem müssen für Ni-Zn-Batterien spezielle Ladegeräte verwendet werden.

Aufgrund der Vorteile von Ni-Zn-Batterien und der jüngsten Verbesserungen können sie in vielen Bereichen eingesetzt werden, z. B. für den Antrieb von Elektrofahrrädern, Motorrollern, Rasenmähern und Elektrofahrzeugen. In einigen Geschäften wurden sie für Digitalkameras angeboten. Das Europäische Parlament hat sich für ein Verbot von Batterien auf Cadmiumbasis ausgesprochen, und Ni-Zn bietet der europäischen Elektrowerkzeugindustrie eine gute Alternative. Wenn eine leistungsstarke Hochspannungsbatterie benötigt wird, bei der die Langlebigkeit keine Rolle spielt, sind Ni-Zn-Batterien eine gute Wahl. Auch in der professionellen Fotografie und für Blitzlichter können sie verwendet werden.

4.5.2 Nichtwässrige Systeme

Nichtwässrige Sekundärakkumulatoren, die bei Umgebungstemperatur arbeiten, können grob nach den aktiven Elektrodenmaterialien eingeteilt werden: Lithium-Ionen-, Natrium-Ionen-, Li//S-, Na//S-, Li//Se- und wiederaufladbare Mg-Akkumulatoren. Erstere werden häufig für elektronische Geräte wie Mobiltelefone, tragbare Computer, Kameras, Videorekorder und Elektrofahrräder verwendet. Sie werden auch für Elektrofahrzeuge verwendet. Die anderen Systeme sind von der Marktreife mehr oder weniger weit entfernt.

Lithiumionen-Akkumulatoren

In den frühen 1990er Jahren wurden Lithium-Ionen-Batterien erfunden. Die Reaktionen sind an der positiven Elektrode

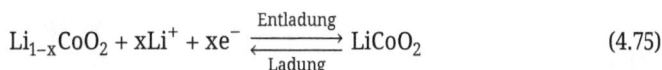

$$\text{Li}_{1-x}\text{CoO}_2 + x\text{Li}^+ + x\text{e}^- \underset{\text{Ladung}}{\overset{\text{Entladung}}{\rightleftharpoons}} \text{LiCoO}_2 \qquad (4.75)$$

und an der negativen Elektrodenreaktion

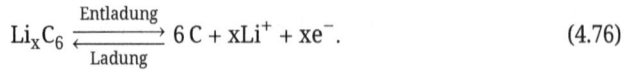

$$Li_xC_6 \xrightleftharpoons[\text{Ladung}]{\text{Entladung}} 6\,C + xLi^+ + xe^-. \tag{4.76}$$

Mit der Zellreaktion

$$Li_xC_6 + Li_{1-x}CoO_2 \xrightleftharpoons[\text{Ladung}]{\text{Entladung}} 6\,C + LiCoO_2. \tag{4.77}$$

Bei beiden Elektrodenreaktionen findet Interkalation/Deinterkalation mit nur geringen strukturellen Veränderungen in den Elektroden statt. Dieses auch als Schaukelstuhlprinzip bezeichnete Konzept zeigt schematisch Abb. 4.25.

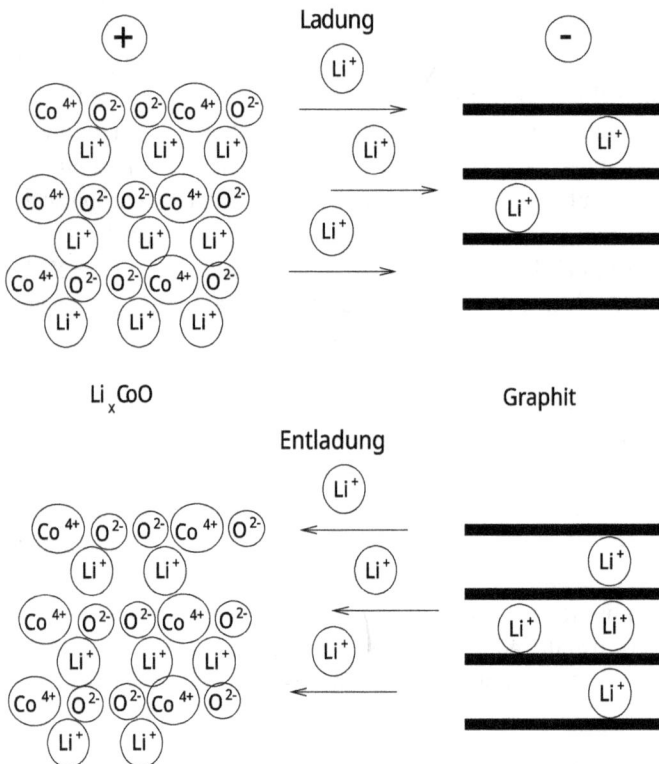

Abb. 4.25: Prinzip eines Lithiumionen-Akkus.

Diese geringen Veränderungen ermöglichen eine ausgezeichnete elektrochemische Leistung und führen zu vielen Vorteile gegenüber den derzeitigen herkömmlichen wiederaufladbaren Batterien:

- Hohe Energiedichte: Die spezifische Energiedichte pro Volumen und Masse einer Lithium-Ionen-Batterie des Typs UR18650 kann bis zu 500 Wh·l^{-1} bzw. 230 Wh·kg^{-1} betragen; die Werte steigen mit zunehmender Forschung und Entwicklung kontinuierlich an.
- Hohe durchschnittliche Ausgangsspannung (~3,6 V): Sie ist dreimal so hoch wie die von Ni-Cd- oder Ni-MH-Akkus.
- Hohe Ausgangsleistung: Diese kann kurzzeitig bis zu 2.000 W·kg^{-1} betragen.
- Geringe Selbstentladung: Weniger als 3 % pro Monat. Das ist weniger als die Hälfte der Werte von Ni-Cd- und Ni-MH-Akkus.
- Hervorragende Zyklenleistung und kein Memory-Effekt: Dies unterscheidet sich von Ni-Cd- und Ni-MH-Batterien. Obwohl in letzter Zeit für einige Lithium-Batteriematerialien Gedächtniseffekte behauptet wurden, sind die Auswirkungen auf das Zyklenverhalten sehr gering.
- Schnelles Laden und Entladen: Die Kapazität kann bis zu 80 % der Nennkapazität bei einer Ladegeschwindigkeit von 1 C betragen.
- Hoher Coulombscher Wirkungsgrad: Dieser liegt nach dem ersten Zyklus in der Regel bei 100 %.
- Breiter Betriebstemperaturbereich (von −25 °C bis +45 °C): Die derzeitige Forschung zielt darauf ab, diesen Bereich durch Verbesserungen der Elektrolyte und Elektrodenmaterialien auf −40 °C bis +70 °C zu erweitern.
- Einfache Prüfung der Restkapazität, da die Entladekurve kein vollständig horizontales Plateau zeigt.
- Wartungsfrei, da die Nebenreaktionen im Vergleich zu wiederaufladbaren Batterien mit wässrigen Elektrolyten minimal sind.
- Keine ernsthafte Umweltverschmutzung: Aus diesem Grund werden Lithiumionen-Akkumulatoren auch als grüne Batterien bezeichnet.
- Lange Lebensdauer und hohe Zyklenzahl: Es können mehr als 1.000 Zyklen erreicht werden. Es können jedoch mehr als 5.000 erreicht werden, wenn eine geringe Ladungs- und Entladungstiefe erreicht wird.

Diese Vorteile werden natürlich durch die Wahl der Schlüsselmaterialien erreicht, zu denen die positive Elektrode, die negative Elektrode, der Elektrolyt und der Separator gehören.

Positive Elektrodenmaterialien
Ideale positive Elektrodenmaterialien für Lithiumionen-Akkumulatoren sollten die folgenden Eigenschaften aufweisen:
- In einer Interkalationsverbindung Li$_x$M$_y$X$_z$ sollte das Metallion (M^{n+}) ein hohes Redoxpotential haben, um eine hohe Ausgangsspannung des Akkus zu erreichen.

– Um eine hohe Kapazität zu erreichen, sollte eine große Anzahl von Lithium-Ionen in der Interkalationsverbindung $Li_xM_yX_z$ reversibel interkaliert und deinterkaliert werden, d. h., der Wert von x sollte so groß wie möglich sein.
– Um eine hohe Zyklenzahl zu erreichen, sollte die Interkalation/Deinterkalation von Lithiumionen während des gesamten Interkalations-/Deinterkalationsprozesses reversibel sein, und es sollte nur eine geringe oder gar keine Veränderung in der Haupt-Wirtsstruktur geben.
– Die Änderung des Redoxpotentials mit x sollte so gering wie möglich sein, damit sich die Ausgangsspannung der Batterie nicht wesentlich ändert und während des Ladens und Entladens relativ stabil bleiben kann.
– Die Interkalationsverbindung sollte eine gute elektronische Leitfähigkeit und eine gute Lithium-Ionen-Leitfähigkeit aufweisen, um die Polarisierung zu verringern und eine Ladung/Entladung mit hoher Stromdichte zu ermöglichen.
– Die Einlagerungsverbindung sollte eine gute chemische Stabilität aufweisen und über den gesamten Spannungsbereich nicht mit dem Elektrolyten reagieren.
– Um ein Laden und Entladen mit hoher Stromdichte zu ermöglichen, sollten Lithiumionen einen relativ hohen Diffusionskoeffizienten im Elektrodenmaterial haben.
– Aus Sicht der praktischen Anwendung sollte die Interkalationsverbindung kostengünstig, ungiftig und umweltfreundlich sein.

Zu den Metalloxiden, die zur Herstellung von positiven Elektrodenmaterialien für Lithium-Ionen-Batterien verwendet werden, gehören Lithium-Kobalt-Oxid ($LiCoO_2$), Lithium-Nickel-Oxid ($LiNiO_2$), Lithium-Mangan-Oxid (hauptsächlich $LiMn_2O_4$), Vanadium-Oxid (V_2O_5) und andere Oxide wie Eisenoxide. Positive Elektrodenmaterialien, die zu 5 V Zellspannung führen, und positive Elektrodenmaterialien vom Polyanion-Typ (bisher hauptsächlich Lithiumeisenphosphat $LiFePO_4$) können ebenfalls für die positive Elektrode verwendet werden. Unter den Primärmaterialien für diese positiven Elektrodenmaterialien ist Kobalt am teuersten, gefolgt von Nickel und dann Mangan und Vanadium. Daher entsprechen die Preise für die positiven Elektrodenmaterialien im Wesentlichen den Marktpreisen für die Primärmaterialien. Bei den Strukturen dieser positiven Elektrodenmaterialien handelt es sich hauptsächlich um Schicht-, Spinell- und Olivinstrukturen.

Schichtstruktur haben $LiCoO_2$, $LiNiO_2$, $LiMnO_2$, $LiNi_{0,5}Mn_{1,5}O_4$, Li-V-O-Verbindungen und Li-reiche Li_2MnO_3 (Li_2MnO_3-$LiMO_2$ feste Lösung). Nur die ersten beiden werden praktisch genutzt. Über die anderen geschichteten positiven Elektrodenmaterialien berichtet die am Kapitelende aufgelistete Literatur.

$LiCoO_2$

$LiCoO_2$ (Lithium-Kobalt-Oxid) wurde 1980 von J. B. Goodenough vorgeschlagen. Es besteht aus Lithiumschichten, die zwischen Platten aus Oktaedern aus Kobalt- und Sauerstoffatomen liegen, und gehört zur Raumgruppe R3̄m. Seine Kristallparameter sind

a = 0,2816 nm und c = 1,4056 nm, und das Verhältnis von c/a beträgt etwa 4,899. Sowohl Lithium als auch Kobalt sind oktaedrisch durch Sauerstoff koordiniert. Diese Oktaeder haben gemeinsame Kanten und sind gegenüber der Schichtstruktur geneigt. Es hat eine schlechte thermische Stabilität. Bei erhöhten Temperaturen entsteht bei der Zersetzung von $LiCoO_2$ Sauerstoff, der dann mit dem organischen Elektrolyten reagiert. Dies macht Lithium-Ionen-Batterien aus $LiCoO_2$ anfällig für thermisches Durchgehen bei Missbrauch wie Betrieb bei hohen Temperaturen (>130 °C) oder Überladung. Dies ist aufgrund des Ausmaßes dieser stark exothermen Reaktion auch ein Sicherheitsrisiko. Die reversible Kapazität ist hoch, über 145 mAh·g^{-1}, mit einem durchschnittlichen Potential von 3,8 V gegenüber Li^+/Li. Da sich die Li^+-Ionen zwischen den stark gebundenen CoO_2 Schichten bewegen, ist die Ionenleitfähigkeit der Li^+-Ionen hoch. Der Diffusionskoeffizient der Li^+-Ionen liegt bei 10^{-7} bis 10^{-9} cm^2·s^{-1}. Folglich ist die Strombelastbarkeit im Vergleich zu anderen positiven Elektrodenmaterialien sehr gut. Die erzielten Zykluszahlen sind sehr hoch, die Lade-/Entladeplateaus sind sehr stabil. Dies sind die Hauptgründe, warum $LiCoO_2$ in Akkumulatoren für tragbare Elektronikgeräte weit verbreitet ist.

LiNiO$_2$

$LiNiO_2$ (Lithium-Nickel-Oxid), ähnlich wie $LiCoO_2$, hat eine Schichtstruktur vom Typ α-NaFeO$_2$, die zur Raumgruppe R$\bar{3}$m gehört. Die Sauerstoffatome befinden sich in der kubisch dicht gepackten Struktur an 6c-Stellen. Die Ni-Atome befinden sich an 3a-Stellen und die Lithium-Atome an 3b-Stellen. Nickel und Lithium besetzen abwechselnd die oktaedrischen Plätze und sind in Richtung der [111]-Kristallebene schichtförmig angeordnet. Die Gitterparameter sind a = 0,2886 nm und c = 1,4214 nm. Die reversible Kapazität beträgt bis zu 200 mAh·g^{-1} mit einem durchschnittlichen Potential von 3,7 V gegenüber Li^+/Li. Da sich Ni^{2+} nur schwer zu Ni^{3+} oxidieren lässt, wird ein Teil der Ni^{3+}-Stellen in $LiNiO_2$, das unter den üblichen Bedingungen hergestellt wird, von Ni^{2+} besetzt. Um die Ladungsneutralität zu erhalten, besetzen einige Ni^{2+}-Ionen die Li^+-Ionenplätze. Im $LiNiO_2$-Mischkristall ist die Größe des Oktaeders, dessen Schicht von Li^+-Ionen oder zusätzlichem Ni^{2+} besetzt ist, viel größer als der der NiO_6-Oktaeder, der aus NiO_2-Schichten besteht. Dieses zusätzliche Ni^{2+}-Ion zwischen den NiO_2 Schichten verursacht die bekannte Kationenstörung. Der Durchmesser der Ni^{2+}-Ionen (0,068 nm) in der Lithiumschicht (3a) ist kleiner als der des Li^+-Ions (0,076 nm), und während des Zyklus wird das Ni^{2+}-Ion in Ni^{3+} (0,056 nm) mit einem noch geringeren Durchmesser umgewandelt. Dies führt zu einem teilweisen Zusammenbruch der Schichtstruktur und erschwert die Einlagerung der 6 Li^+ Plätze um die Ni^{3+}-Atome, die die Li^+-Plätze besetzen. Infolgedessen kommt es zu einem Kapazitätsverlust, und die Zyklenleistung verschlechtert sich. Seine thermische Stabilität ist schlechter als die von $LiCoO_2$. Um die thermische Stabilität und die Zyklenleistung zu verbessern, wurden die Dotierung mit Heteroatomen und die Beschichtung mit inerten Oxiden untersucht. Zwei typische Vertreter sind

Li[Ni$_x$Mn$_y$Co$_{1-x-y}$]O$_2$ (NMC) und Li[Ni$_x$Co$_y$Al$_{1-x-y}$]O$_2$ (NCA). Wenn Co und Mn zur Co-Dotierung von LiNiO$_2$ verwendet werden, bildet sich eine einphasige Schichtstruktur, Li[Ni$_x$Mn$_y$Co$_{1-x-y}$]O$_2$ (0 < x, y < 1), in der Ni, Co und Mn in den Oxidationsstufen +2, +3 bzw. +4 vorliegen. NCM kann durch eine Festphasenreaktion oder eine chemische Kopräzipitationsmethode synthetisiert werden. Die strukturelle Stabilität und die Anordnung der Metallionen werden verbessert, und die reversible Kapazität wird mit steigendem Kobaltgehalt im NMC-Elektrodenmaterial erhöht. Die dotierten Produkte überwinden den fatalen Nachteil der instabilen LiNiO$_2$-Struktur, was auf eine gute Entwicklungsperspektive hinweist.

Die Codotierung von LiNiO$_2$ mit Aluminium und Kobalt führt zu NCA, was die Stabilität der Schichtstruktur und die Zyklenfestigkeit von LiNiO$_2$ verbessert. Die signifikante Erhöhung der thermischen Stabilität kann auf den Beitrag von Kobalt zurückgeführt werden. Wenn die Verteilung von Al während des Präparationsprozesses gleichmäßig ist, hat das präparierte Elektrodenmaterial eine bessere elektrochemische Leistung. Das LiNi$_{0,8}$Co$_{0,15}$Al$_{0,05}$O$_2$, das durch Mischen von LiOH und den Solen von Ni$_{0,8}$Co$_{0,15}$(OH)$_{2-x}$ und Al(OH)$_3$ hergestellt wird, hat beispielsweise eine reversible Kapazität von 190 mAh·g^{-1} bei 0,1 C und eine gute Strombelastbarkeit mit einem anfänglichen Coulombschen Wirkungsgrad von 90,3 %. Wird eine Sprühtrocknungsmethode angewandt, können die Bestandteile des Vorläufers durch Zugabe eines Trocknungsmittels wie N, N-Dimethylformamid wirksam kontrolliert werden. Während des Ladevorgangs werden die dreiwertigen Ni-Ionen zu vierwertigen Ionen oxidiert, während die Co-Ionen ihre Wertigkeit im Wesentlichen unverändert beibehalten. Währenddessen wird die verdrehte NiO$_6$-Struktur in eine symmetrische oktaedrische Struktur umgewandelt. Die optimale Zusammensetzung für die Co-Dotierung mit Kobalt und Aluminium ist Li(Ni$_{0,84}$Co$_{0,16}$)$_{0,97}$Al$_{0,03}$O$_2$. Die reversible Kapazität erreicht 185 mAh·g^{-1}, und die irreversible Kapazität im ersten Zyklus beträgt nur 25 mAh·g^{-1} bei sehr gutem Zyklenverhalten. Darüber hinaus ist auch die thermische Stabilität deutlich verbessert.

LiMn$_2$O$_4$-Spinell

Zu den Materialien mit Spinellstruktur gehören LiMn$_2$O$_4$, LiMn$_{2-x}$M$_x$O$_4$ (mit einem weiteren Spannungsplateau bei etwa 5 V), LiTi$_2$O$_4$ und LiV$_2$O$_4$. Nur die erste Variante ist kommerziell verfügbar.

Der Spinell LiMn$_2$O$_4$ hat eine tetragonale Symmetrie (Fd3m). In einer Kristalleinheit befinden sich 56 Atome: 8 Lithiumatome, 16 Manganatome und 32 Sauerstoffatome. Fünfzig Prozent der Manganatome sind Mn^{3+}, und fünfzig Prozent sind Mn^{4+}-Arten. Li$^+$ und Mn$^{3+/4+}$ besetzen die tetraedrischen 8a-Stellen und die oktaedrischen 16d-Stellen in der dicht gepackten Sauerstoffanordnung. In den abwechselnden Schichten der kubischen, dicht gepackten Sauerstoffanordnung des Spinellgerüsts [Mn$_2$]O$_4$ beträgt das Verhältnis zwischen der Schicht mit Mn^{3+}-Kationen und der Schicht ohne Mn^{3+}-Kationen 3:1. Wenn Li$^+$-Ionen deinterkalieren, kann die kubisch dicht gepackte Sauerstoffanordnung stabilisiert werden, um eine reversible Interkalation und Deinterkalation zu realisieren. Während des Ladevorgangs führt die Deinterkalation von Li^+-Ionen teilweise dazu, dass sich Mn^{3+}-Ionen in Mn^{4+}-Ionen verwandeln. Wenn der reversible Deinterkalationsprozess abgeschlossen ist, steigt das Mn^{4+}-Verhältnis von 50 % auf 75 %. Die reversible Kapazität kann 140 mAh·g^{-1} mit zwei Spannungsplateaus bei 3,8 bzw. 4,0 V (gegenüber Li^+/Li) erreichen.

Im Bereich um 4 V bleibt während der Interkalation und Deinterkalation von Lithium die kubische Symmetrie der Spinellstruktur intakt. Im Bereich von 3 V jedoch führen die Interkalation und Deinterkalation von Lithium zu einem Phasenübergang von kubischem $LiMn_2O_4$ zu tetragonalem $Li_2Mn_2O_4$, und die Gesamtvalenz von Mn ändert sich von +3,5 auf +3,0. Dieser Übergang ist auf die Änderung der Oxidationsstufe von Mn zurückzuführen, die den Jahn-Teller-Effekt bewirkt. Im $[MnO_6]$Achteck von $Li_2Mn_2O_4$ wird die MnO-Bindung entlang der c-Achse länger und die Bindungen entlang der a- und b-Achse werden kürzer. Aufgrund des starken Jahn-Teller-Effekts erhöht sich das Verhältnis von c/a um 16 %, und das Volumen der Einheitszelle nimmt um 6,5 % zu. Diese Verzerrungen reichen aus, um die Zerstörung der Spinellteilchen an der Oberfläche zu bewirken. Neben dem Jahn-Teller-Effekt gibt es zwei weitere Hauptgründe für den Kapazitätsabfall: (1) Auflösung von Mn^{3+}. Am Ende des Entladungsprozesses erreicht die Konzentration von Mn^{3+} ihren höchsten Stand. Das Mn^{3+} an der Oberfläche kann in Mn^{4+} (fest) und Mn^{2+} (Lösung) disproportionieren. Letzteres löst sich in der Elektrolytlösung auf. Vorhandene Säuren, wie z. B. HF, fördern diese Auflösung, insbesondere bei erhöhter Temperatur. (2) In organischen Lösungsmitteln sind die stark delithiierten Partikel am Ende der Entladung nicht stabil, d. h. die hohe Oxidationskraft von Mn^{4+} führt zur Zersetzung der Lösungsmittel. Um die elektrochemische Leistung zu verbessern, wurde daher die Dotierung mit einer Vielzahl von Heteroatomen wie Li, B, Mg, Al, Ti, V, Cr, Fe, Co, Ni, Cu, Zn, Ga, Ge, Y, Nb, Mo, Ru, In, Ba, La, Ce, Pr, Nd, Sm, Gd, Tb, W, F, Br, S und I untersucht. Darüber hinaus wurden Beschichtungen mit Li_2O-$2B_2O_3$-Glas (LBO), Li_2CO_3, LiF, MgO, MgF_2, Al_2O_3, AlF_3, Lithiumborosilikat (LBS), SiO_2, Li_3PO_4, $CaCO_3$, TiO_2, $Li_4Ti_5O_{12}$, ZnO, $Li_{1-x}CoO_2$ (x $\geq$ 0), $LiCo_xMn_{2-x}O_4$, $LiMnPO_4$, $FePO_4$, $LiFePO_4$, SrF_2, Y_2O_3, YF_3, YPO_4, ZrO_2, SnO_2, Sb_2O_3, La_2O_3, LaF_3, CeO_2, Verbundoxide und leitfähige Polymere wurden untersucht. Der Hauptgrund dafür ist, dass Mn viel billiger ist als Co und Ni und seine natürlichen Vorkommen sehr groß sind.

Olivin-LiFePO$_4$

$LiFePO_4$ mit Olivin-Struktur kann der Kategorie der polyanionischen Verbindungen zugeordnet werden, zu der auch einige andere Phosphate wie $LiMnPO_4$, Silikate, Fluorsulfate und Boronate gehören. Allerdings wurde nur $LiFePO_4$ kommerzialisiert.

$LiFePO_4$ ist ein natürliches Mineral aus der Familie der Olivine. In $LiFePO_4$ bildet das zentrale Eisenatom zusammen mit den es umgebenden sechs Sauerstoffatomen ein eckengeteiltes Oktaeder (FeO_6) mit Eisen im Zentrum. Das Phosphoratom des Phosphats bildet zusammen mit den vier Sauerstoffatomen ein kantengeteiltes Tetraeder (PO_4)

mit Phosphor in der Mitte. Ein dreidimensionales Zickzackgerüst wird durch die FeO_6-Oktaeder gebildet, die gemeinsame O-Ecken mit PO_4-Tetraedern haben. Die Lithiumionen befinden sich in den oktaedrischen Kanälen in einer Zickzackstruktur. Im Gitter sind die FeO_6-Oktaeder miteinander verbunden, indem sie sich die Ecken der bc-Fläche teilen, während die LiO_6-Gruppen eine lineare Kette von Oktaedern mit gemeinsamen Kanten parallel zur b-Achse bilden. Ein FeO_6-Oktaeder teilt sich die Kanten mit zwei LiO_6-Oktaedern und einem PO_4-Tetraeder. In der Kristallographie geht man davon aus, dass sich diese Struktur in der Raumgruppe *Pbnm* des orthorhombischen Kristallsystems befindet. Die Gitterparameter sind a = 0,6008 nm, b = 1,0334 nm, c = 0,4693 nm und das Volumen der Einheitszelle ist 0,2914 nm^3. Das große Polyanion PO_4^{3-} stabilisiert diese Olivinstruktur und kann die Auflösung von Fe verhindern.

Seine Verwendung als Batterieelektrode für Lithium-Ionen-Batterien wurde erstmals 1996 von Goodenough et al. beschrieben. Aufgrund der niedrigen Kosten, der Ungiftigkeit, des natürlichen Eisenvorkommens, der ausgezeichneten thermischen Stabilität und Sicherheit, der hohen reversiblen Kapazität (170 mAh·g^{-1}), des stabilen Potentials (3,45 V gegenüber Li^+/Li), der ausgezeichneten Zyklenfestigkeit und der guten Überladungsbeständigkeit hat es eine hohe Marktakzeptanz erreicht. 2025 enthielt die Hälfte aller Lithiumionen-Akkus dieses Material. Sein Hauptproblem ist die geringe elektrische Leitfähigkeit. Durch Verkleinerung der Partikelgröße, Beschichtung mit leitfähigen Materialien wie Kohlenstoff und Dotierung mit Kationen, z. B. Aluminium, Niob und Zirkonium, können ausreichend leitfähige Elektroden hergestellt werden.

Negative Elektrodenmaterialien

Es gibt mehrere gut erforschte negative Elektrodenmaterialien, darunter graphitische Kohlenstoffe, amorphe Kohlenstoffmaterialien, Nitride, Materialien auf Siliziumbasis, Materialien auf Zinnbasis und neue Legierungen. Idealerweise sollten die negativen Elektrodenmaterialien die folgenden Eigenschaften aufweisen:

- Das Redoxpotential sollte so niedrig wie möglich sein, wenn die Lithium-Ionen in die negative Elektrodenmatrix eindringen. Je näher dieses dem Potential von metallischem Lithium ist, desto höher ist die Ausgangsspannung der Batterie.
- Um eine hohe reversible Kapazität zu erhalten, sollte eine große Anzahl von Lithiumionen in der Lage sein, reversibel in die Matrix einzulagern und auszulagern, was bedeutet, dass der Wert von x in Gl. (4.76) so groß wie möglich sein sollte.
- Während des gesamten Interkalations- und Deinterkalationsprozesses sollten Lithiumionen reversibel interkaliert und deinterkaliert werden, und die Matrix sollte sich kaum oder gar nicht verändern, um eine gute und stabile Zyklusleistung zu gewährleisten.
- Die Änderung des Redoxpotentials sollte bei der Änderung von x so gering wie möglich sein, damit sich die Spannung der Batterie nicht wesentlich ändert, um relativ stabile Lade- und Entladebedingungen zu erhalten.

- Interkalationsverbindungen sollten eine gute elektronische Leitfähigkeit und eine gute Lithium-Ionen-Leitfähigkeit aufweisen, um die Polarisation zu verringern und eine Ladung/Entladung mit hoher Stromdichte zu ermöglichen.
- Das Wirts- oder Matrixmaterial sollte eine gute Oberflächenstruktur aufweisen, damit sich mit der flüssigen Elektrolytlösung ein guter SEI-Film bilden kann.
- Die Interkalationsverbindung sollte über den gesamten Spannungsbereich eine gute chemische Stabilität aufweisen und nach der Bildung der SEI nicht mit Elektrolyten reagieren.
- Lithium-Ionen sollten einen relativ großen Diffusionskoeffizienten in der Matrix haben, um ein schnelles Laden und Entladen zu ermöglichen.
- Aus Sicht der praktischen Anwendung sollte die Interkalationsverbindung kostengünstig, ungiftig und umweltfreundlich sein.

Graphitischer Kohlenstoff, amorpher Kohlenstoff, $Li_4Ti_5O_{12}$, TiO_2, Kobaltoxid, NiO, Eisenoxide, MoO_2, und Li_3VO_4 wurden eingehend untersucht. Gegenwärtig werden nur Graphitkohlenstoff und $Li_4Ti_5O_{12}$ in großem Maßstab genutzt. Von den anderen negativen Elektrodenmaterialien wird nur Sn-Co-C von Sony verwendet.

Graphitischer Kohlenstoff

Je nachdem, ob sie sich leicht oder schwer in Graphit umwandeln lassen, werden Kohlenstoffmaterialien im Allgemeinen in graphitisierbare und nicht-graphitisierbare Kohlenstoffe oder auch in weiche und harte Kohlenstoffe eingeteilt. Diese Klassifizierung basiert hauptsächlich darauf, ob Kohlenstoffvorläufer leicht graphitisiert werden können oder nicht, und ihre Anwendung ist begrenzt, da sie die wahre Natur der Kohlenstoffstruktur nicht widerspiegeln kann. Daher ist es besser, Kohlenstoffmaterialien auf der Grundlage ihrer Kristallinität in graphitische und nicht graphitische Materialien zu klassifizieren. Die nicht-graphitischen Kohlenstoffe sind keine guten Kandidaten für negative Elektrodenmaterialien für Lithium-Ionen-Batterien, da die irreversible Kapazität sehr groß ist und eine Spannungshysterese besteht.

Graphitischer Kohlenstoff besteht hauptsächlich aus Graphitkristalliten. Da das Lithium-Abscheidungspotential in der Nähe des Interkalationspotential in Graphit liegt, sind diese Verbindungen nicht stabil und reagieren mit der organischen Elektrolytlösung. Ein Schutzfilm auf der Elektrode (solid electrolyte interphase; SEI) wird spontan gebildet und verhindert eine fortgesetzte Reaktion der Elektrode mit der Lösung. Seine Eigenschaften hängen von den Oberflächeneigenschaften des Graphits und den Elektrolytkomponenten ab.

Neben dem oben erwähnten künstlichen Graphit kann auch natürlicher Graphit, der durch den natürlichen Entstehungsprozess Defekte aufweist, so modifiziert werden, dass er den Anforderungen von Lithium-Ionen-Batterien einschließlich Oxidation und Beschichtung entspricht. Graphitische Kohlenstoffe weisen eine ausgezeichnete Zyklenzahl auf und sind die wichtigsten negativen Elektrodenmaterialien. Um ihre reversible

Kapazität weiter zu erhöhen, können sie mit anderen Elementen wie Sn, Si und Ge oder deren Oxiden legiert werden.

$Li_4Ti_5O_{12}$

Der Spinell $Li_4Ti_5O_{12}$ ($Li_{4/3}Ti_{5/3}O_4$) ist ein weißer Kristall, der an der Luft stabil ist. Seine Kristallstruktur, die der des oben erwähnten Spinells $LiMn_2O_4$ ähnelt, gehört zur Raumgruppe Fd̄3m mit dem Kristallparameter a = 0,836 nm. O^{2-}-Anionen, die sich an 32e-Stellen befinden, bilden ein FCC-Gitter. Einige Li-Atome befinden sich an tetraedrischen 8a-Stellen, die anderen Li-Atome und Ti-Atome an oktaedrischen 16d-Stellen. Wenn Lithium interkaliert wird, wird es reduziert und in dunkelblaues $Li_2[Li_{1/3}Ti_{5/3}]O_4$ umgewandelt,

$$Li[Li_{1/3}Ti_{5/3}]O_4 + Li^+ + e^- \xrightleftharpoons[\text{Ladung}]{\text{Entladung}} Li_2[Li_{1/3}Ti_{5/3}]O_4. \tag{4.78}$$

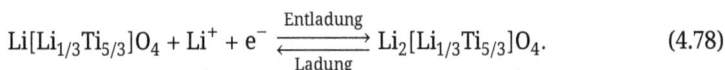

Wenn die äußeren Li-Atome in das Kristallgitter von $Li_4Ti_5O_{12}$ interkaliert werden, besetzt Li zunächst die 16c-Stellen. Gleichzeitig wandert das ursprüngliche Li im Spinell $Li_4Ti_5O_{12}$, das sich an 8a-Stellen befindet, ebenfalls zu den 16c-Stellen, sodass schließlich alle 16c-Stellen von Li besetzt sind. Infolgedessen wird die reversible Kapazität hauptsächlich durch die Anzahl der interstitiellen oktaedrischen Plätze bestimmt, die Li aufnehmen können. Nach der Lithiumeinlagerung erscheint die reduzierte Form Ti^{3+}, und die elektronische Leitfähigkeit des Reduktionsprodukts, $Li_2[Li_{1/3}Ti_{5/3}]O_4$, ist hoch, etwa 10^{-2} S·cm^{-1}. Die in Gl. (4.79) gezeigte Reaktion läuft über zwei koexistierende Phasen ab, was durch Änderungen in den UV-Vis- und IR-Spektren sowie in den Röntgenbeugungsmustern deutlich wird. Der Kristallparameter a von $Li_2[Li_{1/3}Ti_{5/3}]O_4$ ändert sich nur sehr wenig und steigt nur von 0,836 auf 0,837 nm. Folglich ist es als spannungsfreies Elektrodenmaterial bekannt und weist eine ausgezeichnete strukturelle Stabilität während des Zyklen auf.

Die Lade- und Entladekurven sind sehr flach, mit einem durchschnittlichen Entladespannungsplateau bei 1,56 V. Die theoretische Kapazität beträgt 168 mAh·g^{-1}. Während des Ladevorgangs wird nur wenig SEI-Film benötigt. Der anfängliche Coulombsche Wirkungsgrad liegt bei über 90 %. Der Diffusionskoeffizient der Li-Ionen$^+$ in diesem Material beträgt 2×10^{-8} cm^{-2}·s^{-1} und ist damit um eine Größenordnung höher als der in Kohlenstoffmaterialien.

Organische Elektrolytlösungen

Ideale organische Elektrolytlösungen für Lithium-Ionen-Batterien sollten die folgenden Eigenschaften aufweisen:

- Hohe Lithium-Ionen-Leitfähigkeit. Diese sollte 3×10^{-3} bis 2×10^{-2} S·cm^{-1} über einen breiten Temperaturbereich betragen.

– Gute thermische Stabilität. Über einen weiten Temperaturbereich sollten keine Zersetzungsreaktionen auftreten.
– Breites elektrochemisches Stabilitätsfenster, d. h., sie sollten einen relativ breiten Bereich aufweisen, in dem keine Zersetzungsreaktionen stattfinden. Bei Lithium-Ionen-Batterien sollte das Fenster bis zu 4,5 V betragen.
– Gute chemische Stabilität, d. h., sie sollten nur minimal mit Batteriematerialien wie positiven und negativen Elektrodenmaterialien, Stromsammlern, Separatoren und Bindemitteln reagieren.
– Sollte über einen relativ weiten Temperaturbereich (–40 bis +70 °C) in flüssigem Zustand bestehen.
– Gute Solvatationsfähigkeit für Ionen.
– Sicher, ungiftig, niedriger Dampfdruck.
– Sollte reversible Elektrodenreaktionen fördern.
– Einfache Herstellung und niedrige Kosten – weitere wichtige Faktoren für kommerzielle Lithium-Ionen-Batterien.

Unter den oben genannten Faktoren sind die wichtigsten die Sicherheit, die Langzeitstabilität und die Reaktionsgeschwindigkeit. Elektrolytlösungen bestehen aus organischen Lösungsmitteln und Lithiumsalzen, die folgend kurz vorgestellt werden.

Bei den organischen Lösungsmitteln sollten die wichtigsten Parameter wie Flammpunkt, Flüchtigkeit, Toxizität und Reaktionen mit anderen Batteriematerialien bei Mißbrauch berücksichtigt werden. Da Lithium-Ionen-Batterien eine relativ hohe Spannung erzeugen (im Allgemeinen 4–4,5 V), sollte der Elektrolyt auch eine ausreichende Oxidationsstabilität aufweisen. Um die Stabilität zu gewährleisten, sollte der Elektrolyt entweder nicht mit den aktiven Elektrodenmaterialien der Batterie reagieren oder einen guten Schutzfilm bilden, der es den Ionen ermöglicht, bei der Reaktion an der Elektrodenoberfläche zu passieren. Sie sollten eine hohe Ionenbeweglichkeit aufweisen und in der Lage sein, Lösungsmittelkoordinationskomplexe zu bilden, die zu einer Überführungszahl der Lithiumionen < 0,5 führen. Daher sind die Verringerung der durch die Polarisierung der Lithiumionen beeinflussten Überführungszahl und die Verbesserung der Ionenleitfähigkeit des Elektrolyten zwei wichtige Kriterien für die Auswahl der Lösungsmittel. Ein einziges Lösungsmittel kann jedoch in der Regel nicht alle diese Anforderungen erfüllen. Daher wird eine Mischung aus zwei oder mehr Lösungsmitteln aus zyklischen Carbonaten und linearen Carbonaten als Kompromiß gewählt. Zyklische Carbonate, wie Propylencarbonat (PC) oder Ethylencarbonat (EC), haben eine hohe Polarität und eine große Dielektrizitätskonstante und können durch Zersetzung und Reduktion durch Lithium einen guten SEI-Film auf den Graphitkohlen bilden. Ihre zwischenmolekularen Kräfte sind jedoch sehr stark, und die Viskosität ist zu hoch. Die linearen Carbonate wie Diethylcarbonat (DEC) oder Dimethylcarbonat (DMC) haben eine geringere Polarität, eine niedrige Dielektrizitätskonstante und eine geringere Viskosität aufgrund der freien Bewegung der Alkylsubstituenten. Natürlich können auch andere Lösungsmittel wie Vinylcarbonat (VC) hinzugefügt werden, um den Schmelzpunkt des

Elektrolyten zu senken oder die elektrochemische Leistung zu verbessern, z. B. die Geschwindigkeit, das Verhalten bei hohen Temperaturen und die Überladungsleistung. Die Strukturformeln einiger häufig verwendeter Lösungsmittel finden sich in Tabelle 4.8.

PC bildet keinen wirksamen SEI-Film auf Graphitkohlenstoff, aber sein sehr niedriger Schmelzpunkt (−49 °C) und hoher Siedepunkt (242 °C) machen es zu einem attraktiven Lösungsmittel. Daher sollte die Oberflächenstruktur des Graphitkohlenstoffs modifiziert oder ein wirksamer SEI-Filmbildner hinzugefügt werden, um eine unerwünschte Zersetzung von PC zu vermeiden.

Zur Verbesserung der Sicherheit von Lithium-Ionen-Batterien, insbesondere der Überladeleistung, können Redox-Shuttles zugegeben werden. Allerdings sind Verbindungen, die effektiv wirken können, sehr selten. Einige Silane, B-, F- oder P-haltige Verbindungen, können als Flammschutzmittel wirken.

Lithiumelektrolytsalze für Lithium-Ionen-Batterien sollten eine gute thermische und elektrochemische Stabilität, eine hohe Ionenleitfähigkeit, niedrige Kosten, eine einfache Herstellung und eine geringe Umweltbelastung aufweisen. $LiClO_4$ kann zwar für experimentelle Forschungen verwendet werden, sein Oxidationsvermögen ist jedoch zu stark und macht es ungeeignet für industrielle Anwendungen. Einige typische Lithiumsalze sind $LiPF_6$, LiBOB (Lithiumbis(oxalato)borat), LiDFOB (Lithiumdifluor(oxalato)borat) und LiTFSI (Lithiumbis(trifluormethan)sulfonamid, $LiN(CF_3SO_2)_2$). Einige Strukturen zeigt Abb. 4.26.

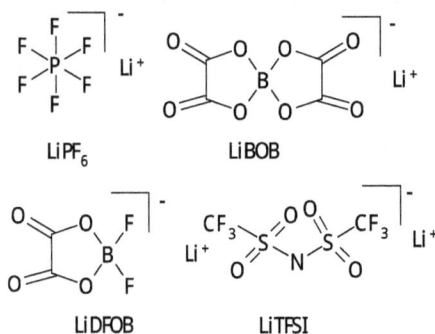

Abb. 4.26: Molekulare Strukturen einiger Elektrolyte von Lithium-Ionen-Batterien: (a) $LiPF_6$, (b) LiBOB, (c) LiDFOB und (d) LiTFSI.

Separatoren

Bei Separatoren, die in Lithiumionen-Akkus eingesetzt werden, steht die Sicherheit im Vordergrund, da die verwendeten organischen Elektrolyte entflammbar sind – ganz anders als bei früheren Batteriesystemen mit wässrigen Lösungen. Daher sollten die folgenden Anforderungen erfüllt werden:

Tab. 4.8: Organische Lösungsmittel für Lithiumionen-Akkumulatoren.

Name	Strukturformel	Name	Strukturformel
	Carbonate		Aliphatische Ester
Ethylencarbonat EC		Methylformat	
Propylencarbonat PC		Ethylformat	
Dimethylcarbonat DMC		Methylacetat	
Ethylmethylcarbonat EMC		Ethylacetat	
Diethylcarbonat DEC			
Vinylencarbonat VC			
	Zyklische Ester		Lactone
1,3-Dioxolan DN		Valerolacton VL	
Tetrahydrofuran THF		γ-Butyrolacton BL	
2-Methyltetrahydrofuran, 2-MeTHF			

Tab. 4.8 (Fortsetzung)

Name	Strukturformel	Name	Strukturformel
2,5-Dimethyltetra-hydrofuran, 2,5-MeTHF			
	Aliphatische Ether		
Diethylether DEE		1,2-Dimethoxyether DME	

- Gute chemische Stabilität, besonders gute Haltbarkeit gegenüber organischen Elektrolyten und Elektrodenmaterialien.
- Hohe mechanische Festigkeit zur Vermeidung von Kurzschlüssen bei der Montage der Lithium-Ionen-Batterie.
- Geeignete Porosität und Porengröße, die eine ausreichende Ionenleitfähigkeit gewährleisten und auch einen möglichen Mikrokurzschluss durch Ablösen von Partikeln der aktiven Elektrodenmaterialien verhindern sollten. Kürzlich wurden von DKJ, einem chinesischen Unternehmen, erstmals porenfreie Separatoren für Lithium-Ionen-Batterien eingeführt, die einer Entladung bei 100 °C standhalten können.
- Sie sollten so dünn wie möglich sein, da die Ionenleitfähigkeit organischer Elektrolyte um etwa zwei Größenordnungen geringer ist als die von wässrigen. Der Widerstand sollte so gering wie möglich sein.
- Gute Rückhaltefähigkeit für und Benetzbarkeit mit organischen Elektrolyten. Dies bedeutet, dass der Separator vollständig in den organischen Elektrolyten eingetaucht sein sollte, damit genügend organischer Elektrolyt zurückgehalten und genügend Ionen bereitgestellt werden können, wenn sie benötigt werden.
- Möglichst niedrige Kosten.
- Zweckmäßiges Abschaltverhalten. Wenn die Temperatur einer Lithium-Ionen-Batterie stark ansteigt (auf 120–140 °C), schmelzen die Kunststoffseparatoren, sodass die Poren, die für den Durchfluss des Elektrolyten erforderlich sind, geschlossen werden. In diesem Stadium können die Ionen nicht mehr durchdringen, und der Strom wird reduziert. Bei Unfällen wie Feuer oder Explosion bedeutet dieses Abschaltverhalten jedoch in der Regel keine Verbesserung der Sicherheit, da die Temperatur in der Regel unter 120 °C liegt. Folglich ist dieses Verhalten nur möglich und nicht erforderlich. Liegt diese Temperatur jedoch bei 80 °C oder darunter, wird es bevorzugt.

Separatoren können aus Polyethylen PE, Polypropylen PP, Polyvinylidendifluorid PVDF und Polyimid PI hergestellt werden. Die bisher am häufigsten verwendeten Produkte basieren auf PE und PP, da sie wesentlich billiger sind. Ihre Herstellungsmethoden lassen sich in zwei Kategorien einteilen: trocken und nass. Um die Anwendung für Elektrofahrzeuge zu beschleunigen, werden jedoch dringend PVDF-basierte Separatoren benötigt, die in der Regel im Nassverfahren hergestellt werden.

Separatoren auf PVDF-Basis können mit organischen Elektrolytlösungen Gel-Polymerelektrolyte bilden. Die Verdunstung der Lösungsmittel wird deutlich geringer. Darüber hinaus ist die Lithiumtransferzahl deutlich erhöht und die Verteilung der organischen Elektrolyte ist selbst bei niedrigen Temperaturen sehr gleichmäßig. Der Kontakt mit der Elektrode ist wesentlich besser. Polymerelektrolyte und Gel-Polymerelektrolyte statt flüssigen Elektrolytlösungen werden in Lithium-Polymer-Akkumulatoren verbaut.

Wie Bleisäurebatterien benötigen auch Lithiumionen-Akkumulatoren nach ihrer Herstellung in vollständig entladenem Zustand eine Formierung, die in der Fachliteratur auch als Aktivierung bezeichnet wird und einen Teil der Batteriekonditionierung ausmacht. Es handelt sich um eine mehrfache Ladung/Entladung einer Zelle unter kontrollierten Bedingungen am Ende der Herstellung. Bei ihr werden Deckschichten auf Elektroden ausgebildet, das Elektrodenmaterial wird weitgehend mit Elektrolytlösung benetzt, entstehende gasförmige Reaktionsprodukte können entweichen, die Elektrode ist aktiviert. Entsprechend dem Volumen ausgetretenen Gases kann weitere Zugabe von Elektrolytlösung nötig sein. Die Formierung verursacht bis zu 33 % der Produktionskosten. Praktische Ausführungen in verschiedenen Bauformen zeigt das folgende Bild (Abb. 4.27).

Abb. 4.27: Verschiedene Ausführungen von Lithiumionen-Akkumulatoren. Links eine Pouch Cell, in der Mitte eine zylindrische Zelle, und rechts eine prismatische Zelle.

In Abb. 4.28 sind die wesentlichen Komponenten einer typischen Zelle dargestellt (Gehäuse, Dichtung, Kupferfolie als Stromableiter, Metallnetz und Separator).

Die Alterung von Lithiumionen-Batterien – sowohl die kalendarische wie die zyklische – unterscheidet sich wegen der in vieler Hinsicht erheblichen Unterschiede in eingesetzten Substanzen wie ablaufenden Prozessen von denen in Systemen mit wäss-

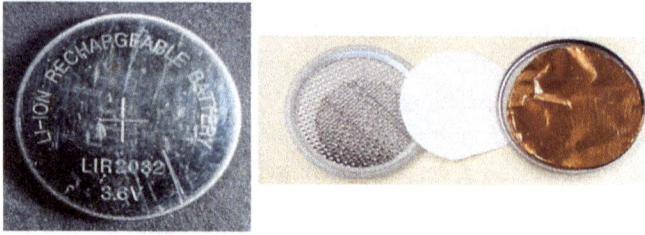

Abb. 4.28: Komponenten eines Lithiumionen-Akkumulators mit einer kompletten Zelle.

rigen Systemen; einige Phänomene sind in Abb. 4.29 schematisch dargestellt. An der negativen Elektrode kann es durch Interkalation teilweise solvatisierter Lithiumionen zur Exfoliation des Graphites, d. h., der mechanischen Desintegration, kommen. Die durch Interkalation bewirkte Volumenexpansion von ca. 10 %, die zudem nicht gleichmäßig über die Partikel des Elektrodenmaterials verteilt erfolgt, sondern oberflächennah ausgeprägter als im Innere sind, führt zu Schäden an der SEI und in der Folge zur Bildung weiterer SEI mit entsprechenden Verlusten von Zellinventar, das in der Folge zur Ladungsspeicherung nicht mehr zur Verfügung steht. Zudem verschlechtern die Volumenveränderungen den für den Stromtransport wichtigen Kontakt zwischen den Partikeln untereinander und mit dem Stromableiter.

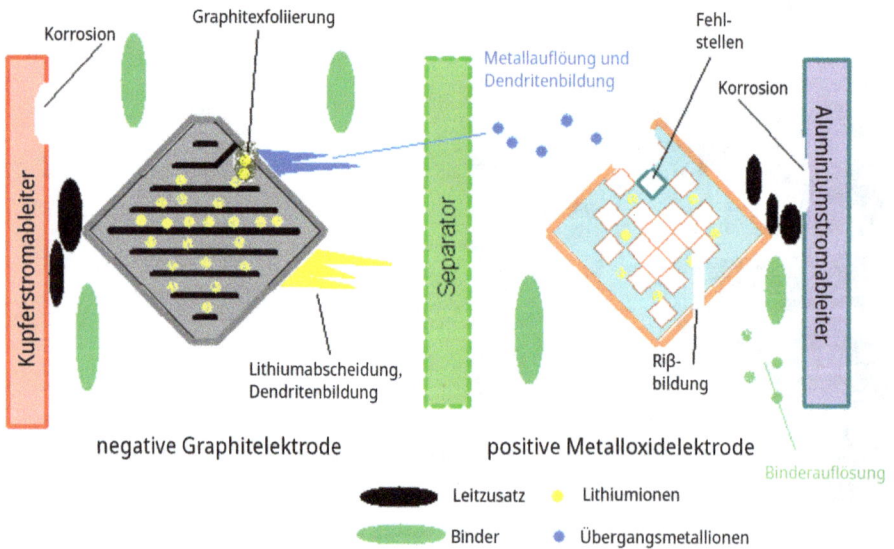

Abb. 4.29: Übersicht zu Alterungsprozessen in einem Lithiumionen-Akkumulator.

Auch wenn Entstehung und chemische Zusammensetzung der Deckschicht auf der positiven Elektrode anders als die auf der negativen sind werden ähnliche Effekte wegen Volumenänderung beobachten. Korrosion bei unzureichendem Schutz der als Stromableiter dienenden Aluminiumfolie durch Passivschichten beeinträchtigt den elektronischen Stromfluss und seine gleichmäßige Verteilung. Schließlich kann der mikroporöse Separator durch isolierende Reaktionsprodukte verstopft werden. Die genannten Prozesse führen in der Regel zu einer Erhöhung des Zellinnenwiderstands und damit zu Minderung der Leistungsfähigkeit.

Auf die beiden Formen der Alterung haben äußere Betriebsparamater erheblichen Einfluss. Beispielhaft ist dies für die Betriebstemperatur bei kontinuierlichem Laden/Entladen mit der Angabe des SoH in Abb. 4.30 gezeigt. Der state-of-health gibt dabei an, wieviel von der nominellen Zellkapazität noch zur Verfügung steht.

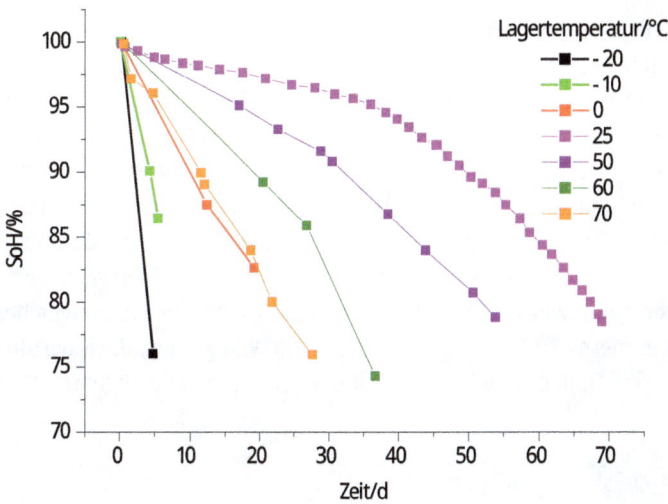

Abb. 4.30: SoH bei kontinuierlichem Laden/Entladen einer Lithiumionen-Zelle bei verschiedenen Temperaturen.

Offenbar ist der Betrieb der Zelle bei Raumtemperatur der Lebensdauererwartung besonders zuträglich.

4.5.3 Wiederaufladbare Metall/Luft-Systeme

Metall-Luft-Akkus haben eine sehr hohe Energiedichte, und ihre Kosten können vielversprechend niedrig sein. Sie werden naheliegend zu wiederaufladbaren Systemen weiterentwickelt. Sie werden hier in einem eigenen Abschnitt vorgestellt, weil sie Merkmale einer Brennstoffzelle (die Sauerstoffelektrode, s. Abschn. 5.4.2) und einer Batterie (die negative Elektrode) vereinen. Während die positiven Elektroden hauptsächlich auf den Reaktionen von (reinem oder aus der Luft stammendem) Sauerstoff beruhen, können die negativen Elektroden unterschiedlich sein. Dazu gehören Li, Na, Mg, Al, Ca, Fe und Zn. Hier werden nur die Li/Luft-, Na/Luft- und Zn/Luft-Akkumulatoren behandelt.

Wiederaufladbare Li/Luft-Akkumulatoren

Li/Luft-Akkus können mit nichtwässrigen Elektrolytlösungen sowie als nichtwässrige/wässrige Hybridzelle und in weiteren Varianten konzipiert werden.

Bei einer nichtwässrigen Li/Luft-Batterie ist die Zellreaktion

$$2\,Li + O_2 \underset{\text{Ladung}}{\overset{\text{Entladung}}{\rightleftharpoons}} Li_2O_2. \tag{4.79}$$

Die theoretische Zellspannung beträgt 2,9 V. Die tatsächlichen Prozesse sind sehr kompliziert und noch nicht vollständig geklärt. Ihre Leistung hängt hauptsächlich vom Elektrolyten und dem Katalysator für die positive Elektrode ab. Die Überpotentiale sind bei den Lade- und Entladevorgängen mit Übergangsmetalloxiden als Katalysatoren sehr groß. Daraus wurde gefolgert, dass Gold oder andere Edelmetalle eine bessere Wahl sind. Die durchschnittliche Spannungsdifferenz zwischen dem Lade- und Entladevorgang nur etwa 1,0 V, und das Zyklusverhalten ist sehr gut. Ähnlich wie bei der Modifikation von Lithium-Ionen-Batterien kann der nichtwässrige Elektrolyt in einen gelartigen Polymerelektrolyten überführt werden. Es gab zwar einen Bericht über die mögliche praktische Energiedichte dieses Systems, die bei etwa 3.000 Wh·kg^{-1} lag, doch beruht dies nur auf Berechnungen. In der Tat gibt es noch keine praktischen verfügbaren Daten.

Zn/Luft-Akkumulatoren

Zink-Luft-Batterien sind preiswert, sicher und umweltfreundlich, haben eine hohe Energie- und Leistungsdichte, sind wirtschaftlich und eignen sich ideal für ein breites Spektrum von Anwendungen. Es gibt drei Arten von wiederaufladbaren Zn/Luft-Zellen: elektrochemisch, mechanisch und hydraulisch wiederaufladbar. Hier wird nur auf die erste Art eingegangen.

Sie funktionieren in alkalischen KOH-Lösungen, und die Zellreaktion ist

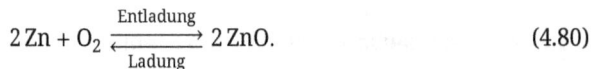

$$2\,Zn + O_2 \underset{\text{Ladung}}{\overset{\text{Entladung}}{\rightleftharpoons}} 2\,ZnO. \tag{4.80}$$

Sicherlich sind die tatsächlich ablaufenden Reaktionen nicht so einfach. Das Produkt der Oxidation von Zn in KOH-Lösung ist $Zn(OH)_4^{2-}$. Bei hoher Konzentration zersetzt es sich und fällt als ZnO unter Freisetzung von OH$^-$ aus. Die theoretische Ausgangsspannung beträgt 1,65 V. Die elektrochemische Leistung hängt von der negativen Zinkelektrode, der positiven Luftelektrode (Gasdiffusionsschicht, Porosität und Katalysator), dem Elektrolyten und der Zusammensetzung der Luft ab. Die Luftelektrode, insbesondere der Katalysator, ist jedoch von entscheidender Bedeutung, da bei der Reduktion und Entwicklung von O_2 davon ausgegangen wird, dass vier Elektronen übertragen werden (siehe unten),

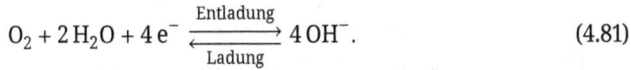

$$O_2 + 2\,H_2O + 4\,e^- \underset{\text{Ladung}}{\overset{\text{Entladung}}{\rightleftarrows}} 4\,OH^-. \tag{4.81}$$

Folglich sollten die Katalysatoren bifunktional sein, d. h., sie sollten sowohl die Sauerstoffreduktionsreaktion als auch die Sauerstoffentwicklungsreaktion effizient katalysieren. Zu den effizienten Katalysatoren gehören bisher Katalysatoren auf Edelmetallbasis wie Platin, Iridium, Silber, Gold und deren Legierungen, Übergangsmetalloxide und Hybridmaterialien. Edelmetalle verhindern die Realisierung und breite Vermarktung aufgrund der extrem hohen Kosten und der mangelnden Langzeitbeständigkeit. Unter den Übergangsmetalloxiden zeigen Materialien mit Perowskit-Struktur wie La_2NiO_4 eine hohe Aktivität sowohl bei der Sauerstoffreduktion als auch bei der Sauerstoffentwicklung in wässriger 6 M KOH-Lösung.

Die Zinkelektrode ist mit den schwerwiegenden Problemen der Wasserstoffentwicklung (Korrosion und Selbstentladung), Dendritenbildung und schlechtes Zyklenverhalten belastet.

4.5.4 Festelektrolytbatterien

Die in Abschn. 4.4.3 zusammengefassten Beweggründe für die Arbeiten an Batterien mit festen Elektrolyten gelten natürlich auch für Sekundärbatterien. Ihre große Verbreitung allem in großen Zellformaten rücken die Sicherheitsargumente noch prominenter in den Vordergrund. Naheliegend stehen zunächst als feste Ionenleiter, d. h., als Festelektrolyt, geeignete Materialien im Mittelpunkt des Interesses. Ausreichende ionische Leitfähigkeit bei der geplanten Einsatztemperatur ist Grundvoraussetzung für eine Anwendung. Dabei spielt weniger die spezifische Leitfähigkeit die entscheidende Rolle, sondern der tatsächliche Leitwert einer ggfs. sehr dünnen Elektrolytschicht bei Fortfall des bei flüssigen Elektrolytlösungen nötigen Separators. Als zweite, vermutlich ähnlich gewichtige Herausforderung, die in der Literatur offenbar oft ignoriert wird, ist die Herstellung einer ausreichend großen Grenzfläche zwischen einem meist porösen Elektrodenmaterial und einem Festelektrolyten hinzugetreten. Es reicht offenbar nicht aus, die Leitfähigkeit eines zwischen zwei polierte Edelstahlelektroden gepressten Festelektrolytfilms zu messen und als wissenschaftlichen Durchbruch mitzuteilen.

Als ionenleitende Festelektrolyte wurden im Hinblick auf eine Anwendung in Batterien sowohl organische wie anorganische Materialien untersucht. Ein direkter Vergleich von flüssigen Elektrolytlösungen und Festelektrolyten wie mitunter in der Fachliteratur mit dem eindrucksvollen Fazit unternommen, dass spezifische Energie im ersten Fall gering (!), im zweiten Fall dagegen hoch und klein bei hoher Effizienz wegen Mobilität nur eines Ions sei, wird zweckmäßig nicht versucht. Stattdessen werden typische Materialien und Entwicklungstendenzen, vor allem aber Ansätze zur Lösung des zweiten Problems vorgestellt.

Anorganische Ionenleiter lassen sich fünf Verbindungsfamilien zuordnen:

1. Perowskite, wie $(Li,La)TiO_3$
2. Granate, wie $Li_5La_3M_2O_{12}$ (mit M = Übergangsmetall)
3. Meist amorphe Gläser aus Lithiumnitriden, -sulfiden, -boraten oder -phosphaten, wie Lithiumphosphoroxidnitrid LiPON
4. Superionenleiter vom LISICON-Typ: $LiM_2(PO_4)_3$ (M = Ti^{IV}, Zr^{IV}, Ge^{IV})
5. Lithiumsalze, wie LiI (s. Abschn. 4.4.3 in der Li/I_2-Batterie)

Die Verfahren der Herstellung der diversen Materialen sind für die anorganische Festkörperchemie typisch. Etwas unrealistisch erscheint der schlichte Hinweis, dass sich Festelektrolyte gut verpressen lassen. Dies mag im Einzelfall ein Material von anderen oft spröden und bruchgefährdeten Materialien abheben, und es ist auch bei Verwendung einer Lithiummetallelektrode – dem aktuellen Fokus der Arbeiten – denkbar. Wie damit allerdings eine poröse Elektrode mit dem Festelektrolyt in engen Kontakt gebracht werden soll, bleibt schleierhaft. Das Problem ist stark vereinfacht und schematisch in Abb. 4.31 illustriert.

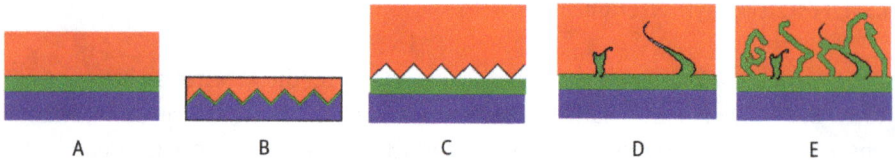

Abb. 4.31: Phasengrenzen zwischen Phasen mit glatten und rauhen Oberflächen, ▮ positive Elektrode; ▮ Elektrolyt; ▮ negative Elektrode.

Auf eine planare Lithiumelektrode kann durch Dampfphasenabscheidung oder ein anderes geeignetes Verfahren ein Elektrolyt aufgebacht werden, auf dem wiederum die positive kompakte und nicht-poröse positive Elektrode aufgebracht wird. Bei ausreichend schnellen Elektrodenreaktionen, hier der anodischen Lithiumauflösung, dem Übertritt der Lithiumionen in den Festelektrolyt, dem Übertritt in die positive Elektrode verbunden mit Redoxprozessen in dieser Elektrode, und vor allem bei nur kleinen Stromdichten j (Strom pro Fläche: $j = I/A$) mag dies ausreichen (Abb. 4.31 A). Bereits bei der in Abschn. 4.4.3 vorgestellten Li/I_2-Batterie hat man aber das Lithiumblech der negativen Elektrode zur Vergrößerung der wahren Oberfläche mechanisch aufgerauht – und die pastöse Masse der positiven Elektrode aufgegossen. (Abb. 4.31 B). Die dünne

Schicht des eigentlichen LiI-Elektrolyten ist im Bild wiederum nur als grüne Linie erkennbar. Die Phasengrenzfläche A ist um ein Mehrfaches größer als im Ausgangsfall (links: A), damit sinkt die Stromdichte und die mit der Stromdichte gemäß der Butler-Volmer-Gleichung der Elektrodenkinetik entstehenden Überpotentiale. Sie machen sich als verkleinerte Zellspannung unerwünscht bemerkbar.

Sind dagegen Elektrolyt und positive Elektrode harte Festkörper (Abb. 4.31 C), sind bereits im Schema die wenigen Kontaktpunkte oder –flächen erkennbar. Entsprechend hoch wäre die Stromdichte und wären die Überpotentiale, und entsprechend klein wäre die Zellspannung. Dies ist ein aus der Arbeit mit Festelektrolyten und porösen Elektroden leidlich bekanntes Problem. Innere Porosität ist der Einfachheit halber in Abb. 4.31 noch gar nicht berücksichtigt. Verpressen – wie vorgeschlagen – dürfte keine Lösung sein. Bereits das simple Schema lässt Schlimmes befürchten, im besten Fall gelangt man zu der bereits im Bild links gezeigten planaren Grenzfläche. Phasengrenzflächen an inneren Oberflächen in einer porösen Elektrode kommen gar nicht erst zustande, die Porosität wäre vermutlich zerquetscht. In Abb. 4.31 D ist der Wunsch formuliert: Der Festelektrolyt erreicht das Poreninnere, und die stark simplifizierte Porenstruktur ist nicht zerstört. Zu den zahlreichen Ansätzen zählen die Verwendung von Mischungen aus der aktiven Elektrodenmasse und dem Elektrolyt. Dies wird in Abb. 4.31 E angedeutet.

Organische Festelektrolyte gehen meist von bekannten Polymeren aus. Abbildung 4.32 zeigt eine kleine Auswahl.

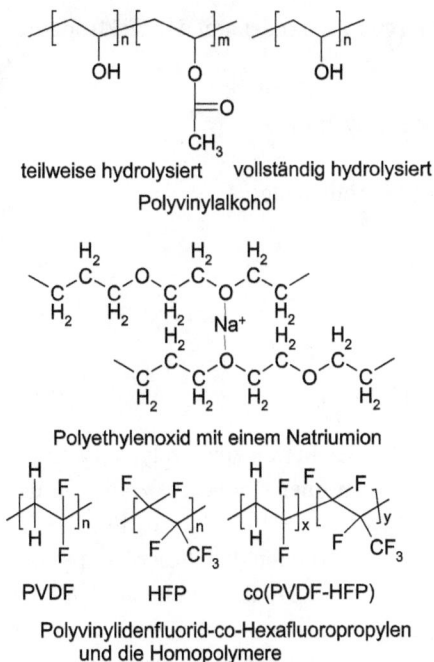

teilweise hydrolysiert   vollständig hydrolysiert

Polyvinylalkohol

Polyethylenoxid mit einem Natriumion

PVDF   HFP   co(PVDF-HFP)

Polyvinylidenfluorid-co-Hexafluoropropylen
und die Homopolymere

Abb. 4.32: Eine Auswahl organischer Festelektrolyte.

Für die Ausbildung ausreichend großer Grenzflächen und den Erhalt poröser Strukturen gelten die bereits für anorganische Festelektrolyte vorgetragenen Überlegungen.

4.5.5 Hochtemperaturbatterien

Einige potentiell aktive Materialien (z. B. Schwefel) sind aufgrund ihres natürlichen Vorkommens, ihrer Umweltverträglichkeit, ihres niedrigen Preises und ihrer großen Coulomb-Kapazität attraktiv, können aber in festem Zustand, d. h., bei Umgebungstemperatur, nicht verwendet werden, vor allem wegen ihrer mangelnden elektrischen (elektronischen oder ionischen) Leitfähigkeit. Einige Metalle (z. B. Lithium, Natrium oder Kalium) mit sehr negativen Elektrodenpotentialen (s. Tabelle 4.2) sind auch wegen ihrer großen gravimetrischen oder volumetrischen Ladungsspeicherdichte (Coulomb-Kapazität; s. Tabelle 4.3) interessant, können aber wegen ihrer hohen Reaktivität nicht mit wässrigen Elektrolytlösungen verwendet werden. Folglich müssen nichtwässrige aprotische Elektrolyte (Lösungen oder Feststoffe) bei ausreichend hohen Temperaturen verwendet werden, um die durch die schlechte Leitfähigkeit bei Raumtemperatur bedingten Einschränkungen zu überwinden. Systeme, die bei Raumtemperatur oder nur geringfügig darüber arbeiten, wurden in den vorangegangenen Abschnitten behandelt.

Natrium-Schwefel-Batterie
Geschmolzenes Natrium wird als negative Elektrode verwendet, mit der Elektrodenreaktion

$$Na \rightleftharpoons Na^+ + e^- \quad (E_{00} = -2{,}71\,V), \tag{4.82}$$

während geschmolzener Schwefel die positive Elektrode bildet,

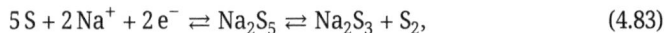

$$5\,S + 2\,Na^+ + 2\,e^- \rightleftharpoons Na_2S_5 \rightleftharpoons Na_2S_3 + S_2, \tag{4.83}$$

und der vereinfachten Zellreaktion

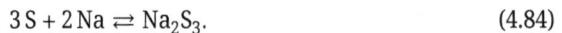

$$3\,S + 2\,Na \rightleftharpoons Na_2S_3. \tag{4.84}$$

Als Festelektrolyt wird ein Natriumionen leitender Keramikelektrolyt verwendet; die Betriebstemperatur liegt mit $T = 350\,°C$ deutlich über den Schmelzpunkten der beiden aktiven Massen ($T_{mp,Schwefel} = 115{,}2\,°C$, $T_{mp,Natrium} = 97{,}8\,°C$). Dies führt zu einer ausreichenden Ionenleitfähigkeit des Keramikelektrolyten (bei dieser Temperatur liegt der Ionenwiderstand von Beta-Aluminiumoxid $\kappa = 5\text{–}6\,\Omega$ cm nahe an den Werten, die für flüssige wässrige Elektrolytlösungen gefunden werden). Derzeit wird nur Beta-Alumina, insbesondere die β- oder (genauer) β″-Alumina-Phase, verwendet. Andere Phasen wie α-Alumina sind ionisch isolierend. Zunächst wurde NASICON (ein dreidimensionaler Ionenleiter auf der Grundlage eines Gerüsts mit der formalen Zusammensetzung $Na_{1+x}Zr_2P_{3-x}Si_xO_{12}$ ($0 \leq x \leq 3$), der in einer stark Natriumionen leitenden Form hergestellt werden kann) als Festelektrolyt untersucht. Dies hat zu einem Namen für die Batterie geführt: Natrium-Beta-Batterie.

NASICON wird aus Na_2CO_3, $NaNO_3$, $NaOH$ und Al_2O_3 bei 1770 K hergestellt. Es ist eine nicht-stöchiometrische Verbindung mit der ungefähren Zusammensetzung $Na_2Al_{22}O_{34}$ oder $Na_2O \cdot 11\,Al_2\,O_3$. Die Kristalle bilden eine geschichtete (zweidimensionale) Struktur (siehe Abb. 4.33). Spinellartige, dichte Schichten aus Aluminium- und Sauerstoffatomen (1123 pm dick) sind durch Sauerstoffatome in kaum besetzten Ebenen miteinander verbunden. Natriumionen können sich in diesen Zwischenschichten relativ frei bewegen.

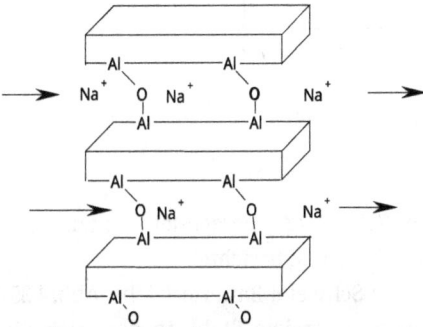

Abb. 4.33: Vereinfachte Festkörperstruktur von β''-Aluminiumoxid und Mechanismus der Natriumionenleitung.

Natrium wird am β''-Aluminiumoxid-Elektrolyten oxidiert und wandert anschließend als Ion durch den Elektrolyten und reagiert mit Schwefel, wobei zunächst Natriumpentasulfid entsteht. Dieses ist mit dem geschmolzenen Schwefel nicht mischbar; es bildet sich also ein zweiphasiges Flüssigkeitsgemisch. Nachdem der gesamte freie Schwefel in der Elektrodenreaktion verbraucht wurde, wird das Pentasulfid umgesetzt, was sich in einer Änderung von x in der Stöchiometrie des Polysulfids Na_2S_{5-x} zeigt. Eine Leerlaufspannung $U_0 = 2{,}076\,V$ bei $T = 300\,°C$ wurde für eine vollgeladene Zelle angegeben; eine Nennspannung $U_0 = 2{,}1\,V$ und eine Entladeschlussspannung $U_0 = 1{,}5\,V$ werden angegeben, wobei eine Spannung von $U_0 = 1{,}74\,V$ einem Polysulfid der Zusammensetzung Na_2S_3 entspricht. Die Spannung der offenen Zelle $U_0 = 2{,}076\,V$ bleibt während der Entnahme von etwa 60–75 % der Kapazität konstant, solange sowohl Schwefel als auch das Pentasulfid vorhanden sind. Sobald der Schwefel verbraucht ist, wird ein linearer Spannungsabfall beobachtet, der der sich ändernden Zusammensetzung des Polysulfids Na_2S_{5-x} entspricht (weitere Einzelheiten und experimentelle Beobachtungen siehe unten). Die komplizierte Beziehung zwischen der Stöchiometrie des Natrium(poly)sulfids und seinem Schmelzpunkt zeigt das vereinfachte Phasendiagramm in Abb. 4.34.

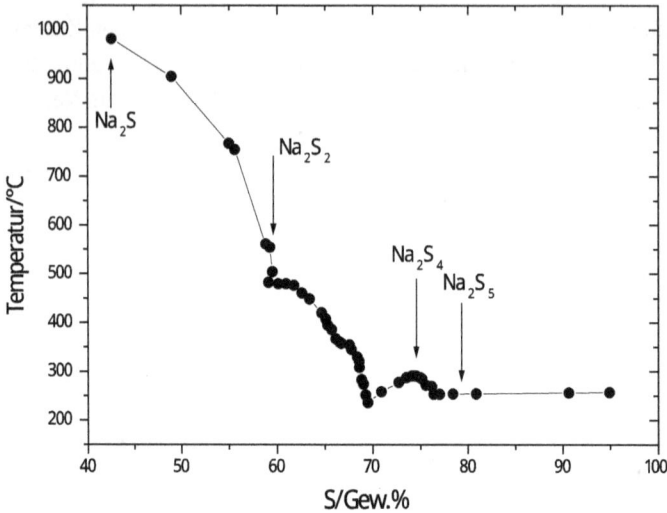

Abb. 4.34: Vereinfachtes Phasendiagramm des Systems Na_2S-S.

Theoretisch kann eine spezifische Energie von 755 Wh·kg^{-1} berechnet werden. 2008 wurde ein praktischer Wert von 755 Wh/kg^{-1} bei $T = 350\,°C$ berichtet.

Der schematische Querschnitt einer Natrium-Schwefel-Batterie (siehe Abb. 4.35) zeigt ein Gehäuse aus oberflächenbeschichtetem rostfreiem Stahl, in dem sich die geschmolzene Schwefelelektrode befindet, die als positive Elektrode dient. Das feste keramische Elektrolytrohr ist an einem ionisch wie elektronisch isolierenden Material befestigt, das wiederum zwischen der Oberkante des Behälters und einer Kappe angebracht ist. Im Inneren der Kappe wird ein Inertgasdruck aufrechterhalten, der bei allen Lade- und Entladezuständen flüssiges Natrium im Spalt zwischen dem Metalleinsatz und dem Elektrolyten hält.

Der keramische Festelektrolyt β''-Al$_2$O$_3$, der als fast ausschließlich als Ionenleiter für Natriumionen fungiert, wirkt auch als ausgezeichneter Separator zwischen den Elektroden. Er verhindert wirksam die Selbstentladung und unterstützt einen sehr hohen (praktisch 100 %) Coulombschen Wirkungsgrad. Wie weiter unten im Detail erläutert, wird er fast nur in Form eines geschlossenen Rohrs hergestellt.

Der becherförmige Festelektrolyt ist an einer Halteplatte befestigt, die auf isolierenden Materialien montiert ist, die das Zellengehäuse und den Zellendeckel trennen. Der Deckel ist mit dem Einsatz verbunden und dient als Minuspol der Zelle, der metallische Einsatz als Stromkollektor und als Sicherheitseinrichtung: Der Nachschub von flüssigem Natrium im Inneren des Einsatzes ist mit der recht begrenzten Menge an flüssigem Metall im Spalt zwischen der Außenfläche des Einsatzes und dem Festelektrolyten nur durch ein Loch an seinem Boden verbunden. Im Falle eines Bruchs des Elektrolyts oder der Dichtung ist die Menge an flüssigem Natrium, die mit dem geschmolzenen Schwefel/Sulfid hochexotherm reagieren kann (bei dieser Reaktion wurden Temperaturen von

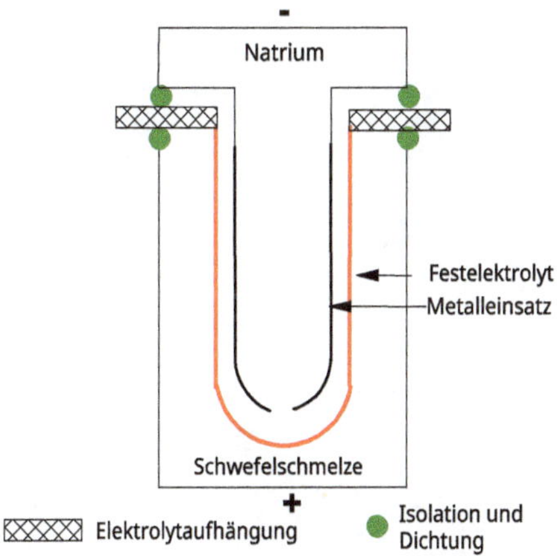

Abb. 4.35: Schematischer Querschnitt durch eine Natrium-Schwefel-Batterie.

bis zu 2.000 °C beobachtet), somit begrenzt. Dieses Zelldesign wird als zentrales Natrium bezeichnet.

Die positive Elektrode besteht aus geschmolzenem Schwefel. Die Stromsammlung wird durch Hinzufügen einer Schicht aus gepresstem Kohlenstoff oder Graphitfilzmatten in das Elektrodenvolumen erreicht. Die eher geringe elektronische Leitfähigkeit von geschmolzenem Schwefel wird durch den Zusatz von Tetracyanoethylen (C_6N_4) verbessert; dieser Zusatz verbessert auch die Elektrodenkinetik.

Der Stahlbehälter ist in der Regel auf der Innenseite mit einer chromhaltigen Schicht beschichtet, die dem korrosiven Angriff des geschmolzenen Schwefels/Sulfids standhält. Aluminiumoxid ist ebenfalls resistent gegen diese Schmelze, wurde aber in den veröffentlichten Studien wegen der Passivierung nicht verwendet.

Es werden zwei Arten von Dichtungen benötigt: eine Dichtung, um den ionisch leitenden Elektrolyten mit einem ionischen Isolator (α-Aluminiumoxid) zu verbinden, und eine weitere, um diesen Isolator mit den metallischen Behälterteilen zu verbinden. Die erste Dichtung besteht aus einem gegenüber Natrium, Schwefel und Polysulfiden stabilen Glas mit einem Wärmeausdehnungskoeffizienten, der dem von Alumina ähnelt, während die zweite Metall-Keramik-Dichtung eine Form von mechanischer oder Thermokompressions-Bindung verwendet.

Offensichtlich hängt die Zellspannung wie in Abb. 4.36 gezeigt nicht sehr stark vom Lade-/Entladezustand ab. Allerdings nimmt gegen Ende der Ladung, d. h., der Ladezustand strebt 0 % zu, der Zellinnenwiderstand unerwünscht vor allem wegen der Ablagerung von isolierendem Schwefel an der positiven Elektrode stark zu. Dies kann bei Serienschaltung von mehreren Zellen zu unerwünschten Betriebszuständen bis zu Schäden am Festelektrolyt führen.

Je nach Entladerate wurde ein Wirkungsgrad von etwa 75 % erreicht. Die Selbstentladung des Systems, d. h., einschließlich des Energieaufwands zur Temperaturhaltung

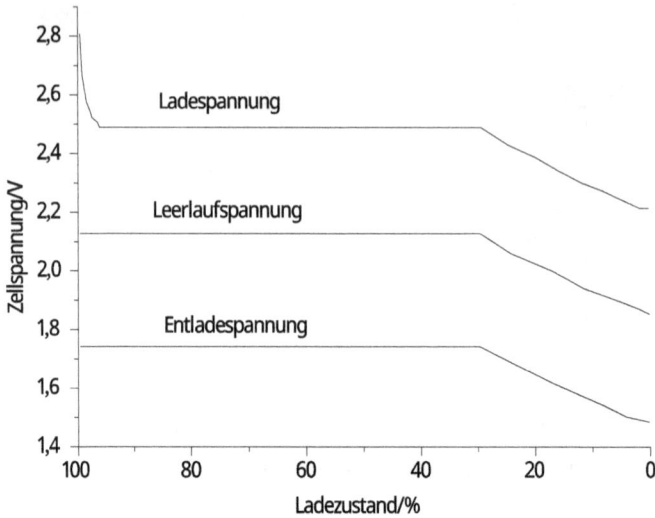

Abb. 4.36: Veränderung der Ruhespannung und der Betriebsspannung während des Ladens und Entladens bei einem Strom von 40 A bei $T = 310\,°C$. Datenquelle: ABB für Zelltyp A08.

(thermische Selbstentladung), belief sich auf etwa 20 % pro Tag. Derzeit werden diese Systeme ausgiebig in stationären Anwendungen getestet. Kapazitätsverluste von ca. 1,3 % p. a. bei Effizienzverlusten von 0,2 % p. a. wurden berichtet. In einem Testfahrzeug (BMW E1) war 1991 eine Natrium-Schwefel-Batterie für eine Reichweite von ca. 200 km eingebaut. Nach Zerstörung dieses Prototyps durch einen Brand wurde dieses Konzept nicht weiterverfolgt. Es wurde vielmehr 1993 ein ähnliches Fahrzeug mit einer Natrium-Nickelchlorid-Batterie (s. u.) mit einer Reichweite von bis zu 265 km vorgestellt.

Natrium-Nickelchlorid-Batterie

Bei diesem System, das auch als Zebra-Batterie (zero-emission battery research activity, oder zeolite battery research Africa) bekannt ist, werden eine negative Natrium- und eine positive Nickelchlorid-Elektrode verwendet. Die Reaktionen der Elektroden während der Entladung sind wie folgt:

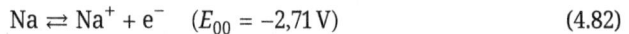

$$Na \rightleftarrows Na^+ + e^- \quad (E_{00} = -2{,}71\,V) \tag{4.82}$$

an der negativen Elektrode und an der positiven Elektrode,

$$NiCl_2 + 2Na^+ + 2e^- \rightleftarrows 2Ni + 2NaCl. \tag{4.85}$$

Die Zellreaktion ist damit

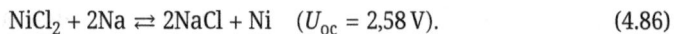

$$NiCl_2 + 2Na \rightleftarrows 2NaCl + Ni \quad (U_{oc} = 2{,}58\,V). \tag{4.86}$$

Bei der Betriebstemperatur von 250–350 °C ist Natrium flüssig. Es wird ein fester natriumleitender Elektrolyt β''-Alumina (s. o.) verwendet. Grundsätzlich können verschiedene Übergangsmetallchloride verwendet werden; die temperaturabhängigen Leerlaufspannungen der jeweiligen Zellen zeigt Abb. 4.37.

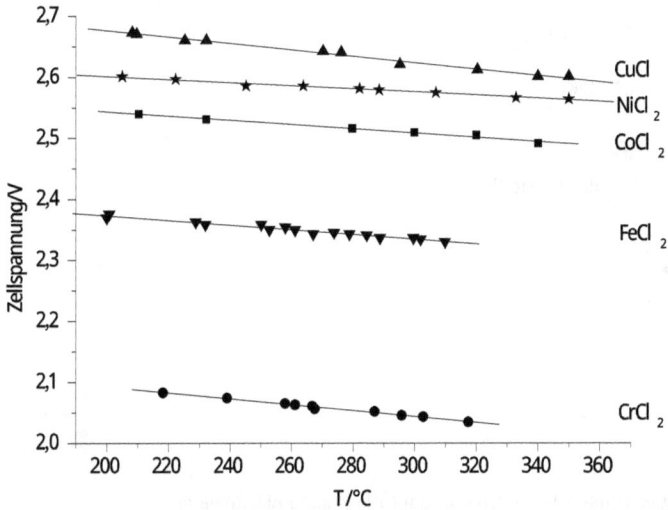

Abb. 4.37: Experimentelle Leerlaufspannungen von Natrium-Übergangsmetall-Chlorid-Akkumulatoren.

Die Zellreaktion mit Eisenchlorid verläuft wie folgt:

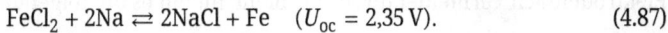

$$FeCl_2 + 2Na \rightleftarrows 2NaCl + Fe \quad (U_{oc} = 2{,}35 \text{ V}). \tag{4.87}$$

Eisen- und Nickelchlorid weisen eine ausreichend schnelle Elektrodenkinetik auf, die den Einsatz in Hochleistungsakkumulatoren ermöglicht. Obwohl Eisenchlorid billiger ist, konzentrierte sich die Entwicklung auf Nickelchlorid, weil es nur einen Oxidationszustand aufweist und eine höhere Leerlaufspannung und gravimetrische Leistungsdichte hat. Da diese Chloride bei der Betriebstemperatur fest sind, wird ein Zwischenelektrolyt aus geschmolzenem Salz benötigt. Es wird das Doppelsalz NaCl-AlCl$_3$ (T_{mp} = 155 °C) verwendet. Bei einem Molverhältnis von 1:1 sind die Metallchloride praktisch unlöslich, sodass Kapazitätsverluste und Selbstentladung, wie sie bei anderen Systemen (z. B. Lithium/Eisensulfid) auftreten, vermieden werden. Beim Befüllen der Zelle erwies sich die Handhabung von wasserfreiem Nickelchlorid und metallischem Natrium als unpraktisch. Daher wird eine vollständig entladene Zelle mit Nickel- und Natriumchlorid aufgebaut. Das benötigte Natrium und Nickelchlorid werden einfach während der ersten Ladung erzeugt. Metallfolien, die mit dem β-Aluminiumoxid-Elektrolyten in Kontakt sind, werden als Elektroden für die Natriumionenreduktion eingesetzt. Die positive

Elektrode ist in der Mitte plaziert; so konnte teurer vernickelter Stahl als Zellbehälter vermieden werden. Einen Querschnitt durch eine Zelle zeigt Abb. 4.38.

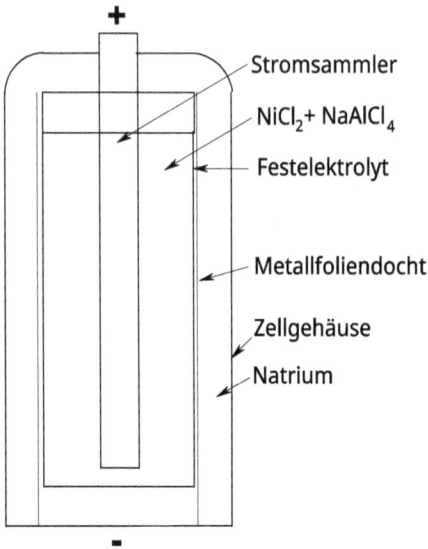

Abb. 4.38: Schematischer Querschnitt durch einen Natrium-Nickelchlorid-Akkumulator.

Ein Teil des Natriums kann im negativen Elektrodenraum eingeschlossen werden, was die Kapazität der Zelle begrenzt und einen plötzlichen Abfall der Zellspannung gegen Ende der Entladung verursacht. Die Zugabe von Aluminiumpulver in das positive Elektrodenfach vermeidet dieses Problem, indem es die folgende Reaktion ermöglicht:

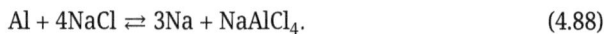

$$Al + 4NaCl \rightleftarrows 3Na + NaAlCl_4. \tag{4.88}$$

Diese Elektrode führt zu einer anderen Zellspannung von 1,58 V. Aluminium wird aufgelöst und hinterlässt feine Poren, die den Stofftransport in der Zelle verbessern. Zur Stabilisierung der Nickelkorngröße wird Eisensulfid zugesetzt. Ohne dieses Additiv wachsen die Nickelkörner trotz der geringen Löslichkeit von $NiCl_2$ in $NaAlCl_4$ (7×10^{-4} mol·kg^{-1} bei 250 °C); es wurde ein Wachstum von anfänglich 1–2 auf >40 µm nach 50 Zyklen beobachtet. Dies führt zu einem erheblichen Kapazitätsverlust. Zugesetzter Schwefel wird an der Oberfläche der Nickelkörner adsorbiert und behindert die weitere Nickelabscheidung. Diese Zusätze führen zu der in Abb. 4.39 gezeigten sichtbar veränderten Entladungskurve gegen Ende der Entladung.

Natriumtetrachloraluminat ist nur bis ca. 1,5 V stabil, und daher wird es während des Ladevorgangs nach folgender Formel zersetzt:

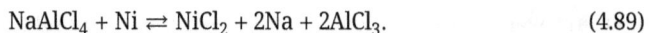

$$NaAlCl_4 + Ni \rightleftarrows NiCl_2 + 2Na + 2AlCl_3. \tag{4.89}$$

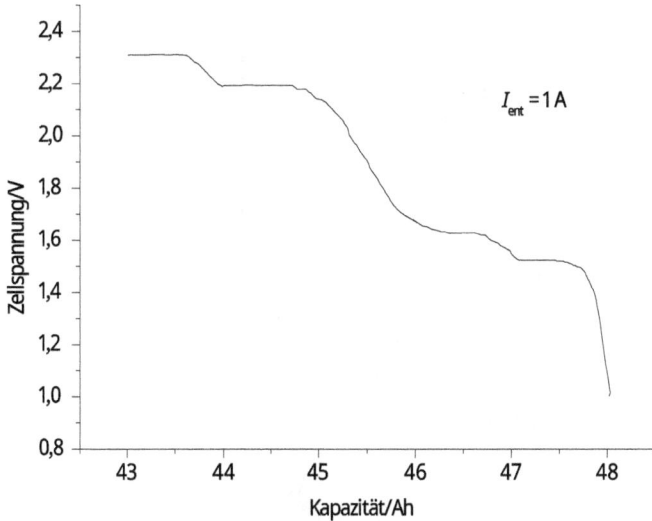

Abb. 4.39: Entladungskurve eines Natrium-Nickelchlorid-Akkumulators am Ende der Entladung.

Dies geschieht bei Überladung anstelle einer denkbaren Chlorentwicklung aufgrund des großen stöchiometrischen Überschusses an Nickel (etwa das Dreifache) in der positiven Elektrode. Dieses zusätzliche Nickel wird benötigt, um eine ausreichende elektronische Leitfähigkeit aufrechtzuerhalten. Obwohl es das Gewicht des Systems erhöht, ist die Nickelmenge pro Kilowattstunde immer noch geringer als bei Nickel-Metallhydrid- (etwa 1/3) und bei Nickel-Cadmium-Zellen. Der Zusatz von Natriumfluorid hält den Innenwiderstand der Zelle niedrig.

Eine Reihe typischer Lade-/Entladekurven eines Natrium-Eisenchlorid-Akkumulators mit einer Nennkapazität von 7,7 Ah zeigt Abb. 4.40.

Das ursprüngliche Zelldesign basierte auf dem der Natrium-Schwefel-Zelle (siehe oben). Da eine flüssige Elektrode (geschmolzener Schwefel) durch einen Feststoff (ein Metallchlorid) ersetzt wurde, wurde eine zusätzliche Flüssigkeit (geschmolzenes $NaAlCl_4$) für den Natriumionentransport hinzugefügt. Die Zelle wurde mit einem einfachen röhrenförmigen Festelektrolyt konzipiert. Eine erhöhte Leistungsfähigkeit, insbesondere die Verbesserung des Leistungs-Energie-Verhältnisses, erforderte größere Kontaktflächen zwischen den Elektroden und dem Elektrolyt. Dies wurde durch einen gewundenen röhrenförmigen Festelektrolyten (kleeblattförmig; einen Querschnitt zeigt Abb. 4.41) mit etwa 40 % mehr Grenzfläche erreicht, der durch isostatisches Pressen und anschließendes Brennen in einem Gasofen hergestellt werden konnte.

Weitere Verbesserungen bei niedrigen Ladezuständen wurden erreicht, indem ein Teil des Nickels durch Eisen ersetzt wurde. Dies ist gleichbedeutend mit der Parallelschaltung einer Nickelchloridzelle mit einer Eisenchloridzelle. Wegen der niedrigeren Zellspannung der letzteren Zelle wird diese Zelle von der Nickel-Chlorid-Zelle immer vollgeladen gehalten, und erst gegen Ende der Entladung mit einer Zellspannung un-

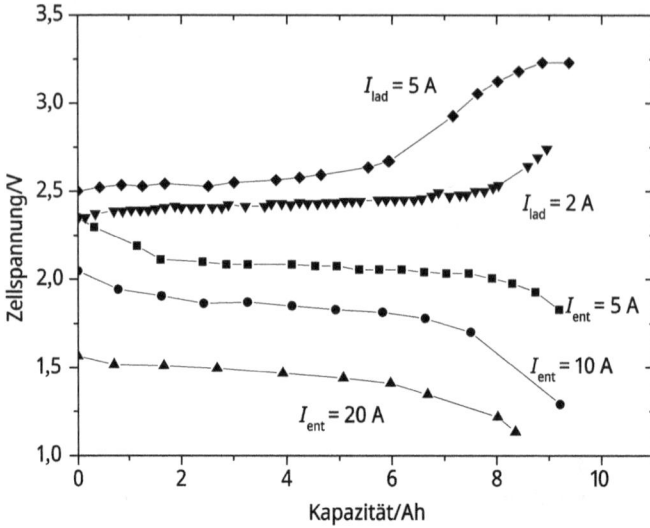

Abb. 4.40: Lade-/Entladekurve eines Natrium-Eisenchlorid-Akkumulators bei verschiedenen Strömen.

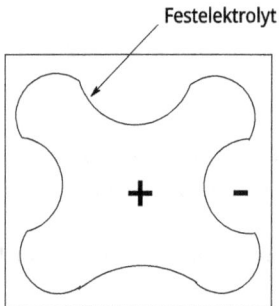

Abb. 4.41: Horizontaler Querschnitt durch einen β''-Aluminiumoxid-Festkörperelektrolyten.

ter 2,35 V wird die Eisen-Chlorid-Zelle entladen und liefert zusätzliche Leistung. Weitere Verbesserungen wurden durch den Einsatz von Kupferkern-Stromsammlern erreicht. Es wurden gravimetrische Leistungsdichten von >250 W·kg^{-1} und Energiedichten von >140 Wh·kg^{-1} berichtet.

Ein Sicherheitsaspekt, der in Diskussionen über Hochtemperaturbatterien mit sehr reaktiven Bestandteilen häufig genannt wird, betrifft das Verhalten der Zellen im Falle eines Bruchs des Festelektrolyten. In diesem Fall reagiert das geschmolzene Natrium mit NaAlCl$_4$, und es entstehen festes NaCl und metallisches Aluminium. In praktischen Zellen wird nur ein geringer Temperaturanstieg beobachtet, obwohl diese Reaktion exotherm ist. Dies ist auf die poröse Beschaffenheit der negativen Elektrode zurückzuführen. Die Gesamtreaktion erzeugt hochleitende elektronische Pfade zwischen den Stromabnehmern. Eine ausgefallene Zelle hat einen geringen Innenwiderstand, und bei einer

Reihenschaltung mit weiteren Zellen kommt es nur zu einem Spannungsabfall, aber nicht zu einem erhöhten Gesamtwiderstand.

Die Zyklenstabilität in Bezug auf die Kapazität und die abgegebene Leistung ist vielversprechend; es wurde von Modulen berichtet, die mehr als 5.000 Zyklen mit nur geringem Leistungsabfall und nahezu konstanter Kapazität sowie fünf Jahre ohne Wartung eines Batteriesatzes durchlaufen. Thermische Probleme, die durch ein Absinken der Zellentemperatur unter die Betriebstemperatur (Gefrieren/Auftauen) verursacht werden, wurden nicht festgestellt. Anwendungen in Fahrzeugen (Pkw, Busse, leichte Lkw) und in der Schiffahrt werden untersucht.

Flüssigmetall-Akkumulatoren

Ein wesentlicher Nachteil der oben erörterten Hochtemperatursysteme in Bezug auf Kosten, Leitfähigkeit und Langzeitstabilität ist der feste ionenleitende Elektrolyt. Ein Ansatz, der diese Komponente vollständig vermeidet, verwendet nur geschmolzene Materialien. Obwohl die möglichen Zellspannungen begrenzt sind, sind andere Vorteile erheblich. In einer Lithium-/Lithiumhalogenidschmelze-/Antimon + Blei-Legierung wurde eine Zellspannung um 0,8 V bei einer Betriebstemperatur von 450 °C mit 98 % Coulomb-Wirkungsgrad und 73 % Energieeffizienz beschrieben.

Die Elektrodenreaktion an der negativen Elektrode

$$\text{Li} \underset{\text{Ladung}}{\overset{\text{Entladung}}{\rightleftarrows}} \text{Li}^+ + \text{e}^- \tag{4.90}$$

und an der positiven Elektrode

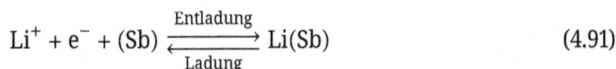

$$\text{Li}^+ + \text{e}^- + (\text{Sb}) \underset{\text{Ladung}}{\overset{\text{Entladung}}{\rightleftarrows}} \text{Li(Sb)} \tag{4.91}$$

ergeben die Zellreaktion

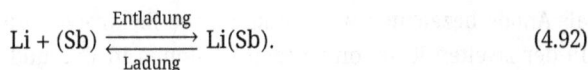

$$\text{Li} + (\text{Sb}) \underset{\text{Ladung}}{\overset{\text{Entladung}}{\rightleftarrows}} \text{Li(Sb)}. \tag{4.92}$$

Der Schmelzsalzelektrolyt ist ein Gemisch aus LiF, LiCl und LiI, und die positive Elektrode ist eine geschmolzene Legierung aus 30 Mol-% Sb und 70 Mol-% Pb. Trotz des hohen Bleianteils bestimmt die höhere Spannung des Lithium-Antimon-Paares die Zellspannung. Die wesentlich unterschiedlichen Dichten und die Unmischbarkeit der Metalle und der Salzschmelze ermöglichen den in Abb. 4.42 schematisch gezeigten einfachen Aufbau.

Die hohe Strombelastbarkeit legt Flüssigmetallbatterien als Bestandteil von Speichern zur Bereitstellung von Regelenergie nahe.

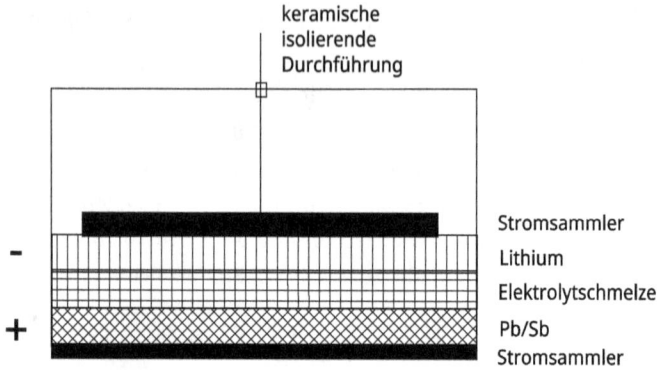

Abb. 4.42: Schematischer Querschnitt eines Akkumulators mit geschmolzenen Metallelektroden.

4.5.6 Redox-Flow-Batterien[3]

Wenn zwei chemische Verbindungen gemischt werden, die gemäß

$$2\,V^{2+} + 2\,VO_2^+ + 4\,H^+ \rightarrow 2\,V^{3+} + 2\,VO^{2+} + 2\,H_2O \tag{4.93}$$

chemisch miteinander reagieren können, wird die freie Reaktionsenthalpie der Reaktion als Wärme freigesetzt. Wenn die Reaktion in zwei Teil(elektroden)reaktionen zerlegt werden kann, ist diese Energie als elektrische Energie verfügbar,

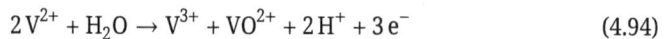

$$2\,V^{2+} + H_2O \rightarrow V^{3+} + VO^{2+} + 2\,H^+ + 3\,e^- \tag{4.94}$$

und

$$2\,VO_2^+ + 6\,H^+ + 3\,e^- \rightarrow V^{3+} + VO^{2+} + 3\,H_2O. \tag{4.95}$$

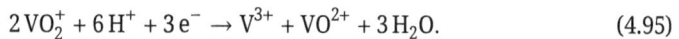

In der ersten Reaktion werden V^{2+}-Ionen in V^{3+}- und V^{4+}-Ionen gewandelt. Die Reaktion findet an einer inerten Elektrode statt, die hier Elektronen aufnimmt und daher als Anode bezeichnet werden kann. Die Elektrolytlösung wird als Anolyt bezeichnet. In der zweiten Reaktion werden V^{5+}-Ionen in V^{3+}- und V^{4+}-Ionen umgesetzt. Es handelt sich um eine Reduktion, die Elektrode heißt Kathode und die Lösung Katholyt. Der Nachschub von Edukten wird durch Pumpen der Elektrolytlösung unterstützt.

---

3 Neben Fluss- oder Flüssigbatterien gibt es weitere englischsprachige Bezeichnungen: Redox battery verzichtet auf die Erwähnung der zirkulierenden Elektrolytlösungen, redox fuel cell (Redoxbrennstoffzellen) beleuchtet die Wandlerfunktion wie in einer Brennstoffzelle. Dessen ungeachtet findet zusätzlich die Energiespeicherung in den Elektrolytlösungstanks statt. Die Bezeichnungen „flow" und „flow batteries" werden inzwischen auch auf viele andere Systeme mit zumindest in einer Halbzelle zirkulierter Elektrolytlösung angewendet.

Die Terminologie ist etwas ungenau: Der tatsächliche Elektrolyt ist das ionenleitende Material, das die beiden Halbzellen trennt und verbindet und vor allem eine Vermischung der beiden Elektrolytlösungen verhindert. Es wird eine Ionenaustauschermembran verwendet, die noch genauer betrachtet wird. Die Lösungen in den beiden Halbzellen sind dennoch Elektrolytlösungen im Wortsinn: Lösungen von Elektrolyten, den Redoxkomponenten und ggfs. weiteren die ionische Leitfähigkeit steigernden ionischen Komponenten. Ein Hauptvorteil des Konzeptes ist die Abwesenheit fester Stoff als Reaktanden (Elektrodenmassen), die beim Betrieb altern könnten oder die spezifische Morphologien benötigen, die zudem im Betrieb erhalten werden müssen um die Leistungsfähigkeit der Zelle zu erhalten (z. B. die poröse Struktur einer Bleielektrode). Allerdings neigen einige Redoxsysteme ebenfalls zur Alterung, z. B. zeigen Cr(III)-Komplexe nachteilige Hydratisomerie. Die Prozesse in den beiden Halbzelle können umgekehrt werden, elektrische Energie wird in die Batterie gespeist und als chemische Energie in den zurückgewandelten Redoxsystemen gespeichert. Das System ist also ein Akkumulator.

Dies ist das Funktionsprinzip einer 1949 erstmalig patentierten Flussbatterie. Da die Reaktanden praktisch immer Redoxsysteme sind wird auch der Begriff Redoxbatterie verwendet. Weitere Details eines Systems können ebenfalls im Namens-Akronym bezeichnet werden, so benennt VRB (all-vanadium redox bitter) eine nur mit Vanadiumverbindungen betriebene Zelle. Das Arbeitsprinzip ist in Abb. 4.43 schematisch dargestellt.

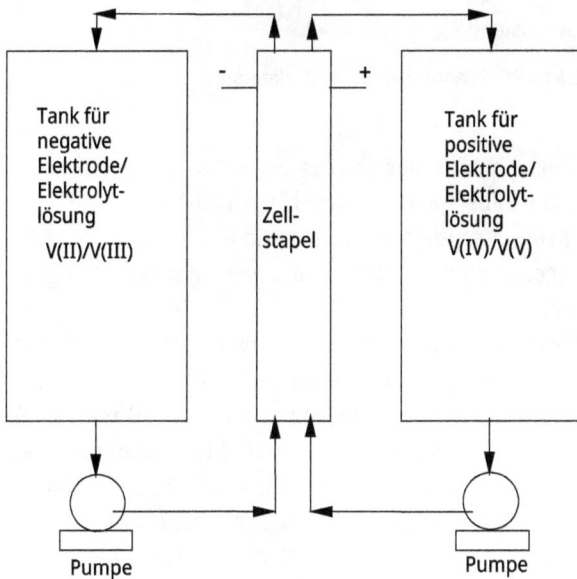

Abb. 4.43: Schema einer all-vanadium Redoxbatterie.

Die Nutzung von nur zwei Vorratsbehältern bedeutet, dass die reagierenden Redoxionen jeweils gemischt vorliegen. Entsprechend wird sich das Redoxpotential der Komponenten in den Tanks entsprechend dem Ladezustand ändern, und damit ist eine Änderung der Zellspannung verbunden. Am Beispiel der all-vanadium RFB in Abb. 4.44 zeigt sich, dass im praktischen Betriebsbereich, d. h., im Ladezustand, zwischen 20 und 80 % diese Zellspannungsänderung mit 1,3 bis 1,58 V moderat ausfällt.

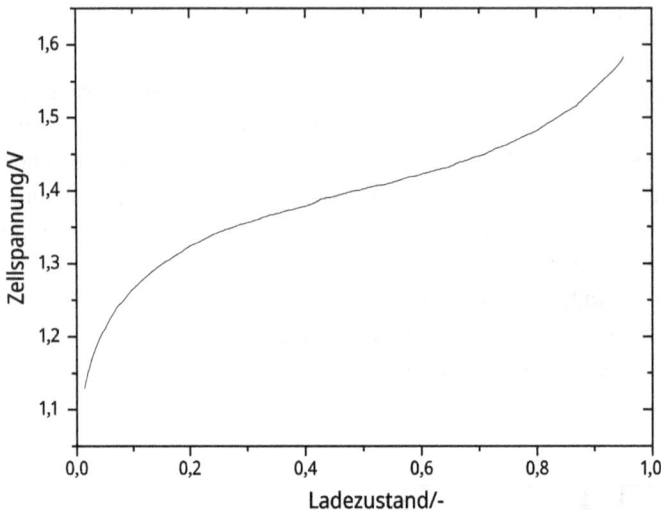

Abb. 4.44: Zellspannung einer all-vanadium RFB in Abhängigkeit vom Ladezustand.

Zudem kann eine Konzentrationsabnahme der jeweils als Edukt in die Reaktion eintretenden Teilchen Konzentrationsüberspannungen verursachen. Durch zwei weitere Tanks könnte der Effekt der Redoxpotentialänderung gemindert werden, allerdings würde dies die Systemgröße steigern und die erzielte Energiedichte mindern, und zudem würde das System komplexer.

Die Tanks, Leitungen und Verbindungen stellen keine besondere Herausforderung dar: Sie müssen auf ihren Innenseiten gegen die teilweise chemisch aggressiven Elektrolytlösungen beständig sein, und sie müssen die Lösungen vor Umwelteinflüssen schützen, die z. B. Selbstentladung durch chemische Reaktionen mit Luftbestandteilen (Sauerstoff) auslösen könnten. Die Hauptherausforderung liegt in der Zelle oder dem Zellenstapel aus mehreren Zellen. Hier laufen die Redoxreaktionen an mindestens zwei, meist aber vielen, zur Erzielung größerer Spannungen in Serie und zur Erzielung größerer Ströme (Leistung) parallelgeschalteter Elektroden ab.

Für schnelle Redoxreaktion mit großer Austauschstromdichte j_0 und entsprechend großer heterogener Reaktionsgeschwindigkeitskonstante k_0 kann bereits eine Graphitplatte oder eine Platte aus polymergebundenem Graphitmaterial als Elektrode, d. h., als

Elektronenquelle oder -senke, für die Elektronenübertragungsreaktionen ausreichen. Die Redoxreaktion ist eine heterogene Reaktion an einer Phasengrenze, und daher kann eine kleine geometrische und im Fall einer glatten Graphitplatte auch tatsächlich kleinen wahren Oberfläche zu hohen Stromdichten und damit zu hohen Durchtrittsüberpotentialen führen. Dies führt zu unerwünschten Minderungen des Wirkungsgrades: Die erzeugte Abwärme wird mit den umgewälzten Elektrolytlösungen abgeführt. Zur Minderung dieses Verlustes ist eine Steigerung der Reaktionsgeschwindigkeit durch Erhöhung der katalytischen Aktivität der Elektrodenoberfläche und ihre Vergrößerung durch Ausbildung als poröse Elektrode wirkungsvoll. Zahlreiche Ansätze zur Aktivitätssteigerung sind vorgeschlagen und reichen von der Einbringung von Fremdatomen (Stickstoff, Bor) über die Aufbringung von Metallabscheidungen bis zu Kompositwerkstoffen. Die Ausbildung einer dreidimensionalen Elektrode durch Anbringung von Nuten, als poröser Körper oder aus einem filzartigen Material (Graphitfilz o. ä.), hat neben der drastischen Vergrößerung der wahren Oberfläche noch einen weiteren Vorteil: Der an einer glatten Elektrode weitgehend laminare Vorbeifluss der Elektrolytlösung, der zu einer unbefriedigenden Nutzung der grundsätzlich reaktionsfähigen Teilchen führt, wird durch turbulenten Fluss, bessere Durchmischung der Elektrolytlösung und damit bessere Stoffausnutzung ersetzt. Eine weitere Steigerung tritt ein, wenn die Lösungen durch diese Elektrodenkörper gepumpt werden. Vor allem die filzartigen Elektrodenmaterialien zeigen neben hoher elektronischer Leitfähigkeit und großer Oberfläche ausreichende mechanische Elastizität. Zur Herstellung des elektrischen Kontaktes werden als Ableiter Graphitplatten angepresst, in die wiederum Nuten zur wirkungsvollen Steuerung des Elektrolytflusses eingefräst wurden. Bei der Kompression dieser textilartigen Materialien wird eine Balance zwischen zu geringer Kompression mit höheren Ohm'schen Übergangswiderständen zur Ableitung und zu hoher Kompression erreicht, die den Strömungswiderstand für die Elektrolytlösung unnötig steigert und mehr Pumpleistung erfordert.

Die Mischung der beiden Elektrolytlösungen in den Halbzellen muss vermieden werden – sonst tritt die nur Abwärme erzeugende Reaktion nach Gl. (4.93) ein, dies würde einer Selbstentladung der Batterie entsprechen. Daher ist eine Trennung der beiden Halbzellen durch einen Separator, eine Membran o. ä., erforderlich. Einzelheiten werden folgend dargestellt. Damit ist der Aufbau einer Zelle im Zellstapel vollständig: Dieser Separator zwischen zwei porösen Elektroden mit hoher wahrer Oberfläche wird jeweils gestützt von zwei Platten als Stromsammler und Lösungsverteiler, die den Stapel zusammendrücken, wie in Abb. 4.45 dargestellt.

Diese Platten können in einer bipolaren Anordnung in zwei benachbarten Zellen die erwähnten Funktionen bedienen. Sie stützen dann die Anode einer und die Kathode der anderen benachbarten Zelle und stellen so den Beginn einer elektrischen Serienschaltung dar. Die eingefrästen Nuten zur Steuerung des Elektrolytflusses werden auf beiden Seiten benötigt. Ein Katalysator wird nur auf die Elektroden (Filz etc.), nicht aber auf die Stromsammler aufgebracht. Diese Konstruktion trägt zur Kostenminderung bei.

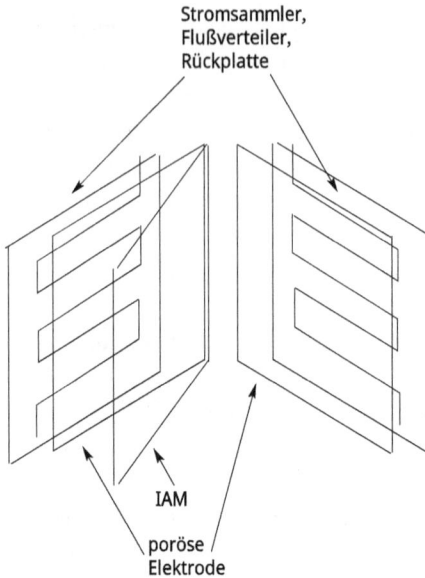

Abb. 4.45: Schema einer Redoxbatteriezelle in einem Zellenstapel.

Kohlenstoff, sowohl als aktives Elektrodenmaterial in z. B. Karbon- oder Graphitfilz, wie auch als Stromsammler, kann bei ausreichend hohen Elektrodenpotentialen elektrochemischer Oxidation

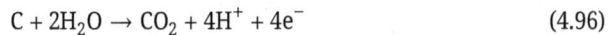

$$C + 2H_2O \rightarrow CO_2 + 4H^+ + 4e^- \tag{4.96}$$

unterliegen. Auch wenn die Reaktion langsam ist, sie ist unwillkommen. Stark oxidierend wirkende Teilchen wie Ce(IV)-Ionen können ähnlich korrosiv wirken.

Selbstentladung (s. auch Abschn. 4.4) eines elektrochemischen Speichers ist u. a. die unerwünschte Folge chemischer Reaktionen zwischen aktiven Massen und weiteren Zellkomponenten wie die korrosionsartige Zinkauflösung verbunden mit Wasserstoffentwicklung in einer Leclanché-Zelle. In einer RFB verursacht der Betrieb der Umwälzpumpen eine ganz andere Form der Selbstentladung: In Pilot- und Demonstrationsanlagen wurden Selbstentladeraten von 3 % pro Tag berichtet – im Vergleich werden für eine Bleisäurebatterie 3 % pro Monat angegeben. Bei zweckmäßiger Konstruktion von Zellen und Anlage kann die Abschaltung der Pumpen ohne nachteilige Folgen für den Zellstapel diese Selbstentladung deutlich mindern. Komplettes Ablassen der Elektrolytlösung führt zum Verlust der Schwarzstart-Fähigkeit einer RFB. Die elektrische Leistung kann erst wieder abgeben werden, wenn die Pumpen mit externer Hilfe den Zellstapel wieder mit Elektrolytlösungen gefüllt haben. Für RFBs zur Kurzzeitspeicherung (PQ, PS) ist die Pumpenabschaltung ebenfalls keine Option. Behauptungen einer kompletten Selbstentladefreiheit bei RFBs sind vermutlich unrealistisch.

Alle folgend vorgestellten Beispiele teilen gemeinsame Vorteile: Die Elektrodenre-aktionen laufen an Elektroden ab, die nur als Elektronenquellen und -senken fungie-ren (je nach Betriebsart Ladung/Entladung und Plazierung als positive oder negative Elektrode, dagegen wären Anode und Kathode hier als Begriffe besonders verwirrend) und an denen keine Auflösungen oder Abscheidungen von Feststoffen oder irgendwel-chen Festkörperreaktionen wie Interkalation ablaufen. Dies macht sie sehr stabil. Keine Verschlechterung der Elektroden durch Formveränderung, Verlust des Kontaktes zum Stromsammler oder zwischen Partikeln der aktiven Masse ist zu befürchten. Nur wenn die Elektroden mangelnde mechanische Stabilität, Vergiftung oder oxidativen Abbau durch z. B. hoch-oxidierende wirkende Redoxsysteme zeigen, kann sich ihre Leistungs-fähigkeit verschlechtern. Tiefentladung, für die meisten Akkumulatoren schädlich, ist kein Problem. Überladung ist auch nur wenig schädlich. Wenn die bei der Entladung zurückgebliebenen Redoxkomponenten bei der Wiederaufladung verbraucht sind, tritt Gasentwicklung ein, an der negativen Elektrode vor allem Wasserstoffentwicklung. Da die Elektrolytlösung samt darin gelöstem Gas zirkuliert wird, kann der Wasserstoff aus dem Vorratstank entnommen und genutzt werden. Sauerstoffentwicklung an der po-sitiven Elektrode kann mit Kohlenstoffkorrosion verbunden sein. Sie sollte vermieden werden.

Die RFBs werden bei Umgebungstemperatur betrieben, und thermische Isolierung oder Beheizung sind nicht nötig. Einige Redoxsysteme zeigen bei erhöhter Temperatur zurückgehende Löslichkeit, was die zulässigen Betriebstemperaturen begrenzt.

Die Elektrodenreaktionen sind jenseits der offenkundigen Heterogenität einfach. Sie verlaufen meist schnell und verursachen nur geringe Durchtrittsüberpotentiale; nur manchmal sind Katalysatoren zur Beschleunigung der Elektrodenreaktionen nötig.

Die RFBs haben allerdings auch Schwachstellen: Zwar ist der Zellenstapel kompakt, aber die beiden Vorratstanks sind abhängig vom gewünschten Speichervermögen volu-minös und für mobile und portable Anwendungen kaum anwendbar. Selbst in dicht-besiedelten Regionen mag ihr Volumen hinderlich sein. Die beiden Umwälzpumpen enthalten bewegliche Teile und bedürfen wie die Pumpen in chemischen Betrieben des Ersatzes nach längerer Betriebszeit. Insgesamt haben RFBs mit flüssigen Reaktanden einen fundamentalen Vorteil: Leistung und Speichervermögen können unabhängig von-einander skaliert werden. Für mehr Leistung braucht man einen größeren Zellstapel und für mehr Speichervermögen größere Tanks. Dabei führen größere Elektroden, d. h., ein größerer Querschnitt des Zellstapels, zu größeren möglichen Stromstärken, wäh-rend mehr in Serie geschaltete Zellen zu einer höheren Betriebsspannung führen. Das Speichervermögen hängt genauer betrachtet nicht vom Flüssigkeitsvolumen ab, son-dern von der darin gelösten Masse an Redoxverbindungen. Gut lösliche Verbindungen sind naheliegend bevorzugt. In einigen Systemen wird eine Halbzelle mit einem gelös-ten Redoxsystem mit einer weiteren Halbzelle mit einem festen Reaktanden verbunden; es wurden sogar Systeme mit festen Reaktanden in beiden Halbzellen vorgeschlagen. Ei-nige davon werden folgend beschrieben. Der große Vorteil aus dem Verzicht auf feste Reaktanden entfällt damit allerdings. Als Kompromiss wurden Systeme mit gesättigten

Lösungen vorgeschlagen, die zusätzlich zur Speicherung weitere Reaktandenmasse in fester Form in den Vorratstanks enthalten und bei Bedarf rasch aufgelöst werden können.

Vorgeschlagene und untersuchte System können zunächst grob in solche mit wässrigen (die Mehrheit) und mit nichtwässrigen Lösungen gruppiert werden. Eine weitere Sortierung unterscheidet zwischen Systemen, in denen alle Reaktanden in gelöster Form vorliegen, und solchen, in denen zumindest ein Reaktand in fester Form vorliegt. Abbildung 4.46 gibt einen Überblick.

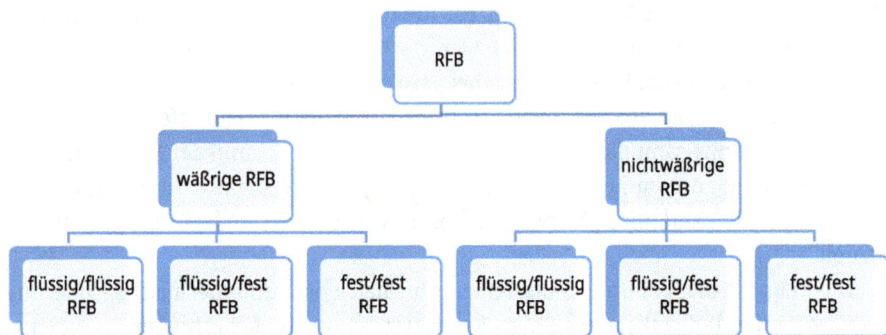

Abb. 4.46: Taxonomie der Redoxbatterien.

Systeme mit gasförmigen Reaktanden sind kaum über das erste Vorschlagsstadium hinausgekommen. Sie werden im folgenden Überblick nur kurz angesprochen.

Das Eisen/Chrom-System
Diese RFB wurde als erstes System 1975 bei der NASA vorgeschlagen und dort eingehend untersucht. Ein Eisen- und ein Chrom-Redoxsystem[4] entsprechend

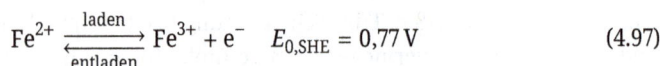

$$Fe^{2+} \xrightleftharpoons[\text{entladen}]{\text{laden}} Fe^{3+} + e^- \quad E_{0,\text{SHE}} = 0,77 \, \text{V} \tag{4.97}$$

und

$$Cr^{2+} \xrightleftharpoons[\text{laden}]{\text{entladen}} Cr^{3+} + e^- \quad E_{0,\text{SHE}} = -0,41 \, \text{V} \tag{4.98}$$

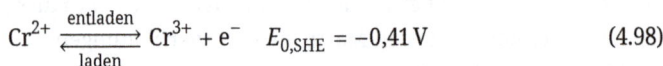

4 Die Formulierung der Redoxgleichungen mit Angabe eines Elektrodenpotentials folgt internationalen Standards (es wird stets eine Oxidationsreaktion formuliert); die Leserin wird die umgestellten Begriffe Ladung und Entladung bemerken.

wurde eingesetzt. Eine wässrige Elektrolytlösung mit 1–2,5 **M** HCl und 1–2,5 molaren Konzentrationen[5] der Redoxsysteme wird verwendet. Das Eisenredoxsystem zeigt bereits an Kohlenstofffilz eine ausreichend schnelle Kinetik, dagegen bedarf das etwas langsamere Chromsystem zusätzlicher Katalysatoren, die wiederum den Systempreis erhöhen. Die genannten Standardelektrodenpotentiale deuten bereits eine ungefähre Zellspannung an, und in praktischen Zellen werden 0,9–1,2 V beobachtet. Die Vermischung der beiden Elektrolytlösungen kann mit einer IAM verhindert werden. Der Ladungstransfer an der Phasengrenze Elektrode/Elektrolytlösung als zentraler Schritt der Redoxreaktion koppelt den äußeren elektronischen Ladungstransport im Stromkreis außerhalb der RFB mit der chemischen Umwandlung an der heterogenen Phasengrenze und dem ionischen Ladungstransport in der Lösung. Zwischen den beiden Lösungen kann dieser Transport nur durch die Chloridionen vermittelt werden. Daher wird eine Anionenaustauschermembran benötigt.

In einer Fe/Cr-RFB kann Übertritt von Metallionen in die falsche Halbzelle eintreten und zu Effizienz- und Kapazitätsverlusten führen. Beschleunigung der Kinetik des Chromsystems durch Zugabe von Thalliumionen in Spurenkonzentration wurde beobachtet. Demonstrationseinheiten bis zu mehreren 10 kW Leistung wurden gebaut.

Das Eisen/Vanadium-System

Um die mit der langsamen Kinetik des Chromsystems verbundenen Probleme zu überwinden, die einen Betrieb bei erhöhter Temperatur (um 65 °C) erzwangen und den damit verbundenen Mehraufwand zur Temperaturkontrolle und Energieverluste, kann das Chromsystem durch ein Vanadiumredoxsystem ersetzt werden.

Die nun ablaufenden Redoxreaktionen sind

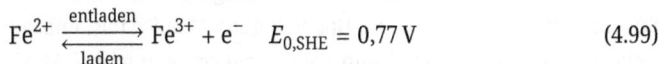

$$Fe^{2+} \xrightleftharpoons[\text{laden}]{\text{entladen}} Fe^{3+} + e^- \quad E_{0,SHE} = 0,77\,V \tag{4.99}$$

und

$$V^{2+} \xrightleftharpoons[\text{entladen}]{\text{laden}} V^{3+} + e^- \quad E_{0,SHE} = -0,26\,V. \tag{4.100}$$

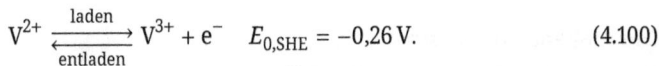

Auf den ersten Blick wirkt die durch das weniger negative Potential der Vanadiumelektrode verringerte Zellspannung wenig attraktiv. Da bei diesem Potential während der Ladung weniger Wasserstoff in einer unerwünschten Nebenreaktion entwickelt wird, dreht sich dieser Nach- in einen Vorteil. Graphitfilz wird in beiden Halbzelle als Elektrode verwendet, und eine Nafion®-Membran trennt die beiden Halbzellen.

---

5 Diese Elektrolytlösungskombination würde nach einem Vorschlag als 1111-Elektrolyt, 2.52.52.52.5-Elektrolyt, etc. bezeichnet. Diese Bezeichnungsweise hat allerdings wegen ihrer Anfälligkeit für Verwechslungen kaum Popularität erlangt.

Wirkungsgrade von ca. 80 % und geringe Kapazitätsverluste bei Betrieb im Temperaturbereich 0 bis 50 °C wurden berichtet.

Das Brom/Polysulfid-System

Diese RFB verwendet Natriumbromid und Natriumpolysulfid als aktive Massen. Beide Chemikalien sind preiswert, reichlich verfügbar und sehr gut in Wasser löslich. Das gemeinsame Natriumion kann bei Bedarf durch ein anderes Kation ersetzt werden. Dies war die erste vorgeschlagene und untersuchte RFB. Ihre Redoxreaktionen sind

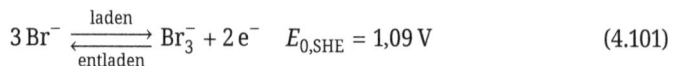

$$3\,Br^- \underset{\text{entladen}}{\overset{\text{laden}}{\rightleftarrows}} Br_3^- + 2\,e^- \quad E_{0,\text{SHE}} = 1{,}09\,V \tag{4.101}$$

und

$$2\,S_2^{2-} \underset{\text{laden}}{\overset{\text{entladen}}{\rightleftarrows}} S_4^{2-} + 2\,e^- \quad E_{0,\text{SHE}} = -0{,}265\,V. \tag{4.102}$$

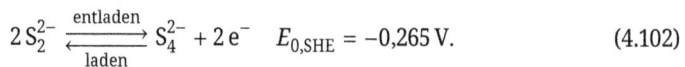

An der positiven Elektrode wird bei der Ladung aus drei Bromidionen ein Tribromidion gebildet, während an der negativen Elektrode Di- in Tetrasulfid umgewandelt wird. Alle redoxaktiven Teilchen sind Anionen, und entsprechend wird eine KAM benötigt, die nur Natriumionen durchlässt. Dennoch könnten Anionen durchtreten und zur Bildung von z. B. H_2S oder Br_2 führen – beides höchst unwillkommene Nebenprodukte. Erreichte Zellspannungen liegen bei 1,5 V mit Aktivkohle als Elektrodenmaterial. Ein kleiner Spannungsanstieg auf 1,7–2,1 V wird beobachtet, der vor allem auf die Adsorption von elementarem Brom (Br_2) auf der adsorptionsfreudigen Aktivkohle zurückgeführt wird.

Systeme mit 5, 20 und 100 kW Leistung wurden entwickelt, und ein 15 MW-System wurde erfolgreich betrieben. Das letztgenannte System enthält 120 Module mit 200 bipolaren Elektroden und einem Speichervermögen von 12 MWh auf der Grundlage von zwei Speichertanks mit einem Volumen von jeweils 1.800 m^3.

Das All-Vanadium-System

Die meisten bisher vorgestellten RFBs leiden unter den negativen Effekten von Redoxsystemionen, die durch die Membran durchtreten. Folglich könnte eine RFB, die nur ein Metall in verschiedenen Oxidationsstufen enthält, vorteilhaft sein. Bislang wurde diese Möglichkeit nur mit Vanadium untersucht. In der in der Einleitung bereits skizzierten RFB werden die Redoxsystem V(II)/V(III) und V(IV)/V(V) in schwefelsaurer wässriger Elektrolytlösung nach

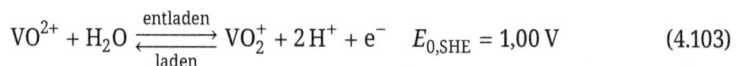

$$VO^{2+} + H_2O \underset{\text{laden}}{\overset{\text{entladen}}{\rightleftarrows}} VO_2^+ + 2\,H^+ + e^- \quad E_{0,\text{SHE}} = 1{,}00\,V \tag{4.103}$$

und

$$V^{2+} \xrightleftharpoons[\text{entladen}]{\text{laden}} V^{3+} + e^- \quad E_{0,\text{SHE}} = -0{,}26 \, V \tag{4.104}$$

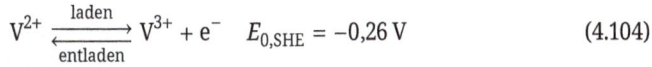

eingesetzt. Die tatsächliche Zellspannung ist größer, da die angegebenen Reaktionsglei-chungen pH-Effekte in den eingesetzten Standardpotentialen ignorieren und die Aktivi-tätskoeffizienten γ beteiligter Ionen von $\gamma = 1$ abweichen. Die Energiespeicherung hängt vor allem mit den Redoxzuständen der beteiligten Ionen zusammen, allerdings haben auch die eintretenden Veränderungen der pH-Werte einen Einfluss. Die Redoxteilchen sind ausnahmslos Kationen, daher liegt die Verwendung einer AAM zur Trennung der Halbzellen nahe. Wie bereits erörtert, sind diese noch nicht ausreichend weit entwi-ckelt, und daher werden KAM eingesetzt, die den Durchtritt von Protonen ermöglichen. Die dafür nötigen Membrane sind verfügbar, allerdings noch immer kostspielig. Durch-tritt von Vanadiumionen mindert die Energieeffizienz, hat aber keine weiteren nachtei-ligen Folgen und mindert auch nicht wie bei anderen Systemen das Speichervermögen der RFB.

Prototypen mit Leistungen im MW-Bereich und Speichervermögen im MWh-Bereich wurden vorgestellt. Ein Beispiel zeigt Abb. 4.47. Die Löslichkeit einiger der beteiligten Salze ist begrenzt (z. B. V_2O_5 in Schwefelsäure) und hängt mit pH-Wert und Temperatur zusammen; dies begrenzt die mögliche Energiedichte des Systems. Unkon-trollierte Abscheidung von Redoxverbindungen vor allem bei erhöhten Temperaturen können die Betriebsfähigkeit beeinträchtigen. Technologische Modifizierungen, die den Gebrauch auch mäßig löslicher Verbíndungen erlauben, werden entwickelt (s. u.).

Abb. 4.47: All-vanadium RFB, 8 kW maximale Leistungsabgabe, 10 kW maximale Leistungsaufnahme, Spei-chervermögen 16 kWh, Yinfeng New Energy, China.

Zahlreiche weitere Kombinationen von Halbzellen wurden bisher vorgeschlagen und mehr oder weniger eingehend untersucht. In einigen Vorschlägen wurden kostspielige Chemikalien eingesetzt, niedrige Wirkungsgrade erreicht oder anderen den Erfolg verhindernde Nachteile festgestellt.

Auch wenn die Steigerung des Speichervermögens durch Vergrößerung der Tanks eine einfache Option ist, bleibt die Energiedichte mäßig im Vergleich zu fortgeschrittenen Akkumulatoren. Wenn die Wiederauflösung ausgefallener Redoxverbindungen ausreichend schnell ist, um ihre gelöste Konzentration bei den für den Betrieb optimalen Werten zu halten, ist durch Zugabe entsprechender Feststoffe in die Vorratstanks z. B. einer all-vanadium-RFB eine Steigerung des Speichervermögens machbar. Details werden später vorgestellt.

Jenseits der Redoxsysteme ist der Separator weiterhin ein Hauptproblem. KAM sind sehr weit entwickelt, aber noch immer sehr kostspielig. AAM wurden und werden intensiv untersucht, aber bislang ist der Erfolg begrenzt. Neben der Permselektivität, die für eine möglichst vollkommene Unterdrückung unerwünschter Ionenwanderung mit allen negativen Folgen nötig ist, muss der Separator ausreichend hohe ionische Leitfähigkeit, mechanische Stabilität bei Elektrolytzirkulation und Beständigkeit gegen Alterung (Fouling) aufweisen. Damit sind allgemein alle negativen Veränderungen der Membran wie Belag mit unerwünschten Abscheidungen oder chemische Veränderungen der Membran gemeint. Wenig überraschend sind die chemisch agressiven und oft hoch-oxidierenden Redoxsysteme eine erhebliche Herausforderung.

All-Organische RFB

Da sich alle Alternativen zu den bislang meist benutzten PTFE-basierten Membranen, die 40 % der Gesamtkosten einer RFB ausmachen, im Gebrauch mit den meist studierten metall-basierten Redoxsystemen als unzureichend erwiesen haben, wurden vollorganische Systeme mit wasserlöslichen organischen Redoxsystemen vorgeschlagen. Bei passender Ionengröße können kostengünstige Separatoren, die auf Größenselektion (z. B. Membrane aus der Dialyse oder anderen Trennverfahren) beruhen, die teuren PTFE-basierten Membrane ersetzen. Coulombwirkungsgrade nahe 100 % und Energieeffizienzen von 60 % bis 80 % wurden mit kleinen Zellen erreicht.

Das Blei/Bleidioxid-System

Etwas schwer klassifizierbar ist der lösliche Bleisäure Akkumulator. Anders als der in Abschn. 4.5.1 vorgestellte Bleisäure-Akkumulator mit festen Reaktionsprodukten im geladenen wie im entladenen Zustand (mit Ausnahme der durch das Löslichkeitsprodukt $PbSO_4$ kontrollierten kleinen Konzentration gelöster Bleiionen), verwendet dieses Konzept eine Elektrolytlösung mit hoch löslichen Bleisalzen von $HClO_4$, HBF_4, Methansulfonsäure oder H_2SiF_6.

Die allgemeinen Elektrodenreaktionen sind

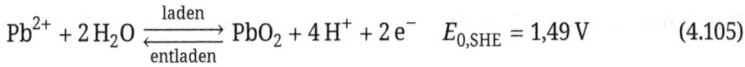

$$Pb^{2+} + 2\,H_2O \underset{\text{entladen}}{\overset{\text{laden}}{\rightleftharpoons}} PbO_2 + 4\,H^+ + 2\,e^- \quad E_{0,\text{SHE}} = 1{,}49\,V \qquad (4.105)$$

und

$$Pb \underset{\text{laden}}{\overset{\text{entladen}}{\rightleftharpoons}} Pb^{2+} + 2\,e^- \quad E_{0,\text{SHE}} = -0{,}13\,V. \qquad (4.106)$$

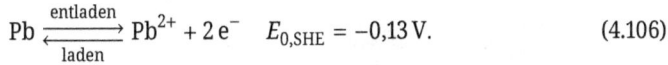

Die mit der Abscheidung und Auflösung von $PbSO_4$ verbundenen Probleme wie Kristallwachstum (z. B. Ostwald-Reifung), Sulfatierung und Volumenänderung im konventionellen System werden komplett vermieden. Da während der Entladung nur Bleiionen gebildet werden, die bei der Ladung wieder verbraucht werden, gibt es keine Probleme mit Ionen, die zur falschen Elektrode wandern (cross over). Da Diffusion von Teilchen in Festkörpern entfällt, steigt die Leistungsfähigkeit des Systems bei tiefen Temperaturen. Die Massenausnutzung der Elektroden wird im Vergleich zum Bleisäure-Akkumulator verbessert. Natürlich muss die Auflösung bei beiden Elektroden zum Erhalt der Funktionalität der Metallgitter/metalloxidbelegten Gitter begrenzt werden. Dennoch ist wiederum im Vergleich zum Bleisäure-Akkumulator Tiefentladung ein kleineres Problem. Die Verwendung von Graphit als Elektrode schließt dies Probleme vollständig aus. Die Umwälzung der Elektrolytlösung verbessert die Leistungsfähigkeit der Zelle, doch allerdings ist dies auch die einzige Beziehung zu einer RFB. Die mit der Auflösung und Abscheidung von Festkörpern oft angetroffenen Probleme sind auch hier zu erwarten. Leider ist die Kinetik der Bleidoxidbildung relativ langsam. Vor allem bei hohen Ladestromstärken vermindert die einsetzende Sauerstoffentwicklung den Coulomb-Wirkungsgrad. Im ungünstigsten Fall kann es zu oxidativer Zersetzung der Graphitelektrode kommen. Die Sauerstoffentwicklung kann auch zum Abfallen von PbO_2 führen, das damit für die weitere Elektrodenreaktion verloren ist. Die Ladungsbalance von Ladung und Entladung wird gestört, und es verbleibt zunehmend ungenutztes Blei an der negativen Elektrode. Dies wiederum kann zur Bildung von Dendriten und zu internen Kurzschlüssen führen.

Statt mit Blei, kann das System auch mit Kupfer als negativer Elektrode ausgebildet werden. Die Elektrolytlösung enthält dann $CuSO_4$ und H_2SO_4.

Vanadium-Festsalz-Batterie

Die Begrenzung der Energiedichte durch die mitunter enttäuschend kleinen Löslichkeiten der eingesetzten Redoxsysteme wurde bereits angesprochen. Ein Vanadiumbasiertes und als vanadium solid-salt battery (VSSB) bezeichnetes System mit festen Metallsalzen in Kohlenstofffilz als Stromsammler und einer KAM als Separator wurde vorgeschlagen.

Abbildung 4.48 zeigt einen schematischen Querschnitt. Die KAM ist mit Schwefelsäure getränkt, und dies ist die einzige Flüssigkeit in der Zelle. Auflösung und Wiederabscheidung laufen mit ausreichend hoher Geschwindigkeit ab; nur bei größeren Dicken der aktiven Massen wurden Begrenzungen beobachtet. Zunahmen der Energiedichte 250–350 % im Vergleich zu Systemen mit Lösungen wurden berichtet.

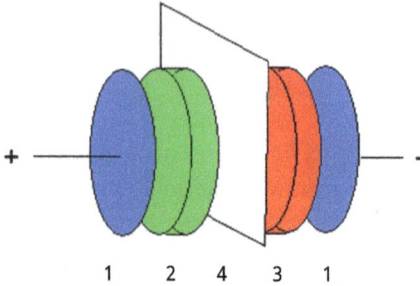

Abb. 4.48: Schema einer VSSB; (1) Stromsammler, (2) Kohlenstofffilz mit $VOSO_4 \cdot xH_2O$, (3) Kohlenstofffilz mit $V(SO_4)_{1.5} \cdot xH_2O$, (4) KAM.

Vanadium-Sauerstoff-System

Die negative Vanadium-Halbzelle einer Redoxbatterie wird mit einer Sauerstoffelektrode bekannt von wiederaufladbaren Metall-Luft-Batterien zu einer Zelle mit folgenden Elektrodenreaktionen kombiniert,

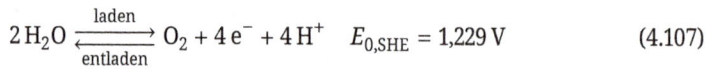

$$2\,H_2O \underset{\text{entladen}}{\overset{\text{laden}}{\rightleftharpoons}} O_2 + 4\,e^- + 4\,H^+ \quad E_{0,\text{SHE}} = 1{,}229\,V \tag{4.107}$$

und

$$V^{2+} \underset{\text{laden}}{\overset{\text{entladen}}{\rightleftharpoons}} V^{3+} + e^- \quad E_{0,\text{SHE}} = -0{,}26\,V. \tag{4.108}$$

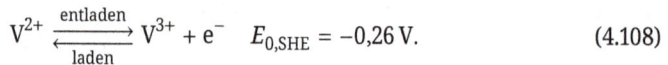

In der vorgeschlagenen Zelle (s. Abb. 4.49) wurde die trennende IAM auf einer Seite mit dem für die Sauerstoffelektrodenreaktion nötigen Katalysator beschichtet.

Einige Vorteile werden mit einer Vanadium-Luft-RFB ermöglicht (VA RFB[6]): Da der Sauerstoff aus der Umgebungsluft entnommen bzw. an sie abgegeben wird, geht er nicht in Berechnungen zur Energiedichte ein und sie fällt daher höher aus; die Zellspannung ist im Vergleich zu einem All-Vanadium-System um 20 % höher, und der Ersatz ihres kostspieligsten Teils (das V_2^+/VO^{2+}-Redoxpaar) verbessert die Kostenseite.

---

6 Auch wenn nur Sauerstoff aus der Luft benutzt wird, bezeichnet man allgemein Zellen mit einer Sauerstoffelektrode meist als „-Luft-Zellen".

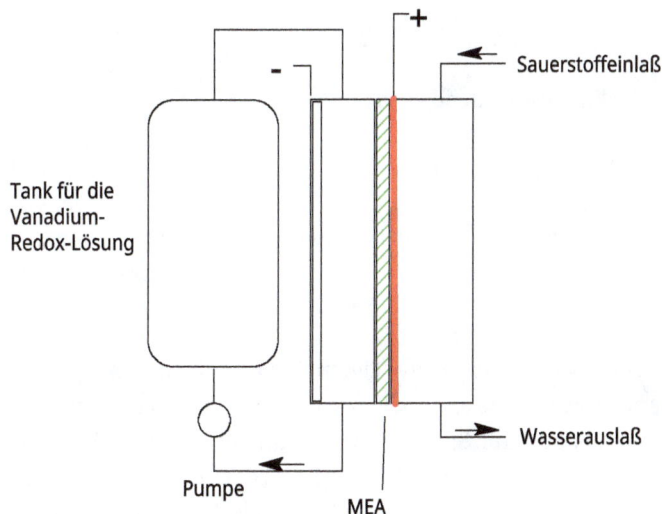

Abb. 4.49: Schema eines Vanadium-Sauerstoff-Systems.

Entwicklungsstand und Perspektiven

Typische Daten ausgewählter RFB mit ersten kommerziellen Erfolgen sind in Tabelle 4.9 zusammengetragen.

Tab. 4.9: Daten ausgewählter RFB.

System	Volumetrische Energiedichte/Wh·l^{-1}	Stromdichte/ mA·cm^{-2}	Betriebs- temperatur/°C	DC- Effizienz[a]/%
Fe-Cr	40	100	5–60	75
Zn-Br	96	>100	20–50	65–75
Polysulfid-Br	80	60	–	60–75
Va-Va	30	80	0–40	70–86
Va-Br	35–70	–	–	66–75

[a]Effizienz des Systems ohne Peripherie.

4.6 Elektrolyseure und Brennstoffzellen

Wasserstoff kann sowohl für die Nutzung als Energieträger (dies schließt die bereits vorgestellte Speicherung in Abschn. 3.2.2 ein) wie auch als Reduktionsmittel bei der Eisengewinnung oder anderweitiger Reaktand in chemischen Reaktionen (wie z. B. der Ammoniaksynthese) durch Elektrolyse, d. h., elektrochemische Zersetzung, von Wasser hergestellt werden. Dabei wird in einfachster Form die Reaktion

$$2\,H_2O \rightarrow 2\,H_2\uparrow + O_2\uparrow \qquad\qquad (4.109)$$

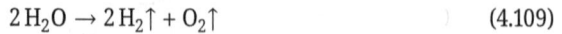

in eine an der negativen Elektrode ablaufende Reaktion

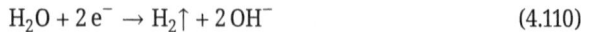

$$H_2O + 2\,e^- \rightarrow H_2\uparrow + 2\,OH^- \qquad\qquad (4.110)$$

und eine an der positiven Elektrode stattfindende Reaktion

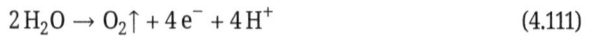

$$2\,H_2O \rightarrow O_2\uparrow + 4\,e^- + 4\,H^+ \qquad\qquad (4.111)$$

zerlegt. Da die Zuordnungen negative und positive Elektrode wegen der im Betrieb nicht umgekehrten Reaktionsrichtung (anders als in z. B. wiederaufladbaren Batterien) stets gleich bleiben, könnte man hier auch für Gl. (4.110) als der Kathoden- und Gl. (4.111) der Anodenreaktion sprechen. Berücksichtigt man bei der Zell- oder Gesamtreaktion (Gl. (4.109)) energetische Aspekte, wird die Gleichung um den für die Zerlegung erforderlichen Energiebedarf entsprechend der Reaktionsenthalpie $\Delta H_r = 285,9\ kJ{\cdot}mol^{-1}$ bezogen auf die Zerlegung von einem Mol flüssigen Wassers zu ergänzen sein,

$$H_2O + \Delta H_r \rightarrow H_2\uparrow + 1/2\,O_2\uparrow. \qquad\qquad (4.112)$$

Nimmt man statt flüssigem Wasser Wasserdampf als Reaktand an, verändert sich die freie Reaktionsenthalpie zu $\Delta H_r = 242\ kJ{\cdot}mol^{-1}$. Die Differenz entspricht der Verdampfungsenthalpie des Wassers. Die beiden Enthalpiewerte, die auch als Reaktionswärmen mit dem umgekehrten Vorzeichen bezeichnet werden, haben bei der Betrachtung der Umkehrung der Elektrolysereaktion – der Umsetzung von Wasserstoff und Sauerstoff in einer Brennstoffzelle (s. u.) oder schlicht in einer Verbrennung z. B. in einem Kessel – noch weitere Bezeichnungen: Der auf Wasserdampf, nun als Reaktionsprodukt der Verbrennung, bezogene Wert wird als der obere Heizwert (OHW) bezeichnet, und der auf flüssiges Wasser bezogene Wert wird als unterer Heizwert (UHW) bezeichnet. In der sog. Brennwerttechnik wird den dampf- und gasförmigen Verbrennungsprodukten in einem Kessel möglichst viel Wärme entzogen. Bei einer Abgastemperatur, die sich dem Siedepunkt des Wassers annähert, wird der obere Heizwert, der neben der Verbrennungsenthalpie auch noch die Verdampfungsenthalpie enthält, nahezu erreicht und genutzt. Ein praktisches Beispiel wird im Folgeabschnitt über Brennstoffzellen vorgestellt.

Die Reaktionsenthalpie ist mit der freien Reaktionsenthalpie und der Reaktionsentropie verknüpft,

$$\Delta G_r = \Delta H_r - T\Delta S_r. \qquad\qquad (4.113)$$

Dabei hängt die freien Reaktionsenthalpie unmittelbar mit der Zellspannung U_0 einer elektrochemischen Zelle, in der die betrachtete Reaktion abläuft, zusammen,

$$\Delta G_r = U_0 \cdot z \cdot F. \qquad (4.114)$$

Mit z wird die Zahl der in der Reaktion gem. Gleichung übertragenen Elektronen angegeben, und F ist die Faradaykonstante. Diese Gleichung ergibt sich aus der Betrachtung einer freiwillig ablaufenden Reaktion, bei der die freie Reaktionsenthalpie negativ ist: $\Delta G_r < 0$. Eine Elektrolyse läuft aber durchaus nicht freiwillig ab, vielmehr mus Energie zugeführt werden. Würde man irrtümlich Gl. (4.114) anwenden, ergäbe sich eine negative Zellspannung – eine höchst erstaunliche und unlogische Situation. Daher wird Gl. (4.114) modifiziert,

$$\Delta G_r = -U_{00} \cdot z \cdot F. \qquad (4.115)$$

Nun bezeichnet U_{00} die Standardzellspannung (bei Standardbedingungen) einer Elektrolysezelle bei Strom Null. Der Zahlenwert kann in einem einfachen elektrochemischen Experiment durch Bestimmung der Zersetzungsspannung als extrapolierter Wert U_d aus einer Auftragung von fließendem Strom und gemessener Spannung auf den Spannungswert bei $I = 0\,V$ gefunden werden. Gemäß Gl. (4.113) ist dies der Teil der Reaktionsenthalpie, der mindestens als elektrische Spannung bereitgestellt werden muss. Der Anteil $T\Delta S_r$ aus Gl. (4.113) gibt den Teil der freien Reaktionsenthalpie an, der nicht als Nutzarbeit (ΔG_r) zur Verfügung steht und z. B. als Abwärme freigesetzt wird. Bei der unfreiwillig ablaufenden Elektrolyse ist dies der Teil der Reaktionsenthalpie, der als Wärme zugeführt werden muss. Um diesen Zusammenhang besser zu verstehen, ist die Betrachtung der thermoneutralen Zellspannung U_{tn} nach

$$\Delta H_r = U_{00} \cdot z \cdot F \qquad (4.116)$$

hilfreich. Nimmt man die Zahlenwerte mit Wasserdampf als Reaktand ($\Delta G_r = 228\,kJ\,mol^{-1}$, $\Delta H_r = 242\,kJ\,mol^{-1}$ und $\Delta S_r = 188\,J\,mol^{-1}\,K$ bei $T = 298\,K$), erhält man die thermoneutrale Spannung $U_{tn} = 1{,}25\,V$. Von ΔG_r ausgehend, ergibt sich eine Zellspannung von 1,18 V. Beide Zahlenwerte verändern sich mit der Temperatur. Die Abhängigkeiten zeigt Abb. 4.50. Geht man zur Berechnung von U_{tn} vom oberen Heizwert mit $\Delta H_r = 285{,}9\,kJ\cdot mol^{-1}$ aus, ergibt sich $U_{tn} = 1{,}48\,V$, und die obere Linie in der folgenden Abbildung verschiebt sich noch oben. Die thermodynamischen und elektrochemischen Daten für die benannten Szenarien fasst Tabelle 4.10 zusammen.

Tab. 4.10: Thermodynamische Daten zur Wasserelektrolyse bei Standarddruck p_0.

Zustand	T/K	U_{tn}/V	ΔH_r/kJ·mol^{-1}	U_{00}/V	ΔG_r/kJ·mol^{-1}
flüssig	298,15	1,48	285,9	1,23	237,2
Dampf	373,15	1,26	242,6	1,17	225,1
Dampf	1273,15	1,29	249,4	0,92	177,1

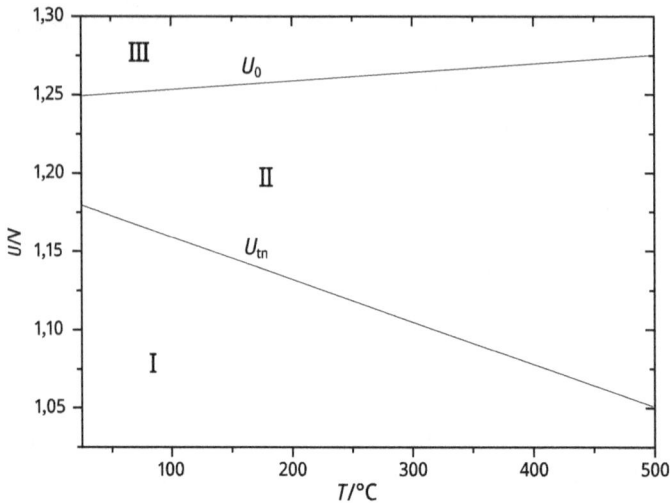

Abb. 4.50: Darstellung von U_{00} und U_{tn} in Abhängigkeit von der Temperatur.

Im mit I gekennzeichneten Bereich der Abbildung findet bei Zellspannungen unterhalb der Linie keine Elektrolyse statt; im Bereich II läuft Elektrolyse ab, wenn der Wert der angelegten Spannung oberhalb der Linie liegt und die nötige Wärme aus der Umgebung zugeführt wird; und im Bereich III läuft die Elektrolyse unter Wärmeentwicklung ab. Bereich II ist für technische Elektrolysen bei erhöhter Temperatur (ein Projekt dazu wurde treffend als Hot Elly bezeichnet) interessant. Da vielfach Wärme als Abwärme aus technischen Prozessen kostengünstig und vor allem preiswerter als elektrische Energie zur Verfügung steht, ist eine Elektrolyse bei erhöhter Temperatur mit entsprechend geringerem Einsatz von Elektroenergie u. U. wirtschaftlich. Dies wird bei der Festoxid-Elektrolyse genutzt (s. u.). Abbildung 4.50 ist u. a. wegen einer wesentlichen Vereinfachung mit Vorsicht zu nutzen: Die Reaktionsenthalpie, die für die betrachtete Reaktion auch als der Bildungsenthalpie von Wasser entsprechend aufgefasst werden kann, verändert sich mit der Temperatur. Berechnung und vereinfachte Betrachtungen bis zu den Ulich'schen Näherungen sind Standards von Thermodynamikvorlesungen. Hier kommt im betrachteten Temperaturintervall noch ein Phasenübergang von flüssigem Wasser zu Wasserdampf hinzu, der in einer noch genaueren Betrachtung in Abb. 4.50 bei $T = 100\,°C$ zu einem Sprung in den Linien führen würde. An den dargestellten grundsätzlichen Überlegungen ändert die vorgenommene Vereinfachung allerdings nichts.

Wegen der extrem geringen ionischen Leitfähigkeit von Wasser (bestimmt durch das von der Autoprotolyse des Wassers bestimmte Gleichgewicht liegt die Konzentration freier Ionen H^+ und OH^- im Bereich 10^{-7} **M**) wird für eine praktische Durchführung eine möglichst gut leitende wässrige Lösung eingesetzt. Dies kann eine stark alkalische Lösung von z. B. NaOH oder KOH in Wasser oder eine stark saure Lösung von z. B. Schwefelsäure in Wasser sein. Je nach eingestelltem pH-Wert der Lösung handelt es sich nun um eine alkalische Elektrolyse (AEL) oder eine saure Elektrolyse. Für den ersten Fall ergeben sich nun folgende Elektrodenreaktionen:

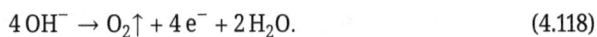

$$H_2O + 2\,e^- \rightarrow H_2\uparrow + 2\,OH^- \tag{4.117}$$

$$4\,OH^- \rightarrow O_2\uparrow + 4\,e^- + 2\,H_2O. \tag{4.118}$$

An der Zellreaktion ändert sich naturgemäß nichts. Elektrolysen saurer wässriger Lösungen sind technisch nicht von Bedeutung. Sie erfreuen sich allenfalls im Hofmann'schen Apparat zur Wasserzersetzung (s. Abb. 4.51) praktisch-didaktischen Interesses.

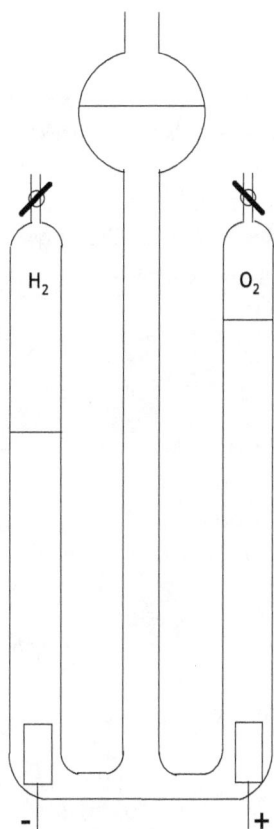

Abb. 4.51: Hofmann'scher Apparat zur Wasserelektrolyse.

In ihm wird eine wässrige Schwefelsäurelösung elektrolytisch meist an Platinelektroden in Wasserstoff und Sauerstoff zerlegt. Während in diesem Laborgerät die Trennung der beiden gasförmigen Produkte in einfachster Weise erfolgt, ist in technischen Prozessen eine Trennung durch einen Separator, ein Diaphragma oder eine Membran erforderlich. Bildet man diese Membran als polymeren Ionenleiter (auch hierfür wird das Akronym PEM verwendet) aus, gelangt man je nach Typ zur Protonen-Austausch-Membran-Elektrolyse (PEMEL) oder zur Anionen-Austausch-Membran-Elektrolyse (AAMEL). Schließlich kann man als Separator auch ionenleitende Festelektrolyte (z. B. Oxide) einsetzen, und damit ergibt sich die Festoxid-Elektrolyse (SOEC). Einzelheiten dieser Verfahren werden in Abschn. 5.4 beschrieben.

Der bei der Elektrolyse hergestellte Wasserstoff kann in verschiedenen Formen und Technologien, die in Abschn. 3.2.2 vorgestellt wurden, gespeichert werden.

4.7 Weitere Verfahren zur Wandlung und Nutzung von Elektroenergie

Neben der trivialen Verwendung von Elektroenergie zum Erwärmen, die hier keiner weiteren Erläuterung bedarf, ist ihre Nutzung in zahlreichen technischen Prozessen zur Stoffumwandlung von großer industrieller und wirtschaftlicher Bedeutung. Die unter dem Begriff Elektrolyse zusammengefassten Verfahren haben ein Grundprinzip gemeinsam: Unter der Einwirkung einer elektrischen Spannung (*Elektro* in Elektrolyse) kommt es zu einer stofflichen Umwandlung, oft einer Spaltung (*lyse* in Elektrolyse). Dies wird in einer Auswahl technischer Prozesse deutlich.

Chlor-Alkali-Elektrolyse

Die vereinfachte Darstellung

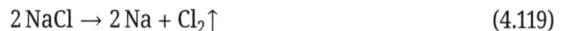

$$2\,NaCl \rightarrow 2\,Na + Cl_2\uparrow \qquad (4.119)$$

schließt den Prozess an der Anode, die Oxidation der Chloridionen zu Chlormolekülen nach

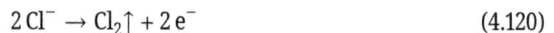

$$2\,Cl^- \rightarrow Cl_2\uparrow + 2\,e^- \qquad (4.120)$$

sowie den an der Kathode zunächst überraschend, die Reduktion von Protonen zu Wasserstoff nach

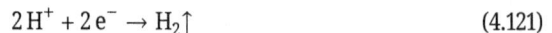

$$2\,H^+ + 2\,e^- \rightarrow H_2\uparrow \qquad (4.121)$$

ein. Da Natrium wesentlich unedler ist (ein Blick in die elektrochemische Spannungsreihe hilft im Detail weiter), wird statt Natrium wie dargestellt Wasserstoff entwickelt. Die summarische Gleichung wird etwas komplizierter:

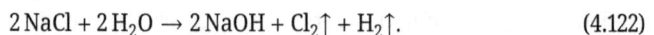

$$2\,NaCl + 2\,H_2O \rightarrow 2\,NaOH + Cl_2\uparrow + H_2\uparrow. \qquad (4.122)$$

Mit einem Blick auf die Spannungsreihe erscheint die Chlorentwicklung zunächst überraschend – es sollte Sauerstoff abgeschieden werden, der weniger edel als Chlor ist. Allerdings ist die Sauerstoffabscheidung im Vergleich so langsam (kinetisch gehemmt), dass praktisch nur Chlor entsteht. Damit es zu keinen chemischen Reaktionen zwischen Edukten und Produkten kommt, muss eine geteilte Zelle verwendet werden, in der ein Separator oder Diaphragma (Diaphragmaverfahren) diese Mischung verhindert. Alternativ erfüllt eine Ionenaustauschermembran im Membranverfahren, das aus dem vorangegangenen Abschnitt 4.6 mit der Wasserelektrolyse bereits bekannt ist, diese Aufgabe. Das früher weitverbreitete Amalgamverfahren ist seit den 1970er Jahren vor allem wegen der Verwendung von Quecksilber weitgehend aufgegeben.

Schmelzflusselektrolyse
Eine weitere technisch wie wirtschaftlich sehr bedeutsame Elektrolyse dient der Gewinnung von Aluminium nach

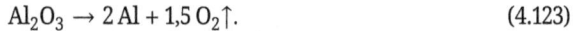

$$Al_2O_3 \rightarrow 2\,Al + 1{,}5\,O_2\uparrow. \tag{4.123}$$

Diese stark vereinfachte Gleichung wird in einer Schmelzflusselektrolyse im Hall-Héreilt-Verfahren praktisch realisiert. 10 bis 20 % Aluminiumoxid, das aus dem Bayer-Prozess stammt, wird mit Kryolith (Na_3AlF_6) vermischt, und die Mischung hat einen Schmelzpunkt von ca. 950 °C. Reines Aluminiumoxid schmilzt dagegen erst bei 2045 °C. Die Schmelze wird elektrolysiert, und dabei entsteht Aluminium (Schmelzpunkt 933 °C), das eine höhere Dichte als die Salzschmelze hat und sich daher am Boden der Elektrolysewanne sammelt, sowie Sauerstoff, der mit dem Kohlenstoff der positiven Elektrode zu CO und CO_2 reagiert. Das gewonnene Aluminium ist u. a. als Elektroden- und Konstruktionsmaterial für Batterien von Interesse.

Weitere Elektrolysen
Außer in der Metallgewinnung spielen Elektrolysen auch beim Recycling von Metallschrott und bei der Reinigung von Metallen in z. B. der Kupferraffinade eine wichtige Rolle.

Weitere Prozesse zur Gewinnung anorganischer wie organischer Chemikalien sind bekannt und etabliert. Sie sind allerdings im Zusammenhang mit Energiespeicherung hier nicht von Interesse. Technische Elektrolysen mit ihrem hohen elektrischen Energiebedarf sind im gegenwärtigen Kontext allerdings als Bestandteile des elektrischen Netzes von stabilisierendem Interesse: Können sie in ihrem Energiebedarf hinreichend rasch an das Energieangebot angepasst werden, können sie einen wichtigen Beitrag zum Angebot/Nachfrage-Ausgleich liefern.

4.8 Superkondensatoren

Elektrische Energie kann ohne einen Umwandlungsschritt im elektrischen Feld eines Kondensators und im Magnetfeld einer Induktivität gespeichert werden. Die Grundlagen der ersten Option wurden in Abschn. 3.4.1 bis zu dem zunächst enttäuschenden Fazit dargestellt, dass sich die bis zum Aufkommen der Superkondensatoren verfügbaren Kondensatoren zur Energiespeicherung jenseits der gängigen Anwendung in elektrischen und elektronischen Geräten praktisch nicht eignen.

Eine Betrachtung der elektrochemischen Doppelschicht, die sich stets an der Berührungsfläche zwischen einem elektronischen und einem ionischen Leiter (z. B. einem Metall und einer ionenhaltigen Elektrolytlösung) einstellt, ändert zunächst nichts an diesem Befund. Abbildung 4.52 zeigt zunächst grob schematisch ein erstes Bild, das in Abb. 4.53 wesentlich verfeinert in einem Bild zusammengefasst schematisch den aktuellen Kenntnisstand wiedergibt.

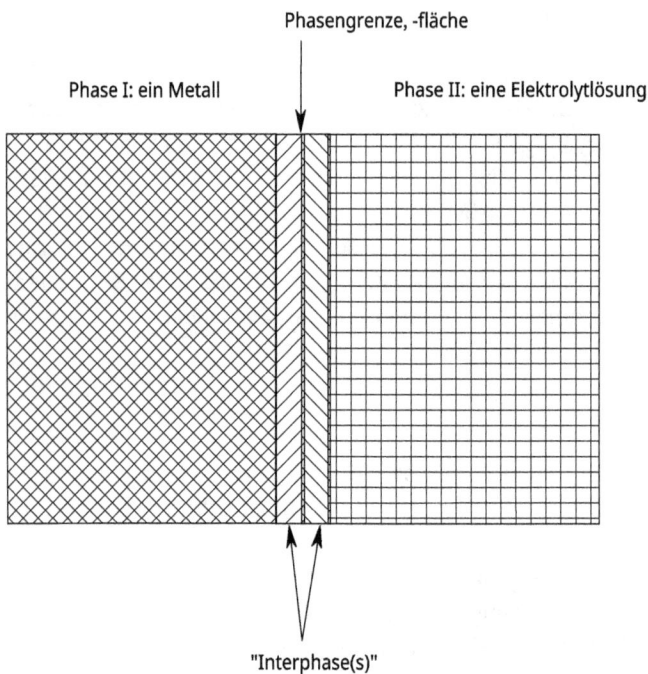

Abb. 4.52: Zwei Phasen aus Materialien unterschiedlicher Art der elektrischen Leitung (ionisch und elektronisch) im Kontakt. Die Fläche des physischen Kontaktes ist die Phasengrenzfläche (Interface), die benachbarten Bereiche, in der die Eigenschaften der Phasen merklich von den im Phaseninneren herrschenden Werten abweichen können, werden etwas unscharf als Phasengrenzschichten bezeichnet (interphase als die Phase(n) zwischen den Phasen).

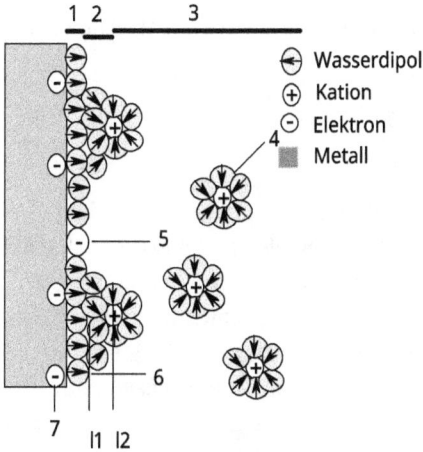

Abb. 4.53: Schematische Struktur der elektrochemischen Doppelschicht nach O'M. Bockris, Devanathan und Müller (BDM-Modell); l1 – innere Helmholtzebene, 1 – innere Helmholtzschicht, l2 – äußere Helmholtz-ebene, 2 – äußere Helmholtzschicht, 3 – diffuse Schicht, 4 – solvatisiertes Ion, 5 – spezifisch adsorbiertes Ion, 6 – Lösungsmittelmolekül, 7 – mobile Elektronen des Elektronengases in der Elektrode.

Elektrisch betrachtet verhält sich die Doppelschicht wie ein Kondensator mit dem elektronenleitenden Metall der Elektrode als der einen und den Kationen (im Bild) in der äußeren Helmholtzebene als der anderen Elektrode. Ihm kommt eine Doppel-schichtkapazität C_{DL} zu. Misst man diese Kapazität für eine typische Metall/wässrige Elektrolytlösung-Phasengrenze aus, erhält man typisch ca. 20 µF·cm^{-2} für eine perfekt glatte Elektrode. Dieser Wert kommt dem mit dem Modell des Plattenkondensators für diese Phasengrenze leicht zu berechnenden Wert nahe,

$$C = \frac{Q}{U} = \frac{A \cdot \varepsilon}{d} = \frac{A \cdot \varepsilon_0 \varepsilon_r}{d}. \tag{4.124}$$

Mit der Distanz $d = 300\,\text{pm}$, der Fläche $A = 1\,\text{m}^2$ und der Permittivität $\varepsilon = 6\,\text{F·m}^{-1}$, d. h., mit der relativen Permittivität ε_r und der absoluten Permittivität ε_0, erhält man $C = 18\,\text{µF·cm}^{-2}$. Experimentell bestimmte Werte reichen abhängig von experimentellen Bedingungen und Materialkombinationen von $C = 15\,\text{µF·cm}^{-2}$ bis $C = 50\,\text{µF·cm}^{-2}$. Für eine praktische Anwendung erscheint das zunächst immer noch hoffnungslos unattrak-tiv. Nimmt man aber statt einer blanken Metall- oder Graphitoberfläche einen porösen Pressling, der aus Aktivkohle hergestellt wurde, ergibt sich ein vollkommen anderes Bild. Aktivkohlen haben durch ihre hochporöse und feinteilige Struktur wahre Oberflä-chen, die bis zu mehreren Tausend Quadratmetern pro Gramm Kohle reichen können. Eine kleine Tablette aus einer Aktivkohle kann daher leicht viele Quadratmeter tatsäch-licher (innerer) Oberfläche besitzen, an der sich eine elektrochemische Doppelschicht ausbildet. Nimmt man zwei solcher Presslinge und kombiniert sie zu einer elektrochemischen Zelle, werden die beiden Doppelschichtkapazitäten elektrisch betrachtet in Serie geschaltet, die Kapazität der Zelle ist also

$$\frac{1}{C} = \frac{1}{C_{DL1}} + \frac{1}{C_{DL2}}. \tag{4.125}$$

C ist zwar deutlich kleiner als die beiden C_{DL}-Werte, aber praktisch sind damit bereits hoch attraktive Werte für eine Zelle erreichbar. Die elektrochemischen Doppelschichtkondensatoren EDLC standen bereit. Sie haben allerdings einen entscheidenden Nachteil: Die maximale Zellspannung ist von der bei wachsender angelegter Spannung je nach Materialien unweigerlich einsetzenden Zersetzung der Elektrolytlösung begrenzt. Für einen Kondensator mit einer wässrigen Lösung ist die Zellspannung damit auf Werte um 1 V begrenzt. Serienschaltung von mehreren Zellen bewirkt Abhilfe. Eine andere Option – bereits von nichtwässrigen Batterien bekannt – ist der Ersatz von Wasser durch nichtwässrige, meist organische Lösungsmittel. Eine Eigenschaft dieser Flüssigkeiten ist mit Bezug auf Gl. (4.124) von besonderem Interesse: ε_r. Typische Werte zeigt Tabelle 4.11.

Tab. 4.11: Werte von ε_r typischer Lösungsmittel.

Lösungsmittel	ε_r
Wasser	81
Acetonitril	38
Ethylencarbonat	89
γ-Butyrolacton	39
Sulfolan	43
Tetrahydrofuran	7,6
N, N-Dimethylformamid	37
Dimethylsulfoxid	46

Lösungsmittel mit großem ε_r sind attraktiv. Allerdings beeinflussen andere Faktoren wie Donorzahl, Dipolmoment etc. das Lösungsvermögen, das Benetzungsverhalten, die Weite des elektrochemischen Stabilitätsfensters und andere das Zellverhalten beeinflussende Eigenschaften. Das elektrochemische Stabilitätsfensters ist durch die Differenz zwischen den anodischen und kathodischen Elektrodenpotentialen der Elektrolytlösungszersetzung (Zersetzungsspannung U_d) gegeben.

Die Energiespeicherung in einem EDLC findet also nur durch Ionenakkumulation bei der Ladung und -dissipation bei der Entladung statt. Abbildung 4.54 zeigt dies schematisch und im Vergleich dazu die grundsätzlichen anderen Vorgänge der elektrochemischen Stoffumwandlung (den Faraday-Reaktionen) in einer Sekundärbatterie.

Neben den anfänglich vor allem benutzten Aktivkohlen aus verschiedensten Quellen rückten rasch weitere kohlenstoffbasierte Materialien mit großer Oberfläche (meist

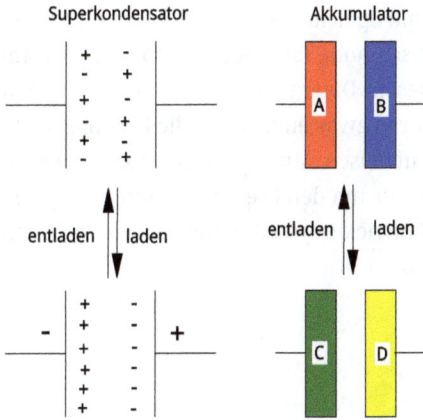

Abb. 4.54: Lade- und Entladevorgänge in einem Superkondensator und einem Akkumulator schematisch dargestellt.

bestimmt mit dem BET-Verfahren durch Stickstoffadsorption bei tiefen Temperaturen, angegeben in $m^2 \cdot g^{-1}$) wie Graphen, Kohlenstoffnanoröhrchen etc. in den Fokus der Entwicklung. Zu den Triebfedern der Forschung gehört das Streben nach höheren Energiedichten (sowohl gravimetrisch wie volumetrisch). Zur Orientierung hilft ein Blick in ein Ragone-Diagramm (Abb. 4.55), in dem Leistungs- und Energiedichte für Energiewandler und -speicher aufgetragen sind.

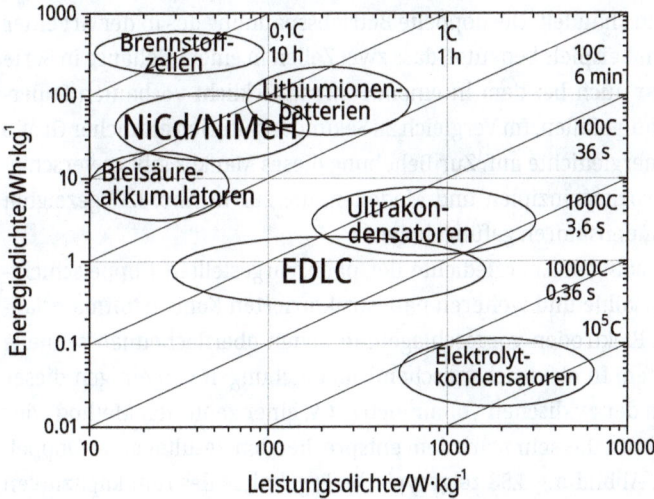

Abb. 4.55: Ragone-Darstellung für ausgewählte System zur elektrochemischen Energiewandlung und -speicherung. Die zusätzlichen Linien beziehen sich auf Entladezeiten bei den angegebenen Entladeströmen angegeben in Einheiten von C (nominelle Kapazität des Systems).

Bereits vorgestellte Details zu Wandlern und Speicher tauchen wieder auf: Brennstoffzellen haben eine allerdings nur rechnerisch hohe Energiedicht, da sie nur wandeln und nicht speichern (und insofern in diesem Diagramm auch strenggenommen nichts zu suchen haben), während Kondensatoren zwar eindrucksvolle Leistungsdichten, dabei aber jammervolle Energiedichten aufweisen. Mit den EDLC ist zwar diesem traurigen Tatbestand etwas abgeholfen – aber nur um den Preis einer nun geringeren Leistungsdichte. Illustriert wird der aktuelle Entwicklungsstand mit einigen typischen EDLCs höchst unterschiedlicher Kapazität in Abb. 4.56.

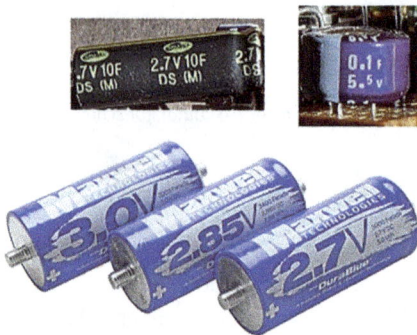

Abb. 4.56: Eine kleine Auswahl von EDLC's unterschiedlicher Kapazität (teilweise Wiedergabe mit freundlicher Genehmigung von Maxwell Technologies, Inc.)

Die aufgedruckten Betriebsspannungen zeigen an, dass es sich um EDLCs mit organischer Elektrolytlösung handelt. Die doppelte Betriebsspannung des in der Art einer Knopfzelle ausgebildeten Beispiels bedeutet, dass zwei Zellen in einem Gehäuse in Serie geschaltet sind. Dies war auch bei dem in einem Fahrradrücklicht verbauten Superkondensator (Abb. 1.14) aufgefallen. Im Vergleich zu Sekundärbatterien ähnlicher Größe fällt die recht mäßige Energiedichte auf. Zur Behebung dieses Mankos gibt es verschiedene Entwicklungen, Arbeitsprinzipien und Modellen, die zur in Abb. 4.57 gezeigten Taxonomie der Superkondensatoren geführt haben.

Um der beklagten mäßigen Energiedichte der oben vorgestellten Doppelschichtkondensatoren mit Aktivkohle und weiteren nanostrukturierten Kohlenstoffmaterialien abzuhelfen, wurden Elektroden vorgeschlagen, in denen oberflächennah schnelle Redoxreaktionen ablaufen. In elektrochemischen Untersuchungen von einigen dieser Materialien zeigen sie in der zyklischen Voltammetrie CV, einer zentralen Methode der Elektrochemie, ein Ergebnis, das sehr stark dem entsprechenden Resultat einer Doppelschichtkapazität ähnelt. Abbildung 4.58 zeigt typische Ergebnisse des rein kapazitiven Verhaltens einer Metallelektrode (Platin) im Kontakt mit einer wässrigen Elektrolytlösung, und Abb. 4.59 zeigt ein analoges Resultat mit einer MnO_2-Elektrode, die durch elektrochemische Abscheidung auf verschiedenen Substraten hergestellt wurde.

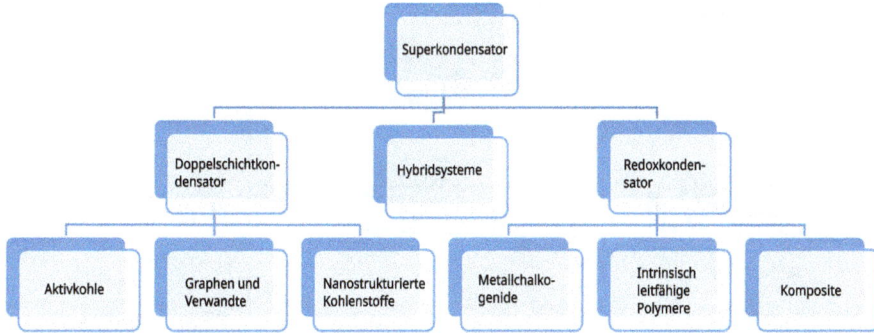

Abb. 4.57: Taxonomie der Superkondensatoren nach Funktionsprinzipien und aktiven Materialien.

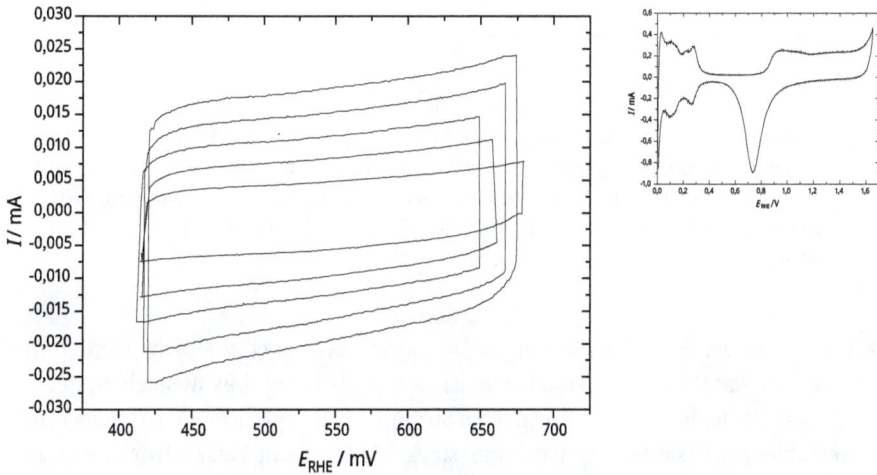

Abb. 4.58: CVs einer Platinelektrode im Kontakt mit einer wässrigen Elektrolytlösung von 0,05 **M** H_2SO_4 im sog. Doppelschichtbereich, in dem diese Phasengrenze ein rein kapazitives Verhalten zeigt (dE/dt von 20 bis 100 mV·s^{-2} von innen nach außen). Das kleine Bild zeigt zur Orientierung das gesamte zyklische Voltammogramm mit $dE/dt = 100$ mV·s^{-2}.

Während im ersten Fall der Platinelektrode lediglich die bereits erwähnte Ionenakkumulation und -dissipation als bereits vorgestelltes Speicherprinzip wirkt, ist im Fall der MnO_2-Elektrode eine Faraday-Reaktion am Werk,

$$MnO_2 + H_2O + e^- \leftrightarrows MnOOH + OH^-. \tag{4.126}$$

In der Entladerichtung (von links nach rechts) in der positiven Elektrode eines Superkondensators entspricht sie exakt der Entladereaktion der positiven MnO_2-Elektrode einer Alkalimangan-Primärbatterie (Abschn. 4.4.1). Dieses Verhalten wird als pseudokapazitiv bezeichnet. Die Bezeichnung eines damit konstruierten Superkondensators als Pseudokondensator dürfte allerdings die Bedeutung von πσευδο (pseudo) überstra-

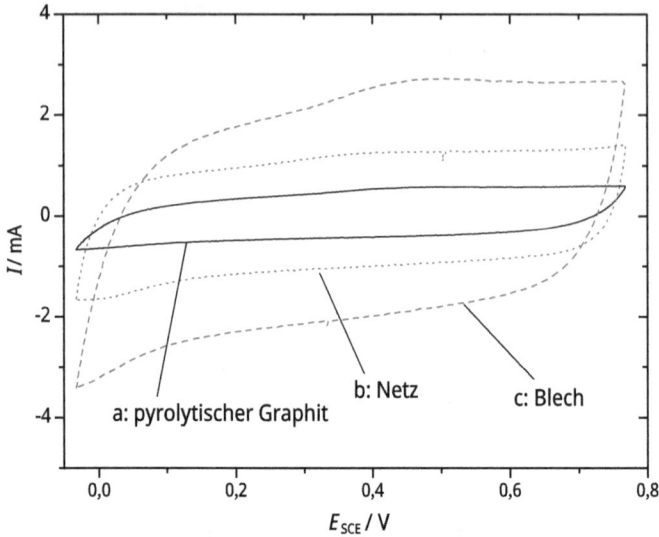

Abb. 4.59: CVs von MnO$_2$-Elektroden im Kontakt mit einer wässrigen Lösung von 0,1 **M** Na$_2$SO$_4$ mit $dE/dt = 25$ mV·s^{-1}, pyrolytischer Graphit mit 0,1718 C Abscheideladung, 0,38 cm^2 Oberfläche; Netz: Edelstahlnetz (SS 1.4401, mesh 181 mit 0,09 mm Weite und 0,05 mm Dicke, F. Carl Schröter, Hamburg), 1 cm^2, 0,81 C Abscheideladung; Blech: Edelstahlblech (Edelstahl X5CrNi18-10, 0,05 mm dick), 1 cm^2, 0,418 C Abscheideladung.

pazieren, und der Begriff wird hier folglich nicht verwendet. Vielmehr werden diese Superkondensatoren als Redoxkondensatoren bezeichnet. Das Ausbleiben der für die dargestellte Redoxreaktion erwarteten Strompeaks im zyklischen Voltammogramm hat verschiedene Ursachen. Dazu gehören starke elektronische Wechselwirkungen zwischen den auf der Oberfläche adsorbierten bzw. direkt an der Oberfläche des Elektrodenkörpers befindlichen Redoxsystemen und die Beteiligung von ausschließlich adsorbierten Reaktanden als Hauptursachen. Eine Vielzahl weiterer redoxaktiver Metallverbindungen wurden ebenfalls untersucht, und damit rückt man immer näher an die nur noch fiktiv erscheinende Grenze zwischen Superkondensatoren und Sekundärbatterien. Am Beispiel der Elektrodenreaktion der Nickeloxidelektrode, die nicht nur wie oben dargestellt in Akkumulatoren Anwendung findet (Abschn. 4.5.1) sondern auch für Redoxkondensatoren vorgeschlagen wurde, wird dies in Abb. 4.60 gezeigt.

Mit diesem Übergang tritt allerdings auch ein potentielles Problem in den Vordergrund: Die Veränderung der Zellspannung mit dem Ladezustand. Die Extremfälle eines Akkumulators und eines EDLC zeigt Abb. 4.61.

Für praktische Anwendungen wie in Kap. 1 vorgestellt ist naturgemäß eine möglichst konstante Zellspannung erwünscht, und das Verhalten eines EDLC ist dagegen recht unattraktiv. Bedenkt man allerdings die Hauptanwendung von Superkondensatoren als Quelle oder Senke hoher elektrischer Leistung für sehr kurze Zeit, in der sich die Zellspannung nur wenig ändert, wird das anfängliche Problem einigermaßen

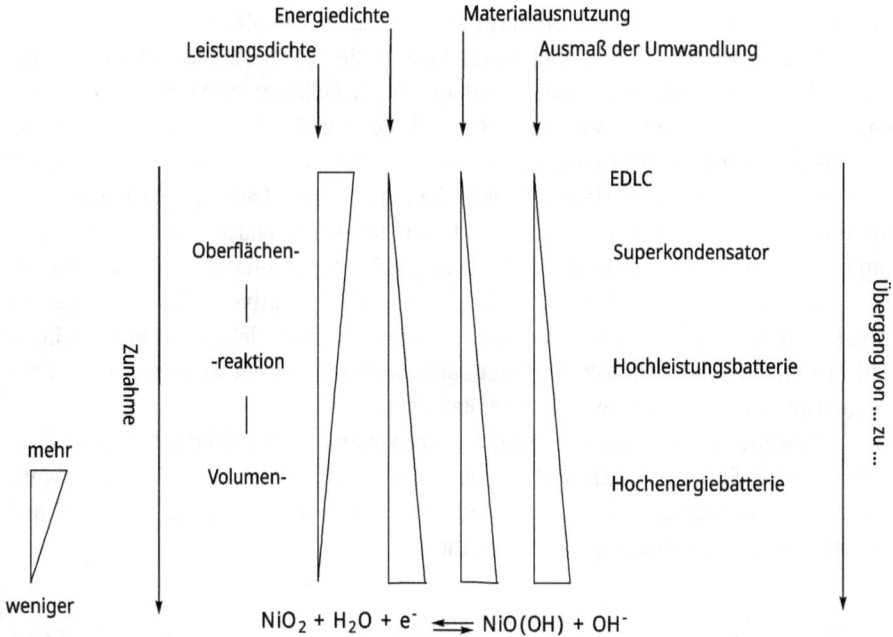

Abb. 4.60: Übergänge zwischen Batterie- und Superkondensatorelektrodenmaterialien.

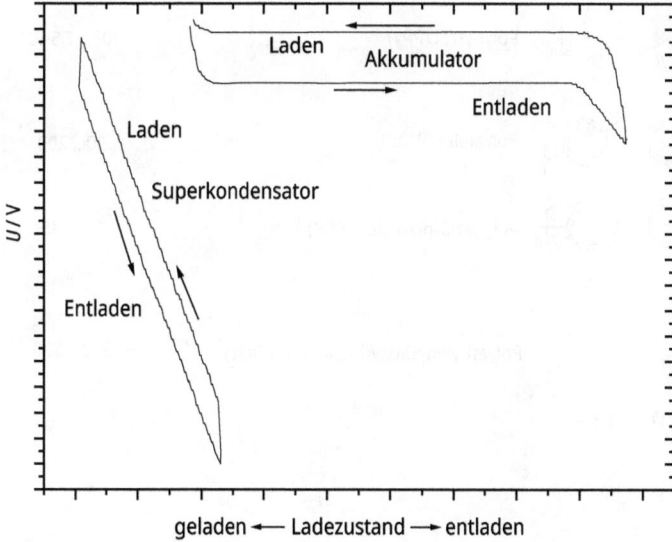

Abb. 4.61: Schematischer Vergleich der Lade-/Entladekurven von Akkumulatoren und Superkondensatoren des EDLC-Typs.

unwichtig. Selbst bei größeren Änderungen des Ladezustandes eines Superkondensators können elektronische Gleichspannungswandler ausgleichend wirken. Für die oberflächennahen Redoxreaktionen kommen Metallchalkogenide MeMe1$_x$Me2$_y$O$_z$ mit Me1 und Me2, ggfs. Me1 = Me2, und Me = Ni, Co, Mn, Fe, V und Cu sowie die entsprechenden Schwefelverbindungen in Betracht. Anders als bei den bisher für EDLC betrachteten kohlenstoffbasierten Elektroden, an denen Ladungsspeicherung nur durch Ionenakkumulation ohne Ladungsdurchtritt an der Phasengrenze erfolgte, ist nun ein Redoxprozess und damit ein zugehöriges Redoxpotential wirksam. Daher können diese Elektroden nicht beliebig als positive oder negative Elektrode eingesetzt werden; vielmehr ist eine sinnvolle Kombination von zwei Elektroden mit möglichst weit auseinander liegenden Redoxpotentialen sinnvoll. Bei der Materialauswahl gilt der gleiche Wunschzettel wie bereits bei Batterien.

Eine zweite ebenfalls intensiv studierte Stoffklasse umfasst elektrochemisch aktive intrinsisch leitfähige Polymere ICPs. Sie enthalten – für organische Polymere erwartbar typisch – Kohlenstoff, Wasserstoff und Heteroatome wie Sauerstoff, Schwefel und Stickstoff. Abbildung 4.62 zeigt eine Auswahl.

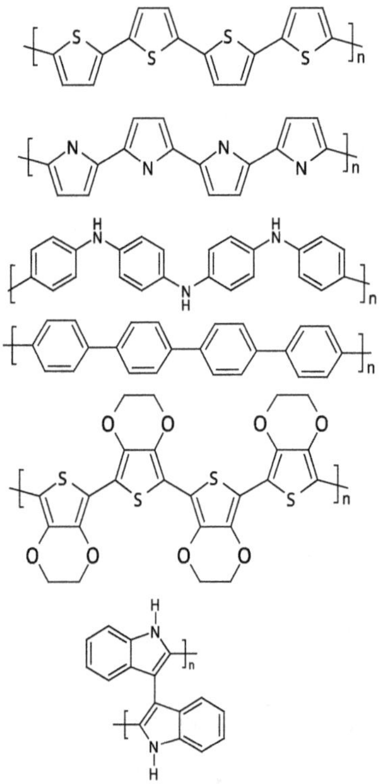

	Leitfähgkeit/S·cm^{-1}
Polythiophen (PTh)	$10 .. 10^3$
Polypyrrol (PPy)	$10^2 .. 7{,}5 \cdot 10^3$
Polyanilin (PANI)	$30 .. 200$
Poly-*para*-phenylen (PPP)	$10^2 .. 10^3$
Polyethylenedioxythiophen (PEDOT)	$300 .. 500$
Polyindol (PIND)	$0{,}1 .. 1$

Abb. 4.62: Eine Auswahl von ICPs mit typischen Werten ihrer elektrischen Leitfähigkeit im oxidierten Zustand.

Ihre elektrische Leitfähigkeit im oxidierten oder reduzierten Zustand (im Neutralzustand sind sie sehr schlechte elektronische Leiter) geht auf die Kombination ausgedehnter konjugierter Bindungen und durch Oxidation oder Reduktion erzeugte Ladungsträger (Polaronen, Bipolaronen, Radikalkationen, -anionen) zurück, die entlang der Konjugation mobil sind. Abbildung 4.63 zeigt dies am Beispiel des Polyanilin PANI.

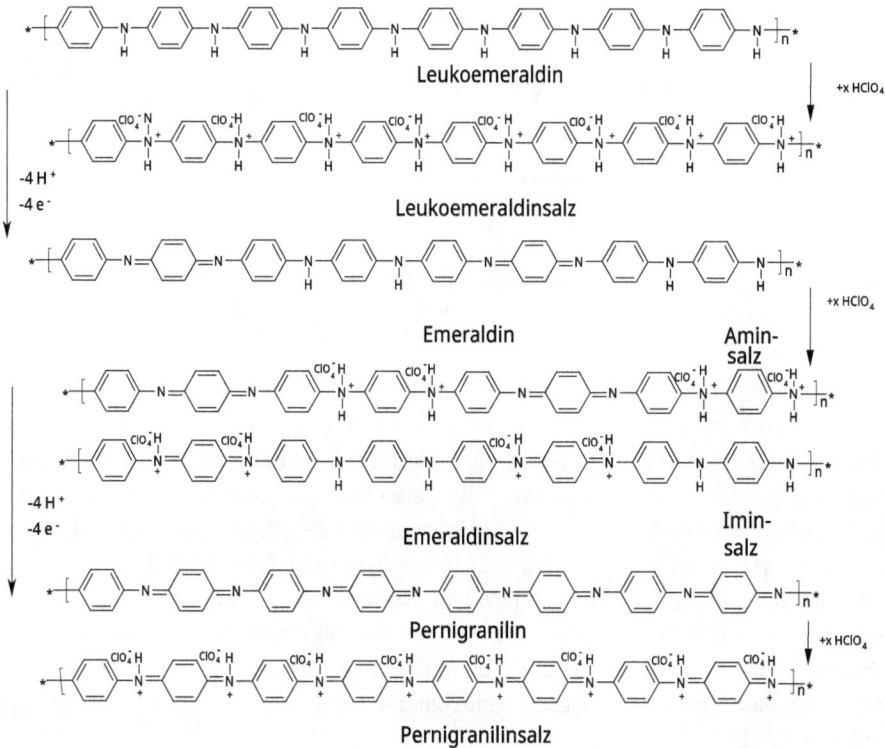

Abb. 4.63: Redoxübergänge und damit verknüpfte chemische Reaktionen von PANI im Kontakt mit einer wässrigen Elektrolytlösung.

Die starke Wechselwirkung zwischen den mobilen Ladungsträgern und die Konjugation führt zu einem elektrochemischen Verhalten, das dem der bereits vorgestellten pseudokapazitiven Materialien stark ähnelt. Ein Beispiel mit einer PANI-Elektrode in Abb. 4.64 zeigt dies.

Schließlich sind Komposite aus Metallchalkogeniden und ICPs als aktive Massen von großem Interesse. Wegen der Potentialfestlegung bei vielen redoxaktiven Elektrodenmaterialien ist ein symmetrischer Aufbau mit zwei identischen Elektroden unzweckmäßig. Würde man den gleichen Redoxvorgang in beiden Elektroden nutzen, müßte im

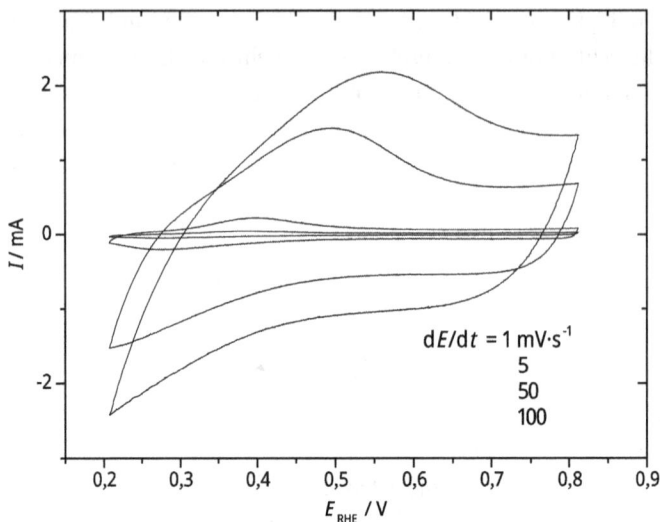

Abb. 4.64: CV einer mit PANI-beschichteten Edelstahlnetzelektrode (1 cm^2) im Kontakt mit einer wässrigen Elektrolytlösung von 1 **M** HClO$_4$ bei verschiedenen Potentialvorschubgeschwindigkeiten, Lösung stickstoffgesättigt.

ungeladenen Zustand des Redoxkondensators in beiden Elektroden die Hälfte aller redoxaktiven Teilchen im unteren und die andere Hälfte im oberen Oxidationszustand sein. Im geladenen Zustand müßten in der einen Elektrode alle Teilchen im obereren und in der anderen Elektrode im unteren Zustand sein. Es würde also in beiden Elektroden nur die Hälfte der vorhandenen Redoxteilchen genutzt. Diese trübe Perspektive gilt natürlich auch für ICPs als aktive Materialien – sie hält dennoch nicht von immer wieder auftauchenden Vorschlägen dieser Art ab. Vielmehr sollte man vom bei EDLC wohlvertrauten symmetrischen Konzept des symmetrischen Aufbaus[7] abgehen und zwei Materialien mit möglichst verschiedenen Redoxpotentialen auswählen. Abbildung 4.65 zeigt einige Beispiele.

Diese Kombination wird logisch als asymmetrisch bezeichnet. Findet sich zu einem ausgewählten Redoxmaterial kein geeignetes Pendant, wäre auch die Kombination mit einem EDLC-Material denkbar, in dem nur Ladungsspeicherung ohne Redoxreaktion stattfindet. Das Konzept wird oft als hybrid bezeichnet. Wegen der unterschiedlichen Speicherweise ist eine sorgfältige Massenabstimmung erforderlich. Unabhängig von der Mehrdeutigkeit des Begriffs hybrid (ὕβρις (hybris, griechisch) arrogant, vermessen), der im gegenwärtigen Kontext mit kombiniert noch am ehesten und weiterhin ungenau gedeutet werden kann, kann mit eine hybride Zelle (Abb. 4.66 A) mit der Kombination von

---

7 Genauer betrachtet, ist auch ein EDLC bereits nach der Formierung oder einigen Lade-/Entladzyklen nicht mehr genau symmetrisch, da geringe Veränderungen am Elektrodenmaterial an der positiven und negativen Elektrode verschieden ausfallen.

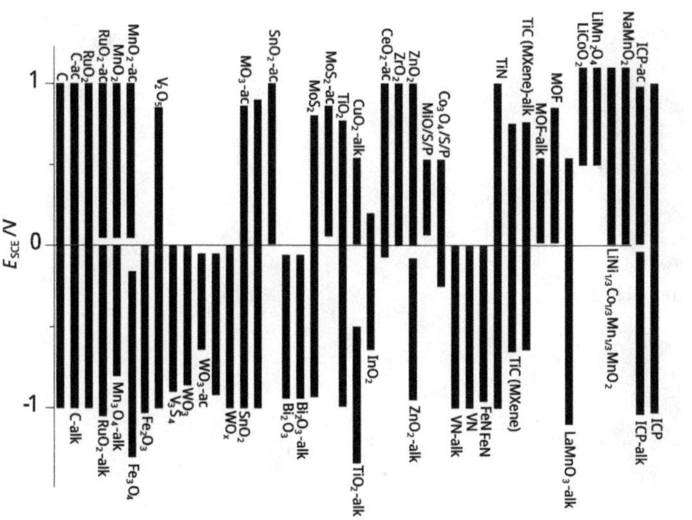

Abb. 4.65: Elektrodenpotentialbereiche, in denen bislang untersuchte Materialen in wässrigen Elektrolytlösungen Redoxaktivität zeigten[8,9]. Ohne weitere Angabe: Neutrale Lösung, -alk zeigt alkalische Lösungen an, und -ac zeigt saure an.

zwei Elektroden unterschiedlicher Wirkprinzipien oder die Kombination von zwei Materialien in einer Elektrode (Abb. 4.66 B) gemeint sein.

Ein überzeugendes Beispiel ist die Kombination einer negativen EDLC-Elektrode mit einer positiven Bleidioxidelektrode aus dem Bleisäure-Akkumulator. An der positiven Elektrode läuft die aus diesem Akkumulator bekannte Elektrodenreaktion ab,

$$PbO_2 + 2\,e^- + 2\,H^+ + H_2SO_4 \rightleftarrows PbSO_4 + H_2O, \tag{4.127}$$

während an der negativen Elektrode die in für EDLC-Elektroden bereits vorgestellten Prozesse der Ionenakkumulation und -dissipation stattfinden, ggfs. ergänzt um -adsorption/-desorption bis hin zur -interkalation/-deinterkalation.

Falls die negative Elektrode selbst als Hybrid (Abb. 4.66 B) aus Blei und EDLC-Material besteht, findet außerdem die vom Akkumulator bekannte Elektrodenreaktion statt,

$$Pb + H_2SO_4 \rightleftarrows PbSO_4 + 2\,e^- + 2\,H^+. \tag{4.128}$$

Bei kleinen Stromdichten wird die Elektrodenreaktion vor allem vom Bleianteil getragen, und bei hohen Stromdichten, so bei pulsartiger Belastung, wird ein größerer

---

8 Q. Qu, S. Yang, X. Feng, Adv. Mater. 23 (2011) 5574.
9 J. Sun, C. Wu, X. Sun, H. Hu, C. Zhi, L. Hou, C. Yuan, J. Mater. Chem. A 5 (2017) 9443.

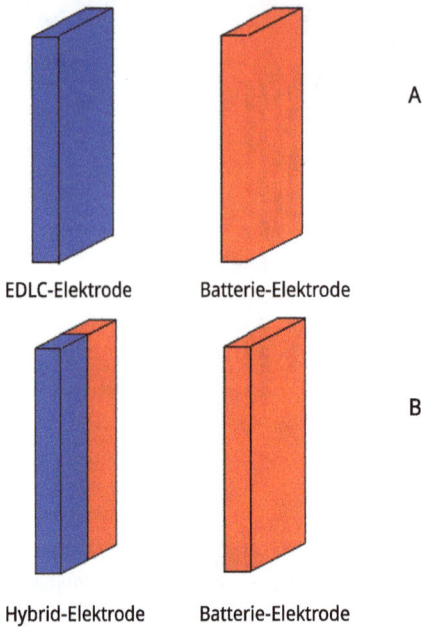

Abb. 4.66: Schema eines hybriden Superkondensators (A) und eines Superkondensators mit einer hybriden Elektrode (B).

Beitrag vom EDLC-Anteil der Elektrode übernommen. In einem typischen Anwendungsbeispiel mit erheblichem kommerziellem Erfolg werden die Vorteile dieses Systems erfolgreich genutzt: Eine netzferne kleine Photovoltaikanlage, für die aus Kostengründen eine Lithiumionenbatterie nicht in Betracht kommt, kann mit einem Bleiakkumulator betrieben werden. Die Betriebsbedingungen führen wegen der starken Schwankungen des Energieangebots der Solarzelle, jahreszeitliche bedingten längeren Perioden mit nur geringer Sonneneinstrahlung und damit verknüpft längere Zeiten eines niedrigen Ladezustands zum vorzeitigen Ausfall des Akkus (übliche Ersatzintervalle 1 bis 3 Jahre), der vor allem auf das Versagen der notorisch schwächeren negativen Bleielektrode zurückgeführt werden kann. Das Hybridsystem, vor allem mit einer nichtkonventionellen Bleielektrode und einem Gelelektrolyten (s. Abschn. 4.5.1), ermöglicht eine hohe Leistungsaufnahme bei auch nur kurzen Perioden hoher Sonneneinstrahlung, hat einen im Vergleich weiterer Arbeitstemperaturbereich und erreicht eine höhere Zyklenzahl (übliches Ersatzintervall 20 Jahre). In Fahrzeugen wird dieses System als Ersatz eines Bleisäure-Akkumulators angetroffen.

Andere Metalle und ihre Elektroden kommen ebenfalls in Betracht. Bemerkenswerte kommerzielle Erfolge wurden bislang mit Superkondensatoren erzielt, die eine negative Lithiumelektrode enthalten. Sie werden meist nur als Lithiumionen-Kondensator LIC bezeichnet, weisen aber alle Merkmale eines hybriden Superkondensators auf. Wie bei Lithiumionen-Akkumulatoren dargestellt, muss eine nichtwässrige Elektrolytlösung verwendet werden. Solange Dendritenbildung bei der Lithiumabscheidung nicht zuverlässig vermieden werden kann, ist zudem eine Wirtselektrode aus z. B. Graphit zur Lithiumeinlagerung/-auslagerung in seiner Schichtstruktur erforderlich. Als positive Elektrode dient wiederum eine EDLC-Elektrode. Damit beruht die Arbeitsweise dieses Superkondensators nicht auf dem von Lithiumionen-Akkumulatoren bekannten Schaukelstuhlprinzip. Vielmehr werden bei der Ladung aus dem Elektrolytreservoir Kationen und Anionen verbraucht und bei der Entladung wieder freigesetzt. Ähnlich wie beim Bleiakkumulator kann dies zu nachteiligen Veränderungen der ionischen Elektrolytleitfähigkeit führen. Zudem kann der begrenzte Inhalt dieses Reservoirs zum Problem werden. Wenn durch Bildung von ionenleitenden Deckschichten auf der negativen und ggfs. auch auf der positiven Elektrode Ionen, vor allem Metallionen, aus diesem Reservoir irreversibel verbraucht werden, kann es an den Elektroden wegen ungenügenden Nachschubs an Ionen zur Ausbildung von Elektrodenüberpotentialen und damit zu einer Begrenzung der Leistungsfähigkeit der Elektroden kommen. Zu diesem Problem trägt die mäßige Löslichkeit gängiger Leitsalze in den für LIC verwendeten Lösungsmitteln bei (z. B. nur ≈ 1 **M** $LiPF_6$ oder $NaClO_4$). Die Vorbeladung der negativen Elektrode hilft bei der Minderung dieses Problems.

Das Potential der negativen Elektrode ist durch die Lithiuminterkalation/-deinterkalation festgelegt. Das Potential der positiven Elektrode folgt dem Ladezustand. Die Zellspannung U liegt bei 3,8–4 V, und die Elektrolytlösung enthält $LiPF_6$ in Propylenkarbonat. Die Entladung muss bei U_{min} = 1,9–2,2 V beendet werden, da anderenfalls der Lithiumgehalt der negativen Elektrode zu klein wird. Zudem wird bei den dann an der negativen Elektrode einsetzenden Prozessen die Alterung der Elektrolytlösung beschleunigt, und irreversible Veränderungen der negativen Elektrode werden ebenfalls wahrscheinlicher. Für praktische Anwendungen, bei denen oft nur ein kleiner Teil der gespeicherten Energie in kurzer Zeit entnommen wird, spielt dies meist keine allzu große Rolle. Der Energieinhalt kann daher korrekt nur mit einer entsprechend modifizierten Gleichung berechnet werden,

$$W = \frac{1}{2} \cdot C \cdot (U - U_{min})^2. \tag{4.129}$$

Die Kapazität des Systems wird durch die positive Elektrode begrenzt. Zur sinnvollen Materialnutzung muss sie mit der Kapazität der negativen Elektrode ausbalanciert werden. Da die tatsächliche unter Stromfluss nutzbare Kapazität variiert und diese Veränderung für Elektroden so unterschiedlicher Funktionsweise unterschiedlich ist, kann ein perfekte Balance kaum erreicht werden. Die Leistungsfähigkeit, genauer: die Stromaufnahme- und -abgabefähigkeit, ist dagegen von der Elektrode mit der langsameren Elektrodenkinetik begrenzt. Um wirksame Stromdichten und damit Elektrodenüberpotentiale klein zu halten, ist eine große aktive Elektrodenoberfläche hilfreich. Dies kann durch Materialauswahl und -kombination sowie geeignete Herstellungsverfahren und dazu passende Elektrodenarchitekturen unterstützt werden. Entsprechend den bei Doppelschichtkondensatoren erzielten Fortschritten bei positiven Elektroden können dabei hergestellte Elektroden auch in LICs eingesetzt werden. Allerdings wird bislang die Stromaufnahme- und -abgabefähigkeit von EDLC-Superkondensatoren nicht ganz erreicht. Bei zu hohen Ladeströmen kann es – wie bei Lithiumionen-Akkumulatoren – an der negativen Elektrode zur Lithiumabscheidung und damit verbundenen Sicherheitsrisiken kommen. LICs sind daher vor allem für Anwendungen interessant, bei denen ihre hohe Energiedichte (das Vier- bis Fünffache gängiger EDLC-Superkondensatoren) und lange Lebensdauer von Interesse sind. Beispiele zeigt Abb. 4.67.

Abb. 4.67: Lithiumionen-Superkondensatoren. Links: C = 750 F, rechts: Q = 18 Ah, (Bildwiedergabe mit freundlicher Genehmigung von Shanghai Jinpei Electronics Co., Ltd.)

Das Arbeitsprinzip kann naturgemäß auf andere Metalle angewendet werden. Besonderes Interesse genießt dabei Zink. Mit ihm können wässrige Elektrolytlösungen mit ihren bekannten inhärenten Vorteilen verwendet werden. Neben erhöhter Sicherheit und geringeren Materialkosten ist der Fortfall der mit Lithium an der negativen Elektrode ausgebildeten SEI interessant. Falls die zahlreichen Untersuchungen zur dendritfreien Metallabscheidung hinreichend nachhaltigen Erfolg haben, wäre ein Zinkionenkondensator mit zahlreichen Vorteilen (neben dem Nachteil der kleineren Zellspannung) im Vergleich zum LIC vielversprechend.

Abschließend werden die vorgestellten Konzepte und beispielhafte Möglichkeiten in Abb. 4.68 verglichen. Dies soll allerdings nicht zu weiteren Beiträgen zur sprachlichen Kreativität wie Supercabattery und Supercapattery mit Negatrode (offenbar statt negativer Elektrode) und Positrode (dito) anregen. Ob mehr als Verwirrung erzeugt wird bleibt offen.

Superkondensator EDLC-Typ

+ Kation
- Anion

Entladung / Ladung

Superkondensator Redox-Typ

A | B

$A+B \rightleftharpoons C+D$

z.B.:

(-) $Ni(OH)_2 + OH^- \rightleftharpoons NiOOH + H_2O + e^-$

und

(+) $RuO_{2-\delta} + \delta H^+ + \delta e^- \rightleftharpoons Ru(OH)_2$

Entladung / Ladung

C | D

Hybridkondensator

A
C
B
D

C und D Batterie-lektrodenmaterialien

A und B EDLC-Elektroden-material

z.B.:

$C \rightleftharpoons D$

$PbO_2 \rightleftharpoons PbSO_4$

Entladung / Ladung

Sekundärbatterie

A | B

C | D

A, B, C, D aktive Elektrodenmaterialien

z.B.:

$PbSO_4 + PbSO_4 + 2 H_2O$

$Pb + PbO_2 + 2 H_2SO_4$

Entladung / Ladung

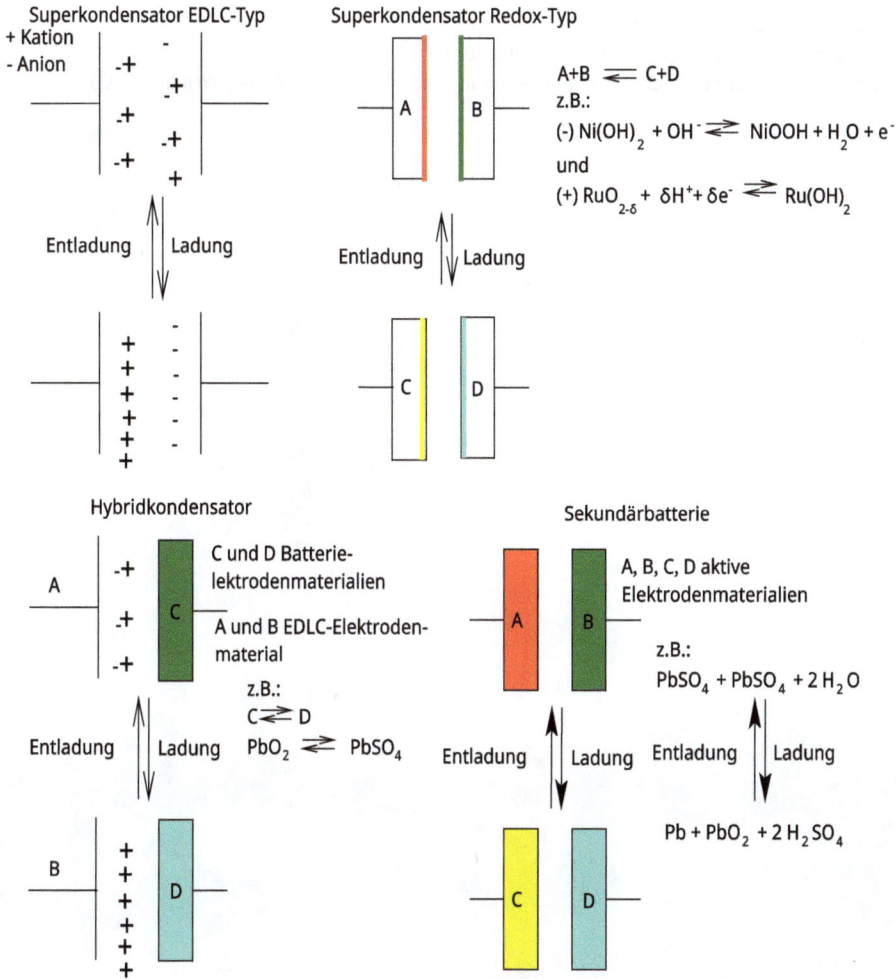

Abb. 4.68: Konzepte und Beispiele von Superkondensatoren im Vergleich zum Akkumulator.

Weiterführende Lektüre

P. Kurzweil, O. K. Dietlmeier: Elektrochemische Speicher, 2. Aufl., Springer Vieweg, Wiesbaden 2018.

J.-M. Tarascon, P. Simon: Electrochemical Energy Storage Volume 1, WILEY, Hoboken 2015.

S. A. Arote: Electrochemical Energy Storage Devices and Supercapacitors, iop publishing, Bristol 2021.

Advances in Electrochemical Energy Storage, U. Sahoo Hrsg., Scriver Publishing-WILEY, Beverly 2021.

R. Holze: Leitfaden der Elektrochemie, Teubner-Verlag, Stuttgart 1998.

V. M. Schmidt: Elektrochemische Verfahrenstechnik, WILEY-VCH, Weinheim 2003.

E. Zirngiebl: Einführung in die Angewandte Elektrochemie, Salle&Sauerländer, Frankfurt&Aarau 1993.

Electrochemical Technologies for Energy Storage and Conversion (R. S. Liu, L. Zhang, X. Sun, H. Liu, J. Zhang Hrsg.) WILEY-VCH, Weinheim 2012.

R. Holze: Elektrische Energie Speichern und Wandeln, Springer Spektrum, Wiesbaden 2019.

R. Holze: Superkondensatoren, Springer, Berlin 2024.
R. Holze, Y. Wu, Chemie in unserer Zeit 54 (2020) 180.
R. Holze, Y. Wu: Elektrochemische Energiespeicherung und Wandlung, VCH-Wiley, Weinheim 2023.

5 Elektrochemische Wandler und Speicher – von ganz klein bis ganz groß

Nach der Darstellung der elektrochemischen Verfahren und Systeme zur Wandlung und Speicherung elektrischer Energie mit ihren chemischen wie physikalischen und elektrotechnischen Grundlagen im voranstehenden Kapitel werden in diesem Kapitel praktische Ausführungen bis hin zu anwendungsnahen Hinweisen vorgestellt. Da aus Anwendungssicht meist praktische Aspekte wie verfügbare und zweckmäßige Größe und Ausführung, Leistungsdaten, Kosten und Lebensdauer von Interesse sind, treten Details der Batteriechemie oder verwandte chemische Aspekte wie Elektrodenkinetik und Überpotential in den Hintergrund. Folgend werden Wandler und Speicher daher aus praktischen Gründen nach Größe sortiert vorgestellt. Dabei wird in Abb. 5.1 nur ein kleiner Ausschnitt aus der großen Bandbreite gängiger Größen gezeigt. Die prismatische Batterie Typ 480 (keine genormte Bezeichnung) enthält in Parallelschaltung sechs Alkali-Mangan-Zellen der Größe D. Für praktische Anwendung sind in Abb. 5.1 zwei Einheiten in Serie geschaltet. Noch kleinere Knopfzellen sind gängig, und größere Knopfzellen und zugehörige Ladegeräte werden unten gezeigt. Noch viel größere Primär- wie Sekundärbatterien werden vor allem bei Speichern für mobile Systeme sowie in Großspeichern zur Unterstützung des elektrischen Netzes gezeigt.

Abb. 5.1: Primärbatterien des Typs 480 und – auf der linken Batterie liegend – eine Knopfzelle LR 621.

Eine erste Orientierung zu gängigen Zelltypen, typischen Energieinhalten und Anwendungen gibt Tabelle 5.1.

Einen ersten Überblick zu populären Primärbatterien und ihren Bezeichnungen gibt Tabelle 5.2.

Von Vollständigkeit ist diese Liste weit entfernt. Vor allem mit Blick auf Knopfzellen verschiedener Zellchemietypen für Anwendungen in der Photographie, in Kameras, Hörhilfen und in der Fischerei ist die Verwirrung noch wesentlich steigerbar.

https://doi.org/10.1515/9783111436838-005

Tab. 5.1: Batteriegrößen und -anwendungen.

Zelltyp oder Anwendung	Gespeicherte Energie/Wh	Anwendung
Knopfzelle	0,1–0,5	Uhren, Taschenrechner, kleine Geräte
Tragbare Anwendung	2–100	Mobiltelefone, Computer
Haushalt	2–100	Elektrowerkzeuge, mobile Radios, TV-Geräte, Camcorder
Kraftfahrzeug	10^2–10^3	Starterbatterien, Rollstuhl, Golfwagen
Inselbetrieb	10^3–10^5	Haushaltsgeräte, Telekommunikation, Wasserversorgung
Triebfahrzeuge	10^4–10^6	Lastkraftwagen und Lokomotiven
Stationäre Verwendung	10^4–10^6	Unterbrechungsfreie Stromversorgung
Unterseeboot	10^6–10^7	Unterseeboot
Stromnetz	10^7	Lastabgleich, Spannungsregelung

Tab. 5.2: Bezeichnungen populärer Primärbatterien.

Populäre Bezeichnung[a]	Bezeichnung nach ANSI[b]	Bezeichnung entsprechend IEC[c] ausgeführt als:		
		Alkali-Manganzelle	Leclanché-Zelle[d]	Dimension/mm[e]
Minizelle	AAAA	LR61	E96	$42,5 \times 8,3$
Mikrozelle	AAA	LR03/AM-4	R03/UM-4	44×10
–	1/2AA			25×14
Mignonzelle[f]	AA	LR06/AM-3	R6/UM-3	50×14
Babyzelle	C	LR14/AM-2	R14/UM-2	50×26
Monozelle	D	LR20/AM-1	R20/UM-1	62×34
–	F	R25	LR25	91×33
Ladyzelle	N	LR1/AM-5	R1/UM-5	$29,5 \times 11,5$
Transistorblock, 9 V-Block	1604D PP3	6LR61/AM-6	6F22	$49 \times 26 \times 17$
Flachbatterie	J	3LR12	3R12; 1203	$64 \times 61 \times 21$
Duplexbatterie	Duplex	2LR10	2R10	73×12

[a]Weitere herstellerspezifische Bezeichnungsschemen existieren.

[b]American National Standards Institute.

[c]International Electrotechnical Commission. Der Buchstabe L bezeichnet eine Batterie mit einer alkalischen Elektrolytlösung; M bezeichnet alkalische Zellen mit einer positiven Masse aus reinem HgO; HgO mit Zusätzen führt zu N; eine positive Masse AgO wurde mit S bezeichnet; R bezeichnet eine Rund- oder Knopfzelle; K wurde für verschlossene gasdichte Sekundärzellen verwendet; A bezeichnet eine Zelle mit einer Sauerstoffverzehrkathode; und CR bezeichnet eine Lithiumprimärbatterie.

[d]Diese Batterien werden häufig Zink-Kohle-Batterien genannt, obwohl Kohlenstoff nur als leitender Zusatz in der positiven Elektrode eingesetzt wird. Da ihr Gehalt an Schwermetallen noch höher als der in Alkali-Manganzellen war, ist die Bezeichnung nicht irreführender.

[e]Tatsächliche Werte können leicht variieren.

[f]Die verwirrende Bezeichnung kann durch eine Liste von Bezeichnungen nur für diese Zelle illustriert werden: 24A, 7526, 824, AAA, AM4, AM4M8A, DC2400, DC2400B4N, E92, HR03, HR3, K3A, LR03, LR03N, LR3, MN2400, Micro, R03, R3, S, UM4, und UO100557.

Zahlreiche weitere Klassifizierungen, die häufig Größe und Zellchemie berücksichtigen, sind gleichzeitig im Gebrauch. Man sollte aktuelle Listen im Internet suchen. Etwas Erleichterung hat schließlich die IEC Norm 60086-1 gebracht. Die Bezeichnung von Rundzellen enthält ein R, nicht-runde, z. B. prismatische, Zellen haben ein P, und Flachzellen ein F. Zellchemie und -konstruktion können dem ersten Buchstaben entnommen werden:

C: Lithium–Mangandioxid wie in CR14250.

E: Lithium–Thionylchlorid-Zelle wie in ER14500.

F: Lithium–Eisensulfid-Zelle wie in FR6, FR03.

H: Wiederaufladbare NiMH-Zelle wie in HR6, HR03.

K: Wiederaufladbare NiCd-Zelle wie in KR14.

L: Alkalimangan-Zelle wie in LR6, LR03.

M: Quecksilberoxidzelle wie in MR50.

N: Zink-Quecksilberoxid-Zelle, wie in 4NR52.

P: Zink-Luft-Zelle wie in PR44, PR48.

RA: Wiederaufladbare Alkalimangan-Zelle wie in RA6, RA03.

S: Silberoxid-Zelle wie in SR44, SR43.

Die führende Zahl vor dem ersten Buchstaben gibt die Zahl von Zellen in einer Batterie an. So ist eine 9-Voltbatterie aus sechs Zellen des Typs LR61 aufgebaut und dann als 6LR61 bezeichnet. Eine entsprechende 9-Volt-Batterie aus Flachzellen heißt 6LF22. Die den Buchstaben folgende Zahl kann Größeninformationen enthalten. Bei Knopfzellen geben die erste und die zweite von insgesamt vier Zahlen den Durchmesser (in mm), die dritte und die vierte die Höhe (in 1/10 mm) an. LR154 ist eine Alkalimangan-Knopfzelle mit 11 mm Durchmesser und 5,4 mm Höhe.

5.1 Klein- und Kleinstspeicher[1]

Für kleine elektronische, seltener elektrische, Geräte wie Armbanduhren, Hörgeräte, Thermometer sind kleine Zellen aus den oben gezeigten Übersichten wie auch fest verbauten und damit faktisch nicht austauschbaren Batterien meist herstellertypischen Bauformen ausreichend. Je nach erwarteter Betriebs- und Lagertemperatur und vom Gerät vorgegebenem Lastprofil sind passende Zellchemieen und Bauformen auszuwählen. Fallweise kann auch eine Kombination aus Batterie und Superkondensator bei z. B. Geräten mit unregelmäßigem pulsartigem Strombedarf helfen.

---

1 Hier wäre auch die Bezeichnung portable Anwendung denkbar. Mangels klarer Abgrenzung von portablen vs. mobilen Anwendungen wird darauf verzichtet.

5.1.1 Mikrobatterien

Der Begriff der Mikrobatterie hat sich bislang einer Normung, selbst einer sprachlichen Festlegung, entzogen. Zweifelsfrei ist damit eine sehr kleine Batterie gemeint. In einem Lehrbuch kann man unter dem Begriff sowohl eine Knopfzelle (ein erstes Beispiel zeigt Abb. 5.1, und eine weitere Auswahl zeigt unten Abb. 5.3) wie auch eine mit den Methoden der Festkörperchemie und Halbleiterfertigung auf einem Substrat aufgebaute Zelle finden. Unterschlagen wurde dabei die gängige Bedeutung AAA-Batterie (s. Tabelle 5.2). In der einschlägigen Fachliteratur ist von Mikrobatterien (wie auch von Mikrosuperkondensatoren) stets und nur im zweiten Sinn die Rede, und dies soll auch hier beachtet werden. Der zur Steigerung der Verwirrung auftauchende Begriff der Miniaturbatterie sei der Vollständigkeit halber erwähnt. Die bisher bekannten Entwicklungen deuten zwei verschiedene Konzepte an, die sich mit den oben vorgestellten Ansätzen verstehen lassen:

1. Miniaturisierung und Vereinfachung konventioneller Zellen
2. Technologie der Halbleiterfertigung (Dickschicht- und Dünnschichttechnologie)

Typische Strukturen beider Konzepte zeigt Abb. 5.2.

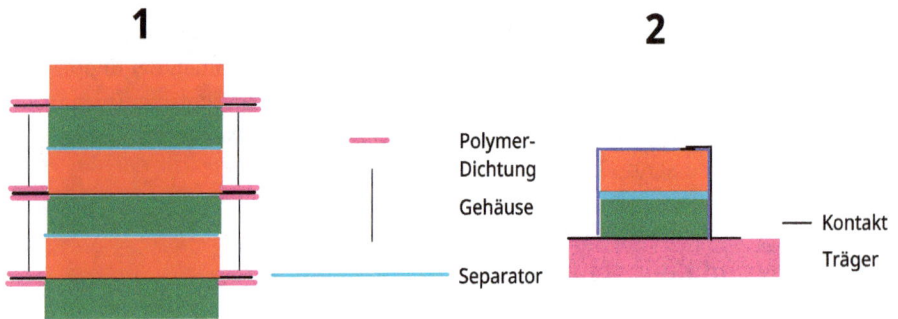

Abb. 5.2: Mikrobatterien.

Im ersten Konzept werden konventionelle Zellen von z. B. Lithiumionen-Akkumulatoren mit besonderem Augenmerk auf Materialersparnis verkleinert. Ist für eine Anwendung eine Betriebsspannung vom Mehrfachen einer Zellspannung nötig, werden auf beide Seiten eines Metallsubstrates Elektroden aufgetragen. Die mit Elektrolytlösung getränkten Elektrodeneinheiten werden unter Zwischenlage eines ebenfalls getränkten Separators aufgestapelt. Die Dichtung kann gleichzeitig als das Bindemittel zum Gehäuse, das z. B. rahmenartig ausgebildet sein, dienen.

Im zweiten Konzept, das besser als das erste zur Integration mit Schaltkreisen der Halbleitertechnologie geeignet ist, wird mit deren Methoden eine Schichtenfolge der Komponenten einer Batterie erzeugt und verkapselt. Man kann diese Batterien auch als kleinste Form einer Festkörperbatterie auffassen – mit der Einschränkung, dass einige großflächige Herstellungsverfahren weniger geeignet sein dürften.

Spektakuläre Anwendungen in fliegenden millimetergroßen Robotern bereichern die populärwissenschaftliche Literatur. Verteilte Sensoren, medizintechnische Anwendungen und das Internet der Dinge sind denkbare Einsatzgebiete. Die Serienschaltung von Zellen bei **1** vermeidet zudem verlustbehaftete und strombegrenzende DC-DC-Wandler zur Erzeugung größerer Ausgangsspannungen.

5.1.2 Kleinbatterien

In diese Kategorie wird man als besonders populäre Vertreter Knopfzellen (Abb. 5.3) sowie die in Tabelle 5.1. aufgelisteten Zellen einsortieren. Je nach Einsatz können sie als Primärzellen (wie in Tabelle 5.2) oder als wiederaufladbare Zelle ausgebildet werden. Der Schnittzeichnung einer Knopfzelle (Abb. 5.4) ist zu entnehmen, dass in einen aus Metallblech gepressten Becher das Material der positiven Elektroden als Pressling eingelegt wird. Darauf kommt ein Separator zur elektrischen Isolation der beiden Elektroden, und auf den Pressling der negativen Elektrode – hier eine kreisrunde Scheibe aus Zinkblech – wird eine Feder zur Herstellung eines sicheren Kontaktes gelegt. Durch einen im unteren Becher im vorgeformten Rand eingelegten Kunststoffring isoliert wird der Deckel eingelegt, der gleichzeitig als Kontakt der negativen Elektrode dient. Mit einem Werkzeug werden die beiden Metallteile dicht und kraftschlüssig verbunden (gekrimpt).

Abb. 5.3: Knopfzellen verschiedener Größen und mit verschiedenen Zellchemietypen.

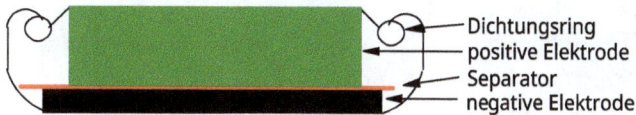

Abb. 5.4: Schnittzeichnung einer Knopfzelle.

Abbildung 5.5 zeigt, dass die Dichtung nicht perfekt ist. Spuren der alkalischen Elektrolytlösung sind nach jahrelanger Lagerung ausgetreten und haben mit Kohlendioxid aus der Luft einen weißen Karbonatbelag gebildet, der nach Abtrocknen als weiße Kruste sichtbar ist. Im Gegensatz zu der aus einer Zink-Kohle- oder Leclanché-Zelle austretenden Flüssigkeit, die hoch korrosiv ist, gehen von dem Karbonat keine nennenswerten Gefahren aus. Allerdings leitet die Kruste elektrischen Strom nicht. Ersetzt man also die Knopfzelle durch eine frische Zelle ohne sorgfältige Reinigung der Batteriehalterung, kann der sich ausbildende Kontaktwiderstand zu erheblichen Funktionsstörungen im Gerät führen.

Abb. 5.5: Alkali-Mangan-Knopfzellen mit Karbonatablagerung durch mangelhafte Dichtung.

Verschiedene Lithium-Knopfzellen zeigt Abb. 5.6. Einige Komponenten wurden bereits zusammen mit einer kompletten Zelle in Abb. 4.27 vorgestellt.

Abb. 5.6: Lithiumbatterien im Knopfzellenformat.

Wiederaufladbare Lithiumionen-Akkumulatoren wie in Abb. 5.7 mit dem zugehörigen Ladegerät gezeigt sind verfügbar. Sie sind allerdings nicht allzuweit verbreitet, vermutlich weil das spezielle Ladegerät Zusatzkosten verursacht, während entsprechende Primärbatterien durch Massenfertigung sehr preiswert geworden sind und in vielen wenig Strom benötigenden Anwendungen eine ausreichend lange Betriebszeit mit einer Primärbatterie ermöglichen.

Abb. 5.7: Wiederaufladbare Lithiumionen-Batterie im Knopfzellenformat LIR 2032, 3,6 V, 45 mAh, mit Ladegerät.

Etwas größer sind die zylindrischen Zellen der Baugrößen AAA, AA, C und D. Als preisgünstigste Zellen für wenig anspruchsvolle Anwendungen vor allem im einfachen Konsum- und Spielzeugbereich werden sie als Zink-Kohle-Zelle ausgebildet; etwas kostspieliger und wesentlich leistungsfähiger sind sie in der Alkali-Mangan-Ausführung. Sie werden in etwas anspruchsvolleren Anwendungen eingesetzt. In Abb. 5.8 werden verschiedene undicht gewordene Zellen der Größe AAA gezeigt. Die links gezeigte Zelle vom Alkali-Mangan zeigt die bereits vorgestellten weißen Karbonatkrusten. Die bereits in Abb. 4.4 gezeigten undichten Zink-Kohle-Zellen nun in der zugehörigen Fernbedienung zeigen bereits Spuren der Korrosion durch die ausgetretenen chemisch aggressiven Substanzen.

In diesen Baugrößen sind Lithium-Primärbatterien wie auch Lithiumionen-Akkumulatoren seltener anzutreffen. Ihre Betriebsspannung im Bereich 3 bis 3,6 V verhindert ihren einfachen Ersatz von Zellen der genannten Größen mit wässrigen Elektrolytlösungen. Schon das Risiko einer Verwechslung schließt den Gebrauch im Konsumbereich nahezu aus. Wenn eine zylindrische Zelle mit leicht abweichender und daher kaum verwechslungsgefährdeter Größe eingebaut ist, ergibt sich die in Abb. 5.9 gezeigte Situation.

Abb. 5.8: Undichte Zellen der Größe AAA vom Typ Alkali-Mangan (links) und Zink-Kohle (rechts).

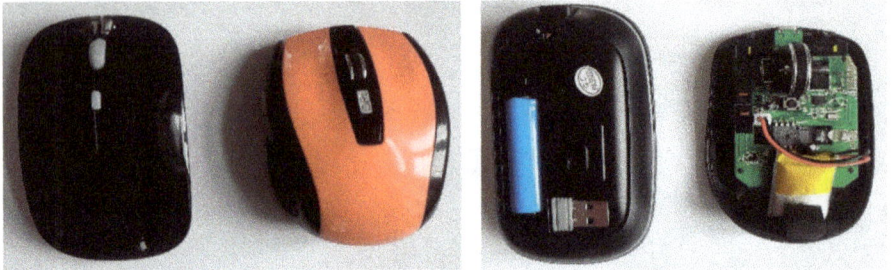

Abb. 5.9: Kabellose Computermäuse, betriebsbereit und geöffnet.

Die beiden in Abb. 5.9 gezeigten kabellosen Computermäuse werden durch eingebaute Lithiumionen-Batterien mit Strom versorgt, und beide verfügen über einen USB-
Anschluss zur Aufladung. Während bei der jeweils links gezeigten Maus ein leicht aus-
tauschbarer zylindrischer Akkumulator eingebaut wurde, der – falls man passenden
Ersatz findet – leicht ersetzt werden kann, ist in der jeweils rechts gezeigten Maus eine
nicht gekennzeichnete Sonderbauform (pouch cell) eingesetzt, die nur schwer zugänglich und verklebt ist. Eine Ersatzbeschaffung wird sich hier noch schwieriger gestal-
ten.

Um die Vorteile der Lithiumionen-Batterien als Ersatz klassischer Batterien vor allem der Größen AA und AAA mit der typischen nominellen Betriebsspannung 1,5 V zugänglich zu machen, werden Zellen in dieser Baugröße vertrieben, die allerdings statt
einer NiMH-Zelle eine LIB enthalten. Dieser Mischform entsprechend ist die Bezeichnung unklar. Abbildung 5.10 zeigt typische Beispiele dieser Größen.

Da die Zellspannung der LIB je nach verwendetem Material der positiven Elektrode bis zu 3,7 V betragen kann und dagegen von einer Zelle dieser Form und Größe eine
Zellspannung von 1,5 V erwartet wird, ist in dem Gehäuse ein Gleichspannungswandler
(DC-DC) eingebaut, der die vergleichsweise hohe Spannung der LIB auf 1,5 V herabsetzt.
Dieser Wandler begrenzt auch den maximal von diesem Speicher abgegebenen Strom
auf z. B. 0,1 A für eine typische Zelle der Größe AAA. Die Aufladung erfolgt über einen standardisierten USB-C-Anschluss. Konstruktionsbedingt ist das Speichervermögen
der Zellen deutlich kleiner als das vergleichbarer wässriger Systeme. Die beschriebe-

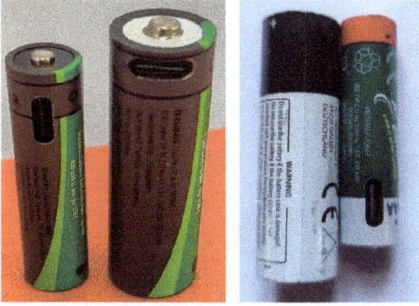

Abb. 5.10: Wiederaufladbare LIB der Größen AA und AAA.

ne LIB-Zelle der Größe AAA speichert 400 mAh, während für wässrige Zellen bei 1,2 V Zellspannung bis zu 1.000 mAh genannt werden. In der Größe AA betragen die entsprechenden Werte 1.600 und 3.600 mAh. Zudem sind die LIB-Zellen wesentlich teurer als selbst hochwertige entsprechende wässrige Zellen. Als Vorteil wird eine hohe erreichbare Zyklenzahl versprochen, und zudem ist statt eines besonderen Ladegerätes für wässrige Zellen nur noch ein weitverbreitetes Ladegerät wie für Mobiltelefone üblich notwendig.

Für höhere Betriebsspannungen wie z. B. für einen tragbaren kleinen Baustellenscheinwerfer werden Batteriepacks aus z. B. drei zylindrischen Zellen im Gerät fest verbaut (Abb. 5.11). Ein Austausch durch den Anwender ist offenbar nicht vorgesehen.

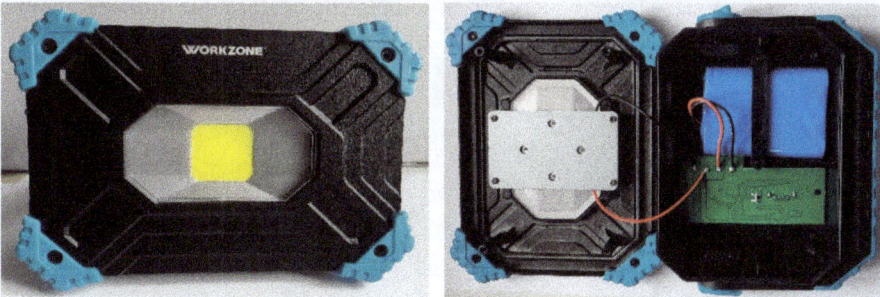

Abb. 5.11: Baustellenscheinwerfer mit Batteriepack (blau) aus drei Lithiumionenbatterien. Die Aufladung erfolgt über eine USB-Schnittstelle.

Für Anwendungen mit höherer Versorgungsspannung und nur mäßigem Strombedarf kann zur Vermeidung umständlicher Batteriehalterungen für eine Serienschaltung entsprechend vieler zylindrischer Zellen eine sog. Transistor- oder Blockbatterie eingesetzt werden (Abb. 5.12). Es gibt sie als Primärzelle und als wiederaufladbare Zelle. Wiederum wird ein spezielles Ladegerät benötigt, was der Popularität nicht aufhilft. In dem Gehäuse ist eine ausreichende Zahl von Zellen in Serie geschaltet. Wie die Typbe-

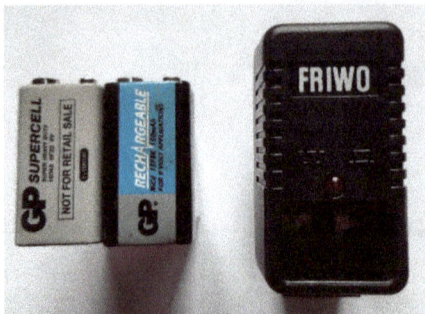

Abb. 5.12: Primär- und Sekundärtransistorbatterien und Ladegerät.

zeichnung 6LF22 (s. Tabelle 5.2) bereits erkennen ließ, werden in der Regel sechs Zellen verbaut.

5.1.3 Superkondensatoren

In portablen Anwendungen sind – im Gegensatz zu vielen Primärbatterie- und Akkumulatoranwendungen – Superkondensatoren kaum sichtbar, noch viel weniger für einen Austausch zugänglich; dies wäre auch angesichts der unvergleichlich größeren Lebensdauer von Superkondensatoren nicht nötig. Superkondensatoren werden in elektronischen Geräten meist zur Unterstützung eingebauter Akkumulatoren eingesetzt. Typische Beispiele verschiedener Baugrößen in Knopfzellenbauform als zylindrische und prismatische Ausführung zeigt Abb. 5.13.

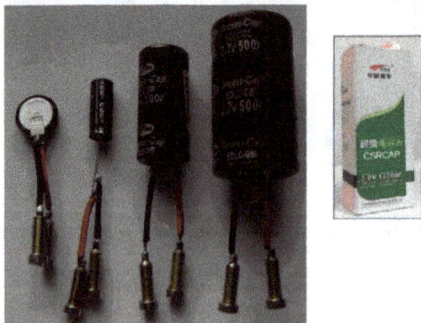

Abb. 5.13: Superkondensatoren vom EDLC-Typ in verschiedenen Größen und Bauformen.

Ihr Einsatz als alleinige Stromquelle in drahtlosen Elektrowerkzeugen statt Akkumulatoren wurde berichtet. Neben ihrer hohen Energiedichte ist vor allem die kurze Ladedauer bis zur Herstellung eines betriebsfähigen Ladezustandes eines Schraubers oder einer Bohrmaschine von Vorteil. Die bei vergleichbarem Volumen geringere Energiedichte hat zwangsläufig eine kürzere Betriebsdauer zur Folge. Bei üblichen Anwendungen werden oft aber nur wenige Löcher gebohrt oder Schrauben eingedreht, bis eine Nutzungspause eintritt. In ihr kann das Gerät wieder aufgeladen werden. Bei vielen akkumulator-versorgten Geräten ist aber die ärgerliche Erfahrung, dass während längerer Betriebspausen die Selbstentladung des Akkumulators die sofortige Nutzung des Gerätes verhindert. Bis zur ausreichenden Wiederaufladung vergeht eine in vielen Anwendungsfällen unerwünscht lange Zeit.

5.2 Speicher für mobile Systeme

Batteriespeicher

Für mobile Anwendungen, naheliegend sind dies Fahrzeuge aller Art, werden Speicher mit größerem Energieinhalt als die im vorangehenden Abschnitt betrachteten Speicher für portable Anwendungen benötigt. Der Anwendung entsprechend, werden sie auch als Antriebs- oder Traktionsbatterien im Unterschied zu den weitverbreiteten Starterbatterien bezeichnet. Für Fahrzeuge wurden in der Vergangenheit (bis ca. 2010) vorzugsweise Bleisäure-Akkumulatoren eingesetzt. Dabei wurden Bauformen, die große mechanische Stabilität fördern, bevorzugt im Vergleich zu der auf hohe Stromabgabe optimierten Starterbatterie.

Ihr Gewicht, und damit direkt verknüpft, ihre unbefriedigende Energiedichte, haben ihren Erfolg in mobilen Anwendungen begrenzt. Lediglich in den in Kap. 1 erwähnten Einsätzen in Fahrzeugen mit relativ begrenzter Reichweite (Fahrt mit einer Ladung) erfreuten sie sich vorübergehender Verwendung. Andere Sekundärbatterien (Abschn. 4.5.1 und 4.5.2) mit deutlich höheren Energiedichten haben zu einer Änderung der Situation geführt. Zur raschen Realisierung von Fahrzeugbatterien aus kommerziell gut verfügbaren Zellen für portable Verwendungen wurden in einigen Fahrzeugen Tausende solcher Batterien untergebracht. Große Batteriebauformen, meist als sog. pouch cells (Taschenzellen) ausgeführt, haben den Vorteil kleinerer Komponentenzahlen und damit möglicher Defektstellen. Abbildungen 5.14 und 5.15 zeigen Fahrzeugbatterien.

Werden die Batterien in batteriebetriebenen Fahrzeugen durch eine entsprechende Verknüpfung zur Bereitstellung von Primärregelleistung genutzt, ist auch diese Nutzung wirtschaftlich.

Superkondensatorspeicher

Vor allem im Zusammenhang mit regenerativem Bremsen werden Speicher mit sehr hohem Leistungsvermögen, d. h., hoher Stromaufnahmefähigkeit, benötigt. Hier liegt der Einsatz von Superkondensatoren nahe. Alle bislang bekannten Akkumulatoren würden dieser Verwendung nicht gewachsen sein. Kombinationen aus den bereits ge-

Abb. 5.14: Fahrzeugbatterie eines Nissan Leaf (Bildrechte bei Gereon Meyer – Eigenes Werk, CC BY-SA 4.0, https://commons.wikimedia.org/w/index.php?curid=12247537).

Abb. 5.15: Batteriemodule im Heck eines Busses (Bildrechte bei SpielvogelFor a gallery of some more of my uploaded pictures see: here.All images can be used free of charge. – Eigenes Werk, CC0, https://commons. wikimedia.org/w/index.php?curid=36446396).

zeigten prismatischen oder zylindrischen Zellen werden verwendet, und Beispiele zeigt Abb. 5.16.

Brennstoffzellen stellen wie beschrieben keine Speicher, sondern nur Wandler von hier chemischer in elektrische Energie dar. Sie werden in diesem Anschnitt nur wegen ihrer in der öffentlichen wie fachlichen Diskussion als besonders geeignet für die einleitend genannte Nutzung in Fahrzeugen erwähnt. Ihre besondere Eignung wird mit ihrer relativ hohen Energiedichte (dieser Begriff ist für einen reinen Wandler irreführend und unrealistisch; erst bei Hinzunahme der Daten für den zugehörigen Speicher ergibt sich eine sinnvolle Größe), der großen Reichweite damit ausgestatteter Fahrzeuge im Vergleich zu Batteriefahrzeugen und der schnellen Betankung, die im Gegensatz zur oft langdauernden Batterieladung in wenigen Minuten vergleichbar der Dauer einer Betankung mit flüssigen Treibstoffen ist, begründet. Diesen Vorteilen steht der in Abschn. 3.3.2 erwähnte erschreckend schlechte Gesamtwirkungsgrad (well-to-wheel) als fundamentaler Nachteil gegenüber. Hinzu kommt die Versorgung mit Wasserstoff. Bedenkt man die schon recht mühselige Installation einer elektrischen Ladeinfrastruktur, bei deren

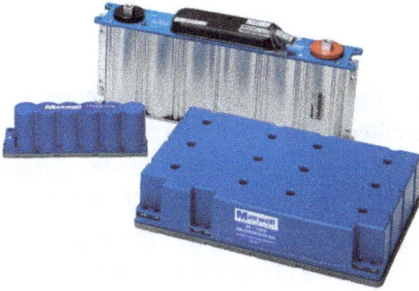

Abb. 5.16: Superkondensatormodule verschiedener Kapazitäten (Wiedergabe mit freundlicher Genehmigung von Maxwell Technologies, Inc.)

Einrichtung immerhin auf eine schon ausgeprägte vorhandene elektrische Netzstruktur zurückgegriffen werden kann, erscheint die Vorstellung sehr optimistisch, dass eine entsprechende Ladeinfrastruktur für Wasserstoff ausreichend schnell und dicht errichtet werden kann. Diesen erheblich wirkenden Nachteilen stehen laufende Fortschritte bei der Speicherung elektrische Energie in Batterien und Superkondensatoren gegenüber. Auch wenn man vollmundigen Ankündigungen von drastisch verkürzten Ladezeiten und erheblichen Steigerungen der praktisch erzielbaren Energiedichten mit gesunder Skepsis gegenüber steht, schrumpfen die Nachteile dieser Speichervariante im Vergleich zu Brennstoffzellen kontinuierlich.

5.3 Großspeicher

Unter diesem Begriff wird man – mangels einer allgemeinverbindlichen Definition – ortsfeste Anlagen verstehen, die elektrische Energie im Bereich bis zu Megawattstunden speichern können. Von den in Kap. 4. vorgestellten elektrochemischen Optionen kommen in Betracht:
1. Batteriespeicher
2. Superkondensatorspeicher
3. Flussbatterien
4. Brennstoffzellen in denen Elektrolyse und Speicher kombiniert sind

Folgend werden die Optionen 1–3 betrachtet. Zu Option 4 ist die Wasserstoffspeicherung in Abschn. 3.2.2 behandelt, und hinsichtlich von Speicherung und Wandlung ist in Abschn. 4.6. Grundlegendes vorgestellt. Eine umfassende Darstellung von Elektrolyseuren und Brennstoffzellen findet sich folgend in Abschn. 5.4.

5.3.1 Batteriespeicher

Mit der raschen Verbreitung auch kleiner Photovoltaikanlagen (Balkonkraftwerke) sind für eine effiziente Nutzung der damit bereitgestellten elektrischen Energie kleine stationäre Batteriespeicher von wachsendem Interesse. Neben dem naheliegenden Einsatz in netzfernen Örtlichkeiten ist eine eher wirtschaftliche Betrachtung die Triebfeder: Je nach vertraglicher Regelung zwischen Endverbraucher und Betreiber der Photovoltaikanlagen mit Netzbetreiber und Energieversorger wird für die vom Endverbraucher nicht genutzte und ins elektrische Netz eingespeiste Energie keine Vergütung gewährt. Da die im Tagesrhythmus schwankende Energienutzung nicht mit der von der Sonneneinstrahlung abhängenden Bereitstellung korreliert, ist daher eine lokale Speicherung und zeitversetzte Nutzung wirtschaftlicher als eine unentgeltliche Einspeisung bei Überschuss und kostenpflichte Entnahme aus dem Netz bei unzureichender eigener Erzeugung. Über die tatsächliche Wirtschaftlichkeit wird eine Vielzahl weiterer Faktoren individuell entscheiden.

Ähnliche Überlegungen gelten in einem etwas größeren Rahmen für gewerbliche Stromkunden. Neben den bereits für Privatabnehmer dargestellten Überlegungen kommen hier die Möglichkeit der Spitzenlastkappung mit entsprechenden Vergünstigungen des Versorgers bei einem solche Spitzenlasten berücksichtigenden Tarif hinzu. Zudem kann ein solcher Speicher die Aufgaben einer unterbrechungsfreien Stromversorgung übernehmen und kostengünstige Energie für die Aufladung elektrischer Fahrzeuge bereitstellen. Neben Batteriespeichern im engeren Sinn kommen bei Anlagen der hier in Betracht kommenden Größe auch die in Abschn. 5.3.3 beschriebenen Redox-Flow-Batterien in Betracht.

Mit dem Stromnetz auf dem Niveau des Mittelspannungsnetzes (anders als USVs auf der Niederspannungsebene) verbundene Batteriespeicher, die auch als Batteriespeicherkraftwerke bezeichnet werden, sind grundsätzlich hochskalierte Batteriespeicher mit zusätzlicher elektrischer Ausstattung zur Netzanbindung versehene Anlagen. Bekannte Anlagen reichen von Speichern mit einigen MWh bis zu 400 MWh und mehr. Die Leistung der Anlagen (bei Angaben wird nicht regelmäßig zwischen Aufnahme- und Abgabeleistung unterschieden) reicht von einigen MW bis zu 100 MW und mehr. Diese Werte zeigen bereits den Hauptzweck dieser Anlagen an: Sie stellen Regelenergie zur Verfügung und sind also Kurzzeitspeicher. Beispiele werden in Kap. 6 gezeigt. Für Langzeitspeicherung sind Batteriespeicher nur in besonderen Situationen, z. B. bei Versorgung einer Insel oder einer netzfernen Siedlung in Verbindung mit Wandlern für erneuerbare Energie, von wirtschaftlichem Interesse. Für die Bereitstellung von Primärregelleistung wurde bereits 2014 die Wirtschaftlichkeit des Betriebs durchgängig festgestellt.

Bekannte Speicher verwenden Lithiumionen-Batterie und Natrium-Schwefel-Zellen in entsprechend großer Stückzahl. Früher verwendete Bleiakkumulatoren wie im 1984 in Berlin-Steglitz errichteten Speicher mit 17 MW Leistung zur Stabilisierung

des West-Berliner Stromnetzes, der 1994 mit der Verknüpfung des West-Berliner Stromnetzes mit dem überregionalen Netz außer Betrieb ging, werden in Großspeichern
nicht mehr eingesetzt. In kleineren Systemen für Hausanlagen (ein Beispiel wird in
Abb. 5.17 gezeigt) sind sie noch immer auch bei Neueinrichtung anzutreffen. Bei Blei-
säureakkus werden besonders langlebige Bauformen mit Röhrchenelektroden sowie
mit Gelelektrolyt eingesetzt.

Abb. 5.17: Batteriespeicher in einem Wohngebäude zur Pufferung der Einspeisung aus einer Photovoltaikanlage (Bildrechte bei Von Asurnipal – Eigenes Werk, CC BY-SA 4.0, https://commons.wikimedia.org/w/
index.php?curid=98145601).

Varianten eines kommerziellen Speichers mit Lithium-Eisenphosphat-Akkumulatoren
zeigt Abb. 5.18.

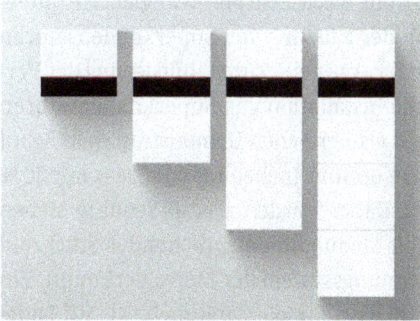

Abb. 5.18: Kommerzielle Speicherlösung Viessmann Vitocharge VX3, links der Wechselrichter, daneben
Kombinationen mit Batteriemodulen mit 5, 10 und 15 kWh Speicherkapazität (Bildwiedergabe mit freundlicher Genehmigung von Viessmann Climate Solutions SE).

Wegen absehbarer Grenzen des Lithiumnachschubs werden weitere Systeme entwickelt, die nicht mit solchen Engpässen konfrontiert werden. Natrium-basierte Systeme gehören dazu. 2024 wurde in Nanning, China, ein auf Natriumionen-Akkumulatoren basierender Speicher mit mehr als 22.000 Einzelzellen und 10 MWh Kapazität als erste Ausbaustufe in Betrieb genommen.

Hochtemperaturzellen vom Natrium-Schwefel-Typ (s. Abschn. 4.5.3) wurden vor allem in Japan, wo seit dem Rückzug europäischer Forschungseinrichtungen Arbeiten an diesem System vor allem durchgeführt wurden, Großspeicher mit dieser Technologie in Betrieb genommen. Arbeiten begannen in 1983, und seit 2000 sind Systeme kommerziell verfügbar, die für Leistungen von 6 MW und mehr ausgelegt sind.

5.3.2 Superkondensatorspeicher

Für Superkondensatorspeicher in großen stationären Anwendungen werden die bereits vorgestellten Module zusammengeschaltet. Berichtete Anwendungen nutzen ihre große Strombelastbarkeit im Schienenverkehr. Bei der vorgestellten Rekuperationsbremse in Schienenfahrzeugen war zunächst (z. B. in der Schweiz) die Rückspeisung über die Oberleitung der Fahrzeuge vorgesehen. Dies ist nicht nur mit einer zusätzlichen Belastung der Oberleitung und der weiteren mit der Stromleitung verknüpften Komponenten verbunden, sondern auch mit Verlusten abhängig von der Leitungslänge zwischen bremsendem Fahrzeug und anderen Verbrauchern. Außerdem sind ausgeglichene Einspeisung durch bremsende Fahrzeuge und Nutzung durch andere Fahrzeuge Voraussetzung für elektrisch stabilen Betrieb. Als Puffer zur ergänzenden Stabilisierung und zur Aufnahme auch größerer Leistung bei häufigen und starken Bremsvorgängen haben sich Superkondensatoren als zusätzliche Option erfolgreich etabliert. Fortschritte in der Leistungselektronik machen ihre Verknüpfung mit wechselstrom- wie gleichstrombetriebenen Fahrzeugen noch leichter. Die Option der Nutzung von Superkondensatoren als Speicher in z. B. Straßenbahnen wurde bereits vorgestellt. Zur Stabilisierung der Versorgung entlang z. B. einer Metrolinie wurde die Installation von Superkondensatoren entlang einer Strecke vorgeschlagen. Nach einer erfolgreichen Demonstration in Seoul 2009 wurde diese Option seit 2014 in Seoul, Daejon und Incheon (Südkorea) mit 20 % Energieeinsparungen erfolgreich demonstriert. Dabei wurden z. B. in Seoul in sieben Metrostationen und im Depot der Metro 48 Volt-Module in entsprechender Stückzahl installiert und mit dem 750/1500 Volt-Gleichspannungssystem der Metro verknüpft. Ein zuverlässiger Betrieb im Temperaturbereich $-40\,°C < T < 65\,°C$ mit mehr als 10^6 Lade-/Entladezyklen wurde erreicht. Ein ähnliches Projekt wurde 2016 in der Metro Beijing entlang der Linie 8 in Betrieb genommen.

Die eingesetzten Superkondensatormodule unterscheiden sich praktisch nicht von den in Abb. 5.16 gezeigten.

5.3.3 Redox-Flow-Batterie

Das in Abschn. 4.5.4 vorgestellte Konzept der RFB bietet sich sowohl wegen der unabhängigen Skalierung von Leistung und Speichervermögen wie auch dem Fehlen typischer Risiken von Batterien mit organischen Elektrolytlösungen und der Unabhängigkeit allgemein als kritisch angesehener Rohstoff zur Speicherung auch für längere Dauer an, da die Selbstentladung leicht unterdrückt werden kann. Für praktische Anwendungen werden Zellen in Serie geschaltet. Elektrisch gesehen steht dieser Serienschaltung eine parallele Versorgung mit den beiden Elektrolytlösungen gegenüber. Vor allem bei größeren Spannungen, d. h., bei vielen verknüpften Zellen, kann dies zu parasitären Strömen führen.

Auf der Nordseeinsel Pellworm wurden Redox-Flow-Batterien von 2013 bis 2018 als Speicher von Windkraft- und Solaranlagen getestet. Modulare in Containern montierte Speicher, die als größere Versionen des in Abb. 4.47 gezeigten kleinen Speichers aufgefasst werden können, sind handelsüblich. In der chinesischen Hafenstadt Dalian ist seit Mitte 2022 ein Redox-Flow-Speicher in Betrieb, der 100 MW Leistung und 400 MWh Kapazität haben soll. In einer zweiten Ausbauphase sollen Leistung und Kapazität verdoppelt werden.

5.4 Elektrolyseure und Brennstoffzellen

Elektrolyseure und Brennstoffzellen sind Wandler für elektrische Energie, die anders als die übrigen in diesem Buch vorgestellten Systeme nur eine Richtung der Wandlung abdecken und für sich genommen zur Speicherung ungeeignet sind. In einem Elektrolyseur wird elektrische Energie zur Bildung chemischer Verbindungen genutzt, in diesem Kapitel vor allem Wasserstoff als speicherbarer Energieträger. Die Rückwandlung der im Wasserstoff gespeicherten Energie geschieht in einer Brennstoffzelle. In ihr können auch andere Brennstoffe wie Methanol, Ethanol oder andere oxidierbare Verbindungen umgesetzt werden. Grundsätzlich könnten diese Brennstoffe ebenfalls mit grünem Wasserstoff betrieben werden. Damit würde sich ein weiterer Pfad über eine Speicheroption ergeben. Vermutlich nicht nur wegen der verheerend schlechten Gesamtwirkungsgrade (betrachtet als elektrische Energie, die eingespeist und wieder erhalten wird) gibt es keine Hinweise auf derartige Forschungs- und Entwicklungsaktivitäten.

5.4.1 Elektrolyseure

Zur technischen Gewinnung von Wasserstoff durch Wasserelektrolyse können Elektrolyseure nach Betriebsdruck (hier würde nur ungenau und wenig hilfreich zwischen Umgebungsdruck und erhöhtem Druck unterschieden), Betriebstemperatur (Umgebungstemperatur bis 100 °C, erhöhte Temperatur 100 °C bis zur kritischen Temperatur von

Wasser T_{krit} = 374,12 °C bei p_{krit} = 221,2 bar, und Hochtemperatur) sowie nach elektrolysiertem Medium und Elektrolyt (alkalisch, Polymerelektrolyt, Festelektrolyt) unterschieden werden. Folgend wird die letztgenannte Unterscheidung verwendet. Annäherungsweise verbinden sich damit diese Temperaturbereiche: Alkalisch 40 bis 90 °C, Polymerelektrolyt 20 bis 100 °C, und Festelektrolyt 700 bis 1000 °C. Ein Wunschzettel für einen idealen Elektrolyseur enthält u. a. folgende Details:
– Hohe Stromausbeute
– Für Dauerbetrieb wie für Wechsellastbetrieb geeignet
– Gasreinheit > 99,9 %
– Geringer volumetrischer Energieverbrauch

Für alle vorgestellten Verfahren ist hochreines Wasser erforderlich. Für 2 g H_2 werden dabei 16 g Wasser benötigt. Auch wenn inzwischen an Orten, die bislang nicht als dürregefährdet bekannt waren, Wasserknappheit unangenehm bemerkbar wird, ist diese banale Bilanz an den bevorzugten Orten der hochskalierten Wasserstofferzeugung unter intensiver Sonneneinstrahlung wie in Chile – wo Dürre fast der Normalzustand ist – ein ganz erhebliches Problem. Die erzeugten Gase, vor allem der produzierte Wasserstoff, müssen getrocknet und von Sauerstoffspuren durch ein unter dem Namen DEOXO bekanntes Verfahren befreit werden. Bei diesem Verfahren findet mit Pt/Pd-Katalysatoren eine Umsetzung der Sauerstoffspuren zu Wasser statt. Dieses wird in der anschließenden Trocknung entfernt.

Alkalische Elektrolyse

Für die alkalische Elektrolyse AEL wird eine wässrige Lösung mit 20 bis 40, meist ca. 30 Gew.% NaOH oder KOH verwendet. Durch den fließenden Strom und den elektrischen Spannungsabfall wird die Lösung auf ca. 80 °C Betriebstemperatur erwärmt. Wird die Elektrolyse bei erhöhtem Druck (z. B. 30 bis 60 bar) betrieben, um zumindest Teile der ggfs. folgenden Kompressionsarbeit zu ersparen, steigt die Betriebstemperatur auf 90 bis 100 °C. Das Funktionsprinzip zeigt die Schemazeichnung in Abb. 5.19.

Die aufsteigenden Gasblasen durchmischen die Elektrolytlösungen in beiden Halbzellen. In angekoppelten Separatoren werden die beiden Gase aus den zirkulierenden Lösungen abgetrennt. Als Diaphragma (auch: Separator) finden mikroporöse Materialien Verwendung, die der alkalischen Lösungen dauerhaft wiederstehen, die Durchmischung der beiden Gase (auch wegen der Explosionsgefahr bei Entzündung der Mischung!) verhindern und den ionischen Stromfluss, hier durch Wanderung der Hydroxylionen, möglichst wenig behindern. Dies waren in der Vergangenheit die schon aus der Chloralkali-Elektrolyse nach dem Diaphragmaverfahren bekannten Asbestmatten. Wegen der unpraktischen Handhabung, vor allem aber wegen der erheblichen Risiken beim Umgang mit Faserasbest, die zu weitgehenden Nutzungseinschränkungen im Rotterdam-Abkommen führten, wurde zunächst nach asbestfreien Alternativen gesucht. In alkalischer Elektrolytlösung beständiges ZrO_2 oder andere Oxide in einer

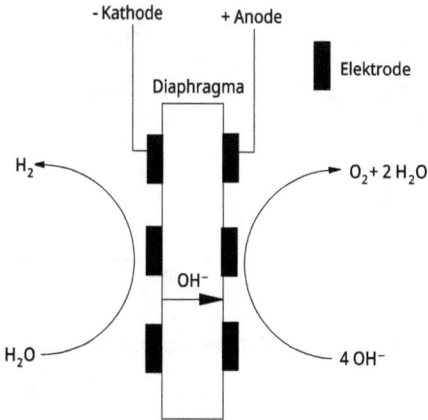

Abb. 5.19: Prinzip der alkalischen Wasserelektrolyse.

Polysulfonmatrix stellte einen ersten Fortschritt dar. Inzwischen werden keramische mikroporöse NiO-Platten verwendet, ggfs. aufgebracht auf Nickelnetzträger. Ein weiterer Vorteil dieser Diaphragmen ist ihre mit 0,5 mm deutlich geringere Dicke als die der Asbestmatten mit ca. 5 mm Dicke. Dem Ideal der zero-gap Zelle mit einem Elektrodenabstand und damit Spannungsabfall Null kommt man deutlich näher. Der durch den Ohm'schen Widerstand der Diaphragmen verursachte Spannungsabfall ist damit offensichtlich geringer. Dieser Vorteil wird in Abb. 5.20 deutlich. Zunächst wird allgemein die mit der Überspannung η quantifizierte Zunahme der benötigten Zellspannung U mit zunehmender Stromdichte qualitativ auf den Spannungsabfall über den Ohm'schen Widerstand (η_Ω) und die an positiver wie negativer Elektrode entstehenden Überpotentiale (η_{An} und η_{Kat}) aufgeteilt,

$$\eta = U - U_0 = \eta_\Omega + \eta_{An} + \eta_{Kat}. \tag{5.1}$$

Während η_Ω auf die begrenzte elektronische Leitfähigkeit der elektrischen Leitungen und stromführenden Zellkomponenten sowie begrenzte ionische Leitfähigkeit der Elektrolytlösung zurückgeht, sind die beiden Überpotentiale auf Hemmungen der Elektrodenreaktionen zurückzuführen. Die vielfältigen Möglichkeiten der Optimierung der Elektroden wie der Zellkonstruktion sind Gegenstand grundlegender Untersuchungen der Elektrochemie wie anwendungsnaher Entwicklungsarbeiten.

Der Unterschied zwischen Zellen mit Asbest- und Nickeloxiddiaphragma wird im zweiten Teilbild deutlich.

Aktuell werden Stromdichten von 0,2 bis 0,6 A·cm^{-2} bei Zellspannungen um 1,9 V erreicht; Entwicklungen zielen auf 1,8 V bei $j > 1$ A·cm^{-2}. Das verwendete Wasser wird vor Verwendung durch Ionenaustauscher von ionischen Verunreinigungen befreit, die auf den Elektroden abgeschieden negative Effekte auslösen könnten. Am Markt verfügbare Anlagen haben Anschlussleistungen von 5 kW bis 3,4 MW.

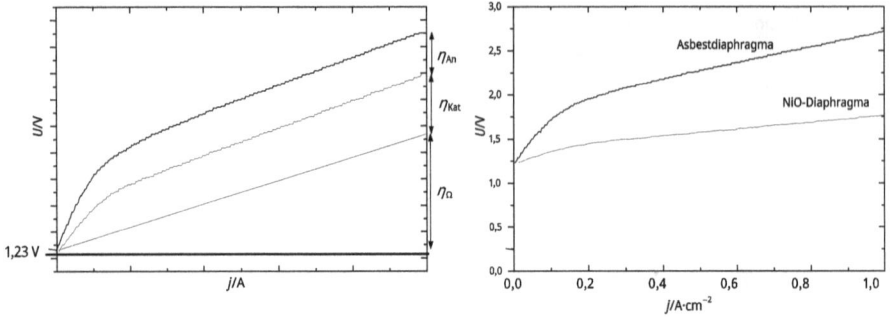

Abb. 5.20: Stromdichte-Spannungsverläufe einer Elektrolysezelle aufgeteilt in Einzelbeiträge (links) und für Zellen mit Asbest- und Nickeloxid-Diaphragma (rechts).

Eine erste elektrochemische Wasserzerlegung wurde von van Troostwijk und Deiman 1789 berichtet, aber erst um 1900 waren weltweit ca. 400 alkalische Wasserelektrolysen im Betrieb. Die um diese Zeit einsetzende intensive Entwicklung der Chlor-Alkali-Elektrolyse nach dem Diaphragma-Verfahren trieb auch die Entwicklung der alkalischen Elektrolyse voran. An Orten der Verfügbarkeit preiswerter Elektroenergie z. B. am Assuan-Staudamm in Ägypten oder an norwegischen Fjorden wurden große Elektrolysen betrieben, deren erzeugter Wasserstoff z. B. in der Ammoniaksynthese Verwendung fand. Bei der Elektrolyse als Nebenprodukt anfallendes schweres Wasser D_2O weckte zudem weitere militärisch-wirtschaftliche Interessen. Im großen Umfang verfügbarer und kostengünstiger grauer Wasserstoff aus fossilen Rohstoffen z. B. durch die Dampfreformierung von Methan hat die alkalische Elektrolyse weitgehend verdrängt.

Auf den NiO-Daphragmen werden die Elektroden aufgetragen. Als Elektrokatalysatoren werden an der negativen Elektrode z. B. platinbeladene Aktivkohle, aber auch feinverteiltes, poröses Raney-Nickel oder Nickel-Molybdän-Verbindungen, und an der positiven Elektrode feinverteilte Partikel von Eisen-Kobaltlegierungen verwendet. Eine dauerhaft zuverlässige Haftung der Partikel auf dem keramischen Diaphragma, zuverlässiger Kontakt zum Stromableiter und ein wirksamer Abtransport der Gasblasen stellen eine besondere Herausforderung dar. Da Gasblasen in der Lösung den ionischen Stromtransport hindern, werden Stromableiter (Vorelektroden) eingesetzt, die den elektrischen Kontakt zur Katalysatorschicht mit ausreichendem Anpressdruck herstellen und ausreichend Raum außerhalb des Bereiches zwischen den beiden Elektroden für die Durchströmung mit dem Gasblasen-Elektrolytlösung-Gemisch bieten. Schematisch zeigt Abb. 5.21 dieses Konzept. Es legt bereits die elektrische Serienschaltung von Zellen durch Aneinanderfügen zu einem Zellstapel nahe. Von Stapeln mit 560 Zellen wurden berichtet.

Statt Raney-Nickel oder porösen Sinterkörpern kommen auch Nickelschäume (s. Abb. 5.22) als Elektrodenmaterial mit hoher spezifischer Oberfläche und ggfs. Träger katalytisch aktiver Belegungen in Betracht.

Elektroden

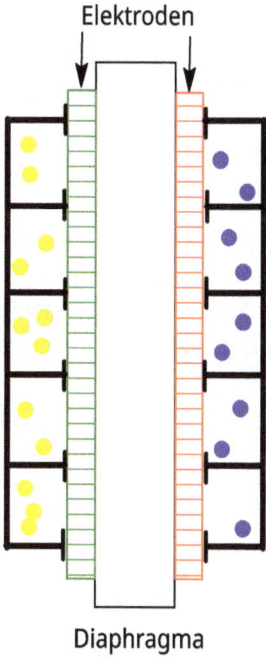

Diaphragma

Abb. 5.21: Konzept der zero-gap Elektrolyse.

Abb. 5.22: Nickelschaum.

Einige der für die negative Elektrode verwendeten Materialien sind unedler als Wasserstoff und würden also aus thermodynamischer Sicht in wässriger Lösung unter Wasserstoffentwicklung korrodieren. Wie bereits am Beispiel der Bleielektrode (s. Abschn. 3.2.1 und 4.5.1) dargestellt, sorgt nur die extrem langsame Wasserstoffentwicklung als kathodische Teilreaktion dafür, dass die Korrosion unbedeutend bleibt. Dies würde übrigens den Einsatz von Bleielektroden in einer sauren Wasserelektrolyse gestatten. Die erwähnte langsame, d. h., kinetisch gehemmte, Wasserstoffentwicklung wird nun aber zum entscheidenden Nachteil. Praktische Überpotentiale an dieser Elektrode bei technisch interessanten Stromdichten verbunden mit ähnlichen Nachteilen bei der Sauerstoffentwicklung machen diese Elektrolyse uninteressant. In alkalischer Lösung werden, wie erwähnt, andere Metalle verwendet.

Elektrolyse mit Ionenaustauschermembranelektrolyt
Angeregt durch Entwicklung bei Brennstoffzellen, die für das Gemini-Raumfahrtprogramm kompakte Energiewandler unter Verwendung von Kationenaustauschermembranen KAM einsetzten, wurden Elektrolysezellen mit einer Ionenaustauschermembran als Festelektrolyt PEM statt der bislang verwendeten flüssigen Elektrolytlösungen verwendet. Das Funktionsprinzip zeigt Abb. 5.23.

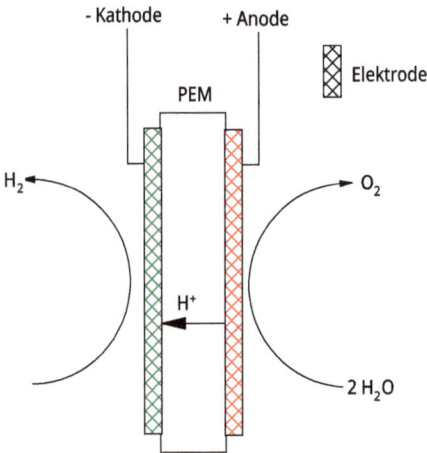

Abb. 5.23: Prinzip der Membranelektrolyse mit einer PEM.

Die Membranelektrolyse kann als eine Umkehrung der Brennstoffzelle mit Polymermembranelektrolyt PEMFC aufgefasst werden. Deren Entwicklung startete mit der Verfügbarkeit von Kationenaustauschermembranen auf der Basis perfluorierte Polymere (Polytetrafluoroethylen), die mit Sulfonsäuregruppen als Festionen funktionalisiert und als Nafion® bekannt wurden. Da mit Protonen als mobilen Ionen eine saure Umgebung eingestellt ist, wird die Auswahl von Elektrodenmaterialien und -katalysatoren stark eingeschränkt. Vor allem kostspielige edelmetallhaltige Katalysatoren wurden zunächst in der Brennstoffzellenentwicklung und später auch in der Membranelektrolyse eingesetzt. Die für zunächst kleine Leistungen entwickelte Polymermembranelektrolyse PEMEL wurden zu immer größeren Einheiten entwickelt. Als Katalysatoren werden vor allem edelmetallhaltige Materialien eingesetzt. Auf der negativen Elektrode sind dies feinverteiltes Platin oder auf Aktivkohle abgeschiedenes Platin. Auf der positiven Elektrode werden Iridium, Ruthenium, ihre Mischungen und ihre Mischoxide eingesetzt.

Für die Fixierung dieser Katalysatoren auf der Membran zur Bildung einer Membran-Elektrodeneinheit (MEA) wurden diverse Verfahren erprobt, die für unterschiedliche Katalysatoren geeignet sind. Abbildung 5.24 zeigt ein typisches Beispiel.

Abb. 5.24: Rasterelektronenmikroskopische Aufnahme einer aus Iridium-/Rutheniumoxid (1:2) mit PTFE als Bindemittel gepressten MEA.

Das umzusetzende Wasser wird auf der Anodenseite zugeführt. Wassermoleküle werden nicht nur als Ausgangsmaterial für die Elektrolyse benötigt, sondern spielen auch beim Protonentransport durch die PEM eine wichtige Rolle. Eine korrekte Befeuchtung der Membran ist für den Betrieb wichtig. Der konstruktive Aufbau ähnelt dem einer AEL, vor allem hinsichtlich der Handhabung der gasblasenhaltigen Elektrolytlösungen auf der Anodenseite.

Für einen Elektrolyseur werden zahlreiche Zellen nach dem Filterpressenprinzip in Serie montiert und damit auch elektrisch geschaltet. Abbildung 5.25 zeigt einen Baustein daraus schematisch. Derzeit werden bis zu 220 Zellen gestapelt.

Auf der Membran sind die aus Katalysator und ggfs. Trägermaterial (z. B. Platin auf Aktivkohle, d. h., Platinkohle) hergestellten Elektroden aufgebracht. Damit ist die MEA ausgebildet. Für die gleichmäßige Verteilung des auf einer Seite, d. h., in einer Halbzelle, als Reaktand eingebrachten Wassers und zur Unterstützung des Abtransportes der gebildeten Gase dienen poröse Transportschichten von einigen 100 µm Dicke. Diese Lagen müssen zudem den elektrischen Strom gut leiten. An der negativen Elektrode erlaubt das bestehende Elektrodenpotential die Verwendung von kohlenstoffbasierten Materialien wie hochporöses Kohlenstoffpapier oder Graphitfilz (s. Abb. 5.26).

An der positiven Elektrode würden derartige Materialien recht rasch oxidieren und damit zerstört. Es werden bevorzugt titanbasierte Transportschichten wie gesinterte Titanvliese, aus Titanpulver gesinterte Schichten oder Titanstreckmetall verwendet. Nachteilig ist die Bildung einer den elektrischen Strom nur mäßig gut leitenden Oxidschicht auf der Titanoberfläche bei Kontakt des Metalls mit Sauerstoff. Elektrisch leitende Schutzschichten aus z. B. Graphen könnten dies verhindern.

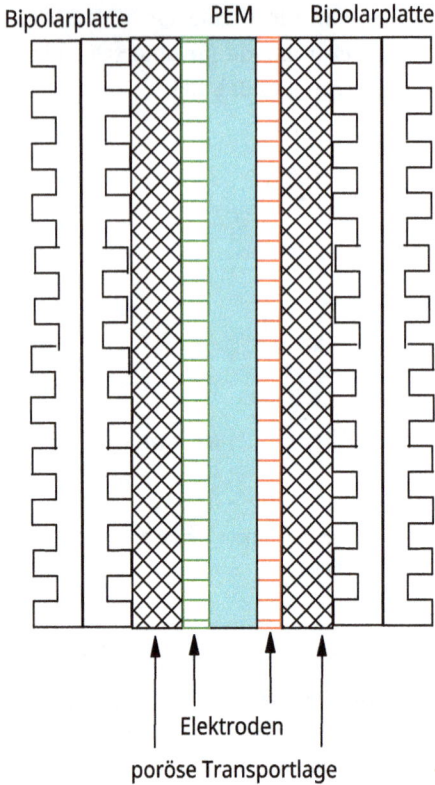

Abb. 5.25: Schematische Darstellung eines Zellstapelteils.

Abb. 5.26: Graphitfilz.

Die Bipolarplatte könnte analog aus zwei Materialen entsprechend den Transport-schichten ausgebildet werden. Zur Vereinfachung werden sie aber praktisch aus einem Material durch Pressen, Fräsen, Stanzen oder andere Verfahren der Metallformgebung hergestellt. Typische Elektroden- und damit Zellgrößen reichen von 300 bis 1.500 cm^2, noch größere Flächen werden erprobt. Da die Einzelzellen elektrisch in Serie geschaltet sind und die Wasserzufuhr und ggfs. eine Umwälzung der eingesetzten Flüssigkeit über gemeinsame Verteiler, d. h., quasi parallel, erfolgt, sind parasitäre Ströme zu befürchten. Da das eingesetzte Reinstwasser allerdings eine sehr geringe Leitfähigkeit aufweist, ist dieser Effekt nicht erheblich.

Zwei wesentlich Nachteile haben den Siegeszug dieser Technologie bislang nachhaltig gebremst: die hohen Kosten der Membran, und die ebenfalls kostspieligen Katalysatoren und Werkstoffe für z. B. Bipolarplatten zur Verknüpfung zweier Zellen. Bei den Membranen sind namhafte Kostensenkungen wenig wahrscheinlich. Bei den meist edelmetallhaltigen Katalysatoren machen die Metallpreise einen wesentlichen Kostenanteil aus, dessen Minderung angesichts der Marktlage unwahrscheinlich ist. Das sehr oft in Katalysatoren in der Sauerstoffelektrode verwendete Iridium ist zudem nur in sehr geringen Mengen verfügbar. Daher sind Bemühungen um andere Ionenaustauschermembrane, insbesondere solche mit Festkationen im Polymer, naheliegend. Diese Anionenaustauscher AAM würden chemisch betrachtet ein alkalisches Milieu etablieren, das dann den Gebrauch anderer und wesentlich kostengünstigerer Katalysatoren, die teilweise schon mit AEL bekannt sind, erlauben würde. Neben den aus der AEL bekannten Katalysatoren werden für die Sauerstoffelektrode Perowskite und gemischte Metallhydroxide mit Schichtstruktur untersucht. Für die Wasserstoffelektrode werden nickelbasierte Legierungen vorgeschlagen. Erzielte Fortschritte bei den Membranen wurden meist um den Preis vor allem mäßiger chemischer Stabilität erreicht. Da in einer AAM Hydroxylionen mit ihrer etwas geringeren Mobilität als Protonen den Ladungstransport besorgen, stellt eine ausreichende ionische Leitfähigkeit neben chemisch-mechanischer Stabilität eine besondere Herausforderung dar. Geht man wie bei der PEM von einer homogenen selbstleitenden Membran aus, können z. B. an ein Polymergerüst aus Polyarylethern oder fluorierten Polymeren (wie bei Nafion®) kovalent gebundene Kationen wie quartäre Ammoniumionen angehängt werden. Diese sind allerdings für chemische Attacken empfindlich (Hofmann-Eliminierung). Zudem ist ein recht hoher Gehalt an solchen Festionen notwendig, um die geringere Mobilität der Hydroxylionen auszugleichen. Dies hat allerdings vergleichsweise hohe Wasseraufnahme und starke Schwellung zur Folge mit folgender mechanischer Schwächung. Neben anderen chemischen Strukturen, die diesen Weg versperren, werden heterogene Membrane untersucht. Sie bestehen aus einem Ionenaustauschermaterial, das in einer inerten und nichtleitenden Polymermatrix eingebettet ist.

Jüngst verfügbar gewordene Membrane (z. B. Duraion® von Evonik) versprechen ausreichende mechanische und chemische Stabilität bei hoher ionischer Leitfähigkeit. Damit dürfte sich die alkalische Membranelektrolyse AAMEL (s. Abb. 5.27) als eine Alternative zur sauren PEMEL vorteilhaft entwickeln. Neben Kostenvorteilen bei den Nichtedelmetallkatalysatoren ist die Möglichkeit attraktiv, Bipolarplatten zwischen den Zellen aus Stahl herstellen zu können; bei der PEMEL waren dagegen hoch korrosionsbeständige Werkstoffe wie Titan erforderlich. Dass zumindest ein Anbieter einen PEM-Elektrolyseur anbietet, bei dem er sich zu der Frage, ob es sich um eine KAM oder AAM handelt, aber beharrlich ausschweigt, hilft der Übersichtlichkeit sicher nicht.

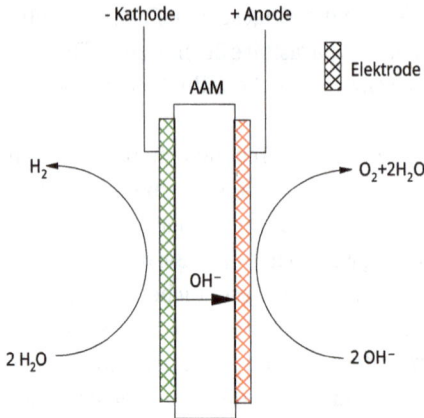

Abb. 5.27: Prinzip der Membranelektrolyse mit einer AAM.

Die AAMEL kann dank der mechanischen Stabilität der Membran bei Drücken bis 30 bar betrieben werden. Die Betriebstemperatur liegt bei 40 bis 60 °C. Die erreichte mechanische Stabilität der Membran erlaubt erhebliche Druckdifferenzen zwischen den beiden Halbzellen. Gängig ist ein Druck von 30 bar auf der Wasserstoffseite und von 1 bar auf der Sauerstoffseite. Damit wird ein Sauerstoffdurchtritt und Minderung der Wasserstoffreinheit verhindert. Zudem kann eine Spülung der Anodenseite mit etwas Luft zur Minderung des Wasserstoffdurchtritts beitragen. Die mechanische Stabilität ist naheliegend mit einer erhöhten Dicke der Membran verknüpft; dies wiederum führt zu einem höheren elektrischen Widerstand, einer höheren Zellspannung und damit einem höheren Energieaufwand. Maßnahmen zur Steigerung der mechanischen Stabilität und zur Begrenzung der effektiven Druckdifferenz zwischen den beiden Halbzellen haben auf dem Weg von bislang gängigen Membranstärken um 180 µm zu aktuelle 18 µm geholfen.

Hochtemperaturelektrolyse mit Festelektrolyten
Bereits die oben betrachteten Zusammenhänge zwischen Betriebstemperatur eines Elektrolyseurs und der benötigten Zellspannung, d. h., elektrischer Energie, legten eine Elektrolyse bei erhöhter Temperatur nahe, vor allem, wenn Wärme auf dem erwünschten Temperaturniveau kostengünstig oder als Abwärme zur Verfügung steht. Da die elektrochemischen Reaktionen an den beiden Elektroden thermisch aktiviert sind, laufen sie bei erhöhter Temperatur schneller ab – ein weiterer Vorteil der Elektrolyse bei erhöhter Temperatur. In der Frühzeit der Entwicklung dieses Verfahrens war vor allem Wärme aus Kernkraftwerken vorausgesetzt, aber dies ist nicht mehr überall gegeben. Dagegen wäre eine Nutzung von Abwärme aus der Zement- oder Stahlherstellung weiterhin denkbar. Die Elektrolyse findet bei Umgebungsdruck (1 bar) und Temperaturen von 600 bis 900 °C statt. Bei diesen Temperaturen ist die Zersetzungsspannung auf ca.

1,29 V gesunken. Das benötigte Wasser wird als Wasserdampf an der negativen Elektrode zugeführt, und dem Dampf wird etwas Wasserstoff beigemischt um eine reduzierende Atmosphäre im Kathodenraum sicherzustellen. Durch seine Reduktion wird Wasserstoff erzeugt. Die gebildeten Sauerstoffionen (O^{2-}) wandern durch den ionenleitenden Festelektroden und werden auf der positiven Elektrode zu Sauerstoff oxidiert. Abbildung 5.28 zeigt dies schematisch. Wie für keramische Festelektrolyten typisch, ist für eine ausreichende ionische Leitfähigkeit eine hohe Temperatur im genannten Bereich erforderlich. Der zugeführte Wasserdampf wird nicht vollständig umgesetzt; nur 70 bis 80 % werden reduziert. Das entstehende Gemisch wird im Kondensator in Wasser und Wasserstoff zerlegt, und das Wasser wird wieder dem Elektrolyseur zugeführt. Die positive Elektrode wird mit Luft vor allem zum Wärmemanagement gespült, und sauerstoffangereicherte Luft verlässt die positive Halbzelle. Eine zusätzliche Heizung der Zelle wird nur bei Inbetriebnahme benötigt. Während des laufenden Betriebs hält im erwünschten Betriebszustand die Joule'sche Wärme aus dem Stromfluss die erwünschte Betriebstemperatur.

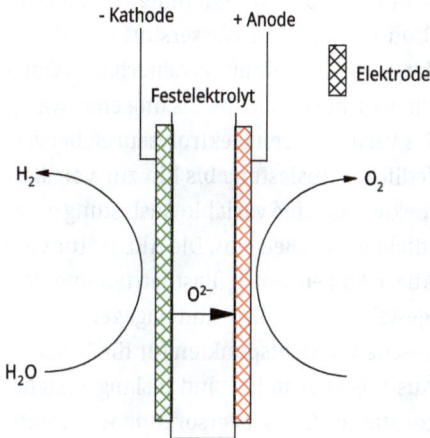

Abb. 5.28: Prinzip der Festelektrolyt-Elektrolyse.

Als Festelektrolyt wird ZrO_2 verwendet, das mit Y_2O_3 oder Sc_2O_3 stabilisiert ist. Die Oxide werden abgekürzt als bezeichnet YSZ bzw. ScSZ. Als negative Elektrode wird poröses CERMET-Material verwendet (CERMET steht für ceramic metals, dies sind Zweiphasenmaterialien aus einem Metall und einer Keramik wie Nickel und YSZ, typisch 40 und 60 Vol.%), als positive Elektrode werden Perovskite oder Perovskit-Komposite verwendet. Um die unerwünschte Oxidation von Nickel zu NiO zu verhindern, wird dem Wasserdampf beim Start etwas Wasserstoff beigemischt. Das Elektrodenpotential der negativen Elektrode hängt vom Wasserstoff/Wasserdampf-Verhältnis ab: bei mehr als 90 % H_2 sinkt das Zellpotential ab und die Zellspannung steigt. Um dies zu vermeiden, wird auf vollständigen Umsatz des eingespeisten Wasserdampfs verzichtet. Man beschränkt sich auf bis zu 85 % H_2.

Anfängliche röhrenförmige Zellen wurden wegen zu komplizierter Aufbauten, unbefriedigender Materialnutzung und zu hoher Kosten um 2009 eingestellt und wurden von planaren Zellen abgelöst. In einer Zelle wird entweder mit einer dünnen (60 bis 150 μm) Elektrolytmembran gestartet, auf die die beiden Elektroden z. B. durch Siebdruck aufgetragen werden (electrolyte-supported cell; ESC). Die Schichtstruktur wird anschließend eingebrannt und mit Bipolarplatten, Dichtungen etc. und weiteren Zellen zu einem Zellstapel mit 30 bis 100 Zellen verarbeitet. Alternativ kann mit der negativen Elektrode als Substrat begonnen werden (cathode-supported cell; CSC). Elektrolyt und positive Elektrode werden wiederum aufgetragen und eingebrannt.

Wegen der hohen Betriebstemperatur spielen thermische Spannungen eine erhebliche Rolle. Sie begrenzen bislang die Größe einer Zelle auf ca. 15×15 cm^2.

Teillastbetrieb und vorübergehende Abschaltung

Bei der Betrachtung von Elektrolyseuren der verschiedenen vorgestellten Typen stehen Eigenschaften und Leistungsdaten im Vordergrund. Für die Einbeziehung von Elektrolyseuren im Zusammenhang mit der Produktion von grünem Wasserstoff und damit zwangsläufig verbunden der Nutzung von elektrischer Energie aus erneuerbaren Quellen (Grünstrom) rücken technische Details in den Vordergrund, die bislang eher wenig interessant erscheinen. Es geht vor allem um das Verhalten von Elektrolyseuren bei veränderlicher Stromversorgung, d. h., unterschiedlicher Auslastung bis hin zur vorübergehenden Abschaltung. Neben technischen Aspekten hat eine variable Auslastung eines Elektrolyseurs auch Folgern für die Wirtschaftlichkeit des Betriebs. Die AEL ist für eine variable Auslastung wenig geeignet, und denkbare Folgen von Teillastbetrieb und vorübergehender Abschaltung wurden oben dargestellt. PEM-Zellen sind dagegen weitgehend unempfindlich und sind also unter technischen Gesichtspunkten für die Nutzung von Grünstrom wesentlich besser geeignet. Aus Kostengründen sind bislang Systeme für die AEL günstiger, die allerdings nur bei konstanter Energieversorgung wirtschaftlich und stabil zu betreiben sind. Im Hinblick auf eine flexible Nutzung von Grünstrom aus dem Netz – und nicht etwa aus einer nur zum Betrieb einer AEL vorgesehenen konstanten Versorgung – ist daher eine Membranelektrolyse günstiger. Wegen der hohen Kosten der Polymermembran wie auch der überwiegend edelmetall-basierten Elektrokatalysatoren für die saure Elektrolyse mit KAM ist eine alkalische Elektrolyse mit einer Anionenaustauschermembran aussichtsreicher. Bei ihr werden die bereits dargestellten Vorteile der alkalischen Elektrolyse hinsichtlich der verwendbaren Elektrokatalysatoren mit deutlich kostengünstigeren Polymermembranen kombiniert.

Zusammenfassend ergeben sich folgende Vor- und Nachteile der vorgestellten Elektrolyseverfahren.

AEL: + preiswerte Katalysatoren, Betrieb bei erhöhtem Druck spart nachfolgende Kompressionsarbeit, weit verbreitete, etablierte und kostengünstige Technologie – mäßige Belastbarkeit, für flexible Belastung und intermittierenden Betrieb wenig geeignet, mäßige Wasserstoffreinheit, korrosive wässrige Elektrolytlösung

PEMEL: + hohe Stromdichten und hohe Belastbarkeit auch bei intermittierendem Betrieb, kompakte Anlagen, höchste Wasserstoffreinheit – kostspielige Katalysatoren und Membrane, Betrieb nur bei mäßigen Überdrücken, empfindlich gegen Wasserverunreinigungen

AAMEL: + preiswerte Katalysatoren und Membrane – Stabilität der Membran

SOEC: + wenig Edelmetallbedarf, hoher Wirkungsgrad – kostspielig, für Teillastbetrieb wenig geeignet

Angaben zu Wirkungsgraden für die verschiedenen Verfahren und für bestimmte Anlagen sind unsicher. Ist damit eine Ausbeute gemeint, die den Anteil von in die Anlage geflossener elektrische Ladung als Wasserstoff gewonnenes Produkt angibt, liegen Werte praktisch bei 100 %, da keine Nebenreaktionen stattfinden. Eine energetische Betrachtung ist wesentlich schwieriger, da die klar definierte und gut messbare elektrische Energie, die in die Elektrolyse fließt, zur Erzeugung von Wasserstoff verwendet wird, dessen Energiegehalt einer praxisnahen Anwendung viel schwerer zugänglich ist. Gängig ist der Vergleich mit dem oberen Heizwert (in kWh). Bereits die Erwähnung eines Brennwerts als Vergleich mit höheren Werten dürfte nicht der Erhellung dienen.

In einer abschließenden Übersicht ergibt sich Tabelle 5.3.

Tab. 5.3: Vor- und Nachteile von Elektrolyseuren im Überblick.

Eigenschaft	AEL	PEMEL	AAMEL	SOEC
Investitionskosten	+	−	+	?
Teillastbetrieb	−	+	+	?
Betriebsdruck	+	+	+	−
Betriebskosten	+	+	+	?
Wirkungsgrad/%	60–80	60–64	57–69	75–85
Entwicklungsstand	im Markt	im Markt	marktnah	marktnah

Mit + = günstig und − = ungünstig; alle Angaben sind nur als Anhaltspunkte zu verstehen.

5.4.2 Brennstoffzellen

Die in Abschn. 5.4.1 vorgestellten Verfahren der Elektrolyse zur Wandlung elektrischer Energie in im Wasserstoff gespeicherter chemischer Energie werden in der Brennstoffzelle umgekehrt: Sie wandelt solange chemische Energie im zugeführten Wasserstoff (oder einem anderen Brennstoff) und Oxidationsmittel, meist Sauerstoff, in elektrische Energie, wie die Zufuhr andauert. Energie speichern kann sie daher nicht.

Im einfachsten und vermutlich populärsten System reagieren Wasserstoff und Sauerstoff zu Wasser entsprechend

$$H_2 + \frac{1}{2} O_2 \rightarrow H_2O. \tag{5.2}$$

Die freie Reaktionsenthalpie der Reaktion kann berechnet werden. Das numerische Ergebnis hängt vom Zustand des gebildeten Wassers (Dampf oder Flüssigkeit) ab,

$$\Delta G_0 = \Delta H_0 - T\Delta S_0. \tag{5.3}$$

Unter Standardbedingungen (Index $_0$) wird als Standardwert $\Delta G_0 = -237{,}4\,\text{kJ mol}^{-1}$ mit flüssigem Wasser als Produkt erhalten. Wegen der Entropieabnahme während der Reaktion bedingt durch die erhebliche Verminderung der Teilchenzahl (um ein Drittel) und dem Übergang vom gasförmigen in den flüssigen Zustand verbunden mit einer Abnahme der möglichen Realisierungszustände ist die freie Reaktionsenthalpie weniger negativ als die Standardenthalpie ΔH_0 der Reaktion. Die theoretische Zellspannung bei Standardbedingungen beträgt 1,229 V, entsprechend

$$U_0 = \frac{\Delta G_0}{-n \cdot F}. \tag{5.4}$$

Der Vergleich mit der thermoneutralen Zellspannung (auch Heizwertspannung) U_{tn}

$$U_{\text{tn}} = \frac{\Delta H_0}{-n \cdot F} \tag{5.5}$$

ergibt einen theoretischen Spannungswirkungsgrad η_U, der Auskunft darüber gibt, wieviel von der Enthalpie in elektrische Energie umgewandelt wird,

$$\eta_U = \frac{\Delta H_0}{\Delta G_0}. \tag{5.6}$$

Auch wenn ΔH und ΔH_0 bereits wohldefinierte thermodynamische Begriffe sind, legt der Vergleich thermische und elektrochemischer Prozesse eine Erweiterung nahe: Der bereits früher eingeführte Gebrauch des oberen und unteren Heizwertes des Brennstoffes, mitunter als H_0 und H_u oder oben als LHV und UHV bezeichnet, erlaubt weitere Unterscheidungen. Der erste Wert entspricht ΔH_0, und der zweite Wert enthält zusätzlich die Kondensationswärme $\Delta H_{\text{cond.}}$ der Reaktanden, die im thermischen Prozess nicht genutzt werden kann, entsprechend

$$H_u = H_o - (-\Delta H_{\text{evap.}}) \tag{5.7}$$

mit $\Delta H_{\text{cond.}} = -\Delta H_{\text{evap.}}$. Wiederum mit der Wasserstoff/Sauerstoff-Brennstoffzelle als Beispiel ergeben sich $H_l = \Delta H_0 = -285{,}8\,\text{kJ·mol}^{-1}$; $\Delta H_{\text{evap.}} = 44\,\text{kJ·mol}^{-1}$; und $H_u = -285{,}8 - (-44) = 241{,}8\,\text{kJ·mol}^{-1}$. Eine thermoneutrale Zellspannung ausgehend von H_u

wäre also $H_l = z \cdot F \cdot U_{tn,l} = 1,25\,V$, während mit $H_o = \Delta H_0 = z \cdot F \cdot U_{tn} = 1,48\,V$ erhalten werden.

Die Unterscheidung von H_o und H_u erfreut sich wachsender Popularität, da die thermische Kesseltechnik auf immer niedrigere Abgastemperaturen zielt (Brennwerttechnik), um zumindest einen Teil von $\Delta H_{cond.}$ als thermische Energie nutzen zu können.

Ein Hauptvorteil von Brennstoffzellen (der natürlich für alle elektrochemischen Energiewandler gilt, der aber besonders offensichtlich und praktisch bedeutsam bei Brennstoffzellen wird) ist der Wegfall der aus dem Carnotzyklus für thermische Prozesse abgeleiteten Begrenzung des Wirkungsgrads. Bei dieser Berechnung hängt der theoretische Wirkungsgrad η_{theor} nur von der Temperaturdifferenz zwischen der Wärmequelle T_2 und der Wärmesenke T_1 ab. Beginnt man mit der mechanischen Arbeit W_m aus dem Wandler bei Wandlung einer Wärmemenge Q (z. B. aus einer chemischen Reaktion mit ΔH_0 oder aus einer anderen Quelle) bei einer Temperatur T_2,

$$\eta_{theor} = \frac{W_m}{Q}, \tag{5.8}$$

ergibt der Carnotzyklus schließlich

$$\eta_{theor} = \frac{(T_2 - T_1)}{T_2} \tag{5.9}$$

mit der Temperatur T_1 an der Wärmesenke (z. B. dem Kühlturm), wo nicht in mechanische Arbeit gewandelte Wärme als Abwärme freigesetzt wird. Die Änderung von η_{theor} als Funktion der Temperatur der Wärmequelle T_2 zeigt Bild 5.29. Nimmt man die Umsetzung von Wasserstoff und Sauerstoff in Wasserdampf an, kann die nutzbare Energie (die Gibbs-Energie oder freie Enthalpie) relativ zur Reaktionsenthalpie für reversible Bedingungen in der Brennstoffzelle und die ideale Wärmekraftmaschine wie in Abb. 5.29 dargestellt berechnet werden, dabei werden Enthalpie- und Entropiewerte als temperaturunabhängig angenommen.

Bei der Betrachtung von Brennstoffzellen sollten weitere Bedeutungen von Effizienz jenseits des Spannungswirkungsgrades η_U, berechnet aus der Enthalpie (thermoneutrale Spannung), und der Zellspannung, berechnet aus der freien Enthalpie, bedacht werden. Manchmal wird der Spannungswirkungsgrad η_U auf unter Last gemessener Spannung gestützt, und naheliegend wird der so erhaltene Wert von η_U kleiner sein. Betrachtung der Ausnutzung des Brennstoffes, d. h., das Ausmaß der der tatsächlichen Umsetzung von Wasserstoff, Alkohol oder einem Kohlenwasserstoff, ergibt den Coulomb- oder Faraday-Wirkungsgrad. Für Brennstoffzellen, die weitere Zusatzgeräte zu ihrem Betrieb benötigen, kann ein System- oder Designwirkungsgrad ermittelt werden, der den Anteil der für die Hilfsbetriebe genutzten Anteile der tatsächlich gewandelten Energie berücksichtigt. Schließlich kann ein Gesamtwirkungsgrad durch einfache Multiplikation der genannten vier Wirkungsgrade erhalten werden.

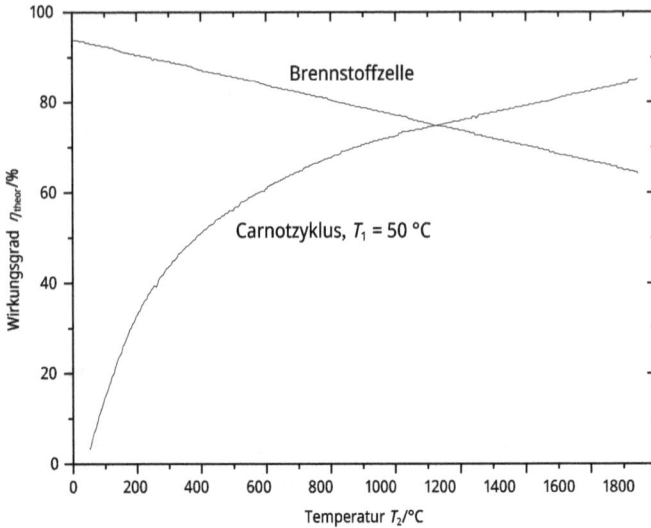

Abb. 5.29: Vergleich der idealen (maximalen) Wirkungsgrade η_{theor} aus dem Carnotzyklus und für einen elektrochemischen Energiewandler (Brennstoffzelle).

Wilhelm Ostwald war sich 1894 dieser Begrenzungen bewusst. Er schlug die direkte Umwandlung der in Kohle – seinerzeit der populärste Brennstoff – gespeicherten chemischen Energie direkt in elektrische Energie vor. Da kein thermischer Prozess enthalten war, wurde der Begriff *kalte Verbrennung* vorgeschlagen, und der Wandler wurde Brennstoffzelle genannt. Zusätzlich zur – zumindest theoretisch – überlegenen Effizienz (zu seiner Zeit war der Wirkungsgrad von Dampfmaschinen kaum jenseits des einstelligen Bereichs) erschien verminderte Schadstofffreisetzung als Vorteil. Versuche der praktischen Umsetzung endeten enttäuschend. Ostwald hatte nur die Thermodynamik im Blick, nicht aber die Kinetik der angenommenen Elektrodenprozesse. Umfangreiche Untersuchungen der direkten elektrochemischen Oxidation von Kohle und Kohlevergasungsprodukten durch Baur zwischen 1912 und 1939 einschließlich von Hochtemperaturprozessen mit Salzschmelzelektrolyten und bei noch höheren Temperaturen betriebenen Festelektrolyten ergaben wenige Fortschritte für Ostwalds anfängliche Idee. Bis heute ist seine Vision der direkten Umwandlung von Kohle ein Wunsch geblieben, während der Wirkungsgrad thermischer Kraftwerke bis auf 61 % für ein gasgefeuertes Kraftwerk gesteigert werden konnte. Bedenkt man die tatsächlichen Wirkungsgrade von Brennstoffzellen mit Werten, die deutlich unter den theoretischen liegen, erscheinen sie nicht mehr so überwältigend attraktiv wie vor Dekaden. Aber einige Vorteile bleiben: Geringere Umweltverschmutzung am Betriebsort, leichte Skalierbarkeit, und Kompatibilität mit verschiedenen Formen der elektrochemischen Energiewandlung und -speicherung.

Erste Beschreibungen der Grundlagen von Brennstoffzellen wurden bereits 1839 berichtet. C. F. Schönbein beobachtete, dass eine für die Elektrolyse verdünnter Schwefelsäure benutzte Anordnung nach Ende der Elektrolyse Strom lieferte. W. R. Grove beschrieb im Februar 1839 ähnliche Beobachtungen mit dem in Abb. 5.30 skizzierten Apparat. Vier Zellen (unten) arbeiten als Brennstoffzellen, in denen Sauerstoff und Wasserstoff an den entsprechenden Elektroden verbraucht werden (die vorher durch Elektrolyse hergestellt wurden) und die durch Serienschaltung eine für die Wasserzersetzung (Elektrolyse, obere Zelle) ausreichend große Spannung liefern. Alle Zellen enthalten verdünnte Schwefelsäure als Elektrolyt; die Metalldrähte in den Lösungen waren aus Platin hergestellt.

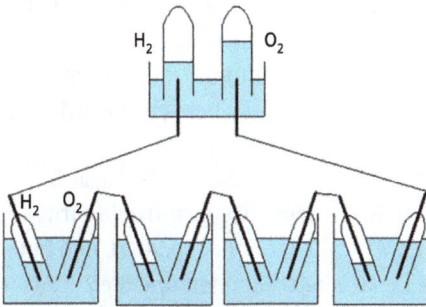

Abb. 5.30: Schema der Grove-Zelle.

R. W. Bunsen ersetzte 1841 das kostspielige Platin durch ein Stück poröser Kohle (die positive Elektrode) und nutzte Zink als negative Elektrode. Die Reaktion an der Kohleelektrode war in Wahrheit die Reduktion des in dem porösen Material vorhandenen Sauerstoffs, und jegliche Hoffnung auf Annäherung an die direkte Umwandlung blieb weiter unerfüllt. Stattdessen war die erste Zink-Luft-Batterie beschrieben (s. oben, Abschn. 4.4.4).

Nach intensiven Arbeiten an Zellen mit Elektroden für die direkte Umwandlung von Kohle oder Kohlevergasungsprodukten ersetzte F. T. Bacon 1932 die hochkorrosive saure Elektrolytlösung der frühen Systeme durch eine alkalische Elektrolytlösung. Er integrierte außerdem die von Schmid vorgeschlagenen porösen gasbetriebenen (Gasdiffusions)Elektroden. Um Gas an der Passage durch die poröse Elektrode (Durchbruch) zu hindern, wurde eine feinporige Schicht auf der im Kontakt mit der Elektrolytlösung stehenden Seite aufgebracht. Diese Elektroden wurden später dual porosity electrodes genannt. Da das zur Elektrodenherstellung verwendete lithiierte Nickelpulver hydrophil war, kann Gas in die bevorzugt von der Lösung benetzten feinen Poren nicht eindringen. Die öffentlich Vorführung der Brennstoffzelle 1960 zeigte bemerkenswert hohe Stromdichten von 0,2–0,4 A cm^{-2} (5–6 kW, 37–50 Gew.% KOH-Lösung, ca. 200 °C,

Gasdruck 20–50 bar). Ein erster Brennstoffzellenboom war ausgelöst. Dazu trugen verschiedene externe Einflüsse bei. Militärische Interessen halfen in einigen Ländern bei der Kostendeckung, und erste Hinweise auf einen begrenzten Nachschub an Rohöl und andere fossile Energieträger stimulierten das Interesse an anderen Energiequellen und an effizienterer Umwandlung; Weltraumforschung, vor allem das bereits erwähnte Gemini-Programm, und ein wachsender Bedarf für Energiequellen zum netzfernen Betrieb kamen hinzu. Diese Entwicklung führte zu einem Bedeutungswandel des Begriffs Brennstoffzelle: Anfänglich stand die Wandlung der chemischen Energie in Kohle und ähnlichen Brennstoffen im Mittelpunkt. Nun wurde der Begriff weiter. Eine Brennstoffzelle ist nun ein System nur zur Wandlung der chemischen Energie, die in verschiedenen Stoffen als Brennstoff (d. h., Reduktionsmittel) und Oxidans gespeichert ist. Einige der zwischen 1960 und den 1990er Jahren entwickelten elementaren Brennstoffzelltypen sind noch immer von Interesse. Zuletzt hat sich die Entwicklung auf bestimmte Brennstoffzelltypen fokussiert: Die Polymerelektrolytmembran-Brennstoffzelle und die Festoxidbrennstoffzelle. Die Forschung an alkalischen und Phosphorsäure-Brennstoffzellen, die anfänglich so enthusiastisch betrieben wurde, hat dagegen stetig abgenommen.

Aus der Vielzahl weiterer denkbarer oder auch bereits untersuchter Brennstoff verdient Methanol besonderes Interesse. In einer Direktmethanol-Brennstoffzelle wird Methanol, das auch als Wasserstoffträger betrachtet wird, an der Anode oxidiert, und Luftsauerstoff wird an der Kathode umgesetzt. Die Elektrodenreaktionen und die Zellreaktion sind im Idealfall

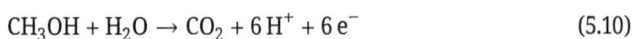

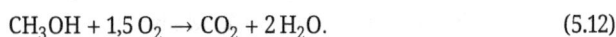

$$CH_3OH + H_2O \rightarrow CO_2 + 6\,H^+ + 6\,e^- \tag{5.10}$$

$$1,5\,O_2 + 6\,H^+ + 6\,e^- \rightarrow 3\,H_2O \tag{5.11}$$

$$CH_3OH + 1,5\,O_2 \rightarrow CO_2 + 2\,H_2O. \tag{5.12}$$

Mit einer freien Reaktionsenthalpie $\Delta G_R = -702,5\,\text{kJ·mol}^{-1}$ ergibt sich eine theoretische Zellspannung von 1,214 V. Den eindrucksvollen Vorteilen einer sehr einfachen Konstruktion nach Fortfall der Reformerstufe zur Gewinnung von Wasserstoff aus Methanol stehen einige gewichtige Herausforderungen gegenüber: Gängige Membrane lassen Methanol durch, und es kommt zur Ausbildung eines Mischpotentials an der positiven Sauerstoffelektrode. Die Reaktion verläuft an einigen Katalysatoren nicht bis zum erwünschten CO_2. Es entstehen Zwischenprodukte, die wie im Fall von CO als Katalsatorgift wirken. Katalysatoren, die Methanol ähnlich schnell und effizient umsetzen wie Wasserstoff sind daher immer noch Ziel und Aufgabe. Es gibt allerdings erste kleine Systeme für portable Anwendungen.

Gemeinsamkeiten von Brennstoffzellen

In einer Brennstoffzelle laufen die den zugeführten Brennstoff umsetzende Reaktion und die Reduktionsreaktion an zwei getrennten Elektroden ab. Da die Reaktionen of schleppend und mit kleinen Geschwindigkeiten (in Stromdichten ausgedrückt: bei sehr kleinen Stromdichten) ablaufen, werden große elektrochemisch aktive Oberflächen benötigt. Die Elektroden sind stets Feststoffe, aber Reaktanden und ionisch leitende Materialien können flüssig oder gasförmig sein. Um Grenzflächen zu bilden, an denen z. B. gasförmiger Wasserstoff und eine Elektrolytlösung aus konzentrierter Phosphorsäure in Kontakt gebracht werden, sind poröse Elektroden nützlich. In den Poren kommen Flüssigkeit und Gas an Dreiphasengrenzen in Berührung. Abhängig von den Oberflächeneigenschaften des Elektrodenmaterials, können zwei Fälle grundsätzlich unterschieden werden: Hydrophile Elektrodenoberflächen werden leicht benetzt. Kleinere Poren werden wegen der Oberflächenspannung bevorzugt benetzt, und größere Poren bleiben gasgefüllt. Wenn der Gasdruck erhöht wird, werden auch kleinere Poren mit Gas gefüllt. Die Druckregelung muss sorgfältig erfolgen, weil das Gas durch größere Poren bis in die Elektrolytlösung auf der anderen Seite durchströmen könnte – eine höchst unwillkommene Situation. Die Dreiphasengrenze – hervorgehoben in Abb. 5.31 – wird in den Bereichen etabliert, wo die Porenoberfläche in der Elektrode nur mit einem dünnen Film der Elektrolytlösung belegt ist. Nur in diesen Bereichen sind die Diffusionswege – die Wasserstoff, Sauerstoff oder andere gasförmige Reaktanden zurücklegen müssen – kurz genug, um die lokale Konzentration an der Phasengrenze fest/flüssig für die Einstellung des mit der Elektrodenreaktion verbundenen gewünschte elektrischen Stroms ausreichend hoch zu halten. Für die optimale Ausnutzung des Elektrodenmaterials sollte die Fläche der Dreiphasengrenze maximiert werden, und wenn möglich, sollten Katalysatoren, die die gewünschte Elektrodenreaktion beschleunigen, hier konzentriert werden.

Mit einem hydrophoben Material ist die Situation fast umgekehrt. Ein schematischer Querschnitt ist in Abb. 5.31 rechts gezeigt. Flüssigkeit dringt wegen der Oberflächenspannung vor allem in große Poren ein, aber kleine Poren bleiben gasgefüllt. Wiederum kann erhöter Gasdruck ähnliche Effekte wie mit hydrophilen Elektrodenmaterialien auslösen.

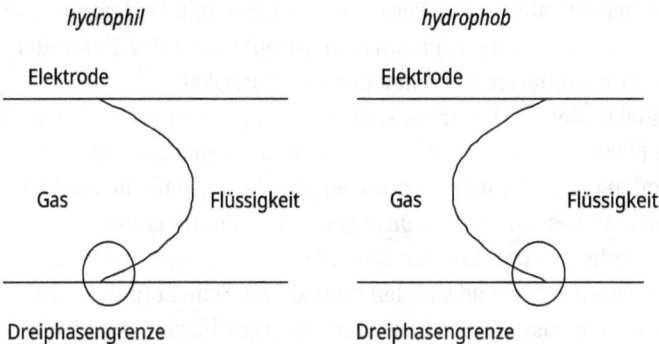

Abb. 5.31: In Poren von hydrophilen und hydrophoben Elektrodenmaterialen etablierte Dreiphasengrenzen.

Es gibt einige sehr hydrophile Elektrodenmaterialien, wie z. B. Sinterkörper aus Metallpulvern oder Raney-Nickel; aber die meisten praktischen Materialien sind Mischungen z. B. von mit einem die Benetzbarkeit möglicherweise noch erhöhenden Katalysator (z. B. Metall oder Metalloxid etc.) imprägnierten und hydrophilen Kohlenstoffvarianten (z. B. Graphit) als Träger mit einem meist hydrophoben Bindematerial (z. B. Polytetrafluoroethylen; PTFE), das alles zusammenhält. Die tatsächliche Elektrodenmasse ist also abweichend von den bisher und anderenorts gezeigten schematischen Bildern wie Abb. 5.32 gezeigt. Das als Träger und Stromableiter dienende Metallnetz sowie die eingepresste polymergebundene Elektrodenmasse sind erkennbar.

Abb. 5.32: Polymergebundene Gasdiffusionselektrode, links unbenutzter, rechts benutzter Teil mit Spuren salzartiger Bestandteile der Elektrolytlösung.

In einer mikroskopischen Aufnahme (Abb. 5.33) ist die Struktur dieser aktiven Masse erkennbar. Die Partikel der aktiven Masse sind sichtbar. Die Fäden bestehen aus PTFE.

Die tatsächliche Verteilung von Gas und Flüssigkeit kann in verschiedener Weise kontrolliert werden: durch Porengrößenverteilung (bei stark hydrophobem Material werden nur große Poren benetzt, aber kleine Poren bleiben gasgefüllt; bei hydrophilen Materialien ist es umgekehrt), durch Hydrophobizität/Hydrophilizität des Elektrodenmaterials, und durch die Druckdifferenz zwischen Gas und Flüssigkeit.

Stark hydrophobe Elektroden sind nutzlos, weil sie nicht genügend benetzte und elektrochemisch aktive Elektrodenoberfläche bereitstellen. Im Gegensatz dazu haben stark hydrophile Elektroden einige Popularität genossen. Für Brennstoffzellen mit flüssigen Elektrolytlösungen sind besondere Vorkehrungen nötig, um die Flutung der porösen Strukturen zu verhindern. Schon 1923 hat Schmid eine zweilagige Elektrode mit einer dicken und mechanisch ausreichend stabilen grobporigen Schicht und darauf einer dünnen feinporigen Schicht aus dem gleichen Material vorgeschlagen. Oberflächenspannung und Kapillarkräfte sorgen dafür, dass nur, wie in Abb. 5.34 gezeigt, die feinen Poren geflutet werden.

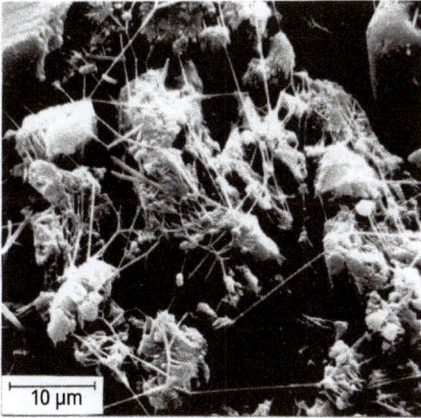

Abb. 5.33: Rasterelektronenmikroskopische Aufnahme einer PTFE-gebundenen Platin-Kohle-Elektrode als gasversorgte Sauerstoffreduktionselektrode für Brennstoffzellen oder Metall-Luft-Batterien.

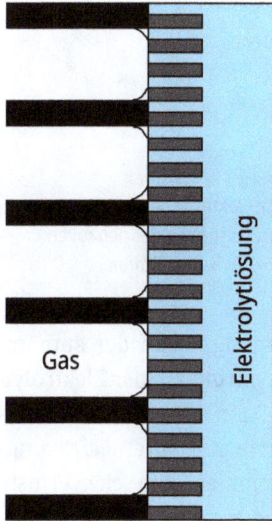

Abb. 5.34: Schematischer Querschnitt einer hydrophilen Zweischichtelektrode.

Anstelle einer zweischichtigen Anordnung kann eine biporöse Struktur (deren Porengrößenverteilungsdiagramm zwei Maxima zeigt) auch durch Mischen von Partikeln mit deutlich unterschiedlicher Größe erreicht werden. Dies kann z. B. durch Verpressen einer Mischung von Nickelmetallpulver (Carbonylnickel) und Kaliumcarbonat K_2CO_3 erreicht werden. Nach Auslösen des K_2CO_3 mit Wasser bleibt ein makroporöser Körper zurück. In diesen Körper werden kleinere Nickelpartikel (Raney-Nickel) eingebettet. Diese Elektrode wurde auch in der Wasserelektrolyse eingesetzt (s. Abschn. 5.4.1). Sie wird als Doppelskelettelektrode bezeichnet.

Um die beiden Elektroden mechanisch getrennt zu halten und um zu verhindern, dass Reaktanden an der falschen Elektrode ankommen, wird ein Separator benötigt. Er soll diese Aufgabe so perfekt wie möglich erfüllen, ohne den Fluss von Ionen, d. h., elektrolytische oder ionische Leitung, unnötig zu beeinträchtigen.

Der gleichmäßige und konstante Nachschub von Reaktanden sollte so eingeregelt werden, dass die gewünschten Elektrodenreaktionen aufrechterhalten werden, ohne übermäßigen Druck anzuwenden. Dies könnte in Gasblasen resultieren, die den porösen Elektrodenkörper durchdringen oder in der Passage flüssiger Reaktanden in die andere Halbzelle resultieren.

Diese Komponenten können nun in das einfache generische Schema einer Brennstoffzelle in Abb. 5.35 zusammengesetzt werden.

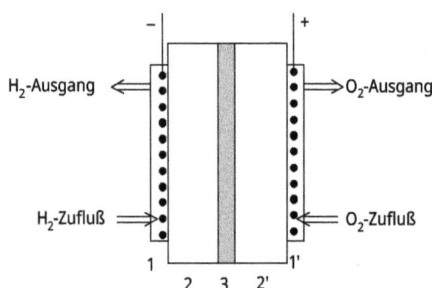

Abb. 5.35: Schematischer Aufbau einer typischen Brennstoffzelle: 1 – poröse Elektrode (Anode, negative Elektrode); 1′ – poröse Elektrode (Kathode, positive Elektrode); 2 – Elektrolyt(lösung) an der negativen Elektrode (Katholyt)); 2′ – Elektrolyt(lösung) an der positiven Elektrode (Anolyt)); 3 – Separator.

Eine Brennstoffzelle zeigt eine abnehmende Ausgangsspannung, wenn der entnommene Strom zunimmt. Dies geht auf Ohm'sche Verluste im Elektrolyten (der Elektrolytlösung), in den Elektroden und den Stromsammlern zurück. Da in den meisten Anwendungen wie bei der Wasserelektrolyse mehrere Zellen in Serie geschaltet werden um praktisch vorteilhaftere, höhere Spannungen zu erreichen, kommen Ohm'sche Verluste an den Zellverbindern (interconnects) hinzu. Die dominierenden Verluste sind Überpotentiale an beiden Elektroden. Eine typische Strom-Spannungs-Kurve ist zusammen mit der abgegebenen Leistung in Abb. 5.36 dargestellt. Letztere Kurve zeigt ein deutliches Leistungsmaximum mit zugehöriger Zellspannung; entsprechend sollte eine Brennstoffzelle bei dem zugehörigen Strom für einen maximalen Wirkungsgrad betrieben werden.

Die folgend vorgestellten Brennstoffzellen werden bevorzugt mit Wasserstoff als Brennstoff versorgt. Andere Brennstoffe sind nicht nur von historischem Interesse. Vor allem flüssige Brennstoffe sind wegen ihrer im Vergleich zu Wasserstoff viel größeren Energiedichte und der Möglichkeit der Substitution von flüssigen Kraftstoffen für Kraftfahrzeuge von Interesse. Tabelle 5.4 versammelt typische Daten.

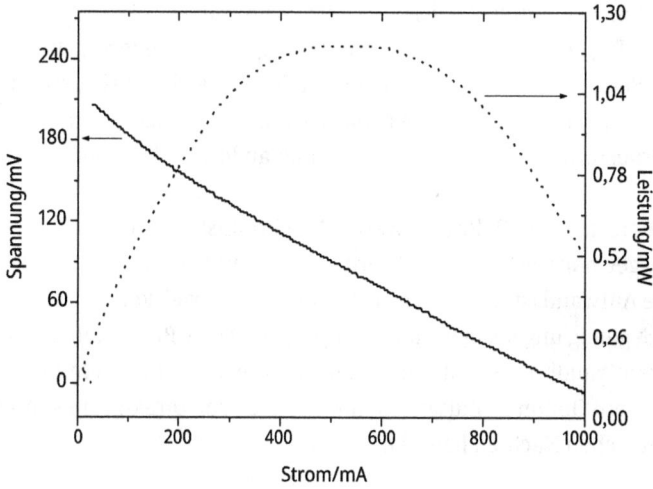

Abb. 5.36: Zellspannung und abgegebene Leistung einer typischen Brennstoffzelle.

Tab. 5.4: Volumetrische und gravimetrische Energiedichten ausgewählter Brennstoffe und Energiespeichermaterialen.

	Volumetrische Energiedichte		Dichte	Gravimetrische Energiedichte	
	kWh·l^{-1}	MJ·l^{-1}	kg·l^{-1}	kWh·kg^{-1}	MJ·kg^{-1}
Benzin	8,6	31,0	0,7	12,2	44,0
Superbenzin	8,4	30,3	0,7	12,0	43,2
Dieselkraftstoff	9,6	35,0	0,8	11,8	42,7
Methanol	4,4	16,1	0,792	5,5	19,9
Bioethanol	5,9	21,2	0,8	7,4	26,6
Pflanzenöl	9,2	33,1	0,9	10,2	36,8
Biodiesel	8,9	32,0	0,8	10,3	37,0
Synthesebenzin	8–10	30–35	0,8–0,9	10–12	38–44
Autogas	6,4	23,0	0,5	12,8	46,1
Methan	5,9	21,5	0,000656[a]	13,9	50,3
Propan	7,5	27,3	0,000493[a]	12,9	46,7
Butan	7,6	27,7	0,00248[a]	12,7	46,0
Komprimiertes Erdgas bei 200 bar	11,5	41,4	0,7	14,4	52,0
Wasserstoff, flüssig, $T = -253\,°C$	2,3	8,3	0,07	33,3	119,9
Wasserstoff 200 bar	0,5	1,8	0,02	33,3	119,9
Wasserstoff 650 bar	1,3	4,5	0,04	33,3	119,9
Blei-Säure-Akkumulator	0,05	0,2	1,1	0,06	0,22
Lithiumionenbatterie	0,5	1,8	0,4	0,2	0,72
Steinkohle	8,8	31,7	1,1	8,1	29,3
Holzpellets	3,1	11,2	0,7	4,8	17,3

[a] im Gaszustand

Für ihren Einsatz gibt es zwei grundsätzlich verschiedene Ansätze:

– Direktbrennstoffzelle. In ihr werden die Brennstoffe direkt der Anode zugeführt und dort umgesetzt. Beispiele werden folgend vorgestellt. Sie zeichnen sich durch einfachen Aufbau und Betrieb aus, sind aber mit teilweise noch nicht zufriedenstellend gelösten Herausforderungen an Elektroden und andere Zellkomponenten gebremst.

– Brennstoffzelle mit Reformer. Im Reformer werden die Brennstoffe chemisch umgewandelt. Der dabei gewonnene Wasserstoff wird dann einer Brennstoffzelle zugeführt. Der apparative Aufwand ist wesentlich größer und der Betrieb komplizierter. Auch hier gibt es noch genug ungelöste Herausforderungen. Da die Brennstoffreformation einen weiteren Wandlungsschritt und damit weitere Wirkungsgradminderungen bedeutet, ist diese Option grundsätzlich im Vergleich zur Direktbrennstoffzelle mit einem zusätzlichen Nachteil belastet.

Brennstoffzellen, die Ammoniak oder Hydrazin als Brennstoff für direkten oder indirekten Betrieb nutzen, stehen vor erheblichen Sicherheitsproblemen und anderen technischen Herausforderungen. Sie sind allenfalls im Zusammenhang mit der Nutzung dieser Verbindungen als Wasserstoffträger von Interesse. Wegen ihrer mäßigen Zukunftsaussichten werden sie hier nicht weiter behandelt.

Klassifizierung von Brennstoffzellen

Die Zahl verschiedener Typen von Brennstoffzellen ist bereits groß, und vor allem weitere Systeme, in denen eine typische Brennstoffzellenelektrode mit einer Elektrode aus einer Sekundärbatterie oder einer Redoxbatterie kombiniert wird, vergrößern die Zahl weiter. Wichtige selbst kleine Variationen technischer Details dieser Grundtypen vergrößern die Zahl in manchen Büchern noch weiter. In der Vergangenheit beruhte die populärste Klassifizierung auf der Betriebstemperatur, und da einige grundsätzliche Brennstoffzelltypen leicht mit Temperaturbereichen verknüpft werden können, ist diese Klassifizierung weitverbreitet:

Umgebungstemperatur: Alkalische Brennstoffzelle (alkaline fuel cell; AFC), Polymerelektrolytmembran-Brennstoffzelle (PEMFC)

Erhöhte Temperatur: Karbonatschmelze-Brennstoffzelle (MCFC), Phosphorsäure-Brennstoffzelle (PAFC)

Hochtemperatur: SOFC

Da es keine wohldefinierten Temperaturgrenzen gibt und da technische Entwicklungen z. B. von Elektrolytmembranen zum Gebrauch bei höheren Temperaturen führen, verschwimmen die Abgrenzungen zwischen den Klassen. Andere Klassifizierungen wurden manchmal gebraucht:

Reaktand-bezogen: Wasserstoff-/Sauerstoff-Zelle, Hydrazinzelle, Methanolzelle, etc.

Elektrolyt-bezogen: Phosphorsäure-Brennstoffzelle, Polymerelektrolyt-Zelle, Festoxid-zelle, etc.

Sie haben sich als weniger hilfreich herausgestellt, denn jegliche Klassifizierung, die für jedes System eine eigene Klasse formuliert, hat den Sinn einer Klassifizierung nicht verstanden. Da die Zahl der tatsächlich weitverbreiteten Zellen klein geblieben ist und diese Zellen sich zudem mit kleinen Anpassungen in die Temperaturklassifizierung einordnen lassen, wird diese Klassifizierung hier benutzt.

Brennstoffzellen bei Umgebungstemperatur

Bei Raum- oder Umgebungstemperatur betriebene Brennstoffzellen nutzen eine flüssige, meist wässrig-alkalische, Elektrolytlösung oder einen Polymerelektrolyten. Joule'sche Erwärmung unter Stromfluss, Überpotentiale an den Elektroden und Spannungsabfälle am elektronischen Widerstand der Elektroden, Verbinder etc. und dem Elektrolytwiderstand verursachen Wärmeentwicklung. Die tatsächliche Betriebstemperatur liegt daher meist über der Raumtemperatur. Daher werden in dieser Klasse alle Brennstoffzellen zusammengefasst, deren Betriebstemperatur unter 100 °C liegt.

Alkalische Brennstoffzellen

In frühen alkalischen Brennstoffzellen wurden poröse Nickelelektroden, eine wässrige Elektrolytlösung mit 30 Gew.% KOH und reiner Sauerstoff und Wasserstoff als Oxidans und Brennstoff bei Betriebstemperaturen von 200 °C und Drücken von 50 bar eingesetzt. Spätere Ausführungen mit Platinkohle als Katalysator in den Elektroden bei Temperaturen um 50 bis 80 °C und nur leichtem Überdruck wurden in den 1960er Jahren populär. Hochdruckzellen vom Bacon-Typ wurden nach dem erfolgreichen Einsatz im APOLLO-Raumflugprogramm nicht weiterentwickelt. Abbildung 5.37 zeigt einen schematischen Querschnitt.

Sauerstoff aus der Umgebungsluft kann nicht direkt benutzt werden, weil das darin enthaltene Kohlendioxid mit der alkalischen Elektrolytlösung unter Carbonatbildung entsprechend

$$CO_2 + 2\,OH^- \rightarrow CO_3^{2-} + H_2O \qquad (5.13)$$

reagiert. Schließlich wird Kaliumcarbonat ausfallen, denn das entstehende Wasser verdünnt die Elektrolytlösung und mindert dessen elektrolytische Leitfähigkeit. Besonders störend ist die Carbonatbildung in den Poren einer Gasdiffusionselektrode. Verstopfung erhöht die Transporthemmung für Sauerstoff und Wasserstoff. Die nötige Reinigung des Sauerstoffs (scrubbing) erhöht die Komplexität des Systems. Wasserstoff stammt meist aus CO_2-freien Quellen. Das Aufkommen von PEMFC hat das Interesse an AFC gemindert. Der Wirkungsgrad von AFC ist allerdings mit 60–70 % der höchste unter allen Brennstoffzellen.

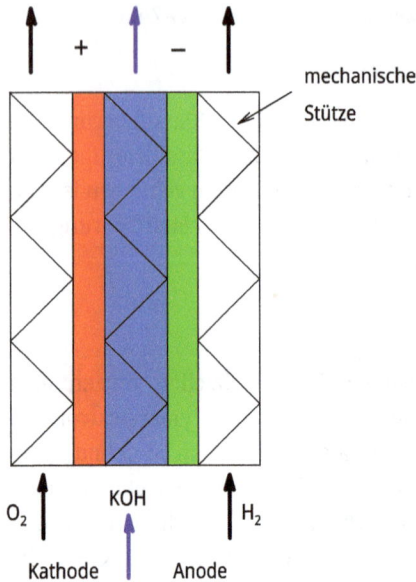

Abb. 5.37: Schematischer Querschnitt einer alkalischen Brennstoffzelle.

Auch wenn kostengünstige Elektrodenmaterialien wie Nickel wegen ihrer ausreichenden elektrokatalytischen Aktivität benutzt werden, kommen meist Platinkohle-Elektroden zum Einsatz. Praktisch sind dies gesinterte Elektroden, gestützte pulverbasierte Elektroden aus gesintertem Nickelpulver oder Nickelpulver, das mit einem Porenbildner in einen porösen Körper verpresst wurde oder polymergebundenes Pt/C. Abbildung 5.38 zeigt ein typisches Beispiel.

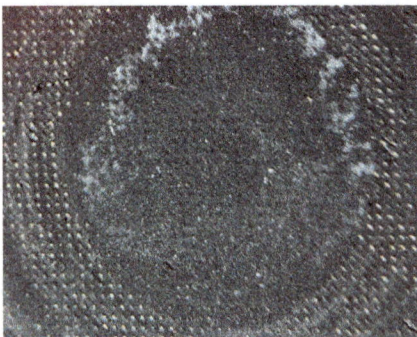

Abb. 5.38: Gasdiffusionselektrode.

Raney-Nickel wird erhalten durch die Behandlung einer Nickel/Aluminium-Legierung mit stark alkalischer Lösung, die das Aluminium selektiv herauslöst. Es ist eine weitere Option. Reines Nickel zeigt eine rasche Deaktivierung für die Wasserstoffoxidation durch Ausbildung einer Nickeloxidbelegung.

Wässrige Elektrolytlösungen von KOH mit Konzentrationen im $6\,mol\cdot dm^{-3}$ (ca. 30 Gew.%) am Maximum der elektrolytischen Leitfähigkeit werden verwendet. Die Lösung kann umgewälzt oder durch Aufsaugen in einem porösen Körper (immobilisiert, in einer Keramik oder polymergebundenem $BaTiO_3$) festgelegt werden. Dieses Diaphragma trennt Anoden- und Kathodenabteil, und es soll zudem die Passage von Gas verhindern. Eine typische lösungsgetränkte Membran von 50 µm Dicke kann eine Zellspannung von $U = 1\,V$ bei $j = 1\,A\,cm^{-2}$ und $p = 15\,bar$ sowie $T = 150\,°C$ ermöglichen. Erhöhung der KOH-Konzentration mindert den Dampfdruck, was wiederum in einer höheren Zellspannung resultiert. Da die Löslichkeit von Sauerstoff in alkalischer KOH-Lösungen mit steigender KOH-Konzentration stark, mit steigender Temperatur aber nur wenig, abnimmt, ist der Zusammenhang zwischen Betriebsparametern und Zellspannung kompliziert.

Joule'sche Wärme und die auf Elektrodenüberpotentiale zurückgehende Wärme muss abgeführt werden. In Systemen mit umgewälzter Elektrolytlösung kann dies durch Kühlung der Lösung geschehen. Bei einem immobilisierten Elektrolyt (oder einer immobilisierten Elektrolytlösung) können die zirkulierenden Gase und der Zellkörper gekühlt werden.

Polymerelektrolytmembran-Brennstoffzellen

Die Verfügbarkeit von sowohl chemisch wie mechanisch stabilen Membranen aus Ionenaustauscherpolymeren legt ihren Gebrauch als Festelektrolyt in Brennstoffzellen nahe. Die populärsten Typen sind sulfonierte Perfluorocarbonpolymermembrane Nafion® (Dupont) und Aciplex® (Asahi Kasei Chemicals) sowie carboxylierte Polymermembrane (s. unten), die als Kationenaustauscher mit im Polymer fixierten Anionen wirken. Chemische und mechanische Stabilität dieser Materialien beruhen auf einem Gerüst von Polytetrafluoroethylen PTFE (Teflon®). Die Polymermorphologie hat interne Hohlräume und Kanäle, wie schematisch in Abb. 5.39 gezeigt.

Als alternatives Material ist eine carboxylierte Perfluorocarbonpolymermembran Flemion® (Asahi Glass) verfügbar. Kationentransport durch die Membran erfolgt durch Hüpfen von Ionen, hier Kationen, mit Teilen ihrer Solvathülle von einem stationären Sulfonat- oder Carboxylation zum nächsten. Anionen werden von elektrostatischen Kräften abgestoßen.

Zusammenfügen der vorgestellten funktionellen Konzepte und Komponenten führt zu Abb. 5.40. Auf die Membran werden Katalysatorschichten aufgebracht (mehr dazu und zu methodischen Variationen folgt unten) und ergeben die Membran-Elektroden-Einheit MEA. Die Reaktandengase werden durch Kanäle in den bipolaren Platten und weiter durch Gasdiffusionsschichten aus hochporösen Materialien wie Kohlefaserfilz verteilt. Ein Stromsammler sichert die gleichmäßige Stromverteilung in die Bipolarplatte.

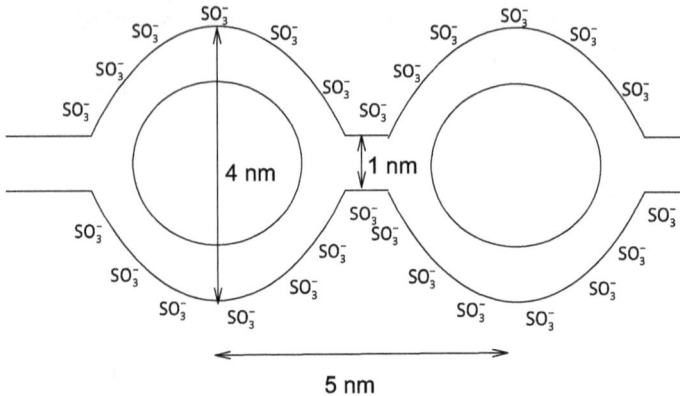

Abb. 5.39: Schematischer Querschnitt der internen Struktur einer sulfonierten Perfluorocarbonpolymer-Membran.

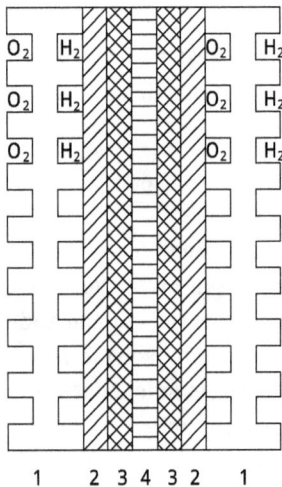

Abb. 5.40: Schematischer Querschnitt einer einzelnen Brennstoffzelle mit (1) Bipolarplatte, (2) Stromsammler, (3) Gasdiffusionsschicht, (4) MEA.

Die Verfügbarkeit von Kationenaustauschermembranen ermöglichte die Herstellung von ersten PEFMCs in den frühen 1960er Jahren, die im Gemini-Raumschiff benutzt wurden. Die Menge eingesetzten Platins (ca. 4 mg·cm^{-2}), der noch immer hohe Ohm'sche Widerstand der sulfonierten Membran, die recht niedrige Leistungsdichte von 60 mW cm^{-2} und die enttäuschende Stabilität der Membran resultierten in einer den allgemeinen Einsatz dieser kostspieligen Stromquelle stark begrenzenden kurzen Lebenszeit von ca. 2.000 h. Signifikante Fortschritte einschließlich neuer Membrane, reduzierter Platineinsatz (ca. 0,4 mg·cm^{-2} auf der Grundlage neuer Katalysatorherstellungsmethoden, die eine viel bessere Massenutzung versprechen) und die Entwicklung von MEAs für Leistungsdichten von 600 bis 800 mW·cm^{-2} mit viel längerer Lebensdauer haben die Anwendungsaussichten vollständig verändert.

Viele Methoden für die Herstellung von MEAs, wie bereits bei den entsprechenden Elektrolyseuren vorgestellt, wurden erprobt. Chemische Reduktion von Platinionen resultierte in sehr lokalisierter Verteilung von Platinmetall auf der KAM-Oberfläche, wie in Abb. 5.41 gezeigt.

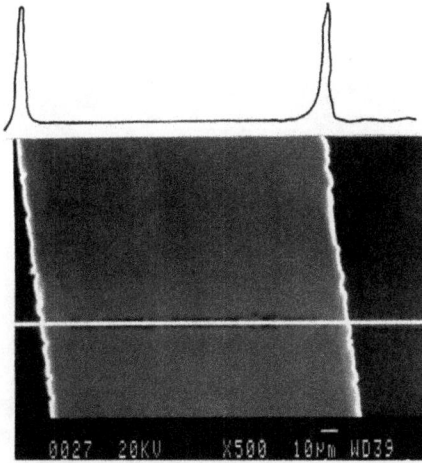

Abb. 5.41: Platinverteilung entlang eines Querschnitts einer durch chemische Platinierung erhaltenen MEA.

Eine genauere Untersuchung mit der Elektronenstrahlmikroanalyse (EBMA) zeigt eine geringfügige lokalisierte Verteilung (Abb. 5.42). Offenbar ist die Hexachloroplatinat-Lösung etwas in die KAM eingedrungen und wurde dort noch vom Reduktionsmittel erreicht.

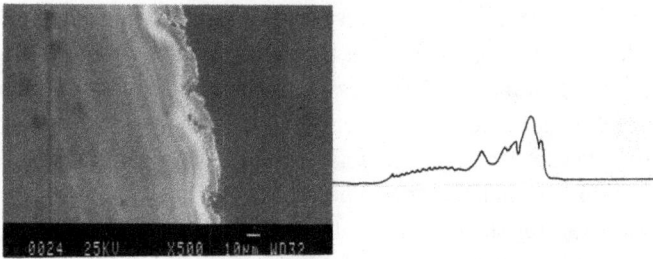

Abb. 5.42: Mit EBMA gemessene Platinverteilung entlang eines Querschnitts einer MEA.

Verschiedene alternative Methoden zur Herstellung von MEA wurden probiert. Eine oft eingesetzte Beschichtungsmethode ist das Sputtern. Falls eine direkte Anwendung auf ein Substrat wie eine KAM nicht empfehlenswert ist, können zunächst andere Materialien wie Sintertitan geprüft werden. Ein typisches Ergebnis zeigt Abb. 5.43.

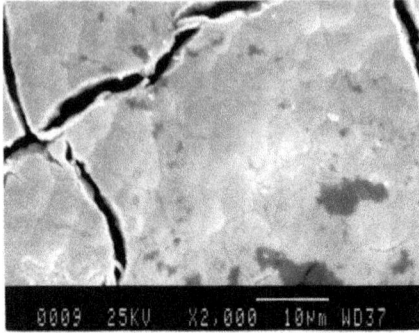

Abb. 5.43: Auf Titan aufgesputtertes Platin.

Die Hauptvorteile der PEMFCs sind ihr einfacher Aufbau und die Option des Betriebs bei Raumtemperatur oder leicht darüber, bewirkt durch interne Erwärmung, die eine tatsächliche Betriebstemperatur um 60 bis 80 °C einstellt. Kleine Zellen mit flexiblen Geometrien sind möglich, und eine langwierige Startprozedur entfällt, da die Zellen bereits bei Raumtemperatur Leistung abgeben. Die Selbsterwärmung garantiert die rasche Einstellung einer stabilen Betriebstemperatur. Die geringe Zahl von Zell- und Peripheriekomponenten sichert einfachen Unterhalt; die Betriebsbedingungen verlangen keine aggressiven Chemikalien, und die moderaten Betriebsbedingungen ermöglichen den Betrieb in der Nähe von Personen. Die zunächst vorteilhaft erscheinenden thermischen Eigenschaften verursachen technische Probleme, die bei genauer Betrachtung offenbar werden: Protonentransport erfordert etwas Wasser, und die Membran muss in einem definierten Befeuchtungsstatus gehalten werden. Unter 100 °C liegt Wasser sowohl als Dampf wie als Flüssigkeit vor. Dies macht das Wassermanagement kompliziert. Zuviel Wasser resultiert in der Flutung der Elektrode, Behinderung des Gastransports und Minderung der Leistungsabgabe. Zuwenig Wasser lässt die Membran austrocknen, und eine dramatische Zunahme des Membranwiderstands ist die Folge. Betrieb bei stabiler Temperatur und Vermeidung von höheren Temperaturen als 80 bis 90 °C ist essentiell, denn bei höheren Temperaturen setzt unwiderrufliche Membranverschlechterung ein. Da der Katalysator an der negativen Elektrode (Wasserstoffoxidationselektrode) sehr empfindlich gegen Kohlenmonoxid ist, das bei partieller Oxidation oder Dampfreformierung der oft eingesetzten Brennstoffe Methan oder Methanol entsteht, ist weitere Reinigung des zugeführten Wasserstoffs durch die Wassergasreaktion oder Palladiummembranfiltration nötig, um Wasserstoff von ausreichender Reinheit zu erhalten. Bei

Betrieb mit reinem Wasserstoff entfällt dieser Aspekt – falls keine anderen Katalysatorgifte aus z. B. Reaktionen im Wasserstoffspeicher (s. oben) enthalten sind.

Eine Erhöhung der Betriebstemperatur der Zellen und Zellstapel auf ca. 120–150 °C würde die meisten, möglicherweise sogar alle diese Probleme beheben. Schon bei 100 °C liegt Wasser nur noch als Dampf vor, und keine Flutung der Elektrode muss befürchtet werden. Da die in der Zelle entwickelte Wärmemenge weitaus größer ist als die zur Aufrechterhaltung der Betriebstemperatur nötige Menge, muss die Zelle gekühlt werden. Die bei Verbrennungsmotoren durch die Verbrennungsabgase bewirkte Wärmeabfuhr entfällt. Mit steigender Betriebstemperatur wird die Wärmeabfuhr aus dem Zellstapel einfacher, da die Temperaturdifferenz zwischen Zelle/Zellstapel und Umgebung größer wird. Die Kohlenmonoxidvergiftung ist schon bei 130–150 °C weniger dramatisch. Während bei 80 °C schon 10 ppm im Wasserstoffnachschub unerträgliche Leistungsverluste bewirken, kann bei 130–140 °C selbst bei 1000–1500 ppm eine akzeptable Leistung erzielt werden. Leider ist dieser erwünschte Temperaturbereich mit den oben beschriebenen Membranen nicht verträglich. Neue Membrane mit ausreichender Stabilität, hoher ionischer Leitfähigkeit und Gasdichtigkeit sind erforderlich. Bislang untersuchte Materialien schließen Komposite auf der Grundlage von Nafion® und anorganischen Materialien, thermisch stabilere Polybenzimidazolsysteme und anorganische saure Feststoffmembrane ein.

Analog zu den bei der Wasserelektrolyse mit Membranzellen bereits erwähnten Nachteilen (kostspielige Membrane und Katalysatoren) saurer PEMFC ist auch für Brennstoffzellen der Einsatz von Anionenaustauschermembranen als attraktive Option ins Blickfeld gerückt. Da sich Argumente und Lösungsansätze stark ähneln, kann auf eine Wiedergabe verzichtet werden.

Details von PEMFC, die mit anderen Brennstoffen wie Methanol versorgt werden, werden unten kurz erörtert, da diese Zellen im Zusammenhang mit Energiespeicherung nur eine sehr begrenzte Perspektive haben. Sie werden zudem in der Literatur eingehend behandelt.

Mitteltemperaturbrennstoffzellen
Phosphorsäure-Brennstoffzellen (PAFC)
Hochkonzentrierte Phosphorsäure (100 %) zeigt hohe ionische Leitfähigkeit bei Temperaturen $T > 150 °C$, die den Gebrauch als Elektrolyt in einer Brennstoffzelle ermöglicht. Im Unterschied von anderen Säuren wie Schwefelsäure reagiert sie nicht mit Brennstoffen von technischem Interesse bis zu Betriebstemperaturen von $T = 200 °C$. Sie toleriert Schwefelwasserstoff und bis zu 1–3 % CO, dies vereinfacht die Nutzung von Wasserstoff aus gängigen Brennstoffen. Diese Vorteile stimulierten eine rasche Entwicklung, die in den 1990er Jahren zur weltweiten Installation zahlreicher Kraftwerke führte. Aktuell scheint die Entwicklung zu stagnieren; dies mag an den tatsächlichen oder zumindest angenommenen Vorteilen der PEMFCs liegen. Einen schematischen Aufbau zeigt Abb. 5.44.

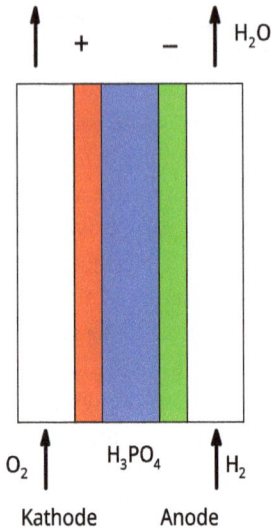

Abb. 5.44: Schematischer Querschnitt einer Phosphorsäure-Brennstoffzelle.

Die konzentrierte Phosphorsäure ist in einer Platte von faserigem Siliciumcarbid immobilisiert, die gleichzeitig als gasdichter Separator fungiert. Die Betriebstemperatur liegt bei $T = 180\,°C$. Bei $42\,°C$ setzt Erstarrung ein, während oberhalb $220\,°C$ eine Phasenumwandlung eine Leistungsverschlechterung bewirkt. Dies grenzt den Anwendungsbereich dieser Technologie in mobilen Anwendungen ein. Die Leerlaufspannung beträgt $U_0 = 1{,}1\,V$ bei $T = 190\,°C$, und unter Betriebsbedingungen werden Zellspannung um $U = 0{,}64\,V$ gefunden. Elektrische Wirkungsgrade bis zu 43,6 % wurden für eine 11 MW-Kraftwerksinstallation ermittelt (IFC, Toshiba 1991). Mit PTFE gebundenes kohlegeträgertes feinverteiltes Platin wird in Gasdiffusionselektroden eingesetzt. In der Anode ist die Platinbeladung $0{,}1\,mg\cdot cm^{-2}$, und in der Kathode ist sie $0{,}5\,mg\cdot cm^{-2}$. Der bei Betriebsbedingungen ziemlich vergiftungsresistente Katalysator und die bei einer zum Betrieb eines Dampfreformers zur Wasserstoffproduktion aus flüssigen Brennstoffen wie Methanol vorteilhaften Temperatur erzeugte Abwärme sind weitere wichtige Vorteile. Die relativ mäßige ionische Leitfähigkeit, die in einem hohen Zellinnenwiderstand resultiert, und die enttäuschende Stabilität der Elektroden, die vor allem von Kohlenstoffabbrand durch Oxidation (Korrosion) und Platinagglomeration verursacht wird, sind Nachteile. Aus thermodynamischer Sicht sollte schon bei $E_{SHE} = 50\,mV$ Oxidation von Kohlenstoff zu CO_2 einsetzen. Nur die langsame Kinetik dieser Reaktion erlaubt den Einsatz von Kohlenstoff als Katalysatorträger. Graphitisierung von z. B. Acetylenruß oder anderen Kohlenstoffmaterialien erhöht die Stabilität, verkleinert aber die elektrochemisch aktive Oberfläche. Um die Kohlenstoffoxidation einzudämmen, sollte die Zellspannung unter $U < 0{,}8\,V$ gehalten werden. Außerdem sollte die Kathode während Betriebsunterbrechungen mit Stickstoff gespült werden.

Schmelzkarbonatbrennstoffzellen

Eine geschmolzene Mischung von Li_2CO_3 und K_2CO_3 festgelegt in einer Matrix aus γ-LiAlO$_2$ wird als Elektrolyt in einer Schmelzkarbonatbrennstoffzelle bei Temperaturen um 620–650 °C benutzt. Die Elektrodenreaktionen sind

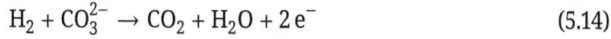

$$H_2 + CO_3^{2-} \rightarrow CO_2 + H_2O + 2\,e^- \tag{5.14}$$

an der Anode und

$$\frac{1}{2}\,O_2 + CO_2 + 2\,e^- \rightarrow CO_3^{2-} \tag{5.15}$$

an der Kathode. Die Zellreaktion ist damit

$$H_2 + \frac{1}{2}\,O_2 \rightarrow H_2O. \tag{5.16}$$

Diese abschließende Gleichung versteckt die Tatsache, dass Kohlendioxid an der Anode freigesetzt und an der Kathode verbraucht wird. Folglich muss ein Mechanismus in der Zellkonstruktion eingerichtet werden, der die entsprechende Gaszirkulation zwischen den Elektroden ermöglicht. Dies kann recht einfach durch Abfackeln des Anodenabgases mit Resten ungenutzten Wasserstoffs, Entfernung von Wasserdampf durch z. B. Kondensation, und Weiterleitung der resultierenden Mischung aus CO_2 und Dampf nach Anreicherung mit frischer Luft zur Steigerung des Sauerstoffgehaltes zur Kathode bewirkt werden. Weitere Details sind in der schematischen Darstellung einer MCFC in Abb. 5.45 zu finden.

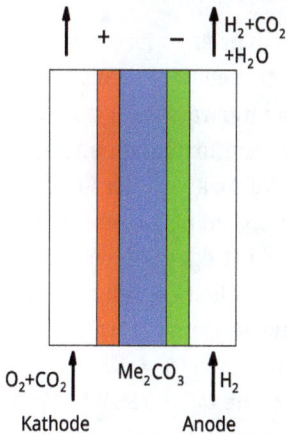

Abb. 5.45: Schematischer Querschnitt einer Schmelzkarbonatbrennstoffzelle, Me = Li; K.

Eine poröse Nickel/Chrom-Legierungsanode und eine poröse Nickelkathode werden verwendet. Nickel in beiden Elektroden bewirkt einen Korrosionsschutz und zusätzlich elektrische Leitfähigkeit sowie katalytische Aktivität. Chrom wird in der Anode zur Aufrechterhaltung der Porosität und damit einer ausreichend großen elektrochemisch aktiven Oberfläche benötigt. Anders als bei Brennstoffzellen zum Betrieb bei Umgebungstemperatur ist CO kein Problem. Es ist kein Gift, sondern vielmehr ein Brennstoff. Temperaturveränderungen durch Ein- und Ausschalten verschärfen den Korrosionsstress und weitere materialbezogene Probleme. Am besten wird die MCFC kontinuierlich betrieben. Elektrische Wirkungsgrade liegen bei > 50 %. Eine Leerlaufspannung 1,04 V wurde berichtet, und bei $j = 0,16 \, \text{A·cm}^{-2}$ liegt die Zellspannung bei $U = 0,75 \, \text{V}$.

Die Elektrolytzusammensetzung ist eine komplexe Herausforderung. Li^+ und Na^+ erhöhen die ionische Leitfähigkeit, Na^+ verbessert zudem die Sauerstoffreduktionskinetik und die Korrosionsstabilität des an der Kathode gebildeten NiO, und K^+ erhöht die Gaslöslichkeit, wird aber leicht durch Wasserstoff reduziert. Bei Betriebstemperatur kann metallisches Kalium verdampft werden. Weitere Zusätze wie MgO oder $BaCO_3$ verzögern die Nickelkorrosion durch Erhöhung der Basizität der Schmelze.

Vor allem die Flexibilität bei den Brennstoffen (Biogas, Erdgas, und synthetisches Erdgas) für Zellen bei höherer Betriebstemperatur, kein Bedarf an kostspieligen Edelmetallelektrokatalysatoren und Abwärme bei einer Temperatur, die für hochwertige Cogenerationsanwendungen ausreicht, sind die Vorteile der MCFC.

Die Notwendigkeit des Recyclings von an der Anode gebildetem CO_2 und der hochkorrosive Schmelzelektrolyt, der erhebliche Lebensdauerprobleme selbst bei Nutzung kostspieliger Baustoffe verursacht, sind wesentliche Nachteile. Schwefelhaltige Brennstoffe können die Anode vergiften und werden besser vermieden.

Hochtemperaturbrennstoffzellen (SOFC)

Zirkoniumoxid ZrO_2 mit etwas Yttriumoxid Y_2O_3 (yttrium-stabilisiertes Zirconia; YSZ) zeigt oberhalb 800 °C deutliche Sauerstoffionenleitfähigkeit, die den Gebrauch als Festelektrolyt in einer Brennstoffzelle und in einem Hochtemperaturwasserelektrolyseur (s. o.) nahelegen. Mit geeigneten Katalysatoren für die Wasserstoffoxidation und Sauerstoffreduktion auf beiden Seiten einer dünnen Platte oder Röhre aus dieser Keramik kann eine Brennstoffzelle konstruiert werden. Bei hohen Betriebstemperaturen (aktuell $T = 900 \, °C$) können verschiedene Brennstoffe wie Wasserstoff, CO, oder Kohlenwasserstoffe eingesetzt werden. Verunreinigungen wie H_2S sind bis zu hohen Konzentrationen von 50 ppm unschädlich. Da keine externe Reformierung nötig ist, kann die SOFC als direkte Brennstoffzelle bezeichnet werden. Leerlaufzellspannungen bei $T = 1000 \, °C$ von $U_0 = 0,93 \, \text{V}$ bei Versorgung mit Sauerstoff und Wasserstoff sowie $U_0 = 0,88 \, \text{V}$ bei Versorgung mit Luft statt Sauerstoff wurden ermittelt. Abwärme wird bei einer für viele Nutzungen vorteilhaften Temperatur freigesetzt, und dies schließt weitere thermische Energiewandlung ein.

Flache Zellen und Röhrenzellen mit 50 µm dicken Festelektrolyten wurden entwickelt. Als Anode wird Nickel benutzt, und an der Kathode werden verschiedene dotierte

Perovskite mit feinverteiltem Pt oder Pd modifiziert. Ein Querschnitt wird in Abb. 5.46 gezeigt.

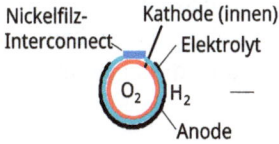

Abb. 5.46: Querschnitt einer Röhrenzelle.

Die Serienverbindung mehrerer Zellen für eine höhere Spannung und ihre Parallelverbindung für größeren Strom wird schematisch in Abb. 5.47 gezeigt.

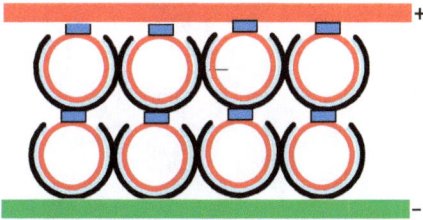

Abb. 5.47: Verbindung von SOFCs.

Das auf die Elektroden aufgebrachte Interconnect-Material muss ein guter elektronischer Leiter, aber ein ionischer Isolator und gasdicht sein. Magnesium- oder strontium-dotiertes $LaCrO_3$ ist eine Option.

Wichtige Vorteile von SOFCs sind ihr hoher elektrischer Wirkungsgrad um 65 % und ihre Unempfindlichkeit für die meisten Verunreinigungen in den zugeführten Gasen.

Die Entwicklung zielt auf niedrigere Betriebstemperaturen um 500 °C, was einige bei höheren Temperaturen weitaus schwerwiegendere Materialprobleme mindern würde. Die mechanische Stabilität der fragilen Keramik sollte verbessert werden, möglicherweise im Zusammenhang mit modifizierten Zelldesigns.

Anwendungen von Brennstoffzellen

Da Brennstoffzellen nur elektrochemische Energiewandler sind, müssen Energiespeicherung sowie Speicherung und Nachschub des Brennstoffs stets mit der Brennstoffzelle bedacht werden. Die tatsächliche Kombination und ihre technischen wie ökonomischen Details können mögliche Anwendungen bestimmen.

Brennstoffzellen wurden für stationäre Anwendungen vorgeschlagen, die von der Strom- und Wärmequelle für ein Einzelhaus bis zum Kraftwerk reichen. In diesen Anwendungen können Brennstoffe aus dem Gasnetz (Erdgas wie auch Wasserstoff) genutzt

werden. Die Brennstoffzelle läuft stabil im Dauerbetrieb, und keine Start- und Abschalt-
prozeduren außer bei Wartung und im Notfall sind zu erwarten. Entsprechend werden
Brennstoffzellen bevorzugt, die Gasmischungen nutzen können. Ein Beispiel mit 705 W
elektrischer Leistung kombiniert mit einem Brennwertgerät (gasbetriebener Heizkes-
sel) wurde in Abb. 2.19 gezeigt. Abbildung 5.48 zeigt ein für die Nutzung in Wohnhäusern
bestimmtes Brennstoffzellengerät mit 705 W elektrischer Leistung, das einen elektrischen Wirkungsgrad von 38 % erzielt.

Abb. 5.48: Brennstoffzelle Viessmann VITOVALOR PA2 für die elektrische Versorgung eines Wohnhauses.
Links Brennstoffzellenstack, mitte Inverter, und rechts Reformer (Bildwiedergabe mit freundlicher Genehmigung von Viessmann Climate Solutions SE).

SOFCs liefern außerdem cogenerierte Wärme bei hoher Temperatur, die sowohl als
Prozesswärme als auch für Heizzwecke genutzt werden kann.

Für mobile Anwendungen, die von kleinen Zellen, die als zusätzliche Stromquelle in
portablen Anwendungen bis zu Brennstoffzellen in Fahrzeugen reichen, werden Brennstoffzellen bevorzugt, die harsche Umgebungsbedingungen mit häufigem Ein-/Ausschal-
ten und merklichen mechanischen Stress (Vibration, Stoß) aushalten können. PEMFCs
sind die vielversprechendsten Kandidaten. Sie können mit Wasserstoff aus Druck- oder
Flüssigwasserstoffspeichern (s. oben) versorgt werden, sind mechanisch robust und er-
tragen selbst längere Abschaltdauer. Eine mit Druckwasserstoff versorgte brennstoffzel-
lenbetriebene Lokomotive erreicht einen Gesamtwirkungsgrad 25 % (Quelle-zu-Welle,

well-to-wheel), ähnlich wie dieselbetriebene und elektrische Lokomotiven. Viel kleinere Wirkungsgrade um 14 % werden beim Gebrauch von verflüssigtem Wasserstoff und einem Verbrennungsmotor erreicht. Kohlendioxidemissionen sind um 19 % mit der erstgenannten Lokomotive im Vergleich zum Dieselfahrzeug vermindert, was um 3 % niedriger ist als bei einer elektrischen Lokomotive. Wenn Wasserstoff durch Elektrolyse mit elektrischer Energie aus erneuerbaren Quellen produziert wird, verbessern sich die Werte weiter. SOFCs sind mit mechanisch rauher Umgebung nicht kompatibel und zeigen zudem rasche Verschlechterung ihrer Eigenschaften bei häufigem Abschalten, wie von Bahnfahrzeugnutzern dem langen Betrieb im Leerlauf gegenüber bevorzugt. Da hohe volumetrische Leistungsdichte (bei den für Lokomotiven geltenden Gewichtserfordernissen ist die gravimetrische Leistungsdichte meist kein Problem) verlangt werden sind MCFC-Systeme mit ihrer niedrigen volumetrischen Leistungsdichte keine Option. PAFCs funktionieren im gleichmäßigen Dauerbetrieb gut und haben nur in Hybridfahrzeugen kleine Erfolge erzielt. Da die PAFC der Batterie ständig selbst im Ruhezustand Leistung entnehmen würde, ist ihr Gebrauch in einer Lokomotive nicht attraktiv. AFCs sind nur auf den ersten Blick aussichtsreich; die Notwendigkeit der CO_2-Entfernung vergrößert Volumen und Komplexität des Systems und macht es ungeeignet für die meisten Anwendungen. Trotz ihrer anfänglichen und inzwischen historischen Erfolge in der Raumfahrt wurde eine Kommerzialisierung dieser Systeme jenseits einiger Kilowatt nicht berichtet.

Brennstoffzellen in Energiespeichersystemen

Die offenkundige Ähnlichkeit einer PEMFC oder einer SOFC zu einem auf dieser Technologie beruhenden Wasserelektrolyseur (Abschn. 4.6 und 5.4.1) hat Untersuchungen von Anordnungen ausgelöst, in denen die Brennstoffzelle alternativ als Elektrolyseur im Ladebetrieb (d. h., bei der Energiespeicherung) arbeitet. Entsprechende Überlegungen wären zwar auch für andere der vorgestellten Brennstoffzellen und Elektrolyseure denkbar, aber abweichend von vollmundigen Behauptungen in Buchkapiteln, scheinen die Bemühungen im Ansatz stecken geblieben zu sein. Diese Zellen wurden recht ungenau reversible (was in keiner der drei Bedeutungen von reversibel, an die man nun denken könnte, Sinn ergibt) oder regenerative (auch falsch) Zellen genannt, und auch der Begriff „secondary fuel cell", der sich nun definitiv einer sinnvollen Übersetzung entzieht, tauchte auf. Der Begriff „integrierter Elektrolyseur und Brennstoffzelle" hat keine Popularität erlangt, allerdings dürfte er dem später geprägten Begriff „unitized regenerative fuel cell" nahekommen – ohne den Unsinn des „regenerativen" aufzugreifen.[3] Das Arbeitsprinzip ist einfach (Abb. 5.49).

---

3 Die mehrdeutigen Ausformulierungen von RFCS stützen diese Feststellung.

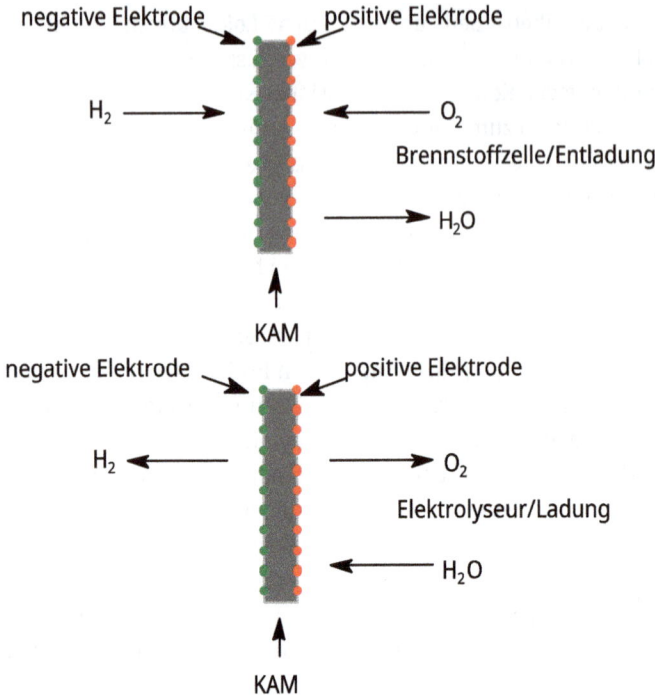

Abb. 5.49: Schematisches Arbeitsprinzip einer Brennstoffzelle (a) und eines Elektrolyseurs (b) auf der Grundlage einer Polymerelektrolytmembran.

Die Elektrodenreaktionen sind an der negativen Elektrode

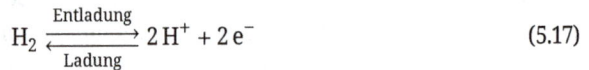

$$H_2 \underset{\text{Ladung}}{\overset{\text{Entladung}}{\rightleftarrows}} 2\,H^+ + 2\,e^- \tag{5.17}$$

und an der positiven Elektrode

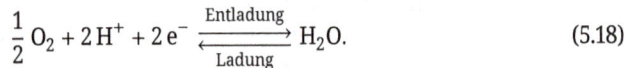

$$\frac{1}{2}\,O_2 + 2\,H^+ + 2\,e^- \underset{\text{Ladung}}{\overset{\text{Entladung}}{\rightleftarrows}} H_2O. \tag{5.18}$$

In dieser Betriebsweise ist die negative Elektrode stets die Wasserstoffelektrode und die positive Elektrode die Sauerstoffelektrode. Die Begriffe Anode und Kathode wären hier besonders unzweckmäßig. Dagegen ist in einer alternativen Betriebsweise die Anode stets die Anode und die Kathode stets die Kathode. Im Brennstoffzellenmodus wird an der Anode Wasserstoff oxidiert, und im Elektrolyseurmodus wird Sauerstoff entwickelt. An der Kathode wird im Brennstoffzellenmodus Sauerstoff reduziert und im Elektrolyseurmodus Wasserstoff entwickelt. Diese Variante hat den potentiellen Vorteil, dass einige Katalysatoren wie Platin, die für Reduktionsreaktionen (sowohl von

Protonen zu Wasserstoff wie von Wasser zu Sauerstoff) geeignet sind, an der Kathode benutzt werden können. Die kompliziertere Betriebsweise, die zahlreichen Umstellungen von Gas- und Wassertransport beim Umschalten von Brennstoffzellen- auf Elektrolyseurbetrieb und zurück, machen diesen Modus allerdings grundsätzlich unattraktiv. Im Brennstoffzellenbetrieb wird die Membran durch Befeuchtung des Wasserstoffs in einem ausreichend feuchten Zustand gehalten, und im Elektrolyseurbetrieb wird die negative Elektrode mit Wasser geflutet.

Beide Reaktionsgleichungen ((5.17) und (5.18)) sind extreme Vereinfachungen eines recht komplexen Geschehens mit reaktiven Zwischenstufen wie chemisch höchst aggressiven Peroxidradikalen an der Sauerstoffelektrode. Wohlbekannte Katalysatoren für beide Elektrodenreaktionen neigen zu hohen Kosten (wie Platin oder andere Edelmetalle) oder können nur für jeweils eine Elektrodenreaktion (z. B. die Sauerstoffreduktion, nicht jedoch die Sauerstoffentwicklung) genutzt werden. Jüngste Fortschritte in der Entwicklung bifunktioneller Elektroden für wiederaufladbare Metall-Luft-Batterien (s. Abschn. 4.5.3) führen möglicherweise zu ausreichend stabilen Katalysatormaterialien für die positive Elektrode. An den betrüblichen Wirkungsgraden um 35–40 % dürfte sich allerdings kaum etwas ändern. Die Technologie erscheint allenfalls für Situationen attraktiv, in denen Effizienz praktisch keine Rolle spielt.

Weiterführende Lektüre

R. Holze: Superkondensatoren, Springer, Berlin 2024.

R. Holze, Y. Wu: Elektrochemische Energiespeicherung und Wandlung, VCH-Wiley, Weinheim 2023.

Electrochemical Technologies for Energy Storage and Conversion (R. S. Liu, L. Zhang, X. Sun, H. Liu, J. Zhang Ed.) WILEY-VCH, Weinheim 2012.

A. Börger, H. Wenzl: Batterien, VCH-Wiley, Weinheim 2023.

Electrochemical Power Sources: Fundamentals, Systems, and Applications – Hydrogen Production by Water Electrolysis (T. Smolinka, J. Garche Hrsg.) Elsevier, Amsterdam 2022.

P. Kurzweil, O. K. Dietlmeier: Elektrochemische Speicher, 2. Aufl., Springer Vieweg, Wiesbaden 2018.

J.-M. Tarascon, P. Simon: Electrochemical Energy Storage Volume 1, WILEY, Hoboken 2015.

S. A. Arote: Electrochemical Energy Storage Devices and Supercapacitors, iop publishing, Bristol 2021.

Advances in Electrochemical Energy Storage, U. Sahoo Hrsg., Scriver Publishing-WILEY, Beverly 2021.

R. Holze: Elektrische Energie Speichern und Wandeln, Springer Spektrum, Wiesbaden 2019.

6 Elektrochemische Beiträge in einer sich wandelnden Energielandschaft

Mit zunehmender Nutzung erneuerbarer Energien und mit der wachsenden Verbreitung netzunabhängiger elektrischer und elektronischer Geräte werden stationäre wie mobile und portable Speicher für elektrische Energie von höchst unterschiedlicher Größe und Leistungsfähigkeit immer wichtiger und geradezu unentbehrlich. Auch wenn die Bezeichnung eines Speichers oft – aber nicht immer – das Speicherprinzip und das Speicherverfahren, in der Regel ein Umwandlungsprozess, gemeinsam bezeichnet (so bezeichnet der Begriff Akkumulator die Speicherung elektrischer Energie in Form von chemischer Energie, die in den Elektrodenmaterialien gespeichert ist, und die Wandlung durch Elektrolyse bei der Speicherung und einen galvanischen Prozess bei der Energieentnahme), ist die Unterscheidung zweckmäßig. Einige Systeme und Prozesse dienen nur der Wandlung (z. B. die elektrolytische Wasserstoffproduktion) oder der Speicherung (z. B. Bildung und Lagerung von Metallhydriden als Wasserstoffspeicher).

Die in den vorangegangenen Kapiteln vorgestellten Systeme und Verfahren der elektrochemischen Wandlung und Speicherung elektrischer Energie haben eine breite Vielfalt von Möglichkeiten aufgezeigt, die hinsichtlich Größe, speicherbarer Energiebeträge, abgebbarer Leistung, Eignung für spezifische Umgebungen und Lokalisationen weit variieren.

In diesem Kapitel stehen die Optionen im Zusammenhang mit einer zuverlässigen, umweltverträglichen und wirtschaftlichen Versorgung mit elektrischer Energie im Mittelpunkt. Naturgemäß spielen mit Blick auf Leistung wie Speichervermögen größere und in der Regel ortsfeste Systeme eine bevorzugte Rolle. Für die Auswahl geeigneter Möglichkeiten wie die Bewertung der Sinnhaftigkeit einer Speichertechnologie spielen Leistung, Energiebetrag und Zeithorizont eine entscheidende Rolle. Nach einer ersten Auswahl rücken dann Kostengesichtspunkte in den Vordergrund. Hier ist allerdings Vorsicht geboten, da die Kostenentwicklung überaus dynamisch und nur schwer zuverlässig abschätzbar oder gar vorhersagbar ist. Sicher wird im Einzelfall bei recht genau bekannten und abschätzbaren Kostenfaktoren eine Prognose möglich sein. Die relativ hohen Kosten einiger Metalle wie Kobalt (von den schwerwiegenden politisch-ethischen Aspekten seiner Gewinnung soll hier keine Rede sein) lässt bei einem angenommenen Anteil dieses Materials in z. B. einer Lithiumionenbatterien Mindestkosten erwarten, die nicht unterschritten werden können. Ähnliches gilt für Metalle wie Indium oder Iridium, deren Vorräte vermutlich sehr begrenzt sind. Derartige scheinbar gesicherte Einflussgrößen verlieren aber bei nicht immer vorhersehbaren Technologiesprüngen ihre Bedeutung. Kobaltfreie Lithiumionenbatterien oder transparente Elektroden ohne Indium sind typische Beispiele und Ursachen für die Unwägbarkeiten von Kostenprognosen.

Folgend werden einige in der Diskussion zur Entwicklung der Energieversorgung und damit zur Veränderung der Energielandschaft besonders aufregende Stichworte

https://doi.org/10.1515/9783111436838-006

aufgegriffen und als Bezugspunkte für die Einordnung elektrochemischer System und Verfahren verwendet.

6.1 Langzeitspeicher

Eine verbindliche Definition dieses Begriffes gibt es nicht, und selbst eine allgemein akzeptierte ungefähre Deutung scheint zu fehlen. Mit dem Verschwinden thermischer Kraftwerke, die fossile Energieträger oder radioaktive Materialien (oft einigermaßen eigenwillig als Kernbrennstoffe bezeichnet) verwenden und die damit bereits eine Speicherung in Form der natürlichen Ressourcen besitzen, treten erneuerbare Energien in den Vordergrund, die keine derartigen Speicher aufweisen. Der Hinweis auf die Sonne und die dort ablaufenden Nuklearprozesse als Quelle praktisch aller erneuerbaren Energie ist anschaulich, aber praktisch wenig hilfreich.

Dieser Fortfall dieser Speicher legt die Suche nach Speichermöglichkeiten für elektrische Energie nahe, die sich mit erneuerbaren Energie verknüpfen lassen. Wie auch in der Diskussion über die Weiterentwicklung der Wärmerzeugung, -speicherung und -versorgung (s. Kap. 3) soll hier als Zeitrahmen das Kalenderjahr mit den Jahreszeiten mit ihren Schwankungen von Angebot und Nachfrage und, damit verbunden, entsprechender Speichermöglichkeiten angenommen werden.

Elektrochemische Speicher sind aus technischen wie wirtschaftlichen Gründen als Langzeitspeicher ungeeignet. Ihre Selbstentladung macht jede Speicherung auf einem Tage oder bestenfalls Wochen überschreitenden Zeithorizont zu einer wenig sinnvollen Option. Die einzige Ausnahme stellen die in Abschn. 4.5.4 vorgestellten Redox-Flow-Batterien dar. Die in ihnen realisierte Trennung von Wandlung (in der Zelle) und Speicherung (der beiden Elektrolytlösungen in separaten Tanks) ermöglicht im Extremfall der Unterbrechung der Verbindungen eine Minderung der Selbstentladung auf fast Null. Parasitäre Reaktionen zwischen den Lösungen und z. B. Luftsauerstoff können geringe Verluste bewirken. Die getrennte Skalierung einer RFB im Hinblick auf Leistung mit Variation der Zellgröße und auf Energie durch Variation der Tankgröße lassen Langzeitspeicherung als Option zumindest denkbar erscheinen. Vor allem an netzfernen Orten dürfte eine Abwägung auch ökonomischer Kriterien diesen Speichern eine Zukunft eröffnen. Eine ähnliche Trennung ergibt sich bei der Kombination Elektrolyseur/Brennstoffzelle mit Wasserstoff als Speichermedium. Wie bereits am Beispiel von Fahrzeugen mit verschiedenen Antriebsenergiequellen gezeigt (Abschn. 3.3.2), macht die Kombination von zwei Prozessen mit deutlich schlechteren Wirkungsgraden (insgesamt ca. 35–40 %) diese Option weniger attraktiv als eine RFB.

6.2 Volatilität

Bei der in der Vergangenheit überwiegenden Nutzung fossiler Energieträger und thermischer Kraftwerke stellte deren mäßige Flexibilität und langsame Reaktion auf Änderungen bei der Nachfrage (mit Ausnahme der erwähnten Momentanreserve) keinen schwerwiegenden Nachteil dar, wenn sie bei konstanter Leistung im Grundlastbetrieb genutzt wurden. Die zu erwartende Nachfrage wurde weitgehend in der Betriebsplanung berücksichtigt, und Nachfrageflauten zu Nachtzeiten konnten früher durch z. B. Nachtspeicherheizungen und in Grenzen durch Pumpspeicherkraftwerke aufgefangen werden. Diese Speicher wurden daher für Zeithorizonte im Stundenbereich ausgelegt. Wind und Photovoltaik als die dominierenden Beiträge zu erneuerbarer Energie zeigen dagegen auf der Angebotsseite ausgeprägte Fluktuation in einem viel weiteren Zeitrahmen von Minuten bis Monaten, die auch als ihre Volatilität bezeichnet werden. Der Begriff der Flatterenergie dürfte allerdings nicht nur überzogen sein, sondern trägt auch dem Stand der Erkenntnis und Technik kaum angemessen Rechnung.

Starke und unerwartete Änderungen im Angebot würden ohne angemessene Maßnahmen und Eingriffe zu erheblichen Störungen im elektrischen Netz führen. Da die Ursachen dieser Schwankungen wie Änderungen der Windintensität und –richtung sowie der Sonnenintensität zumindest kurzfristig gut prognostizierbar und in ihren Auswirkungen damit abschätzbar sind, können geeignete Maßnahmen rechtzeitig und ausreichend eingeleitet werden. Die beruhigend ausgleichende Wirkung zunächst der Nutzung erneuerbarer Energieträger an vielen und weiträumig verteilten Orten führt bereits jetzt zu einer drastisch verringerten Zahl von vereinfacht als Dunkelflauten bezeichneten Situationen (s. Abschn. 6.3). Die derzeit noch stabilisierend wirkenden Beiträge verbliebener thermischer Kraftwerke tragen zu einer weiteren Steigerung der Versorgungssicherheit und -qualität bei. Bei weiter fortschreitendem Verzicht auf fossile Energieträger, die in Form von Erdgas in diesem Szenario eine wichtige Rolle spielen, wird Wasserstoff als speicherbarer Energieträger zur anschließenden Verwendung in den dann umgestellten thermischen (Gas)Kraftwerken Erdgas ersetzen. Der damit erreichbare energetische Wirkungsgrad ist allerdings enttäuschend, und dies wird durch eine verstärkte Kraft-Wärme-Kopplung in kleineren und damit verbrauchernäheren Kraftwerken nur etwas gebessert. Zusätzlich wird der Bedarf an Anlagen zur Speicherung elektrischer Energie wachsen. Bei Abwägung und Auswahl spielen neben den bereits angesprochenen und für elektrochemische Speicher und Wandler eingehend dargestellten Vor- und Nachteile der zeitliche Horizont der Speicherung eine wichtige Rolle. Tabelle 6.1 trägt die Daten zusammen.

Eine Erweiterung bestehender Speicher und ihr Neubau vor allem für Speicherung mit kurzen Zeithorizonten ist zur Netzstabilität dringend erwünscht. Hierzu gibt es ausreichend viele technisch wie wirtschaftlich interessante Modelle. Vor allem elektrochemische Speicher dürften durch die fortschreitende Entwicklung kostengünstiger Akkumulatoren wie Superkondensatoren weiter wachsende Beiträge leisten. Dem grundsätzlich ebenfalls erwünschten Ausbau der Langzeitspeicher stehen erhebliche Hinder-

Tab. 6.1: Zeithorizonte für elektrische Energiespeicher, gut geeignet.

Verfahren \ Zeithorizont:	Jahr	Monat	Woche	Tag	Stunde	Minute	Sekunde	Millisekunde
Supraleiterspule								
Schwungrad								
Superkondensator								
Akkumulator								
Druckluftspeicher								
Wasserstoffspeicher								
Pumpspeicher								

nisse im Weg. Pumpspeicherkraftwerke sind nur an topographisch geeigneten Stellen möglich. Die insgesamt frustrierende Entwicklung z. B. in Deutschland lässt hier wenig Fortschritt erwarten. Druckluft- wie Wasserstoffspeicher sind nicht nur an das Vorhandensein geeigneter unterirdischer Hohlräume zur Speicherung geeignet, sie sind zudem mit relativ mäßigen Wirkungsgraden belastet. Wie bereits im Detail dargestellt, ist eine möglichst dichte Vernetzung eine Möglichkeit, den Speicherbedarf vor allem bei Langzeitspeicher in Grenzen zu halten.

6.3 Dunkelflauten

Das Schreckensszenario der Dunkelflaute wird in nicht immer seriöser Weise mitunter als Universalargument gegen den Ausbau erneuerbarer Energiequellen zitiert. Vorliegende seriöse Studien aus unverdächtigen Quellen entschärfen derartige Drohbilder weitgehend, vor allem mit dem Verweis auf die ausgleichend wirkende Verknüpfung verschiedener Formen erneuerbarer Energieträger und einer möglichst weiträumigen Vernetzung. Eine weitere Entschärfung ist von der weiteren Verbesserung der Prognosewerkzeuge zu erwarten, die bei sich abzeichnenden Angebotsausfällen ausreichend Zeit zur Einleitung von Gegenmaßnahmen belassen. Hier sind vor allem von stärkeren Verknüpfungen zwischen Anbietern, Netzbetreibern und Abnehmern stabilisierende Effekte zu erwarten. Der regional zwar sehr unterschiedliche, insgesamt aber ganz erhebliche Anteil elektrochemischer Prozesse (großtechnische Elektrolysen) an der Nutzung elektrischer Energie legt die Weiterentwicklung dieser Prozesse z. B. im Hinblick auf Teillastbetriebsmöglichkeiten nahe. Bereits jetzt bestehende Absprachen ermöglichen bei sich abzeichnenden Angebotseinschränkungen Teilabschaltungen von Großverbrauchern. Dies ließe sich im Zusammenhang mit dem weiteren Netzausbau auf der Niederspannungsebene bis hin zur Steuerung z. B. der Batterieladung von Elektrofahrzeugen weiter verbreiten.

Zweifelsohne ist aber wie auch im Hinblick auf die Volatilität des Angebots erneuerbarer Energie ein weiterer Ausbau von Speichern jenseits der bereits laufenden Installation von Batteriespeichern zur Bereitstellung von Regelenergie dringend nötig.

6.4 Regelenergie

Bereits jetzt stellen Batteriespeicher in Deutschland einen erheblichen Teil der Regelenergie, insbesondere der primären, bereit. Beispielhaft besitzt die von der WEMAG betriebene Anlage „Schwerin 2" (Abb. 6.1) eine nominelle Speicherkapazität von 15 MWh bei einer installierten Leistung von 14 MW. Die Anlage ist schwarzstartfähig; es wurden 30.212 und 23.232 Lithiumionen-Akkumulatoren mit positiven MnO_2-Elektroden verbaut. Der Ausbau des Speichers, d. h., die Verdopplung der vormaligen Daten („Schwerin 1") auf die nun verfügbaren Kapazitäten, erfolgte ebenso wie der laufende Betrieb ohne Förderung. Der Betrieb ist also wirtschaftlich. Dazu trägt der vollautomatische Betrieb mit der Bereitstellung von Primärregelenergie bei. Die für die Teilnahme am Regelen-

Abb. 6.1: Batteriespeicher Schwerin 2. Innen- und Außenansicht (Bildwiedergabe mit freundlicher Genehmigung der WEMAG AG).

ergiemarkt bereit gehaltene (präqualifiziert) Leistung entspricht dem möglichen konventionellen Beitrag einer 100 MW Gasturbine. Die verfügbare Leistung wurde 2024 um 2 MW und die Kapazität um 5 MWh erweitert.

Ein noch größerer und leistungsfähigerer Speicher steht bei Jardelund in Schleswig-Holstein. Er hat ca. 50 MWh Kapazität und 48 MW Leistung. Der weltweit größte Speicher stand 2021 in Moss Landing, Kalifornien, mit 400 MW Leistung bei 1.600 MWh Kapazität.

Im Dezember 2023 war in Deutschland zwar die elektrische Speicherkapazität von Pumpspeicherkraftwerken mit 24 GWh größer als die Kapazität von Batteriespeichern mit 11 GWh, aber deren Leistung mit 7 GW war bereits größer als 6 GW für PSW. Während die topographischen Gegebenheiten einen weiteren Zubau von PSW recht unwahrscheinlich machen, geht der Zubau von Batteriespeichern ungebremst weiter. Dies gilt noch viel ausgeprägter für die in Abschn. 5.3 vorgestellten Speicher für den Heimgebrauch. Prognostizierte Preisentwicklungen von Akkumulatoren und intensive Arbeiten an post-lithium-Akkumulatortechnologien dürften diese Trends noch weiter vorantreiben.

6.5 Die Entenkurve

Eine Betrachtung der Belastung eines Stromnetzes im Tagesverlauf führt zu einem typischen in Abb. 6.2 gezeigten Ergebnis. Die morgendliche Lastspitze fällt dabei meist etwas geringer aus als die abendliche Lastspitze. Dies trägt zu einem der Silhouette einer Ente ähnelnden Verlauf bei. In anderen Quellen wird die Spitzenlast mit der Einspeisung aus

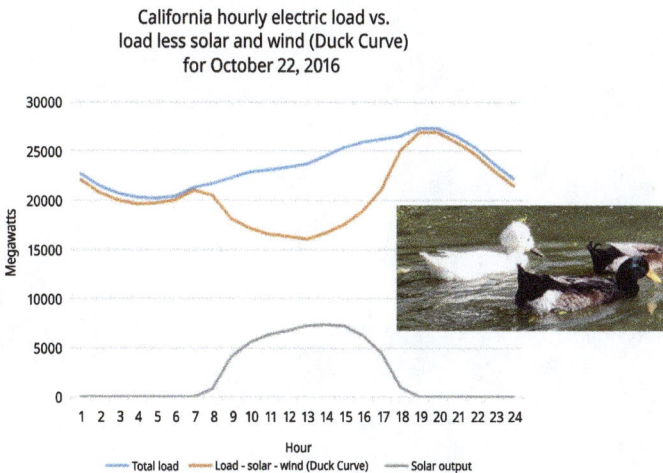

Abb. 6.2: Eine Entenkurve (Bildrechte bei ArnoldReinhold – Own work based on data from caiso.org, CC BY-SA 4.0, https://commons.wikimedia.org/w/index.php?curid=52529738).

Photovoltaik verglichen. Das Ergebnis – die benötigte verfügbare Einspeiseleistung – ist identisch.

Um die Mittagszeit steht einem großen Angebot von Energie vor allem aus Photovoltaikanlagen (die graue Kurve) u. U. eine nur mäßige Nachfrage gegenüber, je nach Jahreszeit und Nutzung von Klimaanlagen (die blaue Kurve). Die dritte Kurve (in orange) als die eigentliche Entenkurve zeigt die nach Bedarf benötigte und dafür abrufbare Einspeiseleistung. Der steile Abfall der Einspeisung aus Photovoltaik verlangt zum Ausgleich ca. 5 GW zusätzliche Einspeisung aus verfügbaren Quellen. Dies kann zu einer unausgeglichenen Situation und damit zu Netzinstabilitäten bei unzureichender Vorsorge führen. Die beschriebenen Möglichkeiten der Vernetzung, der Speicherung und der Nutzung prognostischer Möglichkeiten tragen dieser Sorge Rechnung.

Weiterführende Lektüre

R. Holze: Beiträge der Elektrochemie zu einer sich wandelnden Energielandschaft in: Sitzungsberichte der Sächsischen Akademie der Wissenschaften zu Leipzig, Mathematisch-Naturwissenschaftliche Klasse, Bd. 133, Heft 1, S. Hirzel-Verlag, Stuttgart 2018.

R. Holze: Elektrische Energie Speichern und Wandeln, Springer Spektrum, Wiesbaden 2019.

R. Holze: Superkondensatoren, Springer, Berlin 2024.

R. Holze, Y. Wu: Elektrochemische Energiespeicherung und Wandlung, VCH-Wiley, Weinheim 2023.

Glossar häufig genutzter Begriffe

Alterung – Die Nutzung eines elektrochemischen Speichers und Wandlers durch Ladung/Entladung wie auch das schlichte Stehenlassen sind unweigerlich mit Alterung verbunden. Im ersten Fall handelt es sich um zyklische Alterung, im zweiten um kalendarische.

Butler-Volmer-Gleichung – Mathematische Beziehung, die eine Verbindung zwischen Parametern der Elektrodenreaktion und der Abweichung des Elektrodenpotentials E vom stromlosen Ruhepotential E_0 (dem Überpotential $\eta = E - E_0$) herstellt.

Blockheizkraftwerk – (BHKW) Bezeichnet ein thermisches Kraftwerk zur Bereitstellung elektrischer Energie durch Nutzung von Primärenergieträgern (Erdgas, Kohle, Holzpellets, Wasserstoff, etc.), bei dem die naturgemäß anfallende Wärme nicht als Abwärme in die Umgebung abgeführt, sondern als Nutzwärme vor allem zur Gebäudeheizung und Brauchwassererwärmung genutzt wird. Insgesamt ergeben sich damit weitaus höhere Wirkungsgrade als bei einfacher Nutzung zur Bereitstellung elektrischer Energie. BHKWs sind in weiten Grenzen von wenigen kW bis MW Gesamtleistung skalierbar. Vor allem kleine BHKWs sind modular aufgebaut, vergleichsweise emissionsarm und für eine verbrauchernahe Aufstellung gut geeignet. In gängigen Modellen werden auf hohe Laufleistungen ausgelegte Hubkolbenmotoren (modifizierte Otto-Motoren), auch als Gasmotoren bezeichnet, eingesetzt. Bei großen Einheiten tritt der historische Aspekt der Bezeichnung (Dimensionierung bezogen auf einen Wohnblock) in den Hintergrund, man spricht nur noch von einem Gasmotorkraftwerk. Die Abwärmenutzung steht zu dieser Begrifflichkeit nicht im Widerspruch. Eine Kopplung mit einer Wärmepumpe zur Ergänzung der Wärmebereitstellung ist einfach realisierbar. Ebenso kann durch Kombination mit einer Ad- oder Absorptionskältemaschine Kältebedarf abgedeckt werden. Wird statt einer thermischen Kraftmaschine eine Festelektrolytbrennstoffzelle genutzt, fällt Abwärme auf einem höheren Temperaturniveau an, sie kann ggfs. als Prozeßwärme in thermischen Verfahren genutzt werden. Teilweise sind bereits aktuell am Markt verfügbare Systeme für den Betrieb von mit bis zu 20 % Wasserstoff angereichertem Erdgas ausgelegt. Es werden Gesamtwirkungsgrade (elektrisch und thermisch) < 107 % erreicht.

Capacitance retention – Kapazitätserhalt. Durch zyklische oder kalendarische Alterung sinkt die nutzbare Kapazität einer Sekundärbatterie oder eines Superkondensators. Die Angabe der verbliebenen Kapazität (meist in Prozent bezogen auf die anfängliche Kapazität, nicht oder nur sehr selten bezogen auf die nominelle Kapazität) mit der erreichten Zyklenzahl gibt den Kapazitätserhalt an. In einer zweiten Bedeutung des Begriffes wird die Abnahme der gemessenen Kapazität mit zunehmender Stromstärke bzw. Stromdichte mit Kapazitätserhalt beschrieben. Je geringer dieser Verlust, um so leistungsfähiger das System oder die Elektrode (bei ihrer Untersuchung in einer Dreielektrodenanordnung).

https://doi.org/10.1515/9783111436838-007

Coulomb-Wirkungsgrad – Der Begriff bezeichnet das Verhältnis entnehmbarer zu eingespeicherter Ladung eines elektrochemischen Speichersystems. Bei der Ladung, d. h., bei der Einspeicherung, kann Ladung in elektrochemische Nebenreaktionen ungewünscht umgesetzt werden, zudem kann während der Lagerung außerdem durch Selbstentladung gespeicherte Ladung verlorengehen. In beiden Fällen führt dies zu einem Wirkungsgrad < 1.

Elektrochromie – Die Veränderung der Farbe eines in einer Elektrode eingesetzten Materials bei Änderung des Elektrodenpotentials.

Energiedichte – Die pro Volumeneinheit (volumetrische Energiedichte) oder pro Gewichtseinheit (gravimetrische Energiedichte) gespeicherte Energie. Oft werden beiden Begriffe verwirrend als Synonym genutzt oder schlicht verwechselt.

Energiespeichervermögen – In Wh oder kWh angegebenes Vermögen eines Systems zur Speicherung elektrischer Energie. Angaben in Ah sind falsch, damit wird das Ladungsspeichervermögen beschrieben.

Energiewirkungsgrad – Er beschreibt das Verhältnis entnommener zu eingespeicherter Energie gemäß $\eta_{En} = W_{aus}/W_{in}$. Im Vergleich zum Ladewirkungsgrad (Ladungseffizienz) ist der Wert stets kleiner, da die Ladespannung stets größer als die Entladespannung ist.

Faraday-Wirkungsgrad – s. Coulomb-Wirkungsgrad.

Flexible Kraftwerke – Der Begriff bezeichnet Kraftwerke, die zur Netzregelung kurzzeitig und bei Bedarf oft angefahren und heruntergefahren werden und dabei hohe Leistungsgradienten zeigen.

Grünstrom – Der Begriff bezeichnet umgangssprachlich elektrische Energie aus erneuerbaren Quellen.

Hybridfahrzeug – In einem Fahrzeug werden ein Verbrennungs- und ein Elektromotor eingesetzt. Dabei sind verschiedene Kombinationen denkbar. Ihnen ist der Zweck gemeinsam, den Verbrennungsmotor möglichst bei optimalen Parametern zu betreiben und ihn dabei mit einem Elektromotor kombiniert mit einem elektrochemischen Wandler und Speicher z. B. beim Bremsen und Beschleunigen zu unterstützen.

Kraft-Wärme-Kopplung – (KWK) In einem thermischen Kraftwerk gleich welcher Bauart wird der nicht in elektrische Energie gewandelte Anteil der Primärenergie als Abwärme an die Umgebung (Luft, Fließwasser) abgegeben. Eine Angabe des Wirkungsgrades dieses Kraftwerkes wird sich nur auf die abgegebene elektrische Energie beziehen. Wenn diese Abwärme genutzt wird, indem sie z. B. zur Gebäudeheizung über ein Fern- oder Nahwärmenetz eingesetzt wird, steigt der Gesamtwirkungsgrad aus dem elektrischen und nun auch thermischen Anteil auf wesentlich größere Werte. In einem kommerziell verfügbaren Blockheizkraftwerk kann neben einem elektrischen Wirkungsgrad von über 32 % ein thermischer Wirkungsgrad von bis zu 75 % jeweils bezogen auf den Heizwert des zum Betrieb eingesetzten Erdgases erzielt werden. Es ergibt sich ein rechnerischer Gesamtwirkungsgrad bis zu 107 %.

Ladewirkungsgrad – (auch Ladungseffizienz, Lade-, Faraday- oder Coulomb-Wirkungsgrad) Der Lade-/Entladewirkungsgrad $\eta_{Cb} = Q_{aus}/Q_{in}$ beschreibt das Verhältnis entnommener zu eingespeicherter elektrischer Ladung.

Leistungsdichte – Die pro Volumeneinheit (volumetrische Leistungsdichte) oder pro Gewichtseinheit (gravimetrische Leistungsdichte) abgebbare elektrische Leistung. Oft werden beiden Begriffe verwirrend als Synonym genutzt oder schlicht verwechselt. Mitunter werden die Begriffe auch auf Einzelelektroden und nicht auf Zellen mit zwei Elektroden angewendet. Unklar bleibt, ob dabei die Annahme eine Rolle spielt, dass es Batterien oder Superkondensatoren mit nur einer Elektrode gibt.

Molalität – Konzentrationsangabe in Mol eines Stoffes pro Kilogramm Lösungsmittel.

Molarität – Konzentrationsangabe in Mol eines Stoffes pro Liter Lösung.

Primärregelleistung – Dies ist die dem elektrischen Netz zur Stabilisierung von Spannung und Frequenz zugeführte oder aus ihm abgenommene elektrische Leistung, die innerhalb von 30 Sekunden vollständig bereitgestellt und bis zu mindestens 15 Minuten verfügbar sein muß.

Regelenergie – (auch: Regelleistung) Zum Ausgleich abrupter Schwankungen im Angebot durch z. B. Windstille oder dichte Bewölkung wird kurzzeitig abrufbare elektrische Leistung aus elektrischen Speichern zur Regelung benötigt, dies gilt auch für den Fall der Zu- oder Abschaltung einer großen elektrischen Last, z. B. einer Elektrolyseanlage. Diese Leistung wird meist nur für kurze Zeiträume benötigt, daher ist eher die Regelleistung als die Regelenergie von Interesse. Der Begriff Regelenergie ist allerdings weiter verbreitet.

Schwarzstartfähigkeit – Der Begriff bezeichnet die Fähigkeit eines elektrischen Energiespeichers, ohne Zufuhr von elektrischer Energie von außen Leistung abzugeben. Viele Speicher, vor allem nicht-elektrochemische Speicher, besitzen diese Fähigkeit nicht, sie wurde oft bei der Errichtung nicht für hinreichend wichtig erachtet da von ständig aus dem Netz bereitstehender elektrische Leistung zum Betrieb des Speichers ausgegangen wurde.

Sekundärregelleistung – Analog der Primärregelleistung, aber langsamer und ggfs. nach Verhandlung zwischen den Beteiligten in einem Zeitrahmen 5 bis 15 Minuten zugeführte oder abgenommene elektrische Leistung.

Selbstentladung – Jedes zur Speicherung von Energie genutzte System befindet sich naheliegend im geladenen (oder befüllten) Zustand in einem Zustand höherer Energie. Naturgesetzlich ist es bestrebt, einen Zustand niederer Energie zu erreichen. Eine Vielzahl von Vorgängen kann dabei ablaufen. In der Elektrochemie sind dies parasitäre Reaktionen zwischen aktiven Massen in einer Zelle und andere Zellbestandteilen, Kriechströme etc.

Überführungszahl – auch: Hittorf'sche Überführungszahl. Sie gibt den von einer Ionensorte in einem Elektrolyten getragenen Strom an. Die Summe aller Überführungszahlen in einem Elektrolyten (z. B. einem Salz) ist Eins.

Überpotential – (overpotential) Mit Überpotential wird die Differenz zwischen einem Elektrodenpotential unter Stromfluss E und im stromlosen Ruhezustand E_0 als $\eta = \Delta E = E - E_0$ bezeichnet.

Überspannung – (overvoltage) Mit Überspannung wird die Differenz zwischen der Zellspannung eines elektrochemischen Energiewandlers unter Last und im stromlosen Ruhezustand $\Delta U = U - U_0$ bezeichnet. Je nach Betriebsart hat die Differenz ein positives oder negatives Vorzeichen. Bei der Energieentnahme (d. h., der Entladung) ist $U < U_0$, die Differenz ist also negativ. Bei der Entladung gilt dagegen $U < U_0$, die Differenz ist positiv. Praktisch wird das Vorzeichen allerdings meist ignoriert, es wird nur der Betrag mitgeteilt. Oft wird vor allem in der deutschsprachigen Literatur Überspannung irrtümlich als Synonym von Überpotential (s. oben) aufgefasst und mit dem dort üblichen Symbol η verknüpft. Bei der Nutzung eines elektrochemischen Wandlers führen Überspannungen in Verbindung mit Stromfluss zur Wärmeentwicklung. Neben der Joule'schen Wärme durch Stromfluss durch einen elektrischen Widerstand – hier: der elektrischen Leiter im Wandler und dem ionenleitenden Elektrolyt – verursachen die Überpotentiale an den Elektroden schlussendlich Wärmeentwicklung. Die Abbildung A1 zeigt dies schematisch.

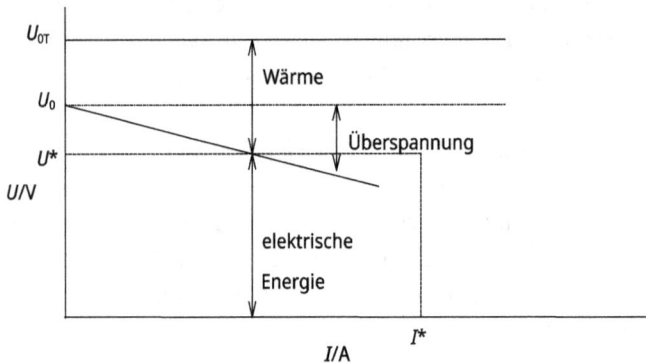

Abb. A1: Zusammenhänge zwischen Zellspannung (U^* ist die Spannung unter Last durch Strom I^*), Überspannung und Wärmeentwicklung.

Verteilnetze – Elektrische Energie wird in der konventionellen Netzstruktur mit großen Kraftwerken auf der Hochspannungsebene (Wechselspannung mit $60 < U < 220$ kV) verteilt. Auf dieser Ebene können auch Großabnehmer aus Industrie und Gewerbe angeschlossen sein. In der Mittelspannungsebene (Wechselspannung mit $6 < U < 60$ kV) findet die innerstädtische und regionale Verteilung statt. Die Niederspannungsebene (Wechselspannung mit $U = 0,4$ kV) versorgt schließlich Verbraucher in Wohngebäuden und Kleinbetriebe. Eine Höchstspannungsebene (Wechselspannung mit $220 < U < 380$ kV, auch Gleichspannung HGÜ) stellt dagegen nur die Verbindung zwischen Kraftwerken (dazu können auch große Windkraftfelder gehören) und Umspannwerken her.

Abkürzungen[1]

AAM	Anionenaustauschermembran
AAMEL	Anionen-Austausch-Membran-Elektrolyse
A-CAES	adiabatic compressed air energy storage, adiabataischer Druckluftenergiespeicher
AEL	alkalische Elektrolyse
BESS	battery energy storage system, Batteriespeicher(system)
BHKW	Blockheizkraftwerk
CAES	compressed air energy storage, Druckluftenergiespeicher
CCG	chemically converted graphene, chemisch umgewandeltes Graphen
CCS	carbon capture and storage, Abtrennung und Speicherung von CO_2
CCUS	carbon capture utilization and storage, Nutzung und Speicherung von CO_2
CERMET	ceramic metals, Zweiphasenmaterialien aus einem Metall und einer Keramik
CgH2	compressed gaseous hydrogen, komprimierter gasförmiger Wasserstoff
CGH2	compressed gaseous hydrogen, komprimierter gasförmiger Wasserstoff
CNC	carbon nanocages, Kohlenstoffnanokäfige
CNFC	carbon nanofibers, Kohlenstoffnanofasern
CNT	carbon nanotubes, Kohlenstoffnanoröhrchen
CPE	constant-phase-element
CSA	camphor sulfonic acid, Kamphersulfonsäure; auch: cell stack assembly, Zellenstapel in z. B. einer Brennstoffzelle
CSP	concentrated solar power, solarthermisches Kraftwerk
CV	cyclic voltammetry, zyklische Voltammetrie
D-CAES	diabatic compressed air energy storage, diabatischer Druckluftenergiespeicher
EDLC	Electrochemical double layer capacitor, elektrochemischer Doppelschichtkondensator
ESR	electrical series resistance, elektrischer Serienwiderstand, hier: Innenwiderstand eines Elektrolytkondensators
EVU	Energieversorgungsunternehmen
GBL	γ-Butyrolakton
GCD	galvanostatic charge discharge cycles, galvanostatische Lade-/Entladezyklen
GKE	gesättigte Kalomelelektrode
GN	graphene, Graphen
GNS	graphene nanosheets, Graphennanoblättchen
GO	graphene oxide, Graphenoxid
HD-CAES	hybrid diabatic compressed air energy storage, hybrider diabatischer Druckluftenergiespeicher
HESS	hybrides Energiespeichersystem
HGÜ	Hochspannungsgleichstromübertragung
HIC	hybrid ion capacitor, Hybridionenkondensator
HOMO	highest occupied molecular orbital, höchstes besetztes Molekülorbital
HOPG	highly ordered pyrolytic graphite, hochgeordneter pyrolytischer Graphit
HRE	Wasserstoffbezugselektrode
IAM	Ionenaustauschermembran
ICE	internal combustion engine, Verbrennungsmotor
ICP	intrinsically conducting polymer, intrinsisch leitfähiges Polymer

---

1 Wegen der weitgehenden Dominanz der englischen Sprache werden die dort üblichen Akronyme und Abkürzungen verwendet. Zum besseren Verständnis sind im Einzelfall deutsche Übertragungen mit angegeben.

https://doi.org/10.1515/9783111436838-008

KAM	Kationenaustauschermembran
LFP	Lithium-Ferrophosphat-Akkumulator
LHV	lower heating value, unterer Heizwert
LIB	Lithiumionen-Batterie
LIC	Lithiumionen-(Super)Kondensator
LSD	low self-discharge, NiMH-Akkumulator mit niedriger Selbstentladung
LUMO	lowest unoccupied molecular orbital, niedrigstes unbesetztes Molekülorbital
MCFC	molten carbonate fuel cell, Schmelzkarbonatbrennstoffzellen
MEA	membrane electrode assembly, Membran-Elektrodeneinheit
MRL	Minutenreserveleistung
MWCNT	multi-walled carbon nanotubes
NDE	negativer Differenzeffekt
OHW	oberer Heizwert
PANI	Polyanilin
PEDOT	Poly-3,4-ethylenedioxythiophen
PEMFC	Polymerelektrolytmembran-Brennstoffzelle
PEM	Protonenaustauschermembrane (proton exchange membrane); aber auch: Polymerelektrolyt-membrane
PEMEL	Protonen-Austausch-Membran-Elektrolyse
PET	Polyethylenterephthalat
PPy	Polypyrrol
PQ	power quality, Spannungs- oder Versorgungsqualität
PRL	Primärregelleistung
PS	peak shaving, Lastspitzenkappung
PSS	Polystyrensulfonat
PSW	Pumpspeicherkraftwerk
PTh	Polythiophen
PVA	poly(ethylen-co-vinylacetat)
RAM	rechargeable alkaline-manganese, wiederaufladbare Alkalimanganzelle
REM	Rasterelektronenmikroskopie
RFB	redox flow battery, Redox-Flow-Batterie
RFCS	reversible fuel cell system, "umkehrbare Brennstoffzelle"; es gibt weitere deutsche und englische Deutungen
rGO	reduced graphene oxide, reduziertes Graphenoxid
rpm	rotations per minute, Umdrehungen pro Minute
SCE	saturated calomel electrode, s. GKE
SEM	scanning electron microscopy, siehe REM
SOFC	solid oxide fuel cell, Festoxidbrennstoffzelle
SoH	state of health, gibt an wieviel von der nominellen, anfänglich verfügbaren Speichervermögens eines Speichers, z. B. eines Akkumulators, noch verfügbar ist
SOMO	semioccupied molecular orbital, halb-besetztes Molekülorbital
SRL	Sekundärregelleistung
SWCNT	single-wall carbon nanotube
TAB	technische Anschlussbedingungen
TEM	Transmissionselektronenmikroskopie
TG	Thermogravimetrie
UHV	upper heating value, oberer Heizwert
UHW	unterer Heizwert
USV	unterbrechungsfreie Stromversorgung

VRLA	valve-regluated lead-acid, ventilgeregelte Blei-Säure-Batterie
VRB	all-vanadium redox battery, Vanadium-Redox-Flow-Batterie
WIS	Wasser-in-Salz (Elektrolyt), auch WiS

Symbole

		Einheit
A	Fläche	m^2
a	Aktivität	-
a_i	Debye-Länge	m
C	Zellkonstante einer Leitfähigkeitsmesszelle	-
CV	Zyklisches Voltammogramm	-
C_{DL}	Doppelschichtkapazität	F
C_{diff}	Differentielle Doppelschichtkapazität	F
C_{int}	Integrale Doppelschichtkapazität	F
C_{imp}	mit Impedanzmessung bestimmter Wert der Kapazität eines Superkondensators	F
C_{nom}	nomineller Wert der Kapazität eines Superkondensators	F
C	Wärmekapazität	$J \cdot K^{-1}$
c	spezifische Wärme(kapazität)	$J \cdot g^{-1} \cdot K^{-1}$
c	Konzentration	$mol \cdot dm^{-3}$
D	Diffusionskoeffizient	$cm^2 \cdot s^{-1}$
d	Abstand, auch: Dicke	m
d	Dichte	$g \cdot cm^{-3}$
E	Elektrodenpotential	V
E	elektrische Feldstärke	$V \cdot m^{-1}$
ΔE_p	Differenz zweier Elektrodenpotentialmaxima	V
E_0	Ruheelektrodenpotential im Gleichgewicht ohne Stromfluss, auch: Formalpotential	V
E_{00}	Standardelektrodenpotential im Gleichgewicht	V
E_a	obere Elektrodenpotentialgrenze in einem Potentialdurchlauf	V
E_c	untere Elektrodenpotentialgrenze in einem Potentialdurchlauf	V
$E_{Hg_2SO_4}$	siehe E_{MSE}	-
E_{MSE}	Elektrodenpotential vs. eine Quecksilbersulfatelektrode, $c_{Hg_2SO_4} = 0{,}1\,M$	V
E_m	Messpotential	V
E_{pzc}	Nullladungselektrodenpotential	V
$E_{p,ox}$	Elektrodenpotentialmaximum im positiv-gehenden Potentialdurchlauf	V
$E_{p,red}$	Elektrodenpotentialmaximum im negativ-gehenden Potentialdurchlauf	V
E_{redox}	Redoxelektrodenpotential; $E_{redox} = (E_{p,ox} - E_{p,red})/2 + E_{p,red}$	V
E_{ref}	Referenzelektrodenpotential	V
E_{RHE}	Elektrodenpotential gegen die relative Wasserstoffelektrode	V
E_{GKE}	Elektrodenpotential gegen die gesättigte Kalomelektrode GKE	V
E_{SHE}	Elektrodenpotential gegen die Standardwasserstoffelektrode	V
e_0	Elementarladung des Elektrons	As
F	Faradaykonstante F = 96494 $A \cdot s \cdot mol^{-1}$	$A \cdot s \cdot mol^{-1}$
f	Fugazität eines Gases i ($f_i = \gamma_i p_i$)	Pa
ΔG	freie Reaktionsenthalpie	$kJ \cdot mol^{-1}$
H	Enthalpie	$kJ \cdot mol^{-1}$
H_u	unterer Heizwert	$kJ \cdot mol^{-1}$
H_o	oberer Heizwert	$kJ \cdot mol^{-1}$
I	Strom(stärke)	A
I	Intensität	-
I_a	durch Anionen transportierter Strom	A
I_c	Ladestrom	A
I_c	durch Kationen transportierter Strom	A

https://doi.org/10.1515/9783111436838-009

I_C	kapazitiver Strom	A
I_{ent}	Entladestrom	A
I_{lad}	Ladestrom	A
I_p	Strommaximum	A
I_{sc}	Kurzschlussstrom	A
i	Strom (unzulässiges Symbol)	A
j	Stromdichte	$A \cdot cm^{-2}$
j_{ct}	Durchtrittsstromdichte	$A \cdot cm^{-2}$
j_{diff}	Diffusionsgrenzstromdichte (also auch genauer: $j_{lim,diff}$)	$A \cdot cm^{-2}$
j_{lim}	Grenzstromdichte	$A \cdot cm^{-2}$
L	Elektrischer, elektrolytischer, ionischer Leitwert	Ω^{-1}, S
L	Löslichkeitsprodukt	-
M	Molarität (Konzentrationseinheit)	$M \cdot L^{-1}$
M	Molmasse, Atomgewicht	kg
m	Molalität (Konzentrationseinheit)	$mol \cdot kg^{-1}$
N_L	Loschmidt-Zahl (siehe auch: N_A)	mol^{-1}
n	Molzahl, Brechungsindex	-
n	Elektrodenreaktionswertigkeit	-
P	(elektrische) Leistung	W
Q_{DL}	Elektrische Ladung zur Doppelschichtaufladung	As, C
Q	Wärme(menge)	J
q_e	Ladung eines Elektrons, elektrische Elementarladung	As, C
q^-	von Anionen transportierte Ladung	As, C
q^+	von Kationen transportierte Ladung	As, C
R	elektrischer Widerstand	Ω
R	Gaskonstante	$J \cdot mol^{-1} \cdot K^{-1}$
R_{ct}	Ladungsdurchtrittswiderstand	Ω
R_D	Ladungsdurchtrittswiderstand	Ω
R_f	Rauhigkeitsfaktor	-
R_i	Innenwiderstand	Ω
R_{pol}	Polarisationswiderstand	
R_{sol}	Elektrolytlösungswiderstand	Ω
RHE	relative Wasserstoffelektrode	-
r_i	Ionenradius	m
R_i	Innenwiderstand	Ω
T	absolute Temperatur	K
T_{bp}	Siedetemperatur	K
T_{mp}	Schmelztemperatur	K
t	Transferzahl, Überführungszahl	-
t^+	Transferzahl der Kationen	-
t^-	Transferzahl der Anionen	-
U	elektrische Spannung, Differenz zweier elektrischer Potentiale	V
U_0	elektrische (Zell)Spannung im Gleichgewicht ($I = 0$), Differenz von zwei Elektrodenpotentialen im Gleichgewicht ($I = 0$)	V
U_{00}	elektrische (Zell)Spannung im Gleichgewicht ($I = 0$) bei Standardbedingungen, Differenz von zwei Elektrodenpotentialen im Gleichgewicht ($I = 0$) bei Standardbedingungen	V
U_d	Zersetzungsspannung	V
U_{OC}	Leerlaufspannung (einer Zelle)	V
U_{tn}	thermoneutrale Zellspannung	V

u	Ionenbeweglichkeit, $u = v/E$	cm·V^{-1}
V	Volumen	L oder dm^3
v	dE/dt, Vorschubgeschwindigkeit in der zyklischen Voltammetrie	mV·s^{-1}
W	(elektrische) Arbeit, Energie	J
x	Molenbruch, auch Umsatz oder Umsatzvariable	-
z	ionische Ladungszahl	-

Griechische Symbole

		Einheit
α	Dissoziationsgrad, Durchtrittsfaktor	-
γ	Aktivitätskoeffizient	-
δ	Diffusionsschichtdicke	m
δ_N	Dicke der Nernst'schen Diffusionsschicht	m
ε	Dielektrizitätskonstante mit $\varepsilon = \varepsilon_0 + \varepsilon_r$	F·m^{-1}
ε_0	Dielektrizitätskonstante, elektrische Feldkonstante	F·m^{-1}
ε_r	relative Dielektrizitätskonstante (auch: Permittivität)	F·m^{-1}
η	dynamische Viskosität (auch: µ)	Pa·s
η	Überpotential	V
η	Wirkungsgrad	-
η_{ct}	Ladungsdurchtrittsüberpotential	V
η_{theor}	theoretischer Wirkungsgrad	-
η_U	Spannungswirkungsgrad	-
θ	Bedeckungsgrad	-
κ	elektrischer, elektrolytischer, ionischer Leitwert	Ω^{-1}, S
λ_{max}	Wellenlänge des Absorptionsmaximums	nm
v	kinematische Viskosität; η/ρ	m^2·s^{-1}
v	Driftgeschwindigkeit	m·s^{-1}
ρ	spezifischer Widerstand	Ω·cm^{-1}
ρ	Dichte	g·cm^{-3}
σ	Oberflächenspannung	N·m^{-1}
φ	Voltapotential	V
φ	elektrostatisches Potential	V

Maßeinheiten

Die im internationalen Einheitensystem (SI-System, *Système international d'unités*) definierten sieben Basiseinheiten (s. Tabelle A1) sind metrisch und dezimal, und sie sind zudem kohärent. Aus ihnen werden durch Division und Multiplikation abgeleitete Einheiten gebildet (s. Tabelle A2). Die Fläche wird durch Multiplikation der Länge in m als m^2 angegeben; in der Dichte sind kg und m zu $kg \cdot m^{-3}$ verknüpft. Präfixe zu SI-Einheiten sind in Tabelle A3 zusammengestellt. Schreibweisen und Formatierungen von SI-Einheiten wie auch von Präfixen sind in DIN 1301 festgelegt.

Tab. A1: SI-Basiseinheiten.

Basisgröße	Symbol[*]	Einheit	Abkürzung
Länge	l	Meter	m
Masse	m	Kilogramm	kg
Zeit	t	Sekunde	s
Stromstärke	I	Ampere	A
Temperatur	T	Kelvin	K
Stoffmenge	n	Mol	mol
Lichtstärke	I_v	Candela	cd

[*]Symbole werden nach Empfehlung der IUPAC stets kursiv geschrieben.

Tab. A2: Einige abgeleitete SI-Einheiten.

Basisgröße	Symbol	Name der Einheit	Einheit, Abkürzung, weitere Einheit
Fläche	A	Quadratmeter	m^2
Volumen	V	Kubikmeter	m^3
Dichte	ρ	Kilogramm pro Kubikmeter	$kg \cdot m^{-3}$
Geschwindigkeit	v	Meter pro Sekunde	$m \cdot s^{-1}$
Konzentration	c	Mol pro Kubikmeter	$mol \cdot m^{-3}$
Kraft	F	Newton	$kg \cdot m \cdot s^{-2}$; N
Energie	E	Joule	J; Ws; VAs
Viskosität	η	Pascalsekunde	$kg \cdot m^{-1} \cdot s^{-1}$; Pa·s
Frequenz	f	Hertz	s^{-1}; Hz
Elektrische Ladung	Q	Coulomb	A·s; C
Elektrisches Potential	E	Volt	V
Kapazität	C	Farad	F
Elektrischer Widerstand	R	Ohm	Ω
Magnetischer Fluß	Φ	Weber	Wb
Magnetische Flußdichte	B	Tesla	$kg \cdot s^{-1} \cdot C^{-1}$; T

https://doi.org/10.1515/9783111436838-010

Tab. A3: Präfixe zu SI-Einheiten.

Faktor	Präfix	Symbol
Atto-	10^{-18}	a
Femto-	10^{-15}	f
Piko-	10^{-12}	p
Nano-	10^{-9}	n
Mikro-	10^{-6}	µ
Milli-	10^{-3}	m
Zenti-	10^{-2}	c
Kilo	10^{3}	k
Mega	10^{6}	M
Giga	10^{9}	G
Tera	10^{12}	T
Peta	10^{15}	P
Exa	10^{18}	E
Zeta	10^{21}	Z